适航性：航空器合格审定导论（第3版）

Airworthiness: An Introduction to Aircraft Certification and Operations (Third Edition)

[意] 菲利普·德·弗洛里奥（Filippo De Florio）著

冯振宇　邹田春　杨建忠　译

航空工业出版社

北京

内 容 提 要

本书译自意大利航空工程师菲利普·德·弗洛里奥的 *Airworthiness: An Introduction to Aircraft Certification and Operations* (*Third Edition*)，系统介绍了与航空器适航相关的国际组织和适航管理机构、适航规章、型号合格审定过程、航空器运营和持续适航等，详细对比分析了美国和欧盟的适航管理体系。本书在第2版的基础上，对很多章节做了修订，并显著增加了航空器使用维修阶段适航管理、无人机适航等相关内容。

本书可供民用航空科技人员，民航相关领域工程技术、管理和适航审定人员阅读，也可作为高等院校相关专业本科生、研究生及教师的参考资料。

图书在版编目（CIP）数据

适航性：航空器合格审定导论：第3版／（意）菲利普·德·弗洛里奥著；冯振宇，邹田春，杨建忠译.--北京：航空工业出版社，2020.10

书名原文：Airworthiness：An Introduction to Aircraft Certification and Operations (Third Edition)

ISBN 978-7-5165-2399-5

Ⅰ.①适… Ⅱ.①菲… ②冯… ③邹… ④杨… Ⅲ.①航空器-适航性-研究 Ⅳ.①V328.5

中国版本图书馆CIP数据核字（2020）第200399号

北京市版权局著作权合同登记
图字：01-2020-5719

适航性：航空器合格审定导论（第3版）
Shihangxing：Hangkongqi Hege Shending Daolun（Di-san Ban）

航空工业出版社出版发行
（北京市朝阳区京顺路5号曙光大厦C座四层　100028）
发行部电话：010-85672663　010-85672683

三河市航远印刷有限公司印刷　　全国各地新华书店经售
2020年10月第1版　　2020年10月第1次印刷
开本：787×1092　1/16　　字数：734千字
印张：28.75　　定价：150.00元

Airworthiness: An Introduction to Aircraft Certification and Operations (Third Edition)
Filippo De Florio
ISBN: 978-0-08-100888-1

Authorized Chinese translation published by China Aviation Publishing & Media Co., Ltd.
《适航性：航空器合格审定导论（第3版）》（冯振宇　邹田春　杨建忠　译）
ISBN: 978-7-5165-2399-5

关于作者

菲利普·德·弗洛里奥先生是一名航空工程师，于 1992—2000 年担任意大利 RAI ENAC 型号合格审定部主任。在此期间，他还是欧洲联合航空局（JAA）合格审定委员会的委员。

自 20 世纪 70 年代起，弗洛里奥先生作为 JAR 22 与 JAR-VLA 研究组成员，为这些标准的制定与发展做出了贡献。

弗洛里奥先生作为滑翔机和飞机驾驶员，从事运动类飞行及试飞活动，拥有 25 年以上的飞行经历。他是 OSTIV 滑翔机研制专家组的成员，也是国际无人机系统协会的荣誉成员。2008 年 6 月，他获得了国际无人机系统协会颁发的首个无人机系统先驱奖，以表彰与感谢其为国际无人机系统团体做出的杰出贡献。

前　言

多年以前，我就开始着手写本书的第 3 版。我希望本书可以帮助年轻的工程师应对航空业的复杂现实，在这个航空业不断发展和令人振奋的时期，希望本书能够指导年轻工程师，并为航空专业人士提供参考。

技术和规章发展迅速且方式多样，因此需要重新审视上一版本的全部内容。考虑到无人机系统、自动驾驶、运动飞行和太空技术的应用日益增多，需要在书中增加相应内容。航空规章实际上是一个不断发展的领域，它们将不断发展并不断变化，但是适航性规章背后的理念及其本质并未发生重大变化：适航性最终关系到安全性，即人员、环境和经济安全。

本书涵盖了两个最先进的航空管理当局的适航性规章：欧洲航空安全局（EASA）和联邦航空局（FAA）。国际民航组织的附件是这些规章以及 180 多个缔约国所有规章的基础。在第 3 版中，我将重点讨论这一主题。许多其他规章都基于此框架，且该书发布的中文版也体现了除欧洲和美国以外地区对该领域的日益关注。

因此，本书不是审定手册：本书的内容是为审定程序和相关规章背后的理念和流程提供指导。

开始一项新的工作就像站在山脚下，不知道另一边有什么。如果你到达山顶，则可以俯瞰山谷，但是如果要探索特定地点，则必须下山参观。换句话说，要成为某一领域的专家，你将不得不超出本书的范围并继续探索。在本书中，我通常只给出标准或咨询材料的标题或摘录，以提供相关内容的指导。当出于特定目的使用该材料时，我建议阅读原始文本。

菲利普·德·弗洛里奥

2016 年 1 月

致　　谢

我要感谢我的女儿弗朗西斯卡·德·弗洛里奥（Francesca De Florio）的宝贵贡献与建议。

特别感谢爱思唯尔（Elsevier）出版社的乔纳森·辛普森（Jonathan Simpson）评估了第1版原始手稿的内容，并给出扩大本书范围和深度的建议。

我还要感谢爱思唯尔出版社的卡丽·博尔杰（Carrie Bolger）和尼基·卡特（Nicky Carter）的专业和热情的指导。

译　序

适航管理是国际通行的为保障民用航空安全而开展的依法行政行为，是确保航空器安全性的最重要手段，是促进民用航空工业健康发展、推动国民经济战略转型的重要力量。近年来，我国民用航空工业和民航运输业蓬勃发展，适航工作得到社会各方面越来越多的关注和重视。

适航来自于保证航空安全的需要。适航活动贯穿民用航空产品从设计、制造、使用、维修直至退役的全寿命周期，其目的是保证民用航空产品的适航性，从而保证民用航空产品的安全性。因此，适航需要民用航空产品设计制造方、使用维修方和安全监管方共同参与，携手努力建立和保持民用航空产品的适航性。

经过 30 多年的发展，我国民航适航工作从传统的机务维修管理起步，逐步发展到具备覆盖飞机、发动机、零部件等各类航空产品全寿命周期的安全监管能力。适航审定系统已建成了由 1 部民用航空法、2 部行政条例、17 部民航规章组成的适航审定法规标准文件体系；形成了一支包括试飞员、试飞工程师在内的适航审定队伍；先后完成了新舟 60、ARJ21-700 飞机等型号的合格审定工作。但与美欧相比，我国的适航能力还存在不小差距，需要进一步加强适航教育。

菲利普·德·弗洛里奥先生的《适航性：航空器合格审定导论》一书系统介绍了与航空器适航相关的国际组织和适航管理机构、适航规章、型号合格审定过程、航空器运营和持续适航等，详细对比分析了美国和欧盟的适航管理体系。《适航性：航空器合格审定导论》一书目前有三个版本，先后于 2006 年、2011 年与 2016 年出版。其中，前两版《适航性：航空器合格审定导论》的中译本国内均已出版，对我国适航从业人员学习掌握适航知识起到了积极作用。

2011 年以来，国际适航法规和审定程序发生了重大变化，EASA 组织结构已经完全改变，FAA 的部分规章不再适用，无人驾驶航空器技术及安全监管水平在不断提高。在此背景下，*Airworthiness：An Introduction to Aircraft Certification and Operations*（*Three Edition*）于 2016 年应时推出，与前两版相比，很多章节做了修订，并显著增加了航空器使用维修阶段适航管理、无人机适航等相关内容。

本书对 *Airworthiness：An Introduction to Aircraft Certification and Operations*（*Three Edition*）进行翻译，希望能对我国民用航空工业科技人员和民航适航技术人员等有所裨益。本书适于作为航空院校和民航院校相关专业的本科生、研究生的教材以及相关领域工程技术、管理和适航审定人员的参考书使用。

本书由中国民航大学冯振宇、杨建忠、邹田春翻译。其中冯振宇负责第 4 章、第 5

章、第8章、第9章，杨建忠负责第1章、第2章、第6章、第7章，邹田春负责第3章、第10章、第11章、第12章。冯振宇负责全书的统稿。在翻译过程中，秦嘉徐、欧尧、娄肖蒙、程坤、李恒辉等同学参与了一些资料整理和文字编辑，感谢他们为本书翻译工作提供的帮助和支持。

在翻译过程中，力求尊重原著意图和风格，标题编号、计量单位和格式等尽量参照原文，而在专业术语方面力图符合中文习惯。因时间仓促，难免有疏漏错误之处，诚望读者批评指正。

译　者

2020年3月

缩略语

A

A　aeroplanes　飞机

ABF　aerobatic flights　特技飞行

AC　advisory circular　咨询通告

ACARE　advisory council for aeronautical research in Europe　欧洲航空研究咨询委员会

ACAS　airborne collision avoidance system　机载防撞系统

ACO　aircraft certification office　航空器合格审定办公室

AD　airworthiness directive　适航指令

ADOA　alternative procedures to design organisation approval　设计单位批准书的替代程序

AEC　airframe-engine combination　机体-发动机组合

AEG　aircraft evaluation group　航空器评审组

AFM　aircraft flight manual　航空器飞行手册

AFS　flight standard service　飞行标准司

AI　action item　行动项目

ALARP　as low as reasonably practicable　最低合理可行

AMC　acceptable means of compliance　可接受的符合性方法

AMOC　alternative methods of compliance　替代的符合性方法

A-NPA　advanced-notice of proposed amendment　建议修正案预告

ANPRM　advanced notice of proposed rulemaking　建议立法的预告

ANS　air navigation services　空中导航服务

AOC　air operator certificate　航空运营人合格证

APA　administrative procedure act　行政法案

APIS　approved production inspection system　经批准的生产检验体系

APU　auxiliary power unit　辅助动力装置

ARA　authority requirements for aircrew　局方对机组人员的要求

ARAC　aviation rulemaking advisory committee　航空立法咨询委员会

ARB　air registration board　航空注册委员会

ARC　airworthiness rulemaking committee　适航立法委员会

ARC　aviation rulemaking committee　航空立法委员会

ARO　authority requirements for air operations　局方对空中运行的要求
ASD　aerospace and defence industries association of Europe　欧洲航空航天和国防工业协会
ASI　aviation safety inspectors　航空安全监察员
AST　office of commercial space transportation　商业太空运输办公室
ATC　air traffic control　空中交通管制
ATCO　air traffic controllers　空中交通管制员
ATCs　additional technical conditions　附加技术条件
ATM　air traffic management　空中交通管理
ATS　air traffic services　空中交通服务
AVS　air vehicle station　航空器基站
AWO　all weather operation　全天候运行

B

B　balloons　气球
BA　bilateral agreement　双边协议
BASA　bilateral aviation safety agreement　双边航空安全协议
BCAR　British civil air regulations　英国民用航空规章
BVLOS　beyond visual line-of-sight　超越视线/超视距

C

CAA　civil aeronautics administration　民用航空管理局
CAA　civil aviation authority　民用航空局
CAB　civil aeronautics board　民用航空委员会
CAI　certification action item　审定行动项目
CAMO　continuing airworthiness management organization　持续适航管理单位
CAMP　continuing airworthiness maintenance program　持续适航维修大纲
CAP　civil aviation publication　民用航空出版物
CAR　civil air regulations　民用航空规章
CAT　commercial air transport operations　商业航空运输
CC　cabin crew　乘务人员
CCL　compliance checklist　符合性检查单
CDL　configuration deviation list　构型缺损清单
CFR　code of federal regulations　联邦规章
CJAA　central joint aviation authorities　联合航空当局
CM　certificate management　证件管理
CM　certification manager　合格审定主管
CMO　certificate management office　证件管理办公室
CMP　configuration，maintenance，and procedures　构型、维修和程序文件

C of A　certificate of airworthiness　适航证
COA　certificate of waiver or authorization　弃权或授权证书
CP　certification program　合格审定项目
CPCP　corrosion prevention and control program　腐蚀预防与控制大纲
CPI　certification process improvement　审定程序改进
CPN　certification project notification　审定项目通知
CPP　certification program plan　合格审定项目计划
CRD　child restraint device　儿童约束装置
CRD　comment response document　意见反馈文件
CRI　certification review item　合格审定评审项目
CRS　certificate of release to service　使用放行证书
CRSs　compliance record sheets　符合性记录单
CS　certification standard　合格审定标准
CSF　commercial spaceflight federation　商业航天联盟
CSTA　chief scientist and technical adviser　首席科学技术顾问
CVE　certification verification engineer　合格审定验证办公室
CVR　cockpit voice recorder　驾驶舱语音记录器

D

DA　designated authority　委任管理局
DAA　detect and avoid　检测和避免
DAR　designated airworthiness representative　委任适航代表
DAS　design assurance system　设计保证系统
DDP　declaration of design and performance　设计与性能声明
DEC　declaration　公告
DER　designated engineering representative　委任工程代表
DGAC　direction générale de l'aviation civile　法国民用航空总局
DMIR　designated manufacturing inspection representative　委任制造检查代表
DO　design organisation　设计单位
DOA　design organisation approval　设计单位批准书
DOT　department of transportation　运输部

E

EAA　experimental aircraft association　实验类航空器协会
EAAWG　European aging aircraft working group　欧洲老龄航空器工作组
EASA　European aviation safety agency　欧洲航空安全局
EASP　European aviation safety program　欧洲航空安全计划
ECAC　European civil aviation conference　欧洲民用航空会议

EC European commission 欧洲委员会
ECAST European commercial aviation safety team 欧洲商用航空安全组
ECO engine certification office 发动机合格审定办公室
EDA European defence agency 欧洲防务局
EGAST European general aviation safety team 欧洲通用航空安全组
EHEST European helicopters safety team 欧洲直升机安全组
ELA European light aircraft 欧洲轻型航空器
ELOS equivalent level of safety 等效安全水平
ELT emergency locator transmitter 应急定位发射机
ENAC ente nazionale aviazione civile 国家民用航空
EPA European part approval in aeronautic 欧洲航空零部件批准
EREA European research establishment 欧洲研究机构
ERSG European RPAS steering group 欧洲遥控航空器系统指导小组
ESA European space agency 欧洲航天局
ETOPS extended range twin engine operations 双发飞机延程运行
ETSO European technical standard order 欧洲技术标准规定
EU European Union 欧盟
EUROCAE European organization for civil aviation equipment 欧洲民用航空设备组织

F

FAA federal aviation administration 联邦航空局
FAR federal aviation regulations 联邦航空规章
FC flight crew 飞行机组
FDM flight data monitoring 飞行数据监测
FDR flight data recorder 飞行数据记录仪
FOEB flight operations evaluation board 飞行运行评审委员会
FSB flight standardization board 飞行标准化委员会
FSDO flight standards district offices 飞行标准区域办公室
FTL flight and duty time limitations 飞行和执勤时间限制
FTS flight termination system 飞行终止系统
FUJA future of JAA 联合航空局的未来

G

GA general aviations 通用航空
GEN general 通用的
GM guidance material 指导材料
GSHWG general structures harmonization working group 通用结构协调工作组

H

H　helicopter　直升机
HB　hot air balloon　热气球
HEC　human external cargo　外挂货物
HEMS　helicopter emergency for medical service　直升机紧急医疗服务
HESLO　helicopter external sling load operations　带外挂负载直升机的运行
HHO　helicopter hoist operations　直升机悬停运行

I

IASA　international aviation safety assessment　国际航空安全性评估
IAASS　international association for advancement of space safety　国际空间安全促进协会
ICA　instructions for continued airworthiness　持续适航文件
ICAO　international civil aviation organization　国际民用航空组织
IDE　instrument, data, and equipment　仪表、数据和设备
IFO　international field offices　国际事务办公室
IFU　international field units　国际事务
IFR　instrumental flight rules　仪表飞行规则
IFSD　in-flight shutdowns　空中停车
IFR　interim final rule　暂行最终条例
IMC　instrumental meteorological conditions　仪表气象条件
IP　implementing procedure　实施程序
IPA　implementation procedures of airworthiness　适航实施程序
IR　implementing rules　实施细则
ISS　international space station　国际空间站

J

JAA　joint airworthiness authority　联合航空局
JAAB　JAA board　JAA 理事会
JAA C　JAA committee　JAA 委员会
JAA EB　JAA executive board　JAA 执行委员会
JAA FB　JAA foundation board　JAA 基金委员会
JAA DOA　JAA design organisation approval　JAA 设计单位批准书
JAA LO　JAA liaison office　JAA 联络办公室
JAA TO　JAA training office　JAA 培训办公室
JAR　joint aviation requirements　联合航空要求
JARUS　joint authorities for rulemaking on unmanned system　无人机规章制定联合机构
JPA　joint parts approval　联合零部件批准书

JSSG joint service specification guides 联合军种规范指南

L

LDHWG loads and dynamics harmonization working group 载荷和动力学协调工作组
LOA letter of authorization 授权书
LSA light sport aircraft 轻型运动类航空器
LUAS light UAS 轻型无人机系统
LVO low visibility operations 低能见度运行

M

MAB mass and balance 重量①和平衡
MAC manager of application certification 合格审定申请主管
MAPSC maximum approved passenger seating configuration 最大批准客座量布局
MASPS minimum aviation system performance standard 航空系统最低性能标准
MB management board 管理委员会
MCTOM maximum certified take-off mass 最大审定起飞重量
MEL minimum equipment list 最低设备清单
MIDO manufacturing inspection district office 地区制造检查办公室
MIL-HDBH military handbook 军用手册
MIO manufacturing inspection office 制造检查办公室
MLR manuals, logs, and records 手册、日志和记录
MMEL master minimum equipment list 主最低设备清单
MNPS operations with specified minimum navigation performance 指定最低导航性能的运行
MOA maintenance organization approval 维修单位批准书
MOC means of compliance 符合性方法
MOE maintenance organization exposition 维修单位手册
MOPSC maximum operational passenger seating configuration 最大运营客座量构型
MPA motor-powered aircraft 发动机推进的航空器
MRB maintenance review board 维修评审委员会
MS military standard 军用标准
MSs member states 成员国
MSL mean sea level 平均海拔高度
MTOA maintenance training organization approval 维修培训单位批准书
MTOW maximum take-off weight 最大起飞重量

---

① 本书中的重量为质量（mass）概念，单位 kg。

N

NAA national aviation authority 国家航空当局
NAS national airspace system 国家空域系统
NASA national aeronautics and space administration （美国）国家航空航天局
NATO north Atlantic treaty organization 北大西洋公约组织
NCC non-commercial air operations with complex motor-powered aircraft 混合动力航空器的非商业航空运营
NCO non-commercial air operations with other-than-complex motor-powered aircraft 非混合动力航空器的非商业航空运营
NMPA non-motor-powered aircraft 非发动机推进的航空器
NPA notice of proposed amendment 建议修正案通告
NPRM notice of proposed rulemaking 建议立法通告
NRS national resources specialist 国家资源专家
NTSB national transport safety board 国家运输安全委员会
NVIS helicopter operations with night vision imaging systems 带夜视成像系统的直升机运行

O

ODA organization designation authorization 单位委任授权
ODAR organizational designated airworthiness representative 单位委任适航代表
OEI one-engine-inoperative 单发失效
OFR office of federal register 联邦注册报
OPA optionally piloted aircraft OPS operations 可选有人驾驶飞机的 OPS 运行
ORA organisation requirements for aircrew 机组人员的单位要求
ORO organisation requirements for air operations 航空运行的组织要求
OSTIV organisation scientifique et technique international du vol àvoile 国际滑翔机科技组织

P

PAD proposed airworthiness directives 建议适航指令
PAH production approval holder 生产许可证持有人
PAR parachute operations 跳伞
PBN performance-based navigation 基于性能的导航
PC production certificate 生产许可证
PCA primary certification authority 主要合格审定管理当局
PCM project certification manager 项目合格审定主管
PLB personal locator beacon 个人定位器信标
PM project manager 项目主管
PMA parts manufacturer approval 零部件制造人批准书

POA　production organization approval　生产单位批准书
POASM　production organisations approvals section manager　生产单位批准书主管
POC　production oversight coordinator　生产监督协调员
POE　production organization exposition　生产单位手册
POL　performance and operating limitations　性能和使用限制
POM　program operating manual　程序操作手册
POM　production organization manager　生产单位主管
PPC　powered parachute　动力伞
PSCP　project-specific certification plan　专项合格审定计划
PSP　partnership for safety plan　安全保证合作计划
PTVP　post type validation principles　型号认可后原则

Q

QA　quality assurance　质量保证
QC　quality control　质量控制
QE　qualified entity　适航认证的单位
QMS　quality management system　质量管理系统
QSST　quiet supersonic transport　安静的超声速运输

R

RAI　registro aeronautico italiano　意大利航空局
RLV　reusable launch vehicle　可重复使用运载工具
ROA　remotely operated aircraft　遥控航空器
RPA　remotely piloted aircraft　遥控航空器
RPAS　remotely piloted aircraft systems　遥控航空器系统
RPASP　remotely piloted aircraft systems panel　遥控航空器系统控制台
RPS　remotely piloted station　地面遥控站
RPV　remotely piloted vehicle　遥控飞行器
RTC　restricted type certificate　限制类型号合格证
RTCA　radio technical commission for aeronautics　航空无线电技术委员会
RV　re-entry vehicle　返回式飞行器
RVSM　operations in airspace with reduced vertical separation minima　按照缩短垂直间隔最低标准的运行

S

S　sailplanes　滑翔机
SACA　safety assessment of community aircraft　通勤类航空器安全性评估
SAFA　safety assessment of foreign aircraft　外国航空器安全性评估

SARPs　standards and recommended practices　标准和建议做法
SDP　sailplane development panel　滑翔机开发小组
SESAR JU　single European sky ATM research joint undertaking　单一欧洲天空 ATM 研究联合承诺
SID　supplemental inspection document　补充检查文件
S-LSA　special light sport aircraft　特殊轻型运动类航空器
SMM　safety management manual　安全性管理手册
SMS　safety management system　安全性管理系统
SNPRM　supplemental notice of proposed rulemaking　补充立法通告
SOF　safety of flight　飞行安全
SOPs　standard operating procedures　标准运营程序
SOPs　safety of standard operating procedures　标准运行程序安全性
SPAs　specific approvals　特殊适航证
SPEC　specific requirements　特殊要求
SPO　specialised operations　专业运行
SSBJ　supersonic business jet　超声速公务飞机
SSID　supplemental structural inspection document　补充结构检查文件
SSIPs　supplemental structural inspection programs　补充结构检查计划
SSP　state safety programme　国家安全计划
SSR　secondary surveillance radar　二次雷达
SSIP　supplemental structural inspection program　补充结构检查计划
SSP　state safety program　国家安全计划
SST　supersonic transport　超声速运输机
STC　supplemental type certificate　补充型号合格证
SUAS　small unmanned aircraft system　小型无人机系统

T

TAWS　terrain awareness warning system　地形提示和警告系统
TCH　type certificate holder　型号合格证持有人
TCB　type certification board　型号合格审定委员会
TC　technical crew　技术机组人员
TC　type certificate　型号合格证
TCDS　type certification data sheet　型号合格证数据单
TIA　type inspection authorization　型号检查核准书
TIP　technical implementation procedures　技术实施程序
TMG　touring motor gliders　旅行用动力滑翔机
ToRs　terms of reference　参考文件
TSO　technical standard order　技术标准规定

TV technical visa 技术签证

U

UA unmanned aircraft 无人机
UAS unmanned aircraft system 无人机系统
UASSG UAS study group 无人机系统研究组
UAV uninhabitated aerial vehicle 无人航空器
UAV unmanned aerial vehicle 无人航空器
UVSI unmanned vehicle systems international 国际无人机系统协会

V

VFR visual flight rules 目视飞行规则
VLA very light aeroplane 甚轻型飞机
VLOS visual line-of-sight 视距范围
VLR very light rotorcraft 甚轻型旋翼航空器
V_{so} stalling speed（landing configuration） 着陆构型失速速度

W

WA working arrangements 工作安排
WI working instruction 操作规程
WSC weight shift control 重量转移控制

目　录

第 1 章　飞行安全

安全是一个普遍根植于人们内心的概念。按所处语境不同，安全有各种不同的定义。《韦氏词典》官方给出的“安全”的一般定义是：在受到或造成伤害、损伤或损失时仍然处于安全的状态。

在航空领域，ICAO① 给出“安全”的定义为：一种状态，与直接或间接支持航空器运行的各种航空活动相关联的危险降低并控制在可接受的水平。

对“安全”易于理解的另一个定义为：免于遭受可能导致死亡、伤害、职业疾病、设备或财产损坏或损失，以及破坏环境等情况的状态②。

安全涉及人类的所有活动，因此每个民权社会都组织（或应该组织）起来保证自身或他人活动中的公共安全。这固然是一个道德责任，同时也是一个客观需求，因为导致人员伤害或者财产损失的事故都需要社会付出代价。这也是为什么各国政府会通过法律规章来约束可能导致人员伤害或者财产损失的人类活动。

1.1　飞行安全因素

本书关注的“安全”主要涉及飞机系统审定中与安全性评估方法相关的各类航空活动。首先要讨论我们通常定义的主要飞行安全因素：**人、环境和机器**。

（1）**人**：人在此处意指飞行运行中的主动部分，包括飞行员、维修人员、空中交通管制人员以及其他人员。首先要认识到，训练有素的人员能够避免飞行运行中引发事故或灾难的错误。更为重要的是，这些人员应在法定的、有组织的环境中获得足够水平的职业训练，及时获取技术和程序更新，保持心理和生理健康。各个国家委托专门的公共机构来担当此职责。

（2）**环境**：环境涵盖了所有可能对航空器飞行产生影响的外部因素，包括气象条件、交通状况、通信、机场等。首先重要的是，应当避免出现可能危及航空器自身安全的环境。更为重要的是，应当关注正确的气象信息、航空器垂直和水平分隔的规则、合适的机场等。

（3）**机器**：机器并不需要定义，很容易理解一个良好的方案、合理的制造和与运行相关的执行效率的重要性。因此，各国政府委托专门的公共机构负责保证方案、制造和运行规则符合飞行安全要求。

---

① 见国际民用航空组织公约附件 19。

② 美国联邦采购法规体系第 48 集（第 18 章）。

这些安全因素的一个重要特点是它们以串联的方式而非并联方式起作用。它们可以被看作是代表飞行安全链条上的三个环节（如图1-1所示）。

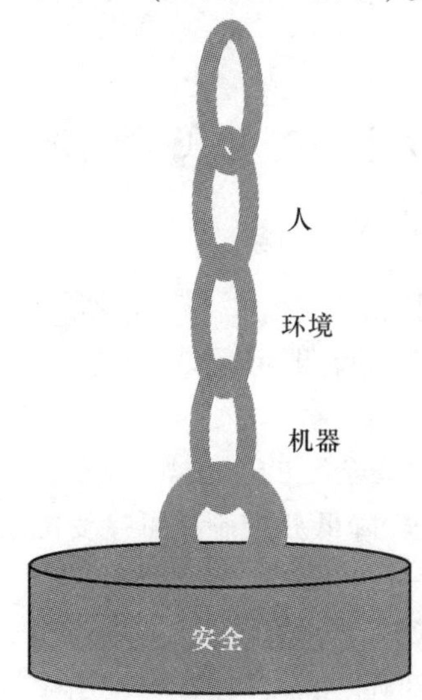

图1-1　飞行安全链条上的三个环节

单个环节的失效足以引起事故的发生。飞行员的一个错误就可能置最好的航空器于危险状态，最好的飞行员也无法弥补航空器的一个严重失效的影响。事故报告提供了无数此类案例，但是，事故经常是由所有这些安全因素的某种组合引起的。总而言之，事故起因总是源于上述某个环节的失效。

1.1.1　机器

本书主要关注这些安全因素之一：**机器**。

主要讨论飞机的设计规则、规则的制定人员、从设计到制造和运营的人员，以及对制造商和运营人组织机构的负责人员。

必须认识到，在任何情况下机器和其他两个因素都有密切联系。机器的设计必须考虑各种预期运行环境：气压和温度、阵风、结冰和雷电防护、空中交通通信等。

当然，最重要的是要记住，航空器在飞行中和在地面上都是由人操作的。在过去几年中，出现各种由于机组管理不善而造成的致命事故：甚至只有一个系统故障时飞行员无法有效地控制飞机，也不能有效判断出执行何种操作。

在这种情况下，追究飞行员的责任是最简单的，但真正的问题是人与机器之间的关系：飞行员是否针对复杂的现代自动化飞机进行了充分的训练？机器的设计是否使训练更容易？飞行员是否有能力像过去一样能够手动控制现代商用飞机？当局和航空器运营商仍在仔细考虑这些问题以及其他相关问题。

第 2 章　适航性

2.1　适航性的定义

意大利航空局-国家民用航空（RAI-ENAC）的技术规章给出“适航性”的一种定义：对于航空器或航空器零部件，“适航性”是指满足必要的要求，使得在许用限制内的飞行处于安全状态。

在这一定义中，有三个要素值得注意：**安全状态，满足必要的要求**和**使用限制**。

（1）**安全状态**。安全状态的含义与飞行的正常过程和完成任务相关。按照第 1 章的定义：“安全”指免于遭受可能导致死亡、伤害、职业疾病、设备或财产损坏或损失，以及破坏环境等情况的状态。

（2）**满足必要的要求**。即航空器及其零部件是根据成熟的标准设计并制造的，能够在上述安全状态下飞行。

规章的目的是通过消除或减轻可能导致死亡、伤害和损坏的状态来提升安全性。规章由各国政府指派的适航管理当局制定，通过颁发适航标准（详见后续章节）构成，适航标准包含各种设计要求：结构强度、飞行要求（飞行品质和性能）、良好的设计应用准则、系统、疲劳和颤振、必要的试验、飞行手册和维护手册的内容等。

不同类型的航空器有不同的适航标准，对于滑翔机、大型运输机和直升机使用相同的标准显然是不可能的。适航标准的重要特点是其内容随时间不断发展。一般来说，适航标准不能领先于航空技术进步，通常是跟随航空技术或伴随技术发展的。

封闭的标准将阻碍航空技术发展，因此标准必须不断适应航空技术的进步。此外，事故分析经常会产生各种附加的规则，如果这些附加规则应用于设计中，就有可能会阻止事故的发生，或者至少能限制事故带来的影响。这一过程可以被看作是“反思”，但最好是把它当作“经验”进行学习。

标准的修改（通常是为了增加一些新的或不同的标准内容）使得设计符合规则的代价越来越高昂，但这也是为提高飞行安全所应付出的代价。

（3）**使用限制**。航空器被设计在一定的飞行包线内飞行，飞行包线主要取决于飞行速度和结构载荷因子。此外，在不同的运行类型中航空器应制定不同的最大重量；还需建立航空器的运行条件，诸如目视飞行、夜间飞行、仪表飞行、处于结冰或不结冰环境等。如果超出这些条件和限制，可能会导致事故的发生。超重起飞、按非特技飞行载荷设计的飞机用于特技飞行、在结冰条件下飞行而没有适当的保护、超出飞行速度限制等就是一些超出使用限制之外飞行的典型例子。飞行员可以根据飞行手册，显示在驾驶舱中的标牌和标记或通过培训来掌握这些限制。

2.2 本书中的适航性

在本书的后续章节中，对适航性概念的不同方面分别进行了相应的介绍。

第2章介绍了适航性的概念。

第3章介绍了制定相关规章并监督其执行的国际组织。

第4章是对航空器及其零部件审定直接或间接相关规章的概述，以及关于适航规章的一般考虑。

第5章介绍了航空产品（航空器发动机和螺旋桨）、零部件和设备的型号合格审定（初始适航）。

第6章介绍了型号合格审定过程。

第7章介绍了航空产品的生产过程。

航空器只有在获得适航当局颁发的适航证或类似证件之后才能允许飞行，第8章是对这一复杂过程的描述。

ICAO附件6① 要求对于特定航空器的运行必须整体考虑适用的补充标准以保证适航水平，第9章是对相关运行标准和运行附加的适航要求的简要介绍。

航空器的运行可以持续许多年，通常是数十年，航空器运行过程中需要始终保持适航性。ICAO将持续适航定义为“航空器、发动机、螺旋桨或部件符合适用适航要求，并在使用寿命内处于安全运行状态的整个过程”。

第10章介绍了需要通过考虑航空器的固有属性来确保老龄飞机的适航。在这一章中也介绍了其他内容，如延程运行和安全管理体系的要求。虽然航空运营人合格审定与“机器”合格审定没有直接联系，但本章也介绍了相关的信息。

无人机的重要性日益凸显。在过去几年中，适航当局、协会与工业方制定了一系列的规章，致力于无人机在非隔离空域内像载人飞机一样运行的可能性，这值得通过专门的章节来介绍。因此，第11章介绍了无人机系统（UAS）的适航。

《适航性：航空器合格审定导论》第2版（2011年）的最后一章的内容是“从适航到适天”，因为亚轨道飞行试验的成功展示了其商业飞行的飞速发展。本书将这一内容安排在了第12章。

---

① 见第3章（3.1.1.1）附件6，航空器运行。

第 3 章　国际民用航空组织和民用航空管理局

3.1　国际民用航空组织

1903 年 12 月 17 日，莱特兄弟在美国北卡罗来纳州首次完成了重于空气的飞行器的飞行。在航空业开始的初期阶段，有远见的人们就开始设想一种新的跨国运输方式。1910 年，关于空中航行的国际法第一次会议在法国巴黎召开，共有 18 个欧洲国家出席。

第一次世界大战极大地促进了航空技术的发展，同时也表明了航空在货物和人员运输方面的潜力。战后，这种先进的运输方式在国际上得到了越来越多的关注。

在 1919 年举行的巴黎和会上，对相关问题进行了讨论，并促成了航空委员会（aeronautical commission）的成立。为成功达到使航空成为和平工具的目的，共有 38 个国家参与起草并签订了《国际航空公约》（international air convention）。这一公约详细考虑了民用航空业的各个领域，包括建立国际空中航行委员会（international commission for air navigation，ICAN），以监督民用航空业的发展并为其发展提供方法。

在两次世界大战期间，民用航空业在技术和商业领域都获得了显著发展。第二次世界大战期间，除了日渐完善的军用飞机所引发的恐慌极大地影响了飞机技术的发展外，航空技术在 6 年之内达到了和平时期需要 25 年才能达到的技术水平。

远距离运输大量的人员和货物的设想已经变成现实。为此，美国政府于 1944 年开始与其他同盟国展开探讨。基于讨论的结果，1944 年 11 月，共有 55 个同盟国和中立国受邀参加在芝加哥召开的会议，其中 52 个国家出席了会议。经过 5 星期的讨论，与会国家共同签订了《国际民用航空公约》（convention on international civil aviation），该公约包括了 1 份序言和 96 个条款。

国际民用航空组织（ICAO）于 1947 年 4 月 4 日正式成立，受加拿大政府的邀请，ICAO 总部设在加拿大的蒙特利尔。目前，缔约国已超过 180 个。

ICAO 的宗旨是制定国际空中航行的原则与技术，促进国际航空运输的规划与发展，以便达到以下目的：

（1）保证国际民航在全球安全有序的发展。

（2）促进用于和平目的的航空器设计和运行技术。

（3）鼓励用于国际民用航空的航线、机场和空中航行设施的发展。

（4）满足全世界人民对于安全、有序、高效和经济的航空运输的需求。

（5）防止不合理的竞争导致的经济上的浪费。

（6）保证各缔约国的权利受到充分的尊重，保证各缔约国拥有经营国际航线的公平机会。

（7）避免缔约国之间的歧视。

（8）提高国际空中航行的飞行安全。

（9）广泛促进国际民用航空各个方面的发展。

3.1.1 国际标准

自从ICAO成立以来，该组织的主要技术任务就是实现安全、规律、高效的航空服务的运行标准化，从而使得国际民航业在诸多方面，尤其是在航空器、机组、地面基础设施和服务等方面达到高可靠性。

国际民用航空的标准化工作通过制定、采纳和修订18个公约附件①来完成，公约附件被视为国际标准（international standards）和推荐做法（recommended practice）。

标准是ICAO成员共同遵循的指令。如果某个成员的标准与ICAO标准不同，则该成员国必须告知ICAO其中的差别。

推荐做法是期望而非强制的方法。决定一个具体议题是否应成为标准的基本原则是得到对以下问题的肯定回答："是否存在所有缔约国统一实施的必要性？"

以国际公约为基础，缔约国致力在航空器、人员、航线和附属服务相关的规章和组织程序方面实现世界范围内的高度统一，只要这些规章和组织程序能够促进和提高航空的安全性、有效性和正规化。

18个附件的介绍如下：

附件1：人员执照——制定了关于飞行机组人员、空中交通管制人员和维修人员执照颁发的资料，包括飞行机组和空中交通管制人员的体检标准。

附件2：空中规则——包括目视飞行和仪表辅助飞行的规则。

附件3：国际空中航行的气象服务——规定国际空中航行的气象服务和航空器上观察的气象报告。

附件4：航图——包括国际航行中使用的航图规范。

附件5：在空中和地面运行中使用的计量单位——列出了在空中和地面运行中使用的量纲。

附件6：航空器的运行——给出了保证安全水平高于全球同类航空器运行最低规定的有关规范。

附件7：航空器国籍和登记标志——规定了航空器登记和标识的要求。

附件8：航空器的适航性——规定了航空器审定和检查的统一程序。

附件9：简化手续——规定了过境手续的标准简化程序。

附件10：航空通信——第1卷是通信设备和系统的标准化，第2卷是关于通信程序的标准化。

附件11：空中交通服务——包含了关于建立和运营空中交通管制系统的信息、飞行信息和告警服务信息。

---

① 2015年发展成19个附件，第19个附件为安全管理。

附件12：搜寻和救援——提供搜寻和救援所需的设备与服务的组织和运营信息。

附件13：航空器事故及事故征候调查——统一航空器事故的通报、调查和报告。

附件14：机场——包括机场设计和设备的规范。

附件15：航空信息服务——包含了航班运行所需信息的收集和发布方法。

附件16：环境保护——第1卷是航空器噪声合格审定、噪声监测和供土地规划使用的噪声影响范围的规范，第2卷是航空发动机排放的规范。

附件17：防止对国际民用航空进行非法干扰行为的安保——规定了保护国际民用航空免受非法干扰的方法。

附件18：危险品的航空安全运输——规定了保证危险品可通过航空器得到安全运输的必要要求，同时提供了保证航空器及其乘员免受不必要风险的安全等级。

因为航空技术在持续发展，所以需要经常对这些附件进行审查，并在必要时更新。附件的典型内容基于以下部分：

(1) 拟成为规范的标准，其应用被认为对国际空中航行的安全性和有序性是必需的。

(2) 拟成为规范的推荐做法，其应用被认为适合在国际空中航行的安全性、有效性和效率等方面推荐。

(3) 用于解释上述规范的附录。

(4) 所用术语的定义。

各缔约国已经发布的相关规范，并不是完全复制附件内容，而是在本质上阐述要遵循的原则或达到的目标，并包含达到目标所需的要求。此外，尽管原则保持不变，但要求通常受当前技术（包括技术演变、新技术和既有经验）的影响，需要不断进行改进和修订。

目前联合航空局（JAA）/联邦航空局（FAA）/欧洲航空安全局（EASA）用于航空器合格审定的适航标准是国际公认的标准，与ICAO附件相一致。因此，从实践角度来看，合格审定过程是基于这些适航标准，而不是直接依据ICAO的国际标准①。

考虑到本书的范围和目的，我们将讨论下列4个与适航直接关联的附件。

3.1.1.1　附件6：航空器运行

附件6的本质是用于国际航空运输的航空器运行必须尽可能实现标准化，以确保高水平的安全和效率。

本附件包含三部分内容。

(一) 第1部分

这一部分包含了ICAO所认可的标准和推荐做法，这些标准和推荐做法适用于获得授权进行国际商业航空运输业务的运营人在运营过程中的最低标准。国际商业航空运输业务包括为获得报酬或租用的定期国际航空服务②和不定期国际航空运输业务。

与此同时，这两类业务包括获得报酬或飞机被租用而进行的所有国际航空运输业务。在定期国际航空服务和非定期国际航空运输业务之间不再需要区分标准和推荐做法。

第1部分的目的是通过为安全运行制定标准来促进国际空中航行的安全，并通过鼓励

---

① JAA标准现在已经被替代了。

② 定期运营包括运营人提前提供出发地点和时间以及到达地点的客运业务。

各国为符合该标准的其他国家的国际商业航空公司的飞机飞跃本国领土提供便利，以提高国际空中航行的高效性和规范化。

航空器安全性的一个要素是航空器固有安全性，即适航性。航空器的适航性并不是完全通过附件8的适航标准来定义，还要求应用附件6中的一些标准来对其进行补充。

（二）第2部分

本部分的标准和推荐做法适用于第2节和第3节所述①的从事国际通用航空运行业务②的航空器。

这些标准和推荐做法与本附件6第1部分“航空器运行”的内容都是最低要求规定，涵盖了除高空作业以外的国际民用航空中的所有航空器的运行。

值得注意的是，适用于大型飞机运营的第2部分所包含的标准和推荐做法与适用于商用航空运输中相同或类似飞机的附件6第1部分的内容相比，要求相对宽松。综合考虑附件1、附件8和附件6第2部分的现有规定，可以确保大型飞机运行的安全性。需要注意的是，附件8的性能标准适用于国际空中航行中运送乘客、货物或邮件等超过5700kg的所有飞机。

安全等级：本附件应该确保乘客和第三方（第三方是指地面上的人员和其他飞机上的人员）所能接受的安全等级。而一些国际通用航空运行（航空器重量通常在5700kg以下）是由一些较少经验、较低技术水平的机组人员操纵可靠性较低的设备，并且在不很严格的标准下执行，这种运输业务与商业航空运输业务相比具有更大的自由度，因此会认为乘坐国际通用航空飞机的乘客不一定与商业航空运输中的乘客享有相同的安全水平。但是，为了确保第三方拥有可接受的安全性等级，对于飞行机组和乘客可接受的安全性水平必须达到。

（三）第3部分

本部分的标准和推荐做法适用于从事国际商业航空运输业务或国际通用航空业务的所有直升机，但这些标准和推荐做法不适用于从事高空作业的直升机。

本部分第2节涉及国际商业航空运输业的内容。

本部分第3节涉及国际通用航空业的内容。

3.1.1.2 附件8：航空器的适航性

为使航空器能在缔约国境内飞行和着陆（根据“公约”第33条），本附件作为航空器适航证国际认可的基础，包括了用于制定型号合格审定要求、定义的最低适航水平的标准。

每个国家都可以自由地制定其本国的综合和详细的适航规章，或者选择、采用或接受另一缔约国所制定的规章。国家规章必须保持的适航水平体现在附件8基本标准之中。

ICAO发布了指导性材料《适航手册》（Doc 9760）。各国应研究《适航手册》中的内容，以便指导制定详细全面的适航规章，以实现在适航规章上的一致性。

附件8的内容：

第1部分　定义

第2部分　型号合格审定标准和持续适航③

---

① 第2节：通用航空运营。第3节：大型和涡轮喷气式飞机。

② 通用航空运营：除商业航空运营或空中作业以外的飞机业务。

③ 缔约国在持续适航方面的责任。

第1章　型号合格审定

第2章　生产

第3章　适航证

第4章　航空器的持续适航

第5章　安全管理

第3部分　大型飞机

第3A部分　1960年6月13日—2004年3月2日提出合格审定申请的重于5700kg的飞机

第3B部分　在2004年3月2日或之后提出合格审定申请的重于5700kg的飞机

第4部分　直升机

第4A部分　1991年3月22日—2007年12月13日提出合格审定申请的直升机。本部分的标准适用于国际空中航行运送乘客、货物或邮件的直升机。

第4B部分　在2007年12月13日或之后提出合格审定申请的直升机。除了规定不同适用性的标准和推荐做法外，本部分的标准和推荐做法将适用于最大起飞重量超过750kg，在国际空中航行中用于运送乘客、货物或邮件的直升机。

第5部分　小飞机——在2007年12月13日或之后提出合格审定申请的重于750kg但不超过5700kg的飞机。除了规定不同适用性的标准和推荐做法外，本部分的标准和推荐做法还适用于最大起飞重量超过750kg但不超过5700kg，在国际空中航行中用于运送乘客、货物或邮件的飞机。

第6部分　发动机——除下文提到的内容外，本部分的标准适用于第3B、第4B和第5部分要求的作为主推进装置的各类发动机。本部分的标准适用于在向国家主管部门提交型号合格审定申请时的发动机类型。

第7部分　螺旋桨——本部分的标准适用于第3B和第5部分要求的所有螺旋桨。本部分的标准适用于在向国家适航当局提交型号合格审定申请时的螺旋桨类型。

附件13与适航性无直接关系，但可能影响适航性要求。

3.1.1.3　附件13：航空器事故及事故征候调查

本附件规定了航空器事故及事故征候调查的国际要求①。事故及事故征候调查的目的是为了预防。因此，必须查明航空器事故或严重事故征候的原因，以防止其再次发生。

根据附件13，事故或事故征候的调查由发生地所在国家负责，但该国可将调查的全部或部分工作委托给其他国家。如果事故发生在任何国家的领土之外，登记国有进行调查的责任。

登记国、运营人和制造商的代表有权参加调查。调查的目的是确定导致事故和事故征

---

① 事故：附件13所定义的事故是指和航空器运行相关的事件，它发生在任何人为了飞行登上航空器开始直至所有人员下航空器为止期间，在这个事件中：

（1）某人致命或严重受伤……

（2）航空器受到损坏或对航空器的结构强度、性能或飞行特性产生不利影响，导致通常需要对影响部件进行大修或更换……

（3）航空器失踪或完全无法接近。

事故征候：事故之外与航空器运行相关的，影响或能够影响运行安全的事件。

候产生的原因，发表包含相应安全建议的最终报告，以防止类似事件的发生。

ICAO 有一个被称为事故/事故征候数据报告系统的计算机数据库，使缔约国之间可以交换安全信息。安全建议由适航当局进行评估，在必要时发布适航指令（AD）（用于强制改装、检查等），修改相关适航要求和咨询材料。

附件 13 的第 3 章中的一个重要声明是："事故或事故征候调查的唯一目的应是预防事故或事故征候。追究责任或法律责任不是这一调查活动的目的。"换句话说，调查的目的在于查找事故或事故征候的原因，而不是责任。

相关国家的司法机构必须完成司法调查，评估可能的刑事责任和惩罚。如果该成员国尚无避免司法调查和技术调查之间冲突的相关规定，通常先进行司法调查，有时并不能迅速开展技术调查。遗憾的是，尽管成员国承诺遵守 ICAO 的标准，但这种情况还在发生。

欧洲议会和理事会于 2010 年 10 月 20 日发布的（EU）No. 996/2010 规章，阐述了 EASA 和成员国在事故调查中的作用。

此外，附件 13 还规定了对其他可能涉及司法、民航、搜救等安全调查活动的部门的安排，应当尊重安全调查机构的独立性，允许其进行技术调查并保证调查的有效性。

附件 13 的另一个重要特征是建立强制性事故报告系统（第 8 章），以便收集实际或潜在安全缺陷的信息。

附件建议缔约国建立一个自愿性的事故征候报告系统，以便于收集那些没有被强制性事故征候报告系统所记录的信息。当然，自愿性的事故征候报告系统应当是非惩罚性的，并能对信息来源提供保护。

3.1.1.4 附件 16：环境保护

这个附件包括航空器噪声合格审定标准，与相应航空器（螺旋桨驱动飞机、喷气推进飞机、直升机）的不同噪声等级相关，它明确规定了进行有效和精确测量的测试程序。由于它直接适用于所有的技术要求，所以本附件中的标准通常作为建议标准来使用。本附件还包括涉及航空发动机排放物合格审定的标准，它与某些化学成分，比如氮的氧化物的毒性有关。

附件 16 第 1 卷适用于航空器噪声，并规定适用于众多类型航空器的标准和推荐做法。

2012 年 7 月的修订版旨在及时向合格审定机构、噪声合格审定申请人和其他有关方面提供最新信息，以实现最高程度的协调一致。

附件 16 第 2 卷适用于航空发动机的排放，应用于特定类型的航空发动机。不同于对适航标准的典型符合性，这些附件影响到了航空器的设计。这些附件的目的不是飞行的安全，而是防止因航空器运行而引起的环境破坏。

噪声是航空对于生活在机场附近的居民最明显的环境影响，但这个影响也涉及数百万生活在起飞和着陆航线下的居民。

航空的发展以及航班频率的增加，使得这个问题愈发引人关注，因为航空器噪声可能影响到了所有有关民众的生活质量。

因此，限制该危害的运行规则，例如，在夜间限制某些航空器的使用，与此附件一起为不同类型的航空器规定了具体的噪声限制。

航空领域另一个重要的环境问题是污染，由于世界航空交通量的急剧增长，使得该问题日益得到关注。

航空器的排放所导致的温室效应和臭氧层破坏，影响了气候的变化。

每年数以百万计的民用和军用飞机对大气层造成了显著的负面影响，而大气层已经受到来自地面工业和交通排放所带来的污染。

如果我们考虑到，在平流层巡航时的排放与全球变暖的影响比在地面的排放所造成的影响要大得多，而且在未来 20 年航空器交通流量可能会翻倍，显然对这些排放进行控制是很有必要的。

对于航空发动机的合格审定，附件 16 规定了诸如烟雾、未燃烧的碳氢化合物、一氧化碳以及氮氧化物等的排放控制。

3. 2　民用航空管理局

3. 2. 1　起源

发达国家的政府建立了研究机构和管理局来保障飞行的安全。在很多情况下，这些组织是从先前存在的保证海洋和河道航行安全的机构演变而来的。有趣的是，在历史上，改善航行安全的主要原因不是社会法则的要求，而是保险公司经济抉择的要求。

"注册"（register）这个词被许多航运的公共机构采用，并且有明确的起源。事实上，它源自 17 世纪末伦敦河港码头一家小酒馆的店主爱德华 · 劳埃德（Edward Lloyd）的登记簿，上面记录着与船主、水手等顾客谈话所收集到的海上交通的信息，这些信息与船只、交通有关，而最为重要的是与导致人员、货物和船只损失的事故有关。这就是 1696 年首次发行的、深受欢迎的时事通讯《劳埃德新闻》（*Lloyd's News*）的起源。

与此同时，海运保险业务开始繁荣，爱德华 · 劳埃德的小酒馆迅速成为一个重要的谈判交流中心。劳埃德是一个实干家，意识到他所掌握的信息对于保险业务的重要性。最终，劳埃德成立了伦敦承保人的劳氏保险协会，成为世界保险业的标杆。

1713 年，劳埃德去世之后，他的继承人继承了他的事业。在海洋运输业受到高度评价的由清单、数据和海运新闻组成的《劳埃德船舶日报》（*Lloyd's List*）于 1734 年首次出版。该资料最初是手写的，印刷版则直到 1760 年才出现。

同时，不同船主还依据不同船只分类标准出版了其他报刊，直到 1833 年所有的出版物统一到"劳埃德船级社"（Lloyd's Register）标准，这是世界上首个船级社，并于 1871 年被承认合法。随后，其他国家的船级社也相继在欧洲成立。

对保险公司来说，安全性无疑是极其重要的事情：事故越少意味着赔偿越低。正是由于这个原因，船级社开始颁布海洋航运安全要求。

从航空业的初级阶段开始，航空业务就出现了与海运性质相似的问题，因此，有必要建立与海洋运输已有机构类似的专门机构。在某些情况下，特定的海事机构承担起航空调控和管理的责任。随后，航空业的发展导致了独立登记注册机构和国家管理机构的出现，他们的职责是处理航空器和空中航行事务。

3.2.2 适航管理当局的职责

一般来说，适航管理当局有以下职责①：

（1）规定适航性要求和程序。在之后的章节中，我们将介绍这些规定，涉及航空器型号合格审定、制造、运行以及相关组织机构。

（2）通知有关当事人上述规定，这是通过不同的方式实施的。适航当局发布技术规章、技术标准、通告等，可以通过函索或其他方式获得。目前，很多信息都可以通过网络得到。

（3）监管航空材料、设计、制造单位和航空器运营人。其目的是为了保证所有相关规定得以遵守。在相关的管理当局的适当参与下，监管可以通过不同的方式实现。

（4）审定航空材料和机构组织。这是以法律的形式宣布符合航空器及其零部件、型号合格证的更改、机构能力等适用要求。

3.3 欧洲联合航空局

欧洲联合航空局（JAA）是欧洲民用航空会议（European civil aviation conference，ECAC②）的相关机构，它代表了同意合作发展和执行共同安全管理标准和程序的一些欧洲国家的民用航空管理机构。这一合作的目的是为欧洲提供高水平的、统一的安全性标准和公平的竞争环境。

该机构强调 JAA 规章与美国规章的协调。JAA 成员资格是基于 1990 年在塞浦路斯签订的《JAA 协议》的许可而确定的。

根据《JAA 协议》和相关约定，JAA 的基本目标和职能可总结如下。

3.3.1 目标

（1）航空安全。通过成员国之间的合作，保证 JAA 各成员达到高级别的、统一的航空安全水平。

（2）与欧洲航空安全局（EASA）合作。依照方案，在履行职责和执行任务方面与 EASA 合作，确保 JAA 非 EASA 国家的参与，在全欧洲范围内保持规章方面的现有统一，相互接受和承认合格证书、批准书，以及执行 JAA 未来③（future of the JAA，FUJA）决议的相互接受和认可。

（3）商业效率。建立具有成本效益的安全系统，从而促进民用航空效率的提高。

（4）共同标准的统一。通过对共同标准的统一应用以及对现有规则的定期修订，来促

---

① 可以认为它们是处理适航问题的航空管理当局的一部分。

② 欧洲民用航空会议（ECAC）是于 1995 年作为一个政府间的组织建立的。ECAC 的目标是促进建立一个安全、有效和可持续发展的欧洲航空运输系统。ECAC 旨在协调其成员国（现在有 44 个国家，包括 28 个欧盟国家）之间的民航政策和措施，以及促进对其成员国与世界其他地区之间在政策上的理解。ECAC 与 ICAO、欧洲航空安全组织（EURO-CONTROL）和 EASA 保持着紧密的联系。

③ 成立于 2004 年的一个工作组，制定为 FUJA 明确里程碑的文件（“路线图”）。

进成员国之间公正、平等的竞争。

（5）国际合作。与在民航领域具有重要作用的其他区域组织或国家当局合作，使其至少达到 JAA 的安全水平。通过国际间的协议，以及在不影响共同体权限的前提下，通过对技术协助项目的参与，在世界范围内促进实现协调统一的安全标准与要求。

3.3.2　职能

JAA 的工作始于 1970 年，当时被称作联合适航当局（joint airworthiness authorities）。该组织最初的目标只是为大型飞机和发动机制定共同的合格审定条例，以满足欧洲工业的需求，尤其是满足跨国集团制造的产品的需求。自 1987 年以来，其工作已扩展到所有航空器的运行、维修、执照颁发和合格审定/设计标准。随着欧洲议会和欧盟理事会通过了规章（EC）1592/2002，以及随后 EASA 的设立，欧洲航空形成了一个新的规章框架。

按照这个规章，对于欧盟成员国来说，适航领域内的国家规章已被欧盟规章取代，合格审定工作已从各国管理局移交到 EASA。非欧盟国家则保留其所有方面的职能。

因此，对于 JAA 的未来发展，JAA 理事会（JAAB）制定并采纳了包含明确里程碑的发展“路线图”。ECAC 的局长在 2005 年 8 月提出从 JAA 向 JAA T（T 意为过渡）过渡。JAA T 包括在德国科隆的联络办公室（LO）和在荷兰霍夫多普的培训办公室（TO）。

3.3.3　JAA 的过渡职能

JAA T 凭借两个办公室（联络办公室和培训办公室）的互相配合而存在并行使其职能：

（1）JAA 联络办公室（JAA-LO）在 EASA 和非 EASA 的 JAA 成员国之间联络，以达到统一这些国家与 EASA 成员国之间行动的目的。此外，JAA 联络办公室确保对于规章制定的全面管理，这些规章包括运行和执照颁发方面的相关规章。EASA 负责所有 JAA 成员技术性方面的工作。

（2）JAA 培训办公室（JAA-TO）为航空界提供相关的培训，确保航空界对欧洲的航空安全规则和规章充分熟悉，并协助非 EASA 的 JAA 成员凭借自己的努力获得 EASA 的成员资格。截至 2009 年 7 月 1 日，在 JAA T 解散后，JAA-TO 作为荷兰基金会和 ECAC 的相关机构，继续提供培训课程。

3.3.4　JAA 培训机构

目前的 JAA 培训机构（JAA training organisation，JAA-TO）作为自筹资金的非营利机构，由 ECAC 成员国发起并独立于监管机构，通过提供培训和支持活动，促进欧洲和全球范围内的航空安全。

JAA-TO 提供航空安全的多个领域的培训课程，以帮助改善全球航空安全，促进受训对象对现有和新的欧洲航空法规的理解。

JAA-TO 定期在全球各地举办培训课程。每年会在航空安全领域安排 500 多个培训课程，JAA-TO 继续作为国际航空界学习和交流的平台，帮助人们学习、交流航空界的最新发展和热点问题。除了涵盖运营管理和专业领域的常规课程，JAA-TO 还安排了定制课程以满足一些特定需求。

3.3.5 一般说明

这个将要被 EASA 取代的重要组织的活动，常常会受到其自身属性的局限。值得一提的是，我们讨论的是“管理局”，而不是“权利”。这意味着 JAA 没有权力机构的法律地位，因此 JAA 不具有法律认可的权力，例如，JAA 没有权力颁发合格审定证书，他们只能根据相关条款“建议”国家当局颁发这些证书。出于同样的原因，他们不能强制要求执行规定和程序，而只能“建议”他们实施，除非这些规定和程序成为欧盟指令。考虑到各成员国的规定和法律的多样性，这种现状的缺点是显而易见的。这就是为什么迫切地需要一个真正的欧洲权威机构。如今随着 EASA 的建立这一需求已经成为现实，EASA 的建立得益于 JAA 所完成的重要而复杂的工作。

3.4 欧洲航空安全局

EASA 是一个独立的欧盟组织，拥有合法身份，在法律、行政和财务等方面具有自主权（见图 3-1）。

2002 年 7 月 15 日欧洲议会和理事会通过欧盟规章（EC）No. 1592/2002，并成立了 EASA 这一单一的权力机构，其目的是建立一个航空安全和环境规章的共同管理体系。

按照计划，EASA 于 2003 年 9 月 28 日正式开始运行，在经过布鲁塞尔的过渡期后，该机构搬迁到了德国科隆。

3.4.1 行政和管理职责

目前 EASA 的主要职责有：

（1）规章制定：起草航空安全性法规，向欧盟委员会和成员国提供技术建议。

（2）检查、培训和标准化方案，以确保所有成员国统一实施欧洲航空安全性法规。

（3）航空器、发动机和零部件的安全性和环境方面的型号合格审定。

（4）全世界范围内航空器设计机构的批准以及欧盟以外的生产和维修单位的批准。

（5）航空器运营机构和运营人的审定。

（6）空中交通管理（ATM）和空中航行服务（ANS）机构的审定。

（7）EASA 职责范围内的空中交通管制（ATC）培训机构、在欧盟范围内的提供交通管理服务和空中航行服务的非欧盟机构以及泛欧盟服务提供商的审定和监督。

（8）第三国（非欧盟国家）运营人的授权。

（9）关于使用欧盟机场的外国航空器安全性的欧盟项目“国外航空器的安全性评估”的协调。

（10）数据的收集、分析和研究，以促进航空安全。

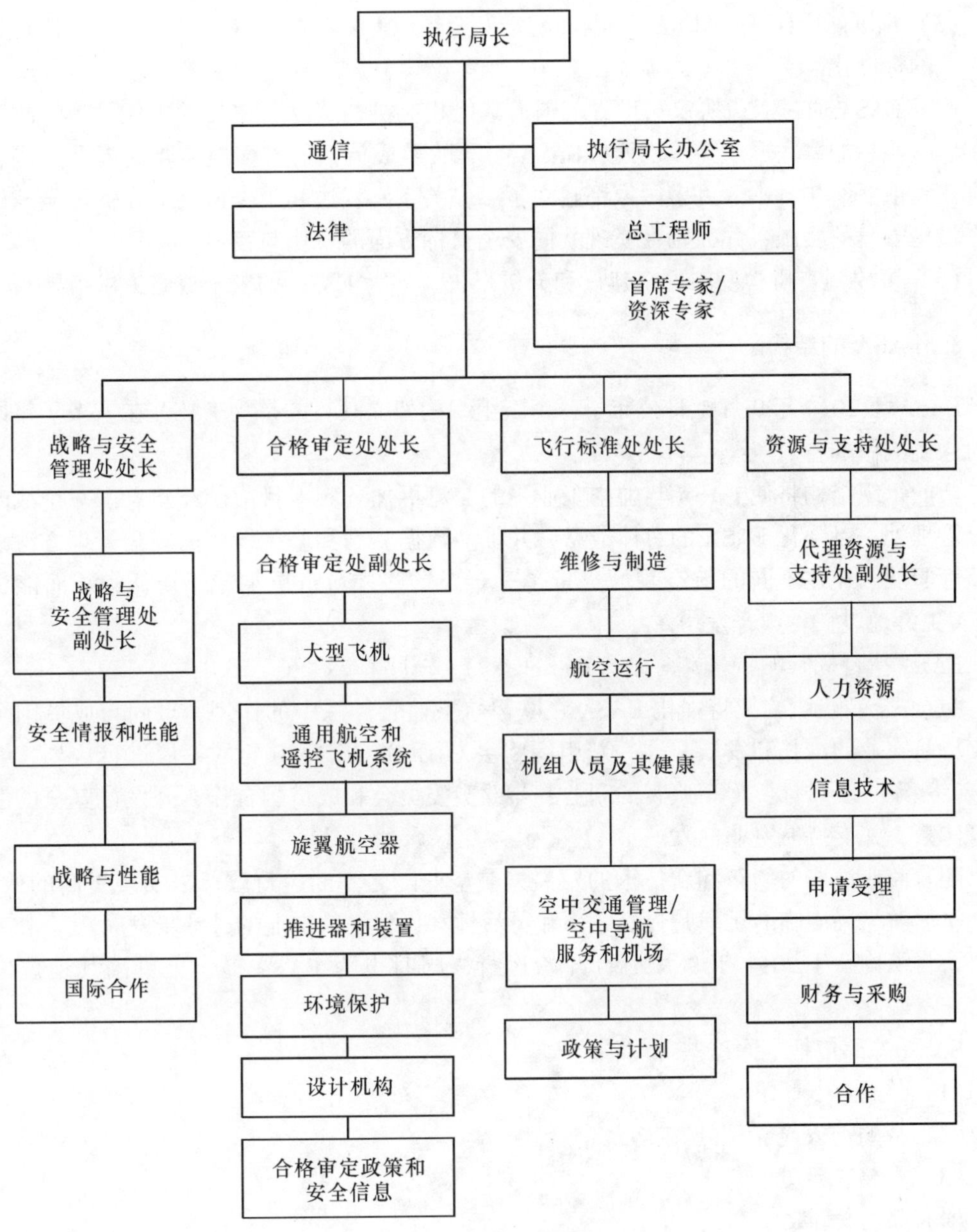

图 3-1　EASA 机构图

3.4.2　EASA 的合作伙伴

EASA 与其他一些组织的代表密切合作，以确保考虑到每一位合作伙伴的意见：

（1）对于受 EASA 起草的相关规则监管的企业团体，通过协助欧盟和 EASA 起草和正确应用相关规则，确保民用航空标准成功发挥关键作用。

（2）欧洲航空管理当局在协助 EASA 执行其核心规则制定、合格审定和标准化职能方面发挥关键作用。

（3）国际航空组织，如JAA、欧洲航空安全组织①、ICAO与EASA一起，共同促进国际民航的标准化。

（4）EASA通过双边协议与世界范围内其他相应机构建立了密切的工作关系：欧盟—美国、欧盟—加拿大、欧盟—巴西，EASA与非欧盟成员国的许多航空当局以及中国、澳大利亚、俄罗斯、日本等许多国家都建立了工作关系。双边和工作协议旨在促进全球航空安全最佳方案的实施，并鼓励在实现共同安全目标方面的合作与互助。

（5）事故调查机构发布安全建议和分析报告，并为EASA的安全战略提供指导。

3.4.3 EASA的结构

EASA于2014年9月1日公布了一个新组织构架，其目的是为EASA在未来几年即将面对的挑战做准备。

新的组织结构将使EASA与航空工业界的交流更加务实。目前已经建立了一个战略及安全管理处，以强化EASA的总体战略，并推动数据驱动和基于绩效的安全管理方法。所有监管职能已经在不同的航空领域进行了整合，这些领域也更加趋于协调，从而能保证EASA更好地以一种声音发声。

EASA执行局长帕特里克·基（Patrick Ky）先生宣布：

“这一全新组织构架将强化EASA在欧盟航空监管体系中的作用，巩固与成员国合作并支持航空业的增长和发展。这一新组织将会对EASA未来10年的发展进行规划。管理团队专注于一个目标：为了旅客的利益，与欧盟委员会和成员国合作，开发最安全的航空监管体系，并支持航空业的发展。”

随着商业模式的创新和新技术的发展，航空业随之不断进行改革以实现更高的效率。因此，适航当局面临的挑战是提高效率和灵活性，以促进航空业的进一步发展。

新组织构架于2014年9月1日开始运行，同时也为EASA提供了巩固其地位的新机会。

EASA总部包括下面这些部门：

（1）执行局长。

（2）战略与安全管理处。

（3）合格审定处。

（4）飞行标准处。

（5）资源与支持处。

（a）执行局长由EASA管理委员会任命。该委员会由成员国适航当局和欧盟委员会的代表组成，负责EASA优先考虑事项的确定、预算的制定和监督EASA的运行②。

---

① 欧洲航空安全组织的作用是协调全欧洲（38个国家）空中交通管理（ATM）统一体系发展，协同合作伙伴在运输行业中提供一系列的服务保障：从空中交通管制员的培训到管理空中交通流量，从空域的区域管制到创新技术和程序的发展。

② 缔约方咨询机构在这项工作中给予管理委员会协助。它由代表全体航空人员、制造商、商业和航空运营人、维修企业、培训机构以及航空体育的组织组成。

（b）战略与安全管理处在数据分析和政策导向的基础上为整个组织提供战略和规划指导。它为 EASA 的工作提供了一种自上而下的、战略性的和具有前瞻性的指导，并通过领导全欧洲的安全行动，参与到提高欧洲航空安全水平的工作中。此外，该部门还负责安全分析，风险、影响评估程序和计划的监管和报告，国际合作管理，提升安全，以及与技术合作和安全提升有关的培训。

（c）合格审定处有大约 250 名职员，负责并执行核心的合格审定工作：

（1）产品适航。

（2）持续适航的监管。

（3）环境合格审定和设计机构的批准。

合格审定处的责任如下：

（1）在上面提到的领域中建立、实现、监督和更新运行程序。

（2）监督审定部门的战略目标、规划和预算的管理、计划和执行。

（3）与 EASA 的合作伙伴和利益相关者的联络。

（4）代表 EASA 在高水平航空安全论坛的地位。

合格审定处从 2003 年 9 月 28 日起，开始接管在欧盟成员国规章监督下进行设计、制造、维修或使用的所有航空产品、零部件和设备适航性和环境合格审定工作。

EASA 的合格审定工作还包括所有的合格审定后的工作，如航空产品及其零部件的更改和修理的批准，以及为纠正任何潜在的不安全情况所发布的适航指令（AD）。现在，所有的型号合格证都由 EASA 颁发，并在全欧盟有效。

同时，EASA 成为管理当局并主要负责航空产品、零部件和设备设计相关的机构的审批和监管。同时，对于制造或维修此类产品的国外机构，EASA 也担任了同样的角色。

为了完成这些合格审定的任务，EASA 依靠曾经担任过这一角色的各个国家航空局，以签订合约的方式来完成这些工作。

（d）飞行标准处主要负责核心工作的领导，核心工作包括对已经获得批准的组织和成员国的监督，同时也负责政策和法规等的发展变更，它是在欧盟级别上对航空问题进行监督和管理。

飞行标准处的职责如下：

（1）在上述领域建立、实施、监测和更新业务流程。

（2）监督本部门的战略目标、规划和预算的管理、计划和执行。

（3）向基于绩效的制度进行过渡，在欧盟范围内对安全监管资源进行监督，以及寻找可以实施的创新方案。

（4）与 EASA 的合作伙伴和利益相关者的联络。

（5）代表 EASA 在高水平航空安全论坛的地位。

（e）资源与支持处实施内部服务的职能，如：人力资源管理、信息技术、合格审定和批准支持、财务与采购以及设备管理。

注：观察 EASA 的最新结构图，我们发现标准化处被取消了。实际上，虽然标准化处在 EASA 早期发展阶段起到了决定性的作用，但是随着建立的新规则日益巩固，逐步更新这些规则的工作被分配到专业处室，这有助于不同处室更好地完成工作。

3.4.4 EASA 基本规章结构

基本规章确立了为民用航空安全和环境保护提供高水平保障的共同基本要求。欧盟委员会需要采取必要的执行规则以确保其统一实施，EASA 协助委员会制定这些执行规则。

根据 2002 年 7 月 15 日发布的（EC）No. 1592/2002 规章，EASA 负责所有受欧盟成员国规章监管的设计、制造或使用的航空产品、零部件和设备的设计批准，但不包括其附件 II① 或其条款 1.2（涉及军用、海关、警用或类似用途的产品）提到的航空产品。该规章规定了对适航性的“基本要求”。

随后，欧盟委员会于 2003 年 9 月 24 日通过了（EC）No. 1702/2003 欧盟规章②，规定了航空器及其相关产品、零部件和设备的适航和环境合格审定，以及设计和生产机构认证的实施细则。

该规章还包括了成员国在 2003 年 9 月 28 日之前颁发的型号合格证的方法。这些型号合格证被认为是依据（EC）No. 1702/2003 规章颁发的，因此，EASA 不需要再为相关产品颁发新的型号合格证。但是，从 2003 年 9 月 28 日起，所有这些型号合格证和相关数据表的更改都必须获得 EASA 的批准。

基本规章认识到，从国家管理局到 EASA 的职责转换需要过渡。因此，基本规章规定了各成员国过渡期内可以继续颁发合格证和批准书，这通过 1702/2003 欧盟委员会规章中的实施细则进行规定，对基本规章采用偏离的方式来实现，这个过渡期已于 2007 年 3 月 28 日结束。

欧盟委员会于 2003 年 11 月 20 日发布（EC）No. 2042/2003 规章“航空器以及航空产品、零部件和设备的持续适航以及相关机构和工作人员的批准”。规章规定了统一的技术要求和管理程序以确保包括所有航空器的持续适航③，具体内容如下：

（1）在成员国注册。

（2）在第三方国家注册由运营人使用，运营受成员国的监督。

注：以上三部规章涉及向 EASA 转移以下的职能：

（a）（EC）No. 1592/2002 规章建立了 EASA 和民用航空领域的基本规章。

（b）欧盟委员会（EC）No. 1702/2003 规章规定了航空器及相关产品、零部件的适航性和环境合格审定的实施规则，以及设计和生产机构的合格审定（21 部）。

（c）欧盟委员会（EC）No. 2042/2003 规章是关于航空器和航空产品、零部件和设备的持续适航，以及与这些工作相关的组织和人员的批准（附件 I M 分部，附件 II 145 部，附件 III 66 部）。

---

① 附件Ⅱ列出了 1592/2002 规章（现在是 216/2008 的条款 4（1））不适用的航空器类别，也就是还没有基于该规章及实施条例颁发型号合格证或适航证的航空器。

② 欧盟委员会规章是“规章”的实施条例。它们通常由简短的介绍性规章组成，俗称“cover regulation”，其附件包含实施的技术要求。在 EASA 系统中，这些附件通常称为“部”（例如，21 部是 1702/2003 规章的附件）。

③ 见第 10 章。

欧盟委员会（EC）No. 1592/2002 规章在2008年2月20日被（EC）No. 216/2008 规章取代。

（a）本规章适用于：

（1）航空产品、零部件和设备的设计、生产、维修和运营，以及涉及这些产品、零部件和设备的设计、生产和维修的人员和组织。

（2）与航空器的运营相关的人员和组织。

（b）如果（a）中所指的航空产品、零部件、设备、人员和组织用作军事、海关、警察或类似服务时，本规章将不再适用。成员国应承诺，确保此类服务在切实可行的范围内适当考虑本规章的目标。

注：本规章再次向 EASA 转移职能。本规章还规定了下列“基本要求”：

（1）飞行员资格。

（2）航空器运营。

（3）第三国运营人使用的航空器。

2009年10月21日，（EC）No. 1108/2009 规章已经发布修正案但是并没有被取代，（EC）No. 216/2008 规章适用于机场、空中交通管理和空中航行服务领域。

注：本规章第三次向 EASA 转移职能。本规章还规定了下列“基本要求”：

（1）机场。

（2）空中交通管理和空中航行服务。

（3）空中交通管制人员。

欧盟委员会于2009年7月30日发布（EC）No. 690/2009 规章修改了216/2008规章中的环境保护要求之后，EASA 发布了一系列的欧盟规章和委员会规章。

在本书的范围内，我们只引用以下内容：

2012年8月3日发布的欧盟委员会（EU）No. 748/2012 规章①，规定了航空器适航性和环境合格审定的实施细则，“修改了21部规章”，规定了航空器及相关产品、零部件和设备，以及本规章附件I所列的设计和生产机构合格审定的要求和程序。

2012年10月5日欧盟委员会发布（EU）No. 965/2012 规章，规定了欧洲议会和理事会发布的（EC）No. 216/2008 规章中包括的与空中运行相关的技术要求和管理程序。

发布的附件如下②：

附件I——附件II~附件V中所用术语的定义。

附件II——适航当局对于空中运营的要求。

附件III——各机构对于空中运营的要求。

附件IV——商业航空运营。

附件V——特定批准书。

2013年8月14日发布的欧盟委员会（EU）No. 800/2013 规章修改了965/2012规章，

① 《里斯本条约》于2009年12月1日生效，废除了欧共体（EC），以欧盟（EU）作为欧同体的继承人。“欧共体”一词不再出现在条例中。

② 更多细节在第9章的9.3 EASA 运行标准。

该规章规定了欧洲议会和理事会发布的（EC）No. 216/2008 规章中包括的与空中运营相关的技术要求和管理程序。

发布的附件如下：

附件 VI——由复杂动力驱动的用于非商业航空运行的航空器。

附件 VII——由其他复杂动力驱动的用于非商业航空运行的航空器。

2014 年 4 月 7 日欧盟委员会（EU）No. 379/2014 规章修改了（EU）No. 965/2012 规章，该规章规定了欧洲议会和理事会发布的（EC）No. 216/2008 规章中与空中运行相关的技术要求和管理程序。

本规章对附件 I~附件 VII 进行了修改，并发布了新版内容：

附件 III——特殊运营服务（Part-SPO）。

2014 年 11 月 26 日欧盟委员会（EU）No. 1321/2014 规章包括了航空器及航空产品、零部件、设备的持续适航和相关机构和人员的批准。委员会发布了新版的 M 部、145 部、66 部、147 部规章。

在图 3-2 中可以根据实施区域中的规章结构进行索引，图中突出强调了本书中引用的规定。

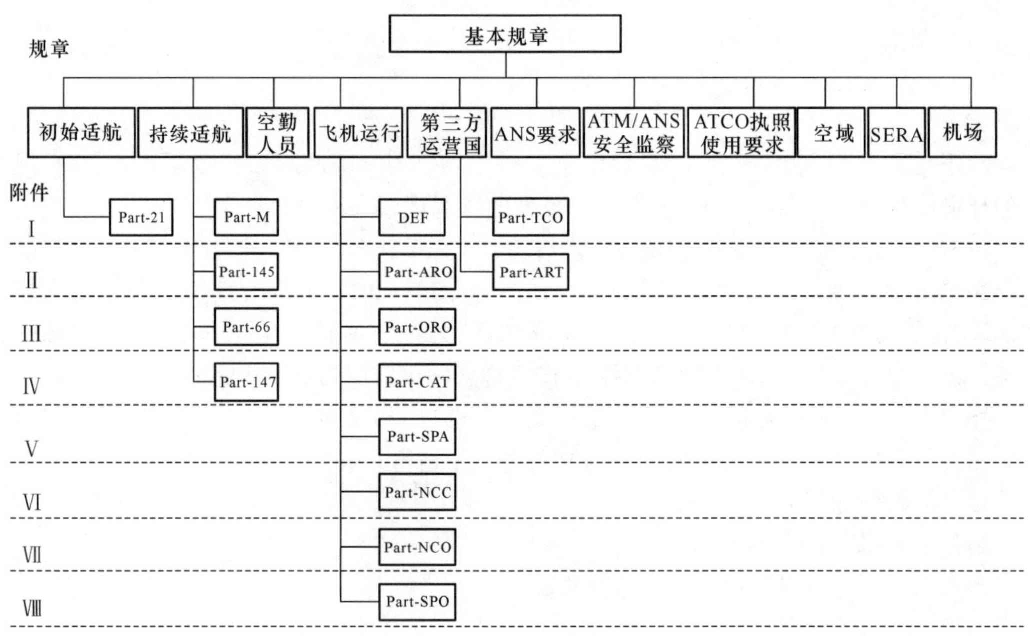

图 3-2　规章结构

ANS—空中导航服务；ARO—航空运营的适航当局要求；ART—第三方运营国家的适航当局要求；ATCO—空中交通管制员；ATM—空中交通管理；CAT—商业航空交通运营；DEF—附录 I “定义，Definitions”；NCC—混合动力航空器的非商业航空运营；NCO—非混合动力航空器的非商业航空运营；ORO—航空运营的组织要求；SERA—欧洲的统一航空标准；SPA—特定批准书；SPO—专业运行；TCO—第三方运营国

3.5　联邦航空局

3.5.1　历史

3.5.1.1　起源

1926 年 5 月 20 日发布的航空商业法（air commerce act），是美国联邦政府民航规章的基础。这一具有立法里程碑意义的法案是应航空工业的要求而通过的，航空工业的领导人认为如果联邦政府不采取措施提高和维持安全标准，航空器将无法发挥其全部的商业潜力。法案要求商务部长发展航空商业，发布和强制执行空中交通法规，颁发飞行员执照，审定航空器，建立航线，运营和维护空中导航设施，由商务部新成立的航空处负责航空监管。

3.5.1.2　早期职责

为了履行民用航空的职责，商务部在初期专注于诸如安全规章的制定以及飞行员和航空器合格审定。

1934 年，为了显示在部门内地位的提高，航空处更名为商业航空局。随着商业飞行的增加，商业航空局鼓励一些航空公司沿航线建立了最早的三个空中交通管制（ATC）中心。1936 年，商业航空局接管了这些管制中心并开始发展空中交通管制系统。

3.5.1.3　民用航空法

1938 年颁布了民用航空法，将联邦民用航空管理职能从商务部移交给一个新的独立机构——民用航空管理局。

1940 年，富兰克林·罗斯福（Franklin Roosevelt）总统将这个机构一分为二，即民用航空管理局（CAA）和民用航空委员会（CAB）。CAA 负责空中交通管制（ATC）、机组成员和航空器的审定、安全执法和航线开发。CAB 负责安全立法、事故调查和航空公司的经济监管。这两个机构都是商务部的组成部分。

3.5.1.4　FAA 的成立

喷气式客机的引入和一系列空中相撞事件的发生，促使 1958 年通过了联邦航空法。这一法案将 CAA 的职能移交给一个新的独立机构——联邦航空署（federal aviation agency，FAA），它拥有更广泛的权力去避免航空危险事故。这一法案将制定安全规章的职能从民用航空委员会（CAB）移交到新成立的 FAA。它还赋予 FAA 发展和维护一个军民公用的空中航行和空中交通管制（ATC）系统的独立职能，该职能是由 CAA 和其他部门共同承担的。

3.5.1.5　从联邦航空署到联邦航空局

1966 年，国会批准成立了一个能整合联邦运输的主要职能的政府部门。从 1967 年 4 月 1 日起，新的运输部（DOT）开始全面运行。同一天，FAA 成为运输部（DOT）的几个主要机构之一，并更名为联邦航空局（federal aviation administration）。同时，民用航空委员会（CAB）的事故调查职能被移交到新的国家运输安全委员会（NTSB）。

3.5.1.6 机构的变化

从FAA成立开始，其组织机构就一直在变化。FAA的第一任局长倾向于建立可使位于华盛顿的官员直接控制相关领域的管理系统。然而，在1961年其继任者开始分散权利，将更多的职权移交给地区机构。这种模式一直持续到1988年，此时管理“直线化”的呼声再次要求国家的管理人员为业内活动提供更多的指导。

3.5.2 FAA的工作

3.5.2.1 安全性规章

FAA颁布和强制实施涉及航空器的制造、运行、维修的规章和最低标准。它还对服务于航空器的机组人员和机场进行合格审定。

3.5.2.2 空域和交通管理

保证飞行空域安全并高效地使用空域是FAA的主要目标之一。FAA运行着一个由机场控制塔台、航路交通管制中心以及飞行服务站组成的网络，同时也负责制定空中交通规章、空域的使用分配以及空中交通管理。

3.5.2.3 空中航行设施

FAA为空中航行建立或安装视觉和电子辅助设备，也对这些设备进行维护、运行并保证这些设备的质量，以及维护其他用于空中航行和空中交通管制的系统，包括飞行服务站的语音和数据通信设备、雷达设施、计算机系统和飞行服务站的视觉显示设备。

3.5.2.4 国外的民用航空

FAA促进航空安全、支持国外民用航空，并参与国际会议。与国外航空管理当局进行航空信息交流。FAA对外国修理厂、机组人员和维修人员发放证书，提供技术援助和培训，与具备“适航实施程序”的其他管理机构商谈双边航空安全协议，以便于美国与签约国对进出口航空产品进行相互合格审定，同时促进与适航相关的维修、飞机运行和环境审定的技术合作。

FAA不但要处理美国国内与飞行安全相关的所有问题，而且在五大洲派有代表以保证和促进国际民用航空的安全、稳定和高效。FAA与188个国家的对应机构进行对话，并与ICAO密切合作。这种努力包括提供技术援助和培训，以确保飞往美国的航班所属国家符合国际标准，并协调全球标准以保证乘客可以从无缝衔接的空中运输网络中获益。

很明显，这些国际性业务活动的最终目的和本质是保证美国境内的飞行安全，但是也不能忽略美国为提升全球范围内的安全水平所起到的重要推动作用。

3.5.2.5 商用航天运输

FAA管理并鼓励美国境内的商用航天运输业。FAA为商用航天发射设施和私人通过可负担得起的运载器发射空间货物的活动颁发许可证。

3.5.2.6 研究、工程技术和发展

FAA研究并开发空中导航和空中交通管制所需的安全高效的系统及程序，帮助研发更好的航空器、发动机和机载设备，测试和评估航空系统、机载设备、材料和工艺，同时也进行航空医学的研究。

3.5.2.7　其他项目

FAA 对航空器进行登记注册，记录并反映航空器及其零部件的所有权或产权档案；管理航空保险项目；制定航图规范；发布关于航线、机场服务和其他航空技术问题的信息。

3.5.2.8　FAA 工作总结

FAA 负责民用航空安全。主要职责如下：

（1）管理民用航空以提升安全性。

（2）鼓励和发展民用航空，包括新的航空技术。

（3）开发和运行军用和民用航空器的空中交通管制和航行系统。

（4）研究和发展国家空域系统和民用航空。

（5）开展和执行控制航空器噪声和民用航空的其他环境影响的研究项目。

（6）管理美国商用航天运输。

3.5.3　FAA 的合格审定司

FAA 的组织结构非常复杂，如果考虑 FAA 工作任务的多元性、美国的国家规模以及与世界其他国家的关系，这是可以理解的。

从适航的角度出发，我们将尽力介绍开展每一项适航工作的机构。

FAA 的组织机构如图 3-3 所示。在庞大的 FAA 组织结构图中，我们会发现民用航空安全部门①总部位于华盛顿，它主导着航空器合格审定司的工作，航空器合格审定司的组织结构图如图 3-4 所示。

航空器合格审定司的职责如下：

（1）管理民用航空产品的设计、生产和适航性的安全标准。

（2）监管设计、生产和适航的审定程序，确保符合规定的安全性标准。

（3）提供安全性能管理系统，确保航空器持续运行的安全性。

（4）与其他国家航空管理局、制造商和其他利益相关者开展工作，帮助有效提升国际航空运输系统的安全性。

航空器合格审定司包括位于华盛顿特区总部的司长办公室，4 个处，以及 4 个审定中心。航空器合格审定司的总部和 4 个审定中心共同负责美国所有民用航空产品的设计与生产批准、适航审定和持续适航。

航空器合格审定司负责美国所有民用航空产品的设计与生产批准、适航审定和持续适航项目。FAA 通过培训计划和对局方的委任代表进行监督来为这些工作提供支持。

3.5.3.1　总部的机构设置

审定司各个处室负责管理航空器合格审定工作。

---

①　航空安全部门（AVS）：航空安全部门是负责飞机合格审定、生产审批和持续适航的组织机构；也负责飞行员、维修人员和其他安全相关人员的合格审定。AVS 还负责：（a）国内民用航空运营和维修单位的审定；（b）约 7300 家美国商业航空公司和航空运营人的审定和安全监督；（c）民用飞行业务；（d）制定规章。AVS 办公室负责：（a）事故调查和预防；（b）航空航天医学；（c）空中交通安全监督；（d）飞机合格审定；（e）飞行标准；（f）质量、一体化和执行服务；（g）规章制定。

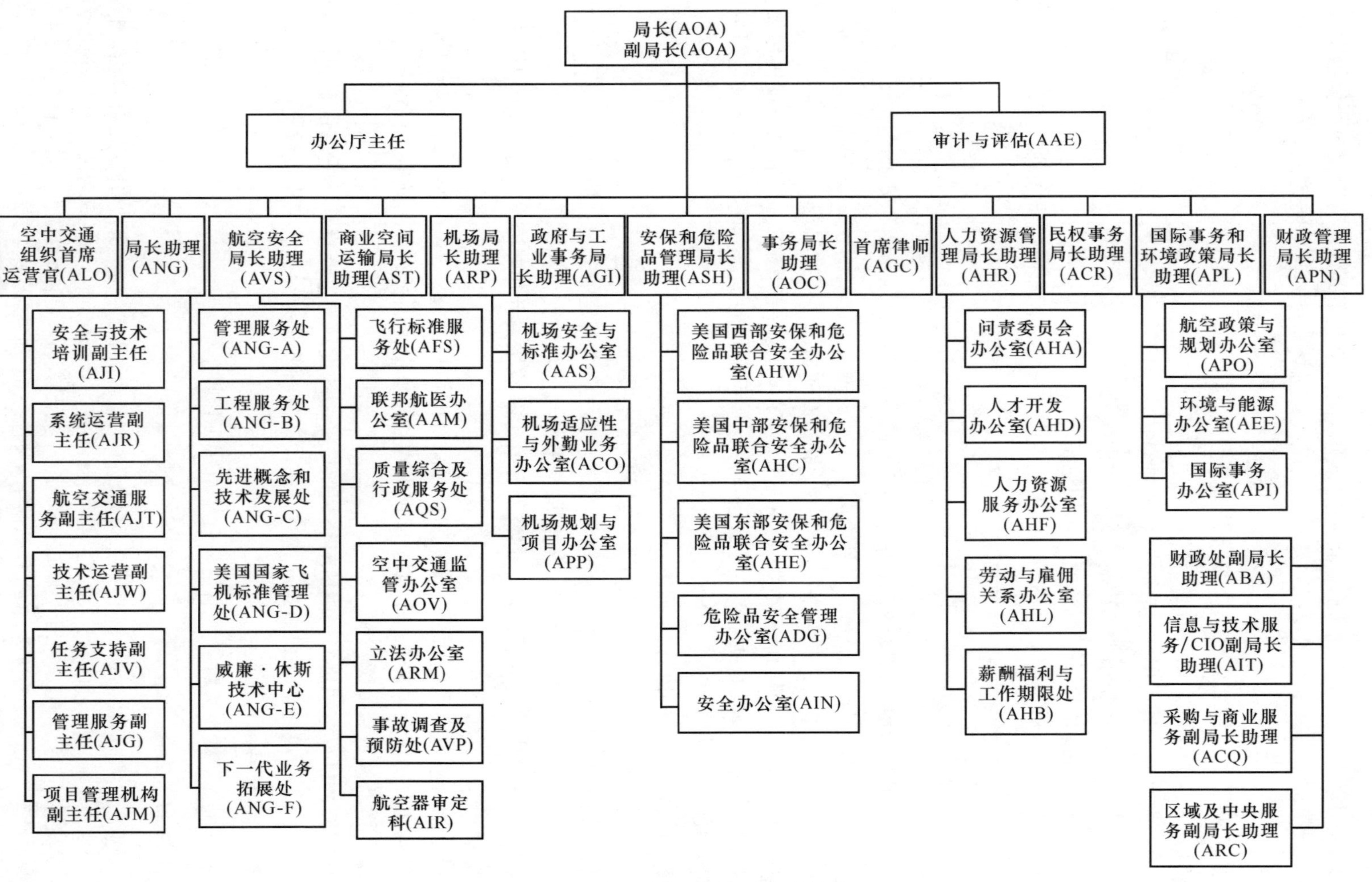

局长(AOA)
副局长(AOA)
办公厅主任
审计与评估(AAE)
空中交通组织首席运营官(ALO)
安全与技术培训副主任(AJI)
系统运营副主任(AJR)
航空交通服务副主任(AJT)
技术运营副主任(AJW)
任务支持副主任(AJV)
管理服务副主任(AJG)
项目管理机构副主任(AJM)
局长助理(ANG)
管理服务处(ANG-A)
工程服务处(ANG-B)
先进概念和技术发展处(ANG-C)
美国国家飞机标准管理处(ANG-D)
威廉·休斯技术中心(ANG-E)
下一代业务拓展处(ANG-F)
航空安全局长助理(AVS)
飞行标准服务处(AFS)
联邦航医办公室(AAM)
质量综合及行政服务处(AQS)
空中交通监管办公室(AOV)
立法办公室(ARM)
事故调查及预防处(AVP)
航空器审定科(AIR)
商业空间运输局长助理(AST)
机场局长助理(ARP)
机场安全与标准办公室(AAS)
机场适应性与外勤业务办公室(ACO)
机场规划与项目办公室(APP)
政府与工业事务局长助理(AGI)
安保和危险品管理局长助理(ASH)
美国西部安保和危险品联合安全办公室(AHW)
美国中部安保和危险品联合安全办公室(AHC)
美国东部安保和危险品联合安全办公室(AHE)
危险品安全管理办公室(ADG)
安全办公室(AIN)
事务局长助理(AOC)
首席律师(AGC)
人力资源管理局长助理(AHR)
问责委员会办公室(AHA)
人才开发办公室(AHD)
人力资源服务办公室(AHF)
劳动与雇佣关系办公室(AHL)
薪酬福利与工作期限处(AHB)
民权事务局长助理(ACR)
国际事务和环境政策局长助理(APL)
航空政策与规划办公室(APO)
环境与能源办公室(AEE)
国际事务办公室(API)
财政管理局长助理(APN)
财政处副局长助理(ABA)
信息与技术服务/CIO副局长助理(AIT)
采购与商业服务副局长助理(ACQ)
区域及中央服务副局长助理(ARC)

图3-3 FAA组织结构

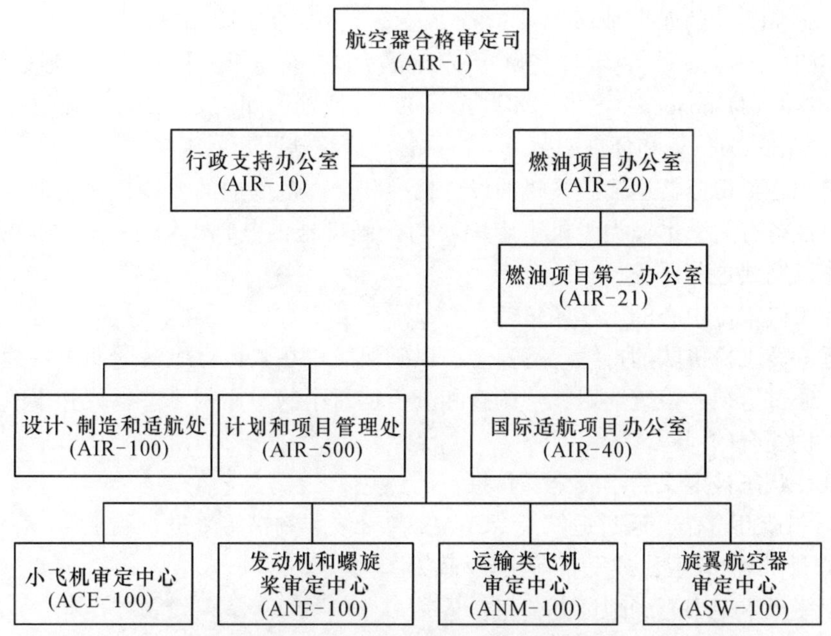

图 3-4　航空器合格审定司的组织结构

设计、制造和适航处（AIR-100）从 2014 年 2 月 9 日起开始运行，是对原来的航空器工程技术处（AIR-100）、生产和适航审定处（AIR-200）的合并重组。该处通过发布联邦航空规章、适航指令、政策程序，以及与持续运行安全、型号合格审定、设计批准、生产批准、适航证书相关的指导性材料，并且授权和监督局方委任代表，来促进航空安全。

国际适航项目办公室（AIR-40）是 AIR 国际活动的协调部门。该办公室为 FAA 的其他机构、美国政府的国际机构、国际民航组织（ICAO）和其他国家的民航当局（CAAs）提供联络支持。

计划和项目管理处（AIR-500）负责管理培训、人员配置、项目规划和评估、财务以及人力资源方面的管理，并对这些任务进行国家政策咨询和其他指导服务。

燃料项目办公室（AIR-20）是与燃料相关的规章、政策、合格审定项目的主导和管理部门。该办公室负责执行航空立法委员会的建议以实现 2025 年的目标，即开发出大多数通用航空飞机可以使用的无铅替代燃料。

3.5.3.2　航空器合格审定中心

合格审定中心负责制定和执行国家的规章要求、政策、持续运行安全程序，以及指定产品的型号合格审定、生产许可审定和适航审定工作。各中心还负责管辖本地区的审定工作（地区办公室活动、合格审定计划和项目）。

（a）运输类飞机审定中心（ANM-100）包括位于兰顿（Renton）的审定中心总部，位于丹佛（Denver）、洛杉矶（Los Angeles）和西雅图（Seattle）的三个航空器合格审定办公室（ACOs）；位于洛杉矶（Los Angeles）、菲尼克斯（Phoenix）、西雅图（Seattle）和凡奈斯（Van Nuys）的四个地区制造检查办公室（MIDOs）①。制造检查办公室（MIOs）在亚利桑那州（Arizona）、科罗拉多州（Colorado）、夏威夷州（Hawaii）、爱达荷州（Idaho）、蒙大拿州（Montana）、内华达州（Nevada）、俄勒冈州（Oregon）、犹他州（Utah）、华盛顿州（Washington）和怀俄明州（Wyoming）这些辖区开展工作。

该审定中心负责监督运输类飞机的设计批准和全球范围内的改装，并负责监督900多名生产许可证持有人。运输类飞机审定中心与全国各地的其他FAA办事处和外国监管机构密切合作以完成这些任务。

运输类飞机审定中心的工作还包括：

监督运输类飞机机队的持续运行安全，以确保飞机在其运行生命周期内持续符合规定并且安全；通过监视、检查、审核、调查和分析运营中的使用困难、事故和事故征候，来查找影响飞机安全的问题。

如果某一状态被定义为不安全，它将：

（1）与制造商合作，通过适航指令（ADs）采取强制措施来进行纠正。

（2）修订法规/政策，或发布新法规/政策。

运输类飞机审定中心的地区办公室：

（1）为上面提到的辖区和环太平洋国家的所有航空器及零部件颁发设计、生产和适航的批准证书。

（2）确定并确保每架飞机的设计满足相应的规定（设计审批）。

（3）当申请人证明其航空器的设计符合标准时为其颁发型号合格证。

（4）确保每一个生产设施都能生产出符合设计批准的航空器（生产审批）。

（5）确保生产设施生产的每架飞机都是依据批准的设计来进行制造的，并处于安全运行状态（适航审定）。

（b）小型飞机审定中心（ACE-100）（中部地区）包括位于堪萨斯城（Kansas City）的审定中心总部，位于安克雷奇（Anchorage）、亚特兰大（Atlanta）、芝加哥（Chicago）和威奇托（Wichita）的四个航空器合格审定办公室（ACOs），以及位于亚特兰大（Atlanta）、克利夫兰（Cleveland）、堪萨斯城（Kansas City）、明尼阿波利斯（Minneapolis）、奥兰多（Orlando）、万达利亚（Vandalia）和威奇托（Wichita）的七个地区制造检查办公室（MIDOs）。

制造检查办公室（MIOs）在以下辖区行使其职能：亚拉巴马州（Alabama）、阿拉斯加州（Alaska）、佛罗里达州（Florida）、乔治亚州（Georgia）、伊利诺伊州（Illinois）、印第安那州（Indiana）、艾奥瓦州（Iowa）、堪萨斯州（Kansas）、肯塔基州（Kentucky）、密歇根州（Michigan）、明尼苏达州（Minnesota）、密西西比州（Mississippi）、密苏里州（Missouri）、内布拉斯加州（Nebraska）、北卡罗来纳州（North Carolina）、北达科他州（North Dakota）、俄亥俄州（Ohio）、南卡罗来纳州（South Carolina）、南达科他州（South Dakota）、田纳西州（Tennessee）和威斯康星州（Wisconsin）。

堪萨斯城的审定中心总部的主要职能有：

① 定义见第3.5.3.3节。

（1）为审定中心的地区办公室提供行政支持和资源管理。

（2）针对小型飞机、飞艇和气球，制定型号合格审定政策和规章，并确保政策和规章的标准化实施。

（3）管理本辖区以外的地区办公室的小型飞机、飞艇和气球的型号合格审定工作。

（4）开展小型飞机、飞艇和气球的适航工作，监督它们的持续适航信息。

注：FAR 1 所定义的“小型航空器”是指最大合格审定起飞重量不超过 12500lb① 的航空器。因此，任何飞机，包括运输类飞机，如果小于 12500lb，则根据 FAR 1 的定义，被定义为“小型航空器”。然而，按照常用的最基本含义，小型飞机通常被认为是不属于运输类飞机的固定翼航空器（即不按照 FAR 25 进行型号合格审定的固定翼飞机）。一般而言，小型飞机是非运输类的固定翼飞机。根据类别，按照 FAR 23 的规章要求小型飞机的最大起飞重量能够达到 19000lb。

小型飞机和用于通用航空的航空器不同，因为通用航空的航空器是按照 FAR 91 规章要求来运营的，通用航空的航空器可以是包括运输类航空器和旋翼航空器在内的任何类型的航空器。除此之外，按照 FAR 121 和 FAR 125 规章运行的飞机可能包括小型飞机，但是当它们按照这些规则运行时则不能被看作是用于通用航空的航空器。

（c）旋翼航空器审定中心（ASW-100）包括位于沃思堡（Fort Worth）的审定中心总部，一个航空器合格审定办公室（ACO）也位于沃思堡，以及位于沃思堡、俄克拉何马市（Oklahoma City）和圣安东尼奥（San Antonio）的三个地区制造检查办公室（MIDOs）。制造检查办公室（MIOs）在阿肯色州（Arkansas）、路易斯安那州（Louisiana）、新墨西哥州（New Mexico）、俄克拉何马州（Oklahoma）和得克萨斯州（Texas）行使其职能。

此审定中心负责 FAA 对美国西南地区所有民用航空产品的设计和生产的批准，包括飞机、旋翼航空器、动力增升航空器（powered-lift aircraft）、发动机、气球、零部件等。

除此之外，该审定中心还负责管理旋翼航空器和动力增升航空器的规章和政策，美国国内规章和政策的实施，以及国外的旋翼航空器和动力增升航空器的认可审定/FAA 批准。

（d）发动机和螺旋桨审定中心（ANE-100）包括位于伯灵顿（Burlington）的审定中心总部，位于波士顿（Boston）和纽约（New York）的两个航空器合格审定办公室（ACOs），以及位于伯灵顿、法明代尔（Farmingdale）、新坎伯兰（New Cumberland）、桑德尔布鲁克（Saddle Brook）和温色洛克（Windsor Locks）的五个地区制造检查办公室（MIDOs）。位于伯灵顿的波士顿制造检查办公室（MIOs）在以下辖区内行使其职能，包括：康涅狄格州（Connecticut）、特拉华州（Delaware）、缅因州（Maine）、马里兰州（Maryland）、马萨诸塞州（Massachusetts）、新罕布什尔州（New Hampshire）、新泽西州（New Jersey）、纽约州（New York）、宾夕法尼亚州（Pennsylvania）、罗得岛州（Rhode Island）、佛蒙特州（Vermont）、弗吉尼亚州（Virginia）和西弗吉尼亚州（West Virginia）。

该审定中心负责航空发动机和螺旋桨的初始型号合格审定或对经过批准的设计的更改，辅助动力装置技术标准规定的批准，以及开展航空产品和零部件的制造符合性检查。

位于伯灵顿的发动机合格审定办公室通过签发设计批准确保发动机的设计符合性能和

① 1lb = 0.454kg。

合格审定标准，监督取证后发动机的持续运行安全，并对委任的工程代表进行管理。

3.5.3.3 地区和区域办公室

地区办公室为本辖区提供航空器合格审定活动相关的指导。下面列出航空器地区办公室可以为需要及时处理的特殊情况提供的最直接援助：

航空器合格审定办公室（ACO）与FAA的航空安全工程师（ASE）① 相配合，来为下面这些问题提供帮助：

（1）设计批准和适航证书的管理。

（2）美国境内产品的批准。

（3）工程处理和分析问题；调查和报告飞机事故、事故征候和使用困难。

（4）委任工程代表的监管。

每个办公室在其辖区内设有三个或更多的航空器合格审定办公室（ACOs），开展航空器及其产品的合格审定工作。他们与申请人直接合作，并在公众和FAA之间提供主要的工作接口。

地区制造检查办公室与FAA航空器合格审定制造（ASI）② 相配合，来为下面这些问题提供帮助：

（1）制造和生产许可审定。

（2）适航合格审定。

（3）生产批准持有人的日常管理。

（4）对制造委任适航代表（DAR-F）的监管。

（5）在设计批准过程中为航空器合格审定办公室（ACOs）提供支持。

制造检查办公室提供以下服务：

（1）对地区制造检查办公室（MIDOs）进行监督。

（2）对辖区的生产设施和委任代表进行监管。

3.5.4 FAA的飞行标准司

飞行标准司通过制定机组人员、航空器运营人、航空代理机构和委任代表的审查和监督标准，促进安全的空中交通运输。它还通过以下方式促进民用航空器的飞行和航空运输的安全：

（1）完成合格审定、检查、监督、调查和执行这些工作。

（2）制定规章和标准。

（3）管理民用航空器的注册系统和所有机组人员的记录。

---

① 航空器合格审定司—航空安全工程师（ASE）。ASEs负责评估航空器、航空发动机和零部件的设计批准项目。他们对设计批准持有人进行管理，包括与制造商合作以制定适当的纠正措施来解决潜在的不安全状况。

② 航空器合格审定制造（ASI）。ASIs管理和执行航空器、航空发动机和零部件的生产和/或改装相关的安全规定和标准。在型号合格审定程序和设计评审期间，ASI将检查原型或改装航空器、航空器零部件和航空电子设备，以符合设计规范和安全标准。

3.5.4.1　总部办公室

运输航空处在一系列长期而复杂的任务中，提出对航空承运人和大型飞机商业运营人的合格审定和运营建议（私人飞机运营补偿或租赁）。

航空器维修处负责下列与维修相关的合格审定、检查和监管人员的规范以及国家政策的制定和管理：

（1）通用航空、航空承运人和商业运营人。

（2）机组人员（包括维修人员、修理人员、委任代表、降落伞装备人员）。

（3）航空电子设备。

（4）航空机构（航空维修培训学校（AMTS）和修理站）。

（5）确保民用飞机适航性的维修要求、性能标准能够正确实施。

该部门的目标是为所有飞机的持续适航提供最好的规章和政策服务。

飞行标准地区办公室负责确保国家审定和监督计划、政策和程序的规范化应用。

飞行技术和程序处负责各种飞行技术服务。

通用航空和商业处负责对下列方面的审定、检查和监督等相关规范和政策的制定和管理：

（1）通用航空的机组人员。

（2）通用航空机构（飞行学校）。

（3）私人飞行（91 部法人、商业、个人和娱乐，以及 K 分部产权共享）。

（4）公共飞机的运营。

（5）商业运营（旋翼航空器的外载荷、农用飞机，125 部的运营人）。

（6）委任飞行员考官（DPE）。

该部门是航空界关于通用航空和体育航空的国家协调中心（不包括轻型运动类飞行员）。

民航登记处负责美国民用航空器注册以及飞行员审定的国家项目的制定、维护和运行。

监管支持处通过教育和建议用户对技术信息的制定、实施、分析和分发来促进安全。这包括对机组人员的测试，委任代表的标准化和航空数据系统的管理。

3.5.4.2　飞行标准地区办公室

（a）航空器评审组

航空器评审组办公室对航空器的合格审定和持续适航项目进行协调和支持。

（b）审定管理办公室

审定管理办公室主要负责航空公司和 142 部飞行训练中心的认证、监管和检查。

（c）飞行标准地区办公室

飞行标准地区办公室负责：

（1）低空飞行的飞机。

（2）事故报告。

（3）航空器运营人的合格审定和运营监管。

（4）航空器的维修。

（5）航空器运行中的问题。

（6）航空器的许可（aircraft permits）。

（7）飞行员、维护人员、修理人员、调度员和降落伞装备管理员的审查（执照）。

（8）审定和改装的问题。

（9）机组人员和航空器的相关规章的执行。

（d）驻外办公室和驻外单位

（1）国外航空公司向美国境内飞行的授权。

（2）授权外国航空公司使用的在美国注册飞机的维修计划和最低设备清单的批准，以及其他业务。

（3）对在美国运营的外国航空公司进行监督。

（4）对美国在国外设立的维修机构进行审查和监督。

3.6 “同一个世界，同一个目标：航空安全”

如今，EASA 已经具有了这种权利，并且可以作为唯一的管理机构去实施。例如，一旦某一航空器获得了 EASA 的型号合格证，那么这个型号合格证在其所有成员国内都是有效的，而不只是向某个成员国“建议”从而获得该国的型号合格证。如今，我们拥有一个单一欧洲航空局而不是 32 个国家民航局，拥有统一的航空产品合格证而不是 32 个国家各自的合格证。

新法律的现实要求是所有的欧盟成员国遵守欧洲法律，他们不能偏离共同的欧盟法规，也不能强加额外的要求或者与第三国达成协议。因此，EASA 是成员国的代表。此外，成员国在诸如国际民用航空组织（ICAO）和欧洲民用航空会议（ECAC）之类的框架内发挥代表作用时，必须遵守并反映 EASA 的决定和立场。

EASA 致力于与 ECAC 的非欧盟成员国建立适当的关系，并通过专门的协商、协会、伙伴关系以及互认协议，建立与其他国际合作伙伴的关系。但是也必须认识到，在法律上，双边安全协议是欧盟委员会的权限。

目前欧洲航空安全局（EASA）已经与美国、巴西、加拿大这些国家达成了双边协议。此外，还与非欧盟国家达成了大量的工作协议①。

目前，EASA 和 FAA 保持着一年一次的国际航空安全会议的传统，该会议具有悠久的历史：在过去的 30 年，这个会议是由欧洲和美国的航空安全当局组织并共同主持的。自 1983 年以来，FAA 和 JAA 每年轮流举办该会议，从 2005 年开始，由 EASA 代表欧洲举办该会议。

FAA 与 EASA 通过合作的方式来促进航空安全，在适当的时候尽可能协调标准和实施指南从而推动合格证件的互相认可。在这种情况下，EASA/FAA（和 2005 年之前的 JAA）国际航空安全会议提供了一个与其他民航当局和行业代表就目前的举措和战略方向进行公开讨论的论坛。这个会议也为有关各方提供了一个参与协调并强化安全活动的论坛，同时也为他们提供了向国际社会展示自己倡议的平台。

---

① 见第 5 章 5.4.3。

这些会议涉及全球范围内从事航空器合格审定、维修、运营以及航空安全问题、计划和项目方面工作的航空管理局与工业界。

2015 年的 EASA-FAA 国际航空安全会议“全球工业界的全球航空安全”于 6 月 10—12 日在布鲁塞尔举办。

来自不同的航空当局、运营商、制造商等的 350 多名与会者对该会议的复杂议程中所提出的议题进行了讨论。

在 EASA 执行董事帕特里克 · 基和 FAA 负责航空安全的副局长佩姬 · 吉利根（Peggy Gilligan）发表了欢迎词和开场致辞之后，接下来为期三天的会议在八个讨论小组中讨论了以下问题。

下面是八个小组所讨论的主题①：

第一组：维修。

第二组：运营（遥控驾驶航空器系统——无人机）。

第三组：制造商。

第四组：运营（航空公司运营）。

第五组：制造商——考虑风险调整参与程度。

第六组：空中交通管理——未来的技术。

第七组：制造商——供应链管理。

第八组：培训——保持技术的熟练。

上面所提及的主题的多样性和复杂性表明了双边协议所涉及的所有航空当局的挑战和重要承诺，这也表明了他们为整个航空领域的利益而共同努力的重要性——“同一个世界，同一个目标：航空安全”！

---

① “贝恩斯 · 西蒙斯（Baines Simons）关于 2015 年 EASA-FAA 国际航空安全会议的报告”是一个有趣的总结报告，其中强调了人们特别感兴趣的问题。

第 4 章　适航要求

4.1　要求、规章和标准

如前所述，标准是用来定义设计准则的技术文件，作为设计文档发布的标准是用来定义设计准则的，我们现在开始讨论要求和规章。这些要求和规章表现为适航标准（FAA 术语）或合格审定规范（EASA 术语），即作为强制性标准。

例如，国际滑翔机科技组织（OSTIV①）发布了一个设计滑翔机和动力滑翔机的“OSTIV 适航标准”，此文件确立了该组织对于这一问题的观点。然而，任何人如果需要在欧洲申请滑翔机的合格审定，都必须参考 CS 22② 规章——“滑翔机和动力滑翔机”，因为这是唯一具有法律效力并被欧盟所有成员国接受的滑翔机适航标准。这就意味着 OSTIV 标准③仅仅是一个指南或一个有价值的参考（也对 CS 22 未来的修订有参考作用）。

4.2　JAR、FAR 和 EASA 规章

当 20 世纪 70 年代第一次颁布欧洲联合航空要求（JAR）时，欧洲各个国家执行着几种不同的航空器合格审定标准。对于西方国家来说，最为著名的是 FAA 颁布的、被美国及很多其他国家所采纳的联邦航空规章（FAR）。如在英国，1972 年民用航空局（CAA）取代了航空注册委员会（ARB），使用英国民用航空规章（BCAR）；法国民用航空总局（DGAC）有自己的航空规章（régles AIR）；德国联邦航空局（luftfahrt bundesamt，LBA）也有自己的滑翔机规章。这种情况给航空器的出口造成了很多困难。

最终，欧洲联合航空要求（JAR）于 1992 年 1 月 1 日成为欧共体规章的一部分，并确定了其在欧共体国家的法律地位，同时所有已有的等效规章被取代。现在，只有 EASA 规章和 FAR（及其衍生规章）还在使用。

4.2.1　国际民用航空组织公约附件 8

在对 FAA 和 EASA 的适航规章进行描述前，先回顾一下在第 3 章 3.1.1 所提到的关于

---

① 国际滑翔机科技组织（OSTIV）是一个与国际航空协会（fédération aéronautique internationale，FAI）有关的独立组织。该组织成立的目的是鼓励并协调国际上关于滑翔机飞行与设计方面的科学技术问题。

② 参见 4.5.6.1 节。

③ 在 JAR 22 部颁布以前，它被一些国家作为国家标准而被采纳。

附件 8 的内容。每个国家都可以自主地制定本国的法规，但是适航水平必须遵循附件 8 的通用标准。

我们当然也记得国际民航组织（ICAO）中标准的定义：关于物理特性、配置、材料、性能、人员或程序的任何规范，出于对国际航行的安全性和规律性的考虑，对其进行应用的统一是十分必要的，而且缔约国也需要根据公约的内容来遵守这些规范。

4.3　FAA 规章

FAA 对航空器进行管理的规定是基于联邦政府颁布的联邦规章第 14 集①（见图 4-1）。

在联邦规章第 14 集有 68 个规章与航空航天相关，被归纳成 3 卷。第 4 卷是关于交通部的内容，第 5 卷主要是 NASA 的内容。

68 个规章被分为以下 3 个方面：

（1）管理。

（2）适航审定。

（3）适航性运行。

注：FAA 以“14 CFR part XX”一词指代某一部具体规章。

为了实现规章的实用性，并清楚地区分与 EASA 要求的区别，FAA 使用 FAR XX（如：FAR 11）这个名称。

4.3.1　联邦规章第 14 集（第一章）中与适航合格审定直接或间接相关的 FAR 列表

4.3.1.1　A 章——定义

（一）FAR 1　定义和缩略语

本部规章中包含了用于其他法规的术语、定义和缩写。FAR 1 还包含了一些行文规则，比如会使用诸如“应当”（shall）、“可以”（may）、“任何人不得”（a person may not）、“包括”（includes）等措辞。

4.3.1.2　B 章——程序性规则

（一）FAR 11　航空规章制定的一般程序

相关内容见本章的 4.5.1.1。

4.3.1.3　C 章——航空器

（一）FAR 21　民用航空产品和零部件合格审定规定

相关内容见本章的 4.5.4.1。

（二）FAR 23　正常类、实用类、特技类和通勤类飞机适航规定

相关内容见本章的 4.5.6.3。

（三）FAR 25　运输类飞机适航标准

相关内容见本章的 4.5.6.4。

（四）FAR 26　运输类飞机的持续适航和安全改进规定

---

① 来自“概述——联邦规章第 14 集（14 CFR）”。

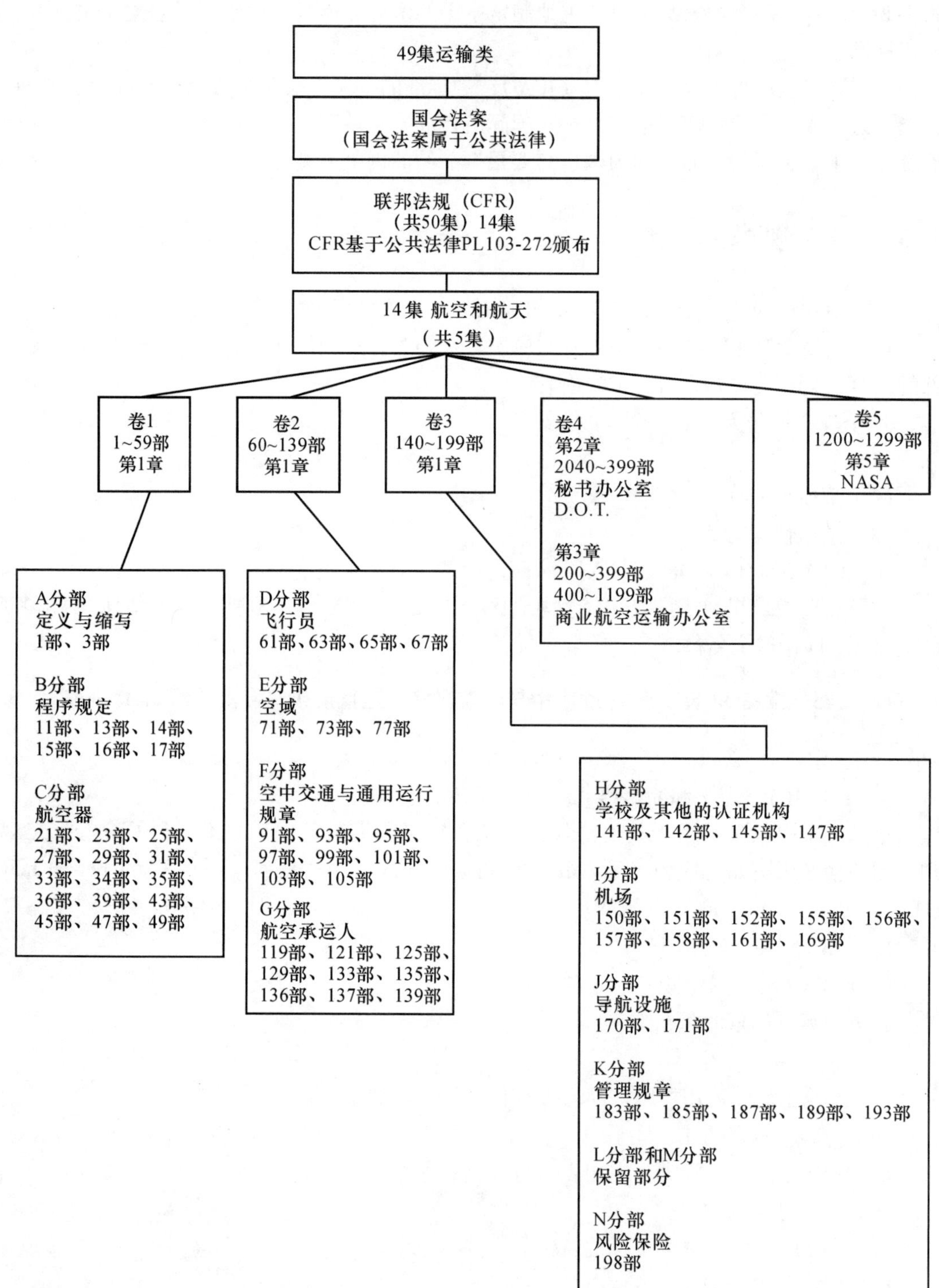

图 4-1　联邦规章第 14 集

这部规章制定了支持运输类飞机的持续适航和安全改进的相应要求，这些要求包括了实施评估、开发设计更改、开发和修订持续适航文件（ICA）以及为相关人员编制必要的适用性文件。本部规章为设计更改、持续适航文件修订确立了标准，这些要求被认为是适航要求。

（五）FAR 27　正常类旋翼航空器适航标准

相关内容见本章的 4. 5. 6. 5。

（六）FAR 29　运输类旋翼航空器适航标准

相关内容见本章的 4. 5. 6. 6。

（七）FAR 31　载人自由气球适航标准

相关内容见本章的 4. 5. 6. 8。

（八）FAR 33　航空发动机适航标准

这部规章规定了航空发动机型号合格证的颁发和合格证更改所要满足的适航标准。C 分部和 D 分部专门适用于活塞式航空发动机，E 分部和 F 分部专门适用于涡轮航空发动机。

（九）FAR 34　涡轮发动机飞机燃油排放和排气排出物规定

相关内容见本章的 4. 5. 6. 9。

（十）FAR 35　螺旋桨适航标准

这部规章规定了螺旋桨型号合格证的签发以及合格证的更改所要满足的适航标准。

在证明符合本规章 A、B 和 C 分部的规定后，申请人有资格获得螺旋桨型号合格证，并有合格证更改的资格。但是，除非申请人已证明其符合 § 23. 907 或 § 25. 907 的要求①，否则螺旋桨不得安装在飞机上。

（十一）FAR 36　航空器型号和适航合格审定噪声规定

相关内容在本章的 4. 5. 6. 10。

（十二）FAR 39　民用航空器适航指令规定

这部规章为 FAA 的适航指令系统提供了法律框架②。

相关内容在第 10 章的 10. 6. 1. 1。

（十三）FAR 43　维修、预防性维修、重新制造、改装

相关内容在第 10 章的 10. 1. 2。

（十四）FAR 45　标志和注册标记

这部规章规定了依据下列情况制造的航空产品和机载设备的标识和标志要求：

（1）型号合格证。

（2）依据本章 21 部的要求所取得的生产批准。

（3）美国和其他国家或司法管辖区关于接受产品和制造品的协议规定，以及在美国注

---

①　§ 23/25 部为螺旋桨的振动与疲劳。

②　FAA 的适航指令是合法的且可实施的法规，适用于航空器、航空发动机、螺旋桨和其他机载设备。

册的航空器的国籍和注册标志。

4.3.1.4　F章——空中交通和一般运行规则

（一）FAR 91　一般运行和飞行规则

相关内容在第9章的9.2.2.1。

（二）FAR 101　系留气球、风筝、无人火箭和自由气球

这部规章规定了在美国境内运行的系留气球、风筝、无人火箭和自由气球的管理规则，定义了这类航空器的特征和限制（如可用的重量、气体容量、推进物的数量和质量等）。

（三）FAR 103　超轻型飞行器

这部规章规定了在美国境内运行的超轻型飞行器的管理规则。就本部而言，超轻型飞行器以最大重量（有动力和无动力）、最大速度（有动力）和最大失速速度来定义；运行仅限于单个乘员、娱乐或体育用途。

4.3.1.5　G章——收费或租赁的航空承运人和运营人：合格审定和运营

（一）FAR 110　一般要求

这部规章管理在G章的要求之下施行的所有操作。

（二）FAR 119　航空承运人及商业运营人的合格审定

相关内容在第10章的10.4.2.1。

（三）FAR 121　运行要求：国内运行、国际运行和补充运行

相关内容在第10章的10.1.3。

（四）FAR 125　审定与运行：座位20人以上或最大商载6000lb以上的飞机及机上人员的管理规则

相关内容在第10章的10.1.4。

（五）FAR 129　外国航空承运人和外国运营人使用美国注册的航空器从事公共运输的运行

相关内容在第10章的10.1.5。

（六）FAR 133　旋翼航空器外部负载的运行

本部规章规定了如下要求：

（1）用于旋翼航空器的合格审定规则。

（2）管理任何人使用的、在美国境内运行的旋翼航空器的外部负载的运行和合格审定规则。

（七）FAR 135　通勤和视需运行的运行要求及机上人员管理规定

相关内容在第10章的10.1.6。

（八）FAR 136　商业航空旅游和国家公园航空旅游的管理

A分部适用于任何一个从事或打算利用飞机或直升机进行商业航空旅游的所有人，并对所有商业航空旅游的飞机或直升机上的乘员适用。

B分部重申并定义了国家公园航空旅游管理的几个部分。对国家公园系统内进行商业航空旅游飞行的各个公园，在开发其航空旅游管理规划时，本部规章阐明了要求。

（九）FAR 137　农用航空器的运行

本部规章用于管理下列情况：

（1）在美国境内的农用航空器的运行。

（2）用于此类运行的商业和私人农用航空器运营人合格证的颁发。

（十）FAR 139　适航指令

相关内容在第10章的10.6。

4.3.1.6　H章——学校及其他的认证单位

（一）FAR 145　维修站

这部规章介绍了如何获得维修站的合格证。这部规章同样也包含了获得认证的维修站应该遵守的规定，它们涉及适用于FAR 43部的航空器、机体、航空发动机、螺旋桨、机载设备或零部件的维修、预防性维修和改装的实施。本规章也适用于持有或被要求持有按本规章的要求颁发维修站合格证的任何人。

（二）FAR 147　航空维修培训学校

这部规章制定的相关要求规定了颁发航空维修技师学校合格证及相关技术等级证书的要求，也规定了管理这些合格证和等级证书持有人的一般运行规则。

相关内容在第10章的10.1.9。

4.3.1.7　FAA航空器适航规章历史背景

图4-2①给出了FAA航空器适航规章演变的总体过程。

4.3.1.8　咨询材料

为了提供符合适航规章的指南，FAA发布了咨询通告（AC）。

这些出版的咨询通告定义了一些实现或表明符合适航规章的方法，但不是唯一的方法。这意味着可以应用其他的方法来达到适航规章的要求，但是使局方接受满足规章要求的多种方法并不容易。

通常情况下，咨询通告既不具有约束力也不具有监管作用，但是有些咨询通告具有与标准或规章相同的效力。

由于一条规章要求可以用不同的方式进行解释，因此咨询通告可以提供具体的指导方针，并给出一个标准化的解释，特别是在规章或要求不明确时。

4.4　EASA规章

第3章提到了通过欧盟法规将各种职能转移到EASA的一系列步骤，直到目前形成一个覆盖所有责任范围的基本规章框架。

在EASA系统中，有三个主要的规章等级：

（1）欧洲议会和理事会采纳的基本规章，对所有的规章都具有约束力。

（2）欧盟委员会采纳的基本规章的实施法规。

---

① 摘自“概述——联邦规章第14集（14 CFR）”。

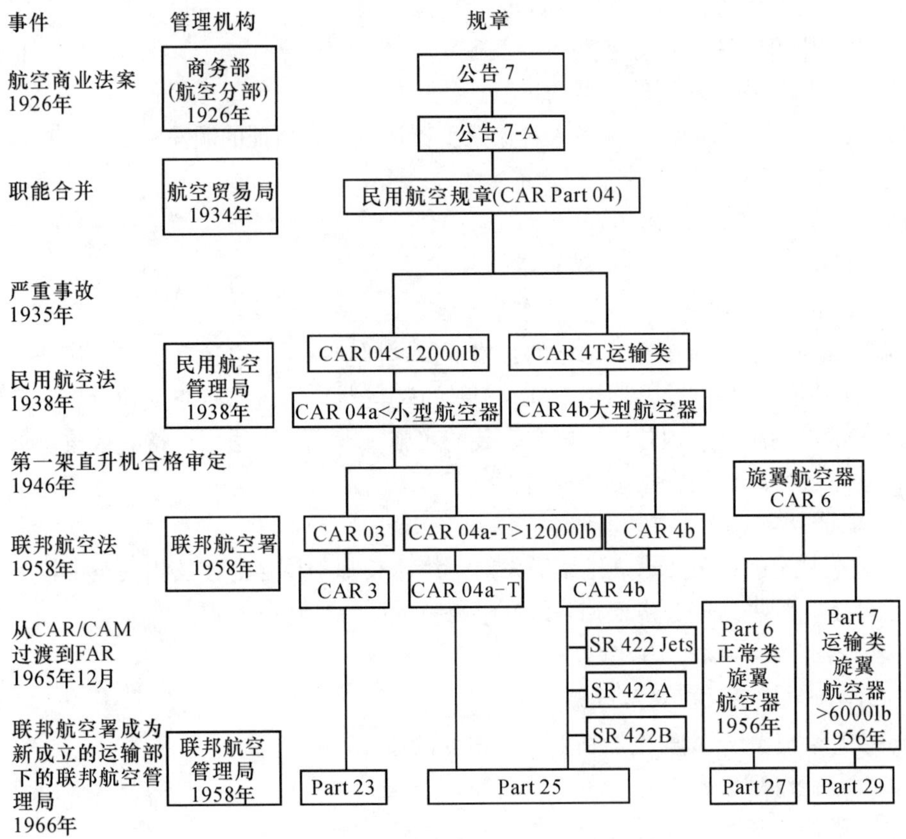

注：民用航空手册（civil aeronautics manual，CAM）包含了规章和咨询材料。

图 4-2　FAA 航空器适航规章的历史发展背景（CFR Part 23/25/27/29）

（3）EASA 发布的软法。

基本规章授权 EASA 发布三种不同类型的软法：合格审定规范（certification specification，CS），可接受的符合性方法（AMC），指导材料（GM）。

4.4.1　基本规章

2008 年 2 月 20 日发布了规章（EC）216/2008。

（a）本规章适用于下列条件：

（1）航空产品、零部件和机载设备的设计、生产、维修和运行，以及与航空产品、零部件和机载设备设计、生产、维修相关的人员和单位。

（2）参与航空器运行的人员和单位。

（b）当第一条中所涉及的产品、零部件、机载设备、人员和单位从事军事、海关、警察或类似的工作时本规章将不再适用。成员国应确保这些服务在切实可行的情况下对本规章的目标作出适当的考虑。

4.4.1.1　初始适航

2012 年 8 月 3 日发布的欧盟规章（EU）① 748/2012 阐述了航空器的适航性和环境合格审定的实施法规，该文件的附件 1 是 21 部“航空器和相关民用航空产品、零部件、机载设备以及设计和生产单位的合格审定”。

4.4.1.2　持续适航

2014 年 11 月 26 日发布的欧盟规章（EU）1321/2014 涉及航空器及航空产品、零部件和机载设备的持续适航，以及这些任务所涉及人员及单位所需要符合的条件。

欧盟规章通过不断更新以下规章以满足“持续适航”的要求：

（1）M 部：持续适航要求（附件 I）。

（2）145 部：维修单位的批准（附件 II）。

（3）66 部：审定人员（附件 III）。

（4）147 部：培训单位的要求（附件 IV）。

注：这些规章由 2015 年 7 月 3 日发布的欧盟规章（EU）1088/2015 进行了修订，其中包括通用航空飞机维修程序的简化措施。

4.4.1.3　航空运行②

根据以下规章：

2012 年 10 月 5 日发布的欧盟规章（EU）965/2012。

2013 年 8 月 14 日发布的欧盟规章（EU）800/2013。

2014 年 4 月 7 日发布的欧盟规章（EU）379/2014。

发布了下面这些附件：

（一）定义

附件 II 和附件 III 中使用的术语（附件 I）。

（二）Part-ARO

航空运行的适航要求（附件 II）。

（三）Part-QRO

航空运行的单位要求（附件 III）。

（四）Part-CAT

商业航空交通运行（附件 IV）。

（五）Part-SPA

特殊批准（附件 V）。

（六）Part-NCC

混合动力航空器的非商业航空运营（附件 VI）。

（七）Part-NCO

---

① 2009 年 12 月 1 日生效的《里斯本条约》，废除了欧共体（European Community，EC），取而代之的欧盟（European Union，EU）成为联盟的合法继任组织。欧共体（EC）这一说法将不会再出现在条约中。

② 详细内容参见第 3 章的 3.4.4。

非混合动力航空器的非商业航空运营（附件 VII）。

（八）Part-SPSO

专业运行（附件 VIII）。

注：相关内容在第9章的9.3。

第3章的图3-2给出了基本规章的总览表。

4.4.1.4 *咨询材料*

可接受的符合性验证方法（AMC）是被EASA采用的非约束性标准，它阐述了建立的遵守基本规章及其实施法规的方法。

AMC由EASA发布，但不具有法律性质。AMC不能赋予受监管人额外的义务，对于适用的要求，这些人可以选择使用其他的方法来表明其符合性。

然而，由于立法者的目的是为咨询材料提供法律上的确定性并为其统一执行采取措施，因此咨询材料被EASA作为满足规章要求的、可接受的符合性验证方法，要求主管部门认识到受监管的人员应该像遵守法律一样遵守EASA发布的AMC。

4.4.2 直接或间接与适航审定相关的EASA规章列表

4.4.2.1 *初始适航*

21部包含航空器及相关产品、零部件和机载设备的适航性和环境合格审定的实施法规，同时还包括设计、制造单位的合格审定。

相关内容在第4章的4.5.4.2。

（一）合格审定规范（CS）①

①CS-定义

适用于航空产品、零部件和机载设备合格审定规范的定义和缩写。

②CS-22：滑翔机和动力滑翔机

相关内容在第4章的4.5.6.1。

③CS-23：正常类、实用类、特技类和通勤类飞机

相关内容在第4章的4.5.6.3。

④CS-25：大型飞机

相关内容在第4章的4.5.6.4。

⑤CS-27：小型旋翼航空器

相关内容在第4章的4.5.6.5。

⑥CS-29：大型旋翼航空器

相关内容在第4章的4.5.6.6。

⑦CS-VLR：甚轻型旋翼航空器

相关内容在第4章的4.5.6.7。

⑧CS-VLA：甚轻型飞机

---

① CS由EASA发布，旨在提供详细信息，以支持法规中相关要求的实施。局方的这些文件旨在协助执行法律，它们通常被称为“软法律”。但是如果符合CS相关要求，则应颁发并保持合格证。

相关内容在第4章的4.5.6.2。

⑨CS-E：发动机

这部规章规定了颁发航空发动机型号合格证及合格证更改应满足的适航标准。B分部和C分部适用于活塞式航空发动机，D分部和E分部适用于涡轮航空发动机，F分部解决环境问题和运行设计。

⑩CS-P：螺旋桨

这部规章包含了依据21部规章颁发专门适用于螺旋桨的型号合格证以及更改这些合格证应满足的适航标准。

当申请人被证实符合A、B、C分部的要求后，有资格获得螺旋桨的型号合格证。如果没有额外表明符合D分部[①]的要求，则必须在螺旋桨的型号合格证数据单中进行标注。

⑪CS-34：航空发动机排放和燃油排放

相关内容在第4章的4.5.6.9。

⑫CS-36：航空器噪声

相关内容在第4章的4.5.6.10。

⑬CS-APU：辅助动力装置

相关内容在第4章的4.5.6.11。

⑭CS-ETSO：欧洲技术标准规定

相关内容在第5章的5.3.2.2。

⑮CS-31 HB：热气球

相关内容在第4章的4.5.6.8。

4.4.2.2　持续适航

相关规章列表在4.4.1.2。

第10章对每一规章进行了讨论。

4.4.2.3　航空运行

相关规章列表在4.4.1.3。

第9章对每一规章进行了讨论。

4.5　对适航规章的总体思考

4.5.1　出版

4.5.1.1　美国联邦航空局

依据联邦行政程序法案的规定，联邦航空局的FAR 11部包含了遵循公共立法程序颁发、修订和废除适航规章的内容。该规章解释并规定了适用于下列情况的要求：

（1）什么是立法建议通告预告（ANPRM）？

（2）什么是立法建议通告（NPRM）？

---

① D分部：螺旋桨振动、疲劳评估和飞行功能测试。

（3）什么是补充立法通告（SNPRM）?

（4）什么是最终规章?

（5）什么是最终规章的意见征集?

（6）什么是直接最终规章?

（7）什么是豁免申请?

（8）什么是立法申请?

（9）什么是专用条件?

为了建议、采纳新规章或更改现有的规章，FAA将会发布一个或多个文件：

（1）立法建议通告预告（ANPRM）。

（2）立法建议通告（NPRM）。

（3）补充立法通告（SNPRM）。

（4）最终规章。

（5）最终规章的意见征集。

（6）直接最终规章。

任何人都可以提交关于草案和最终规章的书面评论，公众可以通过以下方式来参与FAA的立法过程：

（1）提交任何关于立法文件的书面评论，包括立法建议通告预告（ANPRM）、立法建议通告（NPRM）、补充立法通告（SNPRM）、最终规章、最终规章意见征集、直接最终规章等。

（2）要求FAA召开立法公众会议，公众可以参加FAA主办的任何会议。

（3）当要求采纳、修改或废除规章时，需要提交立法申请书。

4.5.1.2　欧洲航空安全局

正如EASA网站提到的那样，EASA负责规章起草实施细则（IR）、可接受的符合性方法（AMC）、指导材料（GM）和合格审定规范（CS）。并且上述文件的适用范围、修订建议通告、意见征集文件都是可供咨询的。

经过协商之后，实施细则的草案被提交给欧盟委员会。在完成公众意见的征集后，并在“欧盟官方公报”发布条例之前，由欧盟委员会进行决策。

一旦委员会采纳法规草案，则被移交给欧洲议会和理事会进行审查。

EASA负责编制相关的可接受的符合性验证方法（AMC）、指导材料（GM）和合格审定标准（CS）。编制过程中需要考虑EASA委员会、欧洲议会和理事会对法规和条例的草案所做的任何修改。这些法规和条例在官方公报上发布之后不久，在EASA网站上会发布法规和条例的颁布声明。

4.5.2　适航标准的严格性

“安全水平”的概念是一件涉及适航标准的编制且受到严格关注的事情，管理当局可能倾向于通过十分严格的标准来确保安全，这样做的结果可能使航空器因为技术或仅仅因为经济原因而难以通过合格审定①。

因此，在适航标准中，必须平衡标准“可接受性”（从安全角度出发）和标准的“可行性”。

一个法规的实施涉及经费开支，即使已经提前考虑开销，安全性的增加并不总是与法规的严格性成正比：在某些情况下，微不足道的安全性增加也会导致巨大的开支。在这种情况下，法规将不再具有“可行性”。

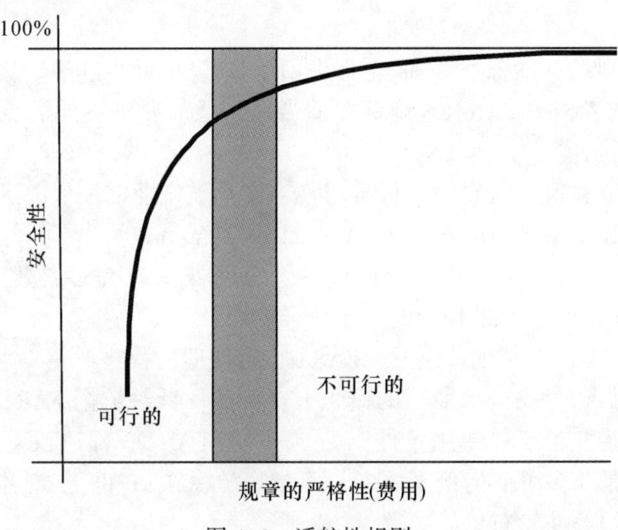

图 4-3 适航性规则

以下的建议可以作为制定适航规章的“黄金”法则：

（1）经济上的合理性。

（2）技术上的可行性。

（3）适用于特定类型的航空器。

对于不同类型的航空器（飞机、旋翼航空器等），以及同一类型不同类别的航空器（重量、载客数量等）制定了不同的适航标准，忽略区分自由气球和运输类飞机的显著必要性，并尽可能尝试对“相似的”航空器进行分组。例如，在 CS/FAR 23 部中对正常类、实用类、特技类和通勤类飞机进行了分类，在 CS/FAR 25 部中对大型飞机/运输类飞机进行了分类。

我们绝不能因为运输类飞机应该比其他飞机安全就推测其适航标准不同。对于所有航空器都必须在考虑上述提及的标准的“可行性”的前提下争取最大的安全性。作为一个基本概念，简单航空器应当遵循简单的适航标准。

这样就不容易理解为何按照 FAR/CS 23 部审定的 19000lb 的通勤类飞机，如果增加几磅就要按照 FAR/CS 25 部的标准来审定。然而，很清楚的是，航空器的分类意味着要设立一些涉及精确数字的重要参数②。设计人员应该能够根据项目的可能发展情况选择合适的

① 以前人们常说适航标准的限制趋势将使航空器的合格审定难以实现！

② 同样的原理也适用于拳击手分级或纳税等级。

适航标准。

无论如何，都应该知道适航像医学一样，都不是一门精确的科学。

4.5.3 适航标准中的“哲学”

在考虑单一标准（至少是与本书范围相关的最具代表性的标准）之前，我们应该考虑一些哲学问题，它们是编写的基础。

4.5.3.1 专用条件

如同前面所提到的，适航标准通常无法预见航空方面的进展。因此在某些情况下，“非常规航空器”或者相关FAR/CS规章“适当的”适航要求不能涵盖安全标准的特殊情况是合格审定关注的对象。

由于我们已经考虑到“阻碍的”标准可能会影响航空业的发展，那么在这些情况下应该做些什么呢？FAR 21部第16条以及EASA 21部21A. 16B给出了一个解决方案，被称为“专用条件”。这涉及到增加一些安全标准，因为局方认为有必要建立一系列与适用的FAR/CS规章所建立的安全水平相当的安全标准。

专用条件根据FAR 11部规章颁发，EASA也有类似的程序。

我们最终将回归到“安全水平”的概念上，例如：针对依据FAR 23部进行审定的飞机的涡轮发动机安装发布了“专用条件”，这是因为FAR 23部还没有关于此种安装的安全标准，这仅仅只是众多可能的例子之一。不难想象，在20世纪60年代，“协和”飞机审定时会有多少专用条件发布！

在许多情况下，当航空领域需要专用条件的特殊设计变得很常见时，如“翼梢小翼”，在依据FAR 11部规章或EASA的立法程序进行讨论和评估后，专用条件通过修正案的颁布被正式纳入到FAR和CS适航标准中。

4.5.3.2 单发飞机的失速速度

通过前面的“可接受性”“可行性”和有关适航“指导思想”的例子，我们现在来看一看单发飞机是如何从失速速度这一特殊角度被监管的。一架单发飞机在发动机失效状态下，其本质决定了只能滑翔。如果这种情况不能在安全性方面来进行管理控制，那么这一情况应该“永不”发生。实际上，尽管发动机技术已经取得了很大的进步，但是发动机“永不”① 失效的情况不存在。

我们也可以加上这样的假设：如果任何发动机的失效都会导致事故的发生，那么从安全性的角度看发动机的失效应该是不合格，也是不可接受的。于是达到飞行员平均水准的驾驶员②应该能够操纵单发飞机进行滑翔和无动力着陆。

显然，场外着陆的结果主要受到进场速度的影响。然而，由于飞机在降落构型下的最小滑翔进场速度是同样构型下无动力失速速度的函数，因而需要对此速度加以限制。

单发飞机着陆构型失速速度（V_{SO}）不能高于61kn（或小于其他类型飞机的失速速

① 之后我们将会看到飞行安全评估中“永不”的含义。

② 作为一个基本概念，航空器必须能在所有预见的情况下由具有平均驾驶水平（适用于此航空器的级别）的机组人员控制，没有必要由驾驶技能非常熟练的机组人员进行控制。

度)。对于重量不大于6000lb的双发飞机[①]，如果一台发动机停车时不能达到特定的最小爬升率，那么也存在同样的速度限制。

对于所有其他的双发飞机（即使其中一台发动机失效的概率是单发飞机的两倍），两台发动机在一次飞行中同时失效的概率被认为几乎为零，因此没有规定失速速度的限制是可以接受的。

有趣的是，依据上述原则，CS-VLA[②]包含了45kn的着陆构型速度限制，这是因为它允许安装满足CS 22部规章要求的动力滑翔机的发动机，至少在原则上认为这类发动机的可靠性要低于满足CS/FAR 23部要求的飞机所安装的发动机。

同样，在JAR 22（现在称为CS 22）部中也规定了着陆构型的失速速度限制，这是因为在速度竞赛中，压舱水质量的增加会增加飞机的机翼载荷，于是失速速度也会增加，这会危及着陆时的安全性。例如，需要紧急中断起飞或切断牵引绳时，在这种情况下通常没有足够时间来释放压舱水。

4.5.3.3 适坠性

我们前面提到了61kn的失速速度限制，但是仅靠这一条标准就能保证飞机安全地无动力着陆吗?

当引入这类限制时，它们通常都是经验和在相关条件下事故分析的结果，肯定不是随意选择的。然而，这些限制也不可能考虑到飞机可能着陆的区域的所有情况（飞机在地面非常不平整时将坠毁)。因此无论何种原因，不仅仅是对于单发飞机，都必须考虑坠落的可能性。从这个角度而言，适航标准已经越来越严格，这就是所谓的适坠性。

FAR/CS 23部包含了对于紧急着陆情况下的安全标准。这些标准涉及对（飞机）结构提出的保护乘员的要求，也要求对座椅约束系统、座椅以及支承座椅的机身结构进行昂贵的静力、动力试验。

FAR/CS 23部还有更多的规定。为了使高速单发飞机[③]通过合格审定，在设计上就会严重受制于61kn的限速，规章允许用更严格的适坠性条款来“交换”增加的失速速度。我们就再一次面临“可接受性”与“可行性”之间的权衡问题。

JAR 22部研究组试图避免滑翔机和动力滑翔机这类航空器的动力学试验。由于这些飞机通常都是小批量生产的，因此制造商在经济上难以承受动态坠落试验的费用。然而这些问题确实存在而且十分严重，因为场外着陆不仅仅是紧急情况，还经常意味着坠地。因此，我们不得不认为这些飞机的传统构型在理论上没有为乘员提供足够的保护。

我们可能会想到能承受几十倍重力加速度“g”值的“救生舱”，但这并不是解决办法，因为即使救生舱没有损坏，但是乘员仍可能承受持续或致命的伤害。

依据FAA的定义，可生存坠撞是指“在航空器任何主要轴线方向上的加速度均已超过人体耐受极限的情况下，乘员周围的结构和结构空间，在受撞击期间或之后仍然保持足够完好，物体仍受约束且没有危及乘员，使乘员存活”（当然，这个定义只涉及了动态效

① FAR 23部中的多发飞机。

② 正如我们所看到的，此适航标准包含了最大重量为750kg的飞机。

③ 最大重量不大于6000lb的双发飞机在一台发动机失效的情况下无法达到最小爬升率。

应，没有提及诸如火、烟等其他因素的影响）。

国际滑翔机科技组织（OSTIV）的滑翔机研制专家组（SDP）对这个问题进行了长时间研究，他们指定了一个适坠性专家组，并得到一个类似于F1方程式赛车所使用的解决方案。这种方案可以概括为“刚性笼体和吸能机头”，也就是一个足够强的保护乘员安全的结构，同时包含吸收能量冲击的易屈服前部。OSTIV也为座椅设计提出了建议，这些座椅应具备“吸收能量”① 的作用。座椅头枕的标准也被采纳，以保证在冲击后的回弹阶段能有效减少冲击。研究还涉及座椅的外形和安全带的布置形式，事故分析指出脊柱的伤害是由于撞击阶段身体在安全带与座椅之间的滑动造成的，这种情况被定义为“下潜”。此外，事故分析显示起落架并不能针对乘员脊柱受影响的结果起到足够的能量吸收作用。因此，这些标准被进一步提高。

源于OSTIV的SDP的标准，在经过相关研究组的评估后被JAR 22部采纳。

NPA-2007-12“驾驶舱适坠性”于2007年8月在EASA网站上发布，这个NPA是基于OSTIV的SDP为改善滑翔机驾驶舱适坠性设计而对CS-22修正案提出的一个建议，CS-22随后在2008年10月1日进行了修订。

JAR-VLA包括了处理“紧急着陆情况”的条款，这些条款自从1990年首次发布以来未进行过更新，不过或许可以依据现在的发展情况来进行更新。

依据NPA-2008-11，2009年3月5日发布的修正案提出了正常和坠撞状态下的快速逃生要求。

对于这类飞机也应该尽量避免动态坠落试验，但是适坠性标准的更新是合理的，如考虑到对滑翔机的研究。

运输类飞机的适航标准（FAR/CS-25）以及旋翼航空器的适航标准（FAR/CS-27）均包含包括动态坠落试验在内的有关坠撞着陆的条款。

4.5.3.4 防火

每架航空器都包括发动机、电气设备以及其他可能引发火灾的部件。首先，必须确定航空器的“防火区”，也就是火灾可能发生的地方，如发动机舱。

有三种基本方法来对成员进行防火保护：（1）放弃飞机逃离②；（2）被动防护以控制火势保证着陆时间；（3）通过使用灭火器来进行主动防护。当然，将后两种方法结合使用也是可行的。对军机来说，通常会携带爆炸物，所以弃机逃生是最好的选择（除非火势有限，能够被灭火器扑灭）。主动或被动防护会受到时间的限制，因为必须保证有足够的时间让机组判断火情以及是否需要紧急跳伞。

这并不意味着防火对军用航空器来说只是“可选项”。例如，如果我们研究一下美国军用手册MIL-HDBK-516B，就可以发现该手册经常引用FAA的诸如FAR和AC等文件，

① 这个条例看起来似乎是不重要的，但是有多少人知道普通的泡沫橡胶垫子的危害呢？它们确实能够返还从冲击中吸收的大部分能量。

② 如果仅发生了火灾，某些民用航空器可以考虑放弃，如动力滑翔机和特技飞机。当飞行中发生碰撞（尤其是滑翔机在上升气流中飞行时）和结构过载发生危险时，以及特技飞行发生危险时，弃机就十分必要。相应的适航标准为这类紧急情况提供了合适的法规。

该手册制定了用于判定所有载人和无人（军用）航空器的适航性合格审定准则。然而，尽管FAR的各种要求对于民用航空器来说是强制性的，适航准则对于军用航空器来说也同样有效，但并不一定完全适用，各类作战任务能够带来依据航空器的特殊类型而量身定做的合格审定基础。此外，这些合格审定基础还能被用于诸如军用规范（MIL）①，联合服务规范指南②等各种文件。

对于民用航空器来说，对其规定了被动保护，以保证能在可能的情况下进行安全的紧急着陆。这是通过对着火区域的适当隔离来实现的，这样可以对关键结构和设备实施保护，从而确保足够的着陆时间。虽然不排除灭火器的使用，但这并不是首先考虑的防护措施。

借助手提式或机载灭火器的主动防护，对于某些航空器是有明确规定的（如运输类和通勤类飞机），这些规定主要是针对座舱、机舱、行李舱或货舱等部位的火灾。

从材料的易燃性和有毒气体排放等角度，适航标准同样提供了机舱内部装饰材料的使用要求。

由于适航要求必须要经过试验的证实，因此合格审定标准给出了针对这些试验的可接受的程序。为了给出对于这些文件的说明，在FAR 23部的附录F“试验程序”中给出了相应的例子，对于这些例子有如下摘录③：

表明符合23.853、23.855和23.1359的自熄材料可接受试验程序。

（a）预处理。试样必须置于70°F、65°F以及相对湿度为50%~65%的环境下，直到水分达到平衡或放置24h。

（b）试样构型。除了制造电线和电缆的绝缘层以及小零件的材料外，其他材料都必须从装机制品上切下一块或用模拟切块的试样（如从板材上切下的试样或制品的模拟件）进行试验。试样可以从制品的任何部位上切取，但制成的整体件（如夹层板件）不得分解后试验。但是，除以下所述情况外，试件的厚度不得超过需鉴定的飞机所使用的最小厚度，但下列情况例外：（1）厚的泡沫件，如座椅垫，其试样厚度必须为12.7mm（1/2in④）；（2）必须满足本附录第I部分（a）（1）（v）要求的材料试样厚度，不得超过3.2mm（1/8in）；（3）电线和电缆绝缘层试样必须与飞机上使用的相同，以表明其符合23.1359（c）的要求。对于织物，其经纬两个方向都必须进行试验以确定最危险的易燃条件。

当进行附录（d）和（e）规定的试验时，试样必须按照下列规定夹持在金属框内，其目的是：（1）在进行附录（d）规定的垂直试验时，试样的两条长边和上边夹紧；（2）在进行附录（e）规定的水平试验时，两条长边和距离火焰较远的一边安全固定；（3）试样的暴露区域必须至少2in（50.8mm）宽，12in（305mm）长，除非在飞机上实际使用的尺寸比上述规定尺寸更小；（4）试样施加燃烧器火焰的边缘不得有涂饰或保护，必须代表装机材料或零件的真实横截面。进行附录（f）规定的试验时，试样的四边必须安全固定在金属框架内，其暴露区域至少为8in×8in（203mm×203mm）。

---

① 军事标准用于实现美国国防部的标准化目标。

② 美国国防部（DoD）的联合服务规范指南（JSSG）建立了一个通用框架，供航空部门的政府工业项目组使用，用于制定空中系统的独特需求文件。

③ CS-23部包含了等效的程序。

④ 1in≈25.4mm。

（c）垂直试验。最少必须试验3个试样，并取试验结果的平均值。对于织物，最严重的易燃编织方向必须平行于最长的尺寸，每个试样必须垂直支撑，置于本生灯或特利尔灯的火焰中，灯管名义内径为3/8in（9.5mm），火焰高度调到1.5 in（38.1mm）。用经校准的热电偶高温计在火焰中心测得的焰温不得低于1550°F（843℃）。

（d）水平试验。至少要对3个试样进行试验，并取试验结果的平均值。每个试样必须水平支撑。装机时的暴露表面在试验时必须朝下，试件必须置于本生灯或特利尔灯的火焰中，灯管的名义内径为3/8in（9.5mm），调节灯管使火焰高度为1.5in（38.1mm）。测量最低火焰温度。

（e）45°试验。必须至少试验3个试样，并取试验结果的平均值。试样必须按照与水平面成45°角的方式支撑。装机时的暴露表面在试验时必须朝下，置于本生灯或特利尔灯的火焰中，灯管的名义内径为3/8in（9.5mm）。

（f）60°试验。每种导线的规格（品牌和尺寸）必须至少试验3个试样。电线或电缆（包括绝缘层）的试验必须按照与水平面成60°角的方式安装。

（g）烧焦长度。烧焦长度是指从试样的起始边缘到因着焰而损坏处的最远距离，它包括部分或完全烧掉、炭化或脆化部分，但不包括熏黑、变色、翘曲或褪色的区域，也不包括由于热源引起的材料皱缩或熔化的区域。

注：在FAR 125.119（相关内容在第9章的9.2.2.3），我们介绍了一个针对大型飞机防火要求的例子。

4.5.3.5 安全性评估

让我们先来看一下轻型飞机的操纵系统：钢索、滑轮以及一些连杆。这些东西往往是看得到且易于检查的。对于这些系统，如果能够依据良好的设计准则和适用的适航标准进行设计，并且按照维修手册进行维修（只要有足够的备用零件），那么在飞机的整个使用周期内就不需要为了保证操纵系统的安全而进行特殊的研究。

我们能够谈及这样“从不”失效的系统，但是如果考虑更为复杂的航空器，其操纵系统依赖于电气或液压系统，甚至是像电传操纵系统那样取消了机械传动装置而完全依靠电脑的系统，情况就完全不同了。

很显然，上面有关控制系统的例子可以扩展到航空器的所有系统和机载设备。

在这种情况下，安全系统就需要更加详细的规则和工具，由于本书的基本特点，将不会对这一特殊的主题进行深入的讨论。但是仍然有必要对一些基本概念进行概述。

关于安全性评估的法规包含在不同航空器适航标准的XX.1309条款中①，咨询材料分别包含在相应的AC、AMC和GM中。正如1309条款的标题所显示的，安全性评估与“设备、系统和安装”相关。因此，这些条例不适用于B、C和D分部②的性能、飞行品质以及结构载荷和强度，但是它们适用于符合B、C、D和E分部要求的任何系统。

作为一个典型例子（出自FAA咨询通告AC 23-1309-1E），23部的1309条款不适用

① CS-22部没有包含这一条款，CS-VLA仅提供这类失效的一般征候，以尽量减少此类失效的危害。它与相关航空器（通常情况下）的简单系统是一致的。

② 参考本章“航空器结构适航标准”一节。

于23.201的失速特性，但是仍然适用于自动推杆器（防失速装置）的安装以满足后面的条款要求。

这就是说，如果我们去问一个非专业人员（最好是乘客）飞机的关键系统应该具备什么样的可靠性，将会马上得到100%的可靠性这一答案！

然而这种可靠性是不可能实现的。例如，由“n”个并联单元组成的冗余系统，当n趋于无穷大时，才能获得100%的可靠性！

高冗余度的系统将会是笨重、昂贵、复杂的，这样反而会使系统的冗余度遭受质疑。因此设计一个最低冗余度系统（单个部件的可靠性得到提升）会更加方便，目的是保证其可靠性，即使不能使系统达到100%的可靠性，也能保证可靠性处于可接受的安全水平。

关于可接受安全水平的定义，即可接受的事故率的定义，不能定义成抽象的主观愿望，而应该建立在可行性的基础上。

未来的可行性可以通过对以往事故发生概率的分析来预测。因此，在对1970—1980年这十年间的商业（欧美）航空事故进行调查之后，可以发现灾难性事故①的概率略小于1×10^{-6}/飞行小时。经过分析可以发现，有10%的灾难性事故是由系统失效造成的。因此，由系统导致的灾难性事故率的数量级为1×10^{-7}/飞行小时。

如果假设任意一架大型商用航空器发生导致灾难性影响的危险（即潜在失效状态）可能有100多种，那么每个系统可接受的灾难性失效概率应小于1×10^{-9}/飞行小时。

这就是运输类飞机“单个系统灾难性失效的最大概率”② 的基本概念。

总的目的是使某特定型号的航空器在全机队的整个服役期内几乎从不出现灾难性影响，这意味着，对于一个拥有100架特定型号航空器的机队，如果每架航空器每年飞行300飞行小时，预计30年才可能发生一次或多次可能导致灾难性后果的故障，这样就会接近“实际不发生”③ 这一概念，这与先前考虑的“从不”情形相近。

我们必须记住，有些系统在飞行过程中始终工作，而有些系统只在特定的飞行阶段工作，如起落架系统。因此，对于这类系统，系统每飞行小时的失效概率可以用概率除以特定机型估算的平均飞行持续时间来计算。

4.5.3.5.1 失效状态

失效状态定义为考虑到相关的不利使用条件或环境条件，一个或多个失效直接和间接导致或促成对航空器及乘员造成的影响。根据失效状态的严重程度，可以进行如下分类（依据AMC 25.1309）：

轻微的：这种失效状态不会明显降低航空器的安全性，并且不会超出机组人员处理能力范围。

重大的：这种失效状态将会降低航空器的性能或机组人员处理不利运行条件的能力，以至于会出现安全裕度或功能明显下降，机组人员工作负荷显著增加，工作效率被削弱和

---

① “多重危险”事故通常会导致航空器损失。

② 对其他类型航空器的事故分析会得到不同的值。

③ 每年的总小时数为3×10^5，30年就会有9×10^6，接近10^7，这就能暗示一个灾难性事故（在考虑航空器的全部系统的情况下）。

乘员不适等，并可能出现伤害。

危险的：这种失效状态将会降低航空器的性能或机组人员处理不利运行状况的能力，并达到如下程度：

（1）安全裕度或使用性能的显著降低。

（2）由于身体不适或者高强度工作负荷导致机组人员不能精确、圆满地完成任务。

（3）对少数乘客造成严重或致命的伤害。

灾难性的：这种失效状态将会导致多人死亡，通常会伴随着飞机的损坏。

4.5.3.5.2　定量概率计算

当使用定性分析的方法来满足 CS 25.1309（b）的要求时，下面对于 CS 25.1309（b）的概率计算方法的介绍以及可接受的符合性验证方法（AMC）已经成为公认的工程计算的辅助工具。

一般情况下，失效状态的严重程度与发生可能性之间存在一种反比关系①。

表 4-1　失效状态的严重程度与发生可能性之间的关系

1	轻微的失效	是可能的
2	严重的失效	是极小可能的
3	危险的失效	是不可能的
4	灾难性的失效	是极不可能的

表 4-1 中每一项概率依据航空器的类型都有一个最小值，例如，对于大型航空器来说，“极不可能的”概率为 10^{-9}，这与前面描述的概率相符；“不可能的”概率为 10^{-7}，“极小可能的”概率为 10^{-5}，等等。

摘自 CS-25 部第 2 册的图 4-4 和表 4-2 对上述准则进行了说明。

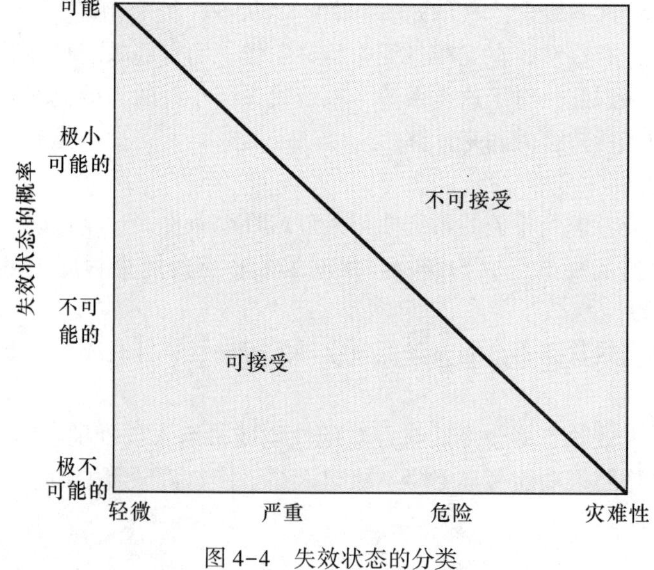

图 4-4　失效状态的分类

① 失效状态危害性较小，相对更可能发生。

表 4-2　失效状态的概率与严重程度之间的关系

对飞机的影响	对乘员的影响（不包括机组人员）	对机组人员的影响	允许的定性概率	允许的定量概率：每飞行小时平均概率的数量级	失效状态分类
对运行能力或安全性无影响	不方便	对机组人员无影响	无概率要求	无概率要求	无安全影响
使用性能或安全裕度轻微降低	身体不适	工作负荷轻微增加	可能	10^{-3}①	轻微的
使用性能或安全裕度明显降低	生理上高度紧张，可能出现受伤	身体不适或工作负荷显著增加	极小可能的	10^{-5}	严重的
使用性能或安全裕度大幅度降低	少数乘员或机组人员受到严重或致命的伤害	身体高度紧张或过度的工作负荷削弱执行任务的能力	不可能的	10^{-7}	危险的
通常整机损毁	大量人员伤亡	死亡事故或丧失能力	极不可能的	10^{-9}	灾难性的
注：①这里提供的概率数值范围仅作为参考。申请人无须进行定量分析，也不需要通过分析来证实符合轻微失效状态的数值标准。目前运输类飞机产品只要采用现在普遍认可的行业惯例，就可以被认为达到了这一标准。					

对设备、系统和安装的安全评估是航空器设计中非常重要而且十分特殊的部分。在设计的最初阶段就进行安全评估是极其重要的，滞后的评估可能会带来不愉快的意外，导致更加昂贵的设计更改费用。

4.5.3.6　*疲劳强度*

为了保持本书提供概况性知识和指导的宗旨，先抛开法规、咨询材料以及供深入研究参考使用的众多文件，我们现在将介绍一个处理航空器结构疲劳问题的适航标准的综述。

许多航空坠毁事故，尤其是在过去①发生的事故大多是由疲劳失效造成的。

“安全评估”“疲劳评估”都属于专业问题，我们仅仅对这些问题提供一些总结性的信息。

适航标准主要考虑两类结构：

（1）单传力路径结构，即外载荷最终会分布在单一构件上，该构件失效将使结构失去承载外载荷的能力②。

（2）多传力路径结构，这类结构属于冗余结构，当其中个别结构件失效时，外载荷可以安全地分布到其他的承力构件上③。

在第一种情况中，必须保证结构的安全寿命，即该结构能够承受如飞行、着陆或飞行

① 20 世纪 50 年代的“彗星”号坠毁事故，是由机身增压舱引起的疲劳所导致的。

② 机身和机翼由单一的结构件连接，这种方案在轻型飞机上很常见。

③ 由多个结构件构成的多元翼身连接，这种方案是用于大型飞机的典型方案。

小时数等一定数量的事件，期间由于疲劳裂纹致使强度下降低于其设计极限的概率很小。

在第二种情况中，结构必须具有失效安全，也就是说由于疲劳、腐蚀、意外损坏和鸟撞①造成的主要结构元件故障或局部失效后，在未修理的情况下，能够保持其所需的剩余强度②。

失效安全概念的发展是损伤容限，其目的是确定裂纹对于结构以及裂纹扩展的影响，从而确定两次检查的最小间隔时间，以避免裂纹达到临界尺寸。

对于大型飞机和大型旋翼航空器来说，相关适航标准要求它们采用失效安全结构③，除非是由于几何结构、检查或良好设计措施方面受到限制而无法采用有效的损伤容限结构。

在这种情况下，就要采用符合安全寿命疲劳评估要求的设计方法。起落架及其附件就是一个典型的不适用于损伤容限设计方法的例子。

《国际飞行》（*Flight International*）杂志在2002年底刊登了美国国家运输安全委员会（NTSB）内部的意见分歧，提出了在失效安全和安全寿命之间做出选择的重要性。问题在于特别可靠的零部件是否需要进行失效安全设计。

2000年1月一架MD-83飞机坠毁，其事故报告显示：水平安定面被完全卡住、前缘上翘，导致飞机急剧低头，升降舵的控制力无法抵消低头力矩。

经过调查最终确定，由于操纵水平安定面俯仰角的丝杠缺乏润滑而最终导致了事故的发生。由于丝杠机构是设定和限制水平安定面迎角的唯一部件，因此它的失效最终变成了灾难。一些NTSB④的工作人员认为，此部件需要依据“更合理的”失效安全标准来重新进行设计。其他的NTSB工作人员则认为此部件是可靠的（改造将涉及超过800架民用航空器），因为：

（1）从1965年起，相同的基本机构就已经用于所有的DC-9、MD-80以及MD-90飞机上。

（2）这种事故在超过一亿的飞行小时中是唯一一例。

（3）这起事故的起因是维修不当（承运人受到了FAA的处罚）。

最终，在没有更改机构装置的情况下，问题得到了解决。FAA发布了一条适航指令⑤（AD 2000-15-15），要求进行检验、检查和试验，以“防止由于水平安定面丝杠磨损过度而使其丧失俯仰调整能力，从而引起飞机的可控性降低”。

这条适航指令特别规定，一旦丝杠的金属部件发生老化、腐蚀、磨损或变形，需要使用新的或可用的部件进行更换。

（一）FAR/CS 25　运输类飞机

FAR/CS 25.571条款要求申请人评估所有可能导致飞机灾难性失效的结构，因为这些

---

① 仅大型飞机考虑鸟撞的情况，但是对于其他类型的航空器鸟撞属于专用条件。

② 相关要求定义了剩余强度的值。

③ 旋翼航空器的结构包括旋翼、发动机之间的旋翼传动系统、旋翼桨毂、控制装置、机身、固定与活动的操纵面、发动机和传动装置、起落架和其他相关的主要部件。

④ NTSB：美国国家运输安全委员会，其工作是处理航空事故，并在调查研究完成之后发布建议。

⑤ 适航指令：局方发布的文件，对民用航空产品颁发的强制性检查要求、改正措施或使用限制。

结构容易受到疲劳、腐蚀和意外损伤。这一评估必须按照损伤容限设计的要求来进行。

基于上述评估结果，申请人必须建立检查程序或其他程序（此处也可称为维护措施），以避免在飞机运营期间造成灾难性事故。

如前所述，如果申请人确定其特定结构应用损伤容限设计是不切实际的，则不需要遵守损伤容限设计要求。

25.571 条款的要求同样适用于金属结构和复合材料结构。

大型飞机的疲劳验证试验必须包括全机的疲劳试验，而且试验会持续数年。因此，在飞机型号合格审定完成之前，这项工作一般是不可能完成的。

如果局方已经批准申请人提交的疲劳试验方案，那么型号合格证可以在全机疲劳试验完成之前颁发。

在这种情况下，25.1529 所要求的持续适航指令的适航限制部分必须规定，在疲劳试验完成之前，任何飞机的使用寿命都不能超过累积疲劳循环次数的一半。

咨询材料包括以下内容。

（1）FAA：AC 25.571-1D①；AC 20-107B。

（2）EASA：AMC 25.571。

（二）FAR/CS-23　正常类、实用类、特技类和通勤类飞机

FAR/CS-23.571 以及 23.572 条款包括下列内容：

（1）正常类、实用类和特技类飞机的金属增压舱结构。

（2）正常类、实用类和特技类飞机的全金属机翼、尾翼和相连结构。

金属结构的强度、细节设计和制造必须按下列条件之一进行评定：

（1）疲劳强度检查用试验或有试验支持的分析方法表明，结构能够承受在服役中预期的变幅重复载荷。

（2）破损安全强度检查用分析、试验或两者兼用的方法表明，当一个主要结构元件出现疲劳破坏或明显的局部破坏后，结构不可能发生灾难性破坏。

（3）23.573（b）的损伤容限评定。

在 41000ft 以上运营的航空器，在对增压舱结构进行审定时，机身增压边界的损伤容限评估必须参考 23.573（b）。

对于金属机翼、尾翼和相连结构，可以通过比较其设计与已有设计来表明对疲劳要求的符合性。从疲劳的角度来看，这种符合性验证方法需要说明两者的结构、工作应力水平、材料、应力集中和预期用途是等效的，是类似的设计，已有设计拥有足够的令人满意的服役经验。相关内容在 23.572（a）中。

（三）FAR/CS-23.573 和 23.574 条款关注的是：

（1）复合材料机体结构。

（2）通勤类飞机的金属机体。

对于这些结构，必须进行损伤容限评估。

---

① §25.571 的要求适用于金属和复合材料结构，这个 AC 的重点是金属结构，AC-20-107B 中包含复合材料结构的指南。

如果证明损伤容限设计对于某一特殊结构不适用，则可以使用安全寿命评估。

对于所有由复合材料制造的小飞机，必须进行损伤容限评估。AC 20-107B 中提供了关于复合材料结构的指导。

咨询材料包括以下内容。

（1）FAA：AC 23.13A；AC 20-107B。

（2）EASA：AMC 25.571 和 23.572；AMC 23.573（a）（1）和（3）；AMC 23.573（b）。

（四）FAR/CS-29　运输类旋翼航空器

疲劳评定的要求包括在 29.571 “金属结构的疲劳容限评定” 和 29.573 “复合材料旋翼航空器结构的损伤容限和疲劳评定”。

我们摘录这两部分。

①29.571　金属结构的疲劳容限评定

（a）每一主要结构件（PSE）[①] 必须执行疲劳容限评定，且必须建立适当的检查和退役时间或经批准的等效方法以避免旋翼航空器在运行寿命期内的灾难性失效。疲劳容限评定必须考虑疲劳和按本节（e）（4）确定的损伤的影响。需要评定的部分包括旋翼，发动机和旋翼桨毂之间的旋翼传动系统，操纵系统，机身，固定和可动的操纵面，发动机和传动装置的支架，起落架，以及相关的主要附件的 PSE。

（d）考虑所有旋翼航空器结构、结构元件和组件，必须确定每一个 PSE。

（e）本条要求的每一疲劳容限评定必须包括：

（1）按 29.309（包括高度影响）要求的整个设计限制范围内，通过飞行实测确定本条（d）规定的 PSE 在所有临界情况下的疲劳载荷或应力，机动载荷系数不需要超过使用中预期的最大值。

（2）以本条（e）（1）确定的预期使用中的载荷或应力为基础（考虑）同样严重的载荷谱，包括外挂载荷运行（如果适用），和其他高频动力循环运行。

（3）评定起落架和其他受影响的 PSE 时，考虑起飞、着陆和滑跑载荷。

（4）考虑疲劳、环境影响、内在和离散的缺陷或在制造或使用中可能产生的意外损伤，对本条（d）确定的每个 PSE，危险评估包括确定可能的位置、类型和损伤的大小。

（5）对本条（e）（4）确定的带损伤的 PSE 确定疲劳容限特性，以支持检查和退役时间，或其他经批准的等效方法。

（f）要求确定剩余强度，以验证疲劳容限评定所假定的最大损伤大小。根据损伤扩展确定检查间隔，损伤扩展后，剩余强度评定必须表明剩余结构能够承受设计限制载荷而不失效。

（h）在本条要求的基础上，必须建立检查和退役时间或经批准的等效方法以避免灾难性失效。

②29.573　复合材料旋翼航空器结构的损伤容限和疲劳评定

---

① PSE 是指主要承担飞行载荷或地面载荷的结构元件，这些结构元件的疲劳失效会导致航空器出现灾难性事故。

（a）每一申请人必须按本条（d）的损伤容限标准评定复合材料旋翼航空器结构，除非申请人证实因受几何形状、可检查性和良好的设计实践的限制，进行损伤容限评定不切实际。如果申请人证实因受几何形状、可检查性和良好的设计实践的限制进行损伤容限评定不切实际，申请人必须按本条（e）进行疲劳评定。

（d）损伤容限评定：

（1）每一申请人必须表明，考虑了内在或离散制造缺陷或意外损伤情况下，通过对复合材料 PSE 和其他零件的强度、细节设计点和制造技术的损伤容限评定，在旋翼航空器使用寿命期或规定的检查间隔内，避免了因静载荷和疲劳载荷导致的灾难性失效。在强度和疲劳评定中，每一申请人必须考虑材料和工艺随环境条件变化的影响。每一申请人必须评定包括机体 PSE、主/尾旋翼传动系统、主/尾旋翼桨叶和桨毂、旋翼操纵、固定和可动操纵面、发动机和传动装置安装、起落架在内的零件，以及局方认为关键的其他零件、细节设计点和制造技术。

（2）每一申请人必须为所有 PSE 确定更换时间、检查或其他程序，以要求在灾难性失效前修理或更换损伤的零件。这些更换时间、检查或其他程序必须包含在 29.1529 要求的持续适航文件的适航限制章节中。

（i）PSE 的更换时间必须通过试验或试验支持的分析确定，且必须表明结构能承受使用中预期的变幅重复载荷。

咨询材料包括以下内容。

（1）FAA：AC 29-2C；AC 20-107B。

（2）EASA：AMC 20-29（复合材料航空器结构）。

（五）FAR/CS 27　正常类旋翼航空器

疲劳评定的要求在 27.571“航空结构的疲劳评定”和 27.572“复合材料旋翼航空器结构的损伤容限和疲劳评定”。

我们节选了这两部分的一些重要内容。

①27.571　航空结构的疲劳评定。

（a）总则。飞行结构的每一部分（飞行结构包括旋翼、发动机与旋翼桨毂之间的旋翼传动系统、操纵机构、机身、起落架以及与上述各部分有关的主要连接件）凡其破坏可能引起灾难性事故者必须予以认定，并必须按本节（b）、（c）、（d）或（e）的规定进行评定。

（b）疲劳容限评定。在不按照本规章附件 A[①] 的 A27.4 制定的更换时间、检查间隔或其他程序的情况下，必须表明结构的疲劳容限能保证发生灾难性疲劳破坏的概率极小。

（c）更换时间评定。必须表明在按照附件 A 的 A27.4 提供的更换时间内发生灾难性疲劳破坏的概率极小。

（d）破损安全评定。

（e）更换时间和破损安全评定的组合。构件可按本条（c）和（d）的组合情况作评定。对于这类构件，必须表明按照附件 A 的 A27.4 提供的经批准的更换时间、检查间隔和

① A27.4 的适航限制条款。

有关程序相组合，其灾难性破坏的概率极小。

②27.573　复合材料旋翼航空器结构的损伤容限和疲劳评定

（a）每一申请人必须按本条（d）的损伤容限标准评定复合材料旋翼航空器结构，除非申请人证实因受几何形状、可检查性和良好的设计实践的限制，进行损伤容限评定不切实际。如果申请人证实因受几何形状、可检查性和良好的设计实践的限制进行损伤容限评定不切实际，申请人必须按本条（e）进行疲劳评定。

（d）损伤容限评定。

（i）每一申请人必须表明，考虑了内在或离散制造缺陷或意外损伤情况下，通过对复合材料PSE和其他零件的强度、细节设计点和制造技术的损伤容限评定，在旋翼航空器使用寿命期或规定的检查间隔内，避免了因静载荷和疲劳载荷导致的灾难性失效。

（e）疲劳评定：如果申请人确定在几何形状、检查能力或好的设计实践限制范围内，本条（d）规定的损伤容限评定不切实际，申请人必须对该特定复合材料旋翼航空器结构进行疲劳评定。

咨询材料包括以下内容。

（1）FAA：AC 27-1B；AC 20-107B。

（2）EASA：AMC 20-29（复合材料航空器结构）。

（六）CS-VLA　甚轻型航空器

有关疲劳的要求在如下部分：疲劳评定。

CS-VLA 572介绍对安全至关重要的结构件。

（1）必须确定主要结构中对安全有至关重要影响的零部件，其失效可能危及乘员或导致飞机失效（见AMC VLA 572（a））。

（2）必须有足够的证据证明本款（a）所确定的每个零部件都具有实现足够安全寿命的强度（见AMC VLA 572（b））。

AMC除了给出能够消除应力集中的良好建议之外，还提供了两种可能性。

（a）对于各种材料，将主要结构上的应力水平保持在572（b）中表格的值以下，以获得足够的安全寿命。

（b）针对更高的应力水平进一步开展疲劳试验：

（1）基于运营载荷谱的疲劳试验。

（2）使用强度值进行疲劳计算，该强度值已经通过试样或结构原件的疲劳试验证明是正确的。

EASA在2015年1月20日发布合格审定备忘录CM-S-006，向公众征集关于“甚轻型航空器复合材料的合格审定、型号设计定义、材料和工艺验证”的意见，对于未来的发展，这是一个很大的进步。

（七）CS-22　滑翔机和动力滑翔机

本部规章关于疲劳要求的内容如下：

CS 22.627疲劳强度。

按实际运营需要进行结构设计，以避免在正常使用中发生超过疲劳极限的应力点。

注：此类信息较少，因为轻型飞机适航标准版本较为陈旧。事实上，这些飞机的平均

利用率低（100~200 飞行小时/年），这并不令人担忧。

然而，许多年之后，在某些条件下（如学校、高空作业、空中的士）飞机的密集使用，疲劳会成为造成事故的主要原因，由于各种各样的事故导致 JAR/FAR 23 部中有关疲劳的适航标准在不断修订。类似的问题也在滑翔机中出现，所以现在滑翔机或甚轻型航空器如果没有经过制造商和局方的疲劳评估就无法通过合格审定。例如，德国联邦航空局（LBA）在很久之前就颁布了针对滑翔机复合材料机身结构的疲劳评定标准。

在任何情况下，出于经济原因的考虑，只有在必要的情况下才对滑翔机进行疲劳测试。如果可能的话，可以参考类似结构和已有相关经验中疲劳试验的数据。

对于甚轻型航空器来说，避免疲劳测试的另一种方法是关键结构应力水平的设计应该低于材料的疲劳极限。很明显，这必须经过适当的静力试验和应变试验来证明。

如果疲劳试验是必要的，相关的技术文献可以提供典型的载荷谱和载荷重复加载方案。

上面提到的合格审定备忘录 CM-S-006 也与 CS-22 部的滑翔机相关。

4.5.3.7　防冰

4.5.3.7.1　冻雨

1994 年 10 月 31 日，法国宇航局的一架 ATR72 飞机发生事故。据报道该地区有结冰的条件，并伴随有冰冻细雨。FAA、法国宇航局、法国民用航空局的调查分析办公室、国家航空航天局、美国国家运输安全委员会以及其他机构对这次事故进行了全面的调查。调查得出的结论是：冰冻细雨环境在除冰器后的机翼上表面与副翼的前方产生了冰。

由于大多数的直升机和轻型飞机没有除冰设备来处理结冰，因此冻雨会迅速对飞机的表面产生影响并使飞机产生严重的故障，甚至大型飞机的复杂除冰系统也无法处理严重的冻雨产生的故障。

4.5.3.7.2　适航规章（飞机）

目前针对结冰问题有专门的适航规章。

没有经过防冰合格审定的飞机可以获得型号合格证，但是获得此类合格证的飞机不被允许在结冰环境下运行，而且本规定是强制要求执行的。

FAR/CS 23 部和 25 部的适航条款 1525 条款规定（虽然使用了不同的表述方式）运行批准（如目视飞行规则（VFR）、仪表飞行规则（IFR）、白天或夜间飞行）和气象条件（如结冰）会限制航空器的运行或禁止航空器运行，适用的适航标准也必须与航空器安装的设备相适应。

关于结冰保护的合格审定，上面提到的 FAR/CS 23 部和 25 部的 1419 条款给出了关键要求。

我们引用 FAR 的相关章节给出一个例子①。

（一）25.1419　结冰防护

如果申请结冰条件下的飞行验证，飞机必须能在附录 C 确定的连续和间断的最大结冰状态下安全运行。为确认这一点，采用下列验证方法：

---

①　CS-25.1419 有相同的内容。

（a）必须通过分析确认，飞机在各种运行形态下其各种部件的防冰是足够的。

（b）为了验证防冰分析结果，检验各种结冰异常情况，演示防冰系统及其部件的有效性，必须对飞机或其部件在各种运行形态和经测定的自然大气结冰条件下进行飞行试验，而且在必要时，还应采用下列一种或几种方法进行验证：

（1）对部件或部件的模型进行实验室干燥空气试验或模拟结冰试验，或两者的组合。

（2）对整个防冰系统或单独对系统部件在干燥空气中进行飞行试验。

（3）对飞机或飞机部件在测定的模拟结冰条件下进行飞行试验。

（c）当防冰或除冰系统的功能不正常时，必须有琥珀色告警灯或等效的告警信息向机组报警。

（d）对涡轮发动机飞机，本条的防冰规定可视为主要适用于机体。至于动力装置的安装，可以认为本部 E 分部中的某些附加规定是适用的。

（e）必须提供下列结冰探测和启动机体结冰防护系统的方法中的一种：

（1）基本的结冰探测系统，能自动启动或者警示飞行机组启动机体结冰防护系统。

（2）用于识别在特定表面上开始出现冰积聚的视觉提示与结冰探测系统组合，用来警示飞行机组启动机体结冰防护系统。

（3）识别易于引起机体结冰的条件，如定义合适的空气静温或总温以及可见湿气，用于飞行机组启动结冰防护系统。

（f）本节（e）的要求适用于所有飞行阶段，除非申请人表明在特定的飞行阶段机体结冰防护系统不必工作。

（g）当启动机体结冰防护系统后：

（1）结冰防护系统必须设计成连续工作。

（2）飞机必须装备有自动使结冰防护系统循环工作的系统。

（3）必须提供一个结冰探测系统，用于每次在结冰防护系统必须循环工作的时候警告飞行机组。

（h）必须制定结冰防护系统的操作程序，包括启动和停用等，并记录在飞机飞行手册中。

注：25.1419 条款提供了证明在 FAR/CS 25.42 附录 C 的连续最大和间断最大结冰条件下安全运行的要求①。

4.5.3.7.3　附录 C

附录 C 涵盖从海平面到 30000ft 范围内的层状和累积云中的连续最大和间断最大结冰条件。

附录 C 依据云层水滴平均有效直径②、液态水含量（LWC）③、周围空气温度、云层

---

① 必须符合 FAR/CS 25 部的其他章节。

② 水滴平均有效直径。计算的液滴直径是将液滴中存在的总液态水含量分成两半，一半的水量将存在于较大的水滴中，另一半的水量存在于较小的水滴中。这个值是通过计算得到的，而不是通过测量实际的液滴尺寸得到的。水滴平均有效直径基于假定的朗缪尔液滴尺寸分布，由计算得到的测量值与体积中值直径存在差异，体积中值直径基于实际液滴尺寸。

③ LWC：在单位体积或单位质量空气内，液滴所含的水的总质量，通常以 g/m^3 为单位。

的水平长度和垂直厚度来确定结冰云的特征。

结冰状态水滴的平均有效直径比附录 C 中定义的平均有效直径更大，在附录 C 中定义的水滴的平均有效直径通常指的是冰冻细雨或冻雨的水滴直径。

在对飞机的结冰防护系统进行审定时，目前并没有考虑冰冻细雨或冻雨这种结冰状态。

由于结冰状态的水滴直径较大，通常情况下，超过附录 C 中定义的水滴直径的水滴会出现在飞机机翼后部，这可能会导致结冰防护区域后移，并可能对飞机的飞行性能、颤振特性、除冰以及发动机和系统的运行产生负面影响。

同样，目前在审定飞机的结冰防护系统时，还没有考虑混合相（过冷水滴和冰晶）和 100%的冰晶结冰条件。

将发动机和外部安装的探测器暴露在上述条件下，可能会导致发动机内部出现危险的冰积聚，从而导致发动机损坏、失去动力，并可能出现失去航速指示或误导。

运输类飞机和发动机的合格审定规章没有解决飞机在过冷大水滴（SLD）、混合相或冰晶结冰条件下的安全运行，运行相关规章也没有明确禁止在这些条件下的运行。

上述意外和事故的历史表明，在结冰情况下，某些型号的飞机失去动力，也有可能机组人员会失去对飞机的控制。

4.5.3.7.4　现阶段的 FAA/EASA 适航规章（运输类飞机）

通过参考 1994 年 10 月发生的 ATR72 事故，发现可能造成事故的大气条件不在 FAR 25 附录 C 规定的结冰条件中，FAA 没有要求飞机表明能够在冰冻细雨或冰冻雨环境下安全运行。

20 世纪 80 年代之后，1419 条款的一些修正案以及 FAE/CS 的其他条款也开始发布，但是冻雨的问题依然没有得到解决。

1991 年发生的事故引起了公众和政府对于前沿安全问题的关注，此次事故促使局方通过制定充分的结冰合格审定适航标准来保证安全。

FAA 意识到在运输类飞机和涡轮发动机的合格审定期间，对于结冰环境的考虑需要扩展，从而增加安全水平。最终 FAA 决定修订的结冰合格审定标准应该包括过冷大水滴（SLD）、混合相以及冰晶的影响。专家们花费很长时间参与相关修正案的编制。一个由航空立法咨询委员会（ARAC）领导，FAA 参与执行工作的国际工作小组于 1997—2009 年进行该项工作。其目的是为规章的更改准备修正案。因此，FAA 直到 2014 年 6 月底才发布立法建议通告（NPRM）一点也不奇怪。

为了提高运输类飞机在过冷大水滴（SLD）、混合相以及冰晶结冰环境下运行的安全水平，适航规章中应该包括如下内容：

扩大合格审定中对于结冰环境的要求范围，包括冻雨和冰冻细雨。

要求受到过冷大水滴（SLD）结冰环境严重影响的运输类飞机达到包括扩展后结冰环境的合格审定适航标准所要求的安全水平，包括额外的飞机性能和飞行品质要求。

扩大发动机和发动机安装合格审定的范围，修订飞机零部件（如迎角和空速指示系统）合格审定适航条款，考虑在冻雨、冰冻细雨、冰晶以及混合相等气候下的结冰环境。

EASA 对上述 FAA 的建议进行评估和分析，CS 25 部规章的修订在 2011 年 3 月 21 日通过 NPA 2011-03 提出。

EASA 的立法建议通告（NPRM）包含了一个有趣的分析和风险评估，其中指出的最严重的风险是在 SLD 结冰条件下失去对飞机的控制，这可能导致飞机坠毁。

发动机动力丧失或燃烧中断也会造成安全问题，特别是在冰晶结冰和混合相的大气环境下更容易出现这种问题，有超过 100 份文件对这种故障进行了记载。

此外，飞机运行经验显示飞行机组曾经在严酷的结冰条件下（在深层对流区域）经历了短暂的错误空速指示、温度探测器短路及其他故障，主要疑似原因是出现高浓度冰晶结冰现象。

在飞行过程中，下雪与混合相的大气环境也会导致一些涡轮发动机和辅助动力装置（APU）电力中断。

最后，不同类型发动机的运行经验表明多发发动机在冻雾环境中经过长时间地面运行，在起飞后可能会发生故障。

依据上面提到的立法建议通告（NPRM），FAR 25 增加了以下条款：

25. 1324 关于迎角系统的新条款（2014 年 11 月 4 日发布的 25-140 修正案）。

25. 1420 关于 SLD 结冰环境的新条款（2014 年 11 月 4 日发布的 25-140 修正案）。

FAR 25 部新增附录 O（2014 年 11 月 4 日发布的 25-140 修正案）。

（一） § 25. 1420　SLD 结冰条件

（a）如果要求在结冰条件下进行飞行审定，除了 § 25. 1419 的要求外，最大起飞重量小于 60000lb 或具有可逆飞行控制系统的飞机必须符合本节（a）（1）、（2）或（3）的要求。

（1）遇到本规章附录 O 规定的结冰条件后安全运行：

（i）飞机必须有一种方法可以检测到它在附录 O 结冰条件下运行。

（ii）在检测到附录 O 结冰条件后，飞机必须能够在所有结冰条件消除后安全运行。

（2）申请人选择附录 O 中规定的部分结冰条件下安全运行：

（i）飞机必须有一种方法可以检测到它的运行条件超出了附录 O 结冰条件的选定部分。

（ii）在检测后，飞机必须能够在所有结冰条件消除后安全运行。

（3）在本规章附录 O 规定的结冰条件下安全运行。

（b）为了确定飞机能够按照本条款（a）的要求安全运行，申请人必须通过分析证明飞机各零部件的防冰保护是足够的，同时考虑到飞机各种运行构型，必须使用以下必要方法中的一个或多个进行验证分析：

（1）对零部件或零部件模型进行实验室干燥空气或模拟结冰试验，或两者的组合。

（2）进行飞机模型的实验室干燥空气或模拟结冰试验，或两者的组合。

（3）进行飞机或其零部件在模拟结冰条件下的飞行试验，根据实际需求进行测量以支持分析。

（4）模拟结冰状态下飞行形态进行飞行试验。

（5）进行飞机在自然结冰条件下的飞行试验，根据实际需求进行测量以支持分析。

（c）对于按照本节（a）（2）或（3）审定的飞机，必须满足 25. 1419（e）、（f）、（g）和（h）的要求。在附录 O 中定义的结冰条件下，飞机经过审定后可以运行。

（d）就本节而言，以下定义适用：

（1）可逆飞行控制。飞机正常运行构型下的飞行控制，通过飞机操纵面施加力或运动（例如，通过空气动力载荷、静态不平衡、配平或伺服调整片输入），并传输回驾驶舱控制器。该术语是指通过直接机械连杆、电缆或推拉杆连接到俯仰、滚转或偏航操纵面的驾驶舱控制器，当飞行员施力时产生围绕铰链线的运动或力。

（2）模拟结冰试验。在模拟结冰条件下进行测试，如结冰管路或结冰油箱。

（3）模拟结冰形态。利用木材、环氧树脂或其他材料制造加工成结冰形状。

注：新的§25.1420条款适用于受SLD结冰条件①影响最大的飞机，或此类飞行可以进行可逆飞行控制。

EASA的CS 25部规章发布了相同的修正案，但是CS 25.1420条款适用于所有的依据CS 25规章进行审定的飞机。

4.5.3.7.5 按照FAR/CS 23部审定的飞机

如果我们考虑FAR/CS 23部的规章要求，会发现解决这个问题的途径是一样的，但是FAR 23.1419的最后一次修正案是1993年4月9日发布的，而FAR 25部的相同条款修改多次（最后一次修改是2014年11月4日）②。

2007年6月28日发布的AC 23.1419-2D“在结冰环境飞行的23部飞机的合格审定”给出了表明符合FAR 23的可接受的验证方法，用以审查由FAR 25附录C定义的结冰环境中运行的飞机的防冰系统。

这是一份有价值的文件，其中还包含相关规章、文件和阅读材料清单。但是，附录C未涵盖SLD、混合相和冰晶结冰等环境条件的问题仍然存在。

AC针对动压探头防冰和失速警告防冰提出了一些重要建议，这些结冰环境条件有些属于FAR 25附录C，而有些不属于。

4.5.3.7.6 个人经验

当我们飞到4000ft的高空时，仪表气象条件（IMC）显示，在密云中没有任何外部参考，机翼上没有可见的积冰。突然发生了一件奇怪的事情，发动机逐渐增加到了最大连续功率（MCP）③，指示空速（IAS）④ 却显示速度只有110kn。这对直升机驾驶员来说可能是正常现象，但是对于双发涡轮螺旋桨飞机来说却不是正常现象。

发生了什么呢？幸运的是驾驶员是防冰系统评估专家，他知道问题的答案：飞机飞入了冻雨层中，这是与冰冷表面发生碰撞变得过冷并冻结的雨。

飞机现在几乎完全处于结冰环境中，这会导致机体重量的增加，并成为飞机运行的负担，应该做什么呢？这种情况曾经造成过许多故障，幸亏有精确的飞行计划，飞行员注意到了温度出现了逆转。在得到交通管制部门的批准后，我们爬升到了6000ft的高空，温暖

① 最大起飞重量小于60000lb的飞机。飞机的尺寸决定了其飞行特性与冰层厚度与表面粗糙度的敏感性，随着飞机尺寸的增加，结冰厚度（或结冰表面粗糙度）的相对影响会减小。

② CS-23部于2003年12月发布，但是1419条款的内容与FAR 23部是类似的。

③ 最大连续功率（maximum continuous power，MCP）。

④ 指示空速（indicated air speed，IAS）。

空气使飞机恢复了正常状态。

然后我们决定着陆，迅速穿过受冻雨影响的区域，在经历了短暂的能见度丧失之后，我们进行了正常着陆。

作为国家航空管理局的监察员，在制造商进行了一系列飞行测试之后，我在美国对具有双发涡轮螺旋桨的满足 FAR 23 部要求的飞机的防冰系统进行了审定。为了验证飞机性能（如操纵性、机动性和稳定性），进行了在模拟结冰环境下的飞行测试。

测试飞机时找到结冰条件是不容易的，有时候你需要在那种特定的环境用好几个星期时间。我特别幸运，因为我到达的第二天里天气状况良好。

在早上的第一次飞行中，我们发现一个典型的结冰例子，在机翼上和尾翼前缘有持续的积冰，而没有出现任何控制问题，此时确认已经完成试验验证。

然而，在某一天下午的飞行演示中的冻雨使我们大吃一惊。我想指出，这种情况是非常危险的，特别是对安装标准除冰系统的飞机来说，该系统能够除去机翼和尾翼前缘的冰块，而不能除去飞机其他部位的冰块，这是非常危险的。

我记得20世纪80年代对于ATR42的事故调查，我是委员会成员，导致事故的因素链起始于结冰条件下在爬升期间发生失速。虽然防冰系统在工作，但是通过对录音的判断，发现在防冰系统后面有冰层形成。为了解释飞机爬升率的大幅度降低这一情况，提出了超大积冰层的假设。

依据多年的工作和飞行经验，我确信ATR42在冻雨中经历了极端恶劣的环境。

4.5.4 FAR 21/EASA 21 部

4.5.4.1 FAR 21 部——民用航空产品和零部件合格审定规定

（一）§21.1 适用范围和定义

（a）本部规章规定：

（1）颁布和变更的程序要求：

（i）设计批准。

（ii）生产批准。

（iii）适航证。

（iv）适航批准。

（2）本规定适用于本条（a）（1）所指明的任何批准书或证书的申请人和持有人。

（3）民用航空产品批准的程序要求。

（b）就本部规章而言：

（1）适航批准指 FAA 为某一航空器、航空发动机、螺旋桨或者零部件颁发的证件，表明该航空器、航空发动机、螺旋桨或者零部件符合经批准的设计并且处于安全可用状态。

（2）零部件是指材料、零件、部件、软件或机载设备①。

（3）商业零部件是指在 FAA 批准的商业零部件清单上列出的项目，根据 §21.50 要

① 机载设备是指用于或将用于飞行操纵或控制飞机、安装在飞机上或附属于航空器，但并不是机体、发动机或螺旋桨一部分的任何仪表、机械装置、设备、零部件、仪器、配件或附件，包括通信设备。

求，该清单包含在设计批准持有人的持续适航文件中。

(4) 设计批准是指型号合格证（包括型号合格证更改和补充型号合格证）或根据零部件制造人批准书、技术标准规定项目批准书或其他经批准的设计对设计部分的批准。

(5) 航空产品指航空器、航空发动机、螺旋桨。

(6) 生产批准指 FAA 颁发用以表明允许按照经批准的设计和经批准的质量系统生产民用航空产品或者零部件的证件，其形式可以是生产许可证或者零部件制造人批准书、技术标准规定项目批准书对生产部分的批准。

(7) 设计国是指对负责民用航空产品或零部件的设计和持续适航性的机构拥有管辖权的国家或管辖区。

(8) 制造国是指对民用航空产品或零部件的组装和适航性负有管辖权的国家或管辖区。

因此，FAR 21 部包含了适航标准的顶层规定，也可以说统领所有适航规章，建立了航空材料设计与生产的合格审定中的局方与工业方之间的关系，我们将在第 5 章中讨论这些问题。

4.5.4.2　EASA 的 21 部规章——航空器及相关民用航空产品、零部件、机载设备以及设计和生产机构的合格审定

21 部规章是欧盟于 2012 年 3 月 8 日发布的规章（EU）748/2012 中的附件 I。

下面引用了 EASA 21 部规章的定义及其适用范围。

（一）本规章依据规章（EC）216/2008 第 5（5）条和第 6（3）条规定，对民用航空产品、零部件和机载设备的适航性和环境审定的通用技术要求与管理程序提出以下要求：

(a) 型号合格证、限制类型号合格证、补充型号合格证的颁发与此类证书的更改。

(b) 颁发适航证、限制适航证、特许飞行证和适航批准标签。

(c) 颁发维修设计批准书。

(d) 表明环保要求的符合性。

(e) 颁发噪声合格证。

(f) 民用航空产品、零部件和机载设备的标牌或标记。

(g) 某些零部件和机载设备的审定。

(h) 设计单位和生产单位的审定。

(i) 发布适航指令。

（二）就本规章而言，以下定义适用：

(c) 21 部是指本规章附件 I 中规定的航空器及相关航空产品、零部件和机载设备以及设计和生产单位的审定要求和程序。

(d) M 部是指规章（EC）216/2008 中适用的持续适航要求。

(f) 零部件是指民用航空器上使用的任何部件和机载设备。

(g) ETSO 是指欧洲技术标准规定。

(h) EPA 是指欧洲零部件批准。

(i) ELA1 飞机是指下列类型的欧洲轻型飞机：

（i）最大起飞重量不超过1200kg的飞机，并且不属于混合动力驱动航空器①。

（ii）最大起飞重量不超过1200kg的滑翔机或动力滑翔机。

（iii）最大设计提升气体或热空气体积不超过3400m³的热气球，不超过1050m³的燃气气球，不超过300m³的系留气球。

（iv）对于载客量不超过四名乘客的飞艇，要求飞艇浮升气体的最大设计体积，对于热空气飞艇不超过3400m³，对于燃气飞艇不超过1000m³。

（j）ELA2航空器是指以下载人的欧洲轻型飞机：

（i）最大起飞重量不超过2000kg的飞机，并且不属于混合动力航空器。

（ii）最大起飞重量不超过2000kg的滑翔机或动力滑翔机。

（iii）气球。

（iv）热空气飞艇。

（v）符合以下所有特性的燃气飞艇：3%最大静态重量。

（vi）超轻型旋翼航空器。

21部B分部包括局方的程序。

（三）21. B. 5　范围

（a）本节规定了成员国局方在执行与本附件I（21部）所述的任务和责任时，对证书的颁发、持续、更改、暂停和撤销的批准和授权相关的程序要求。

（四）21. B. 20　局方义务

各个成员国的局方仅对主要运营地点在其境内的申请人或持有人负责实施A章，F、G、H、I和P分部（21部）的相关规定。

4.5.5　航空器适航标准的结构

如果我们回顾一下航空器合格审定的适航标准（CS-22，CS-VLA，CS-VLR，FAR/CS-23/25/27/29），我们就会发现具有一个共同的文档结构，有统一整齐的格式。除了前言、页码和一些其他的内容，还有“分部”和“附录”。如前所述，CS也包括咨询材料。每个分部在一个标题下都包括几个章节（例如，“地面载荷”“操纵系统”等）。有趣的是，在所有上述标准中，涉及相同内容的章节一般都有相同的编号（例如：“重量限制”

---

① 混合动力航空器指的是：

（i）飞机

- 最大审定起飞重量超过5700kg。
- 进行合格审定的构型的最大乘员座位数超过19个。
- 进行合格审定的构型的运行机组人员至少包括2名飞行员。
- 安装有一台涡轮喷气发动机或超过一台的涡轮螺旋桨发动机。

（ii）直升机的合格审定：

- 最大起飞重量超过3175kg。
- 最大乘员座位数超过9个。
- 机组人员至少有两名飞行员。

（iii）倾转旋翼航空器。

的条款号是 XX. 25；“材料和工艺” 的条款号是 XX. 603 等）。这就使标准之间的转换更加容易，而且需要将标准进行比较时也更加容易。

文档结构的细节如下：

（1）A 分部：总则。这个分部提供了本标准所适用的航空器型号和类别信息。

（2）B 分部：飞行。这个分部介绍了为表明航空器的性能、操纵性、机动性和稳定性的符合性需要进行的飞行试验。需要指出的是，本分部并未完全涵盖合格审定所需要的所有飞行试验，其他分部也包含了一些必须通过飞行试验来验证的要求。

（3）C 分部：结构。这个分部包含了飞行及地面载荷的评估要求，以及机身、操纵系统、起落架和其他部件的结构设计要求，也提供了适坠性和疲劳要求的相关参数。

（4）D 分部：设计与构造。这个分部包含了设计技术、材料、安全系数、操纵系统、起落架设计、需要完成的结构试验、驾驶舱和客舱设计、防火以及颤振要求等。

（5）E 分部：动力装置。这个分部包含了对动力装置安装及相关系统（如燃油、滑油、排气系统等）的要求。动力装置的控制、附件和防火也在考虑范围之内。

（6）G 分部：使用限制和资料。这个分部规定了为了保证航空器的正确运行而必须使驾驶员和其他人员应获得的全部信息的要求，包括了从标识、标牌到飞行手册的内容。

（7）附录：这部分包含了各种各样的内容，涉及诸如简化设计载荷准则、对材料可燃性评估的试验程序、持续适航文件以及其他的信息。

注：

（1）航空器类别（aircraft category）：术语“类别” 当用于与航空器的合格审定有关的领域时，是指基于其预期用途或运行限制的航空器分组，如正常类、实用类、特技类，以及初级类。

（2）航空器级别（aircraft classification）：术语“级别” 当用于与航空器的合格审定有关的领域时，是指在推进、飞行或着陆方面具有相似特性的航空器的一个广泛分组，即飞机、旋翼航空器、滑翔机或气球。

4.5.6　航空器适航标准的适用范围

正如上面所提到的，航空器适航标准 A 分部定义了具体航空器的类型与类别。我们将在下面对其进行更详细的讨论。

4.5.6.1　CS-22：*滑翔机和动力滑翔机*

本适航标准适用于实用类 U 与特技类 A 类别中的滑翔机和动力滑翔机：

（1）滑翔机最大重量不超过 750 千克。

（2）要求单发（火花或压缩点火方式）动力滑翔机的设计参数 W/b^2（重量与翼展的平方之比）不大于 3（W 单位：kg，b 单位：m），最大重量不超过 850 千克。

无动力滑翔机和动力滑翔机的乘员数量最多不能超过 2 人。

术语“动力滑翔机” 包括了那些不能满足 22. 65 要求的最小爬升率的滑翔机和不能满足 22. 51 要求的最大起飞距离的滑翔机，以及由于不满足爬升率和起飞距离的要求而被禁止单纯依靠自身动力起飞的滑翔机（因此要像滑翔机那样起飞）。

这些滑翔机被称为“自带动力滑翔机”，附录 I 中也增加了适用于该类飞机的适航要求。

CS-22 部的 H 分部和 J 分部包括了针对安装在动力滑翔机上的发动机和螺旋桨的标准（当然也可以安装依据 CS-E 和 CS-P 的标准进行合格审定的发动机和螺旋桨）。

如果动力滑翔机满足附录 K 的要求也可作为空中牵引滑翔机来使用。

注：CS-22 部中所指的“滑翔机”包括滑翔机和动力滑翔机。滑翔机的分类如下：

实用类：此类滑翔机用于正常高空飞行和在型号合格审定期间为演示而进行的一些特技飞行（在规章中列出）。

特技类：此类滑翔机除了可以开展实用类飞机的飞行项目外，还可进行特技飞行，允许的特技飞行项目必须在型号合格审定期间确定。

注：动力滑翔机被认为是“有辅助发动机的滑翔机”，这就是为何允许以低于 CS-E 和 CS-P 规定要求的方式安装动力装置的原因。此外，与固定翼飞机不同的是，动力滑翔机允许在发动机停车的状态下飞行（如果条件允许还可以收起发动机），这就和无动力滑翔机类似了。飞行试验必须在有动力和无动力两种状态下进行，如果动力装置可以收放，还需要在收起状态下进行试验。

我们可以这样解释 W/b^2 这个看起来比较奇怪的参数：当动力滑翔机的最早适航标准出现的时候，一些制造商就在设想生产“伪装”成动力滑翔机的飞机的可能性，其目的是满足当时相对宽松的动力滑翔机适航要求。显然，对于一架 850kg 的动力滑翔机来说，公式 W/b^2 要求其数值不大于 3 就决定了翼展的最小值为 16.8m，这就使航空器的外形更像滑翔机而不是飞机。

此标准包含了第 2 卷《可接受的符合性方法》的内容。

4.5.6.2 CS-VLA：甚轻型飞机

该部规章包含了不超过 2 个座位的单发（火花或压缩点火方式）、最大起飞重量不超过 750kg、着陆时的失速速度不超过 83km/h（45kn）校正空速的飞机，此类飞机只能被批准在白天目视飞行（相关规章要求的符合性方法可以参考 AMC VLA 1）。

（一）飞机类别

CS-VLA 仅适用于非特技飞行的飞机。非特技飞行是指：

（a）正常飞行中遇到的任何机动。

（b）失速（不包括尾冲失速）。

（c）坡度不大于 60°的缓 8 字飞行、急上升转弯和急转弯。

美国已采纳了这些要求，甚轻型飞机作为特殊类别①航空器，按照 21.17（b）的要求可以获得型号合格证，按照 AC 23-11A 的要求对甚轻型飞机进行夜间飞行和仪表飞行的合格审定也是可行的。

4.5.6.3 FAR/CS-23：正常类、实用类、特技类和通勤类飞机

（一）CS 23.1 适用范围

---

① 特殊类航空器：飞机已安装的发动机和螺旋桨尚未根据 CFR 14 集第 21 部 B 分部适航标准颁发型号合格证。按照 FAR 21.17（b）规定，此类飞机适用的适航要求是由适航当局选取 23 部、25 部、27 部、29 部、31 部、33 部和 35 部的内容来确定，适航当局也可以使用与这些规章具有等效安全水平的适航标准。

（a）本适航标准适用于：

（1）正常类、实用类、特技类飞机，乘员最多不超过9人（不包括驾驶员），最大审定起飞重量为5700kg（12500lb）或以下。

（2）通勤类螺旋桨驱动双发飞机，座位设置（不包括驾驶员）为19座或以下，最大审定起飞重量为8618kg（19000lb）或以下。

（二）CS 23.3　飞机类别

（a）正常类飞机仅限于用于非特技飞行的飞机，非特技飞行包括：

（1）任何与正常飞行有关的机动。

（2）失速（不包括尾冲失速）。

（3）坡度不大于60°的缓8字飞行、急上升转弯和急转弯。

（b）实用类飞机，可作本条（a）中的任何飞行动作，以及：

（1）尾旋（如果对特定型号的飞机已批准作尾旋）。

（2）坡度大于60°但不大于90°的缓8字飞行、急上升转弯和急转弯。

（c）除了由于所要求的飞行试验结果表明是必要的限制以外，在使用中不加限制的飞机。

（d）通勤类飞机的运行，是指正常飞行所能遇到的任何机动，失速（不包括尾冲失速）和坡度不大于60°的急转弯。

（e）除通勤类飞机外，只要满足所申请的相应类别的要求，小型飞机的合格审定可以不限于一种类别。

注：在23.1和23.3条款中，除了对通勤类飞机的定义外（CS-23中的通勤类飞机是由螺旋桨驱动的双发飞机，而FAR 23中的通勤类飞机是多发飞机），FAR 23与CS 23措辞有不同之处，但数据相同。

虽然FAR 23部和CS-23部的规章几乎是相同的，但是也会存在一些差别。

在FAA的网站上（设计批准/小飞机）有关于这两部规章的比较（FAR 23部的23-62号修正案和EASA CS-23部的23-4号修正案）。

FAR 23部适用的小飞机构造简单、飞行速度低，而大飞机则是复杂、高速的飞机。因此，现有对于飞机的基于重量和发动机类型的标准分类方法是有效的。

虽然现有的方法已经在数十年里生产出了安全的飞机，但是技术的发展已经改变了FAR 23部的原有假设。新的小型涡轮发动机、复合材料机身和轻量化数字电子设备，为FAR 23部飞机提供了传统意义上较大的FAR 25部飞机所拥有的运行能力和性能。

为应对逐渐提高的飞机性能和复杂性，FAR 23部标准的发展已经远远超过了最初的意图。不幸的是，由于FAR 23部倾向于更加复杂的飞机，使低速、简单的FAR 23部飞机承受了损失。

虽然并非不可能，但对一架简单的双座飞机进行合格审定也是麻烦和昂贵的，同时FAR 23部并没有完全专注于非常复杂的高性能涡轮发动机飞机的合格审定。

今天，合格审定当局会采用专用条件来处理复杂高性能涡轮发动机飞机的合格审定要求。

这些情况已经引起FAA对此类问题的严肃思考，通过专门的、高素质的团队组成的机构来对 FAR 23 部规章的更改提出建议。

此团队的首个建议是基于飞机的性能和复杂程度对 FAR 23 部的内容进行改变，而不是依据现在的重量和推进装置来对航空器进行分类。

此研究有如下建议：

23 部 A 类：低复杂性、低性能。

23 部 B 类：中等复杂性、中等性能。

23 部 C 类：高复杂性、高性能。

FAA 的文件给出了大量关于这些分类的细节。

这项研究并不限于合格审定标准，研究团队的成员们审查了影响通用航空的其他领域，如飞行员的训练、运行和维修。此外，该研究还提供了各种短期和长期的建议。

2011 年 8 月，美国联邦航空局（FAA）向 23 部航空规则制定委员会①（Part 23 ARC）授权，目的是使其为 FAA 如何实施 CPS 提供建议。

2013 年 1 月《23 部航空规则制定委员会》（ARC）完成了对 FAR 23 部的分析。

ARC 向 FAA 提交了一份报告，名为《关于提高联邦规章第 14 集第 23 部小型通用航空飞机安全性合格审定的建议》，这是一份包含了 330 多页的分析和提议的复杂文件，ARC 向 FAA 和 NPRM 提交的建议预计将在 2015 年 12 月发布。

2015 年 3 月，EASA 发布了 2015-06 号建议修正案预告②——《对于 23 部和 CS-23 的修订》，其中涉及了上面提到的 ARC 的报告。

4.5.6.4　FAR/CS-25：运输类飞机/大型飞机

（一）FAR 25.1　适用范围

（a）本规定是用于颁发和更改运输类飞机型号合格证的适航标准。

（二）CS 25.1　适用范围

（a）此类 CS 适用于涡轮动力大型飞机。

（三）FAR 25.25　重量限制

（a）最大重量。必须制定对应于飞机运行状态（例如，在停机坪、地面或水面滑行、起飞、飞行和着陆时）、环境条件（如高度和温度）及载重状态（如无油重量、重心位置和重量分布）的最大重量，使之不超过：

（1）申请人针对该特定条件选定的最大的重量。

（2）表明符合每项适用的结构载荷要求和飞行要求的最大的重量。装有助推火箭发动机的飞机除外，这类飞机的最大重量不得超过按本部附录 E 规定的最大的重量。

（3）表明符合 36 部有关噪声审定要求的最大的重量。

（四）CS 25.25　重量限制

（a）最大重量。必须制定对应于飞机运行状态（例如，在停机坪、地面滑行、起飞、飞行和着陆时）、环境条件（如高度和温度）及载重状态（如无油重量、重心位置和重量

① 航空规则制定委员会制定航空界成员和 FAA 成员使用的规章。

② 建议修正案预告：A-NPA（advanced notice of proposed amendment），这是用于从有关方面就未来可能出现的 NPA 提出早期建议的一个文件。

分布）的最大重量，使之不超过：

（1）申请人针对该特定条件选定的最大的重量。

（2）表明符合每项适用的结构载荷要求和飞行要求的最大的重量。

（3）表明符合 36 部有关噪声审定要求的最大的重量。

注：在重量、发动机数量与乘员数量方面没有限制。

CS-25 部只考虑涡轮动力飞机。事实上，已经有多年没有设计采用活塞式发动机的大型飞机。作为在 JAR 25 部之前颁布的源头旧标准，FAR 25 部并没有这个限制。实际上，以活塞式发动机作为动力的运输类飞机在世界上的某些地区仍在运行，其型号合格证也还是有效的。

针对在美国取证的航空产品，FAR 25 部规定了运输类飞机型号合格审定的适航标准，EASA 的 CS-25 部的第 1 卷规定了在欧洲进行合格审定的航空产品的适航标准。

虽然 FAR 25 部和 CS-25 部的第 1 卷十分相似，但是在许多方面也存在差异。为了解决这些差异，FAA 委派航空立法咨询委员会（ARAC）利用载荷和动力学协同工作小组（LDHWG）和通用结构协同工作小组（GSHWG）来审查现有的规章架构，并给出变更建议以消除美国和欧洲适航标准之间存在的差异。

载荷和动力学协同工作小组和通用结构协同工作小组提出了一些建议，EASA 已将一些更改纳入了 CS-25 的规章中。FAA 也接受了被 EASA 采纳的航空立法咨询委员会的建议，最终对 25 部的规章进行了相应的修改（2014 年 10 月 2 日）。

CS 和 ACM（CS-25）的最近的修正案是 16 号修正案，EASA 的执行局长于 2015 年 3 月 12 日签发颁布。

4.5.6.5　FAR/CS-27：正常类旋翼航空器/小型旋翼航空器

（一）FAR 27.1　适用范围

（a）本规章规定颁发和更改最大重量等于或小于 7000lb 且其乘客座位数不大于 9 个的正常类旋翼航空器型号合格证使用的适航标准。

（c）多发旋翼航空器可按 A 类进行型号合格审定，但必须符合本规章中附件 C 的要求。

CS-27 的适用范围为最大重量 3175kg（7000lb）的旋翼航空器。

注：关于 A 类定义，请参阅 FAR/CS-29 附件 C 对于 FAR 27 的注释。

（二）FAR 27 附件 C　A 类旋翼航空器准则

①C27.1　总则

小型多发旋翼航空器不能用于 A 类运行的型号合格审定，除非它除了满足本规章的要求之外，还满足本附件所包含的设计安装和性能要求。

②C27.2　适用的 29 部条款

除了满足本规章的要求之外，必须满足 29 部的下列条款：

（1）29.45（a）和（b）（2）——总则。

（2）29.49（a）——最小操纵速度下的性能。

（3）29.51——起飞数据：总则。

（4）29.1351（d）（2）——电气系统和设备：总则（无正常电源的操纵）。

（5）29.1587（a）——性能资料。

注：为符合上文C27.2条款所列内容，应参照咨询通告“运输类旋翼航空器合格审定”等相关材料。

4.5.6.6 FAR/CS-29：运输类旋翼航空器/大型旋翼航空器

（一）FAR 29.1 适用范围

（a）本规章规定颁发和更改运输类旋翼航空器型号合格证用的适航标准。

（b）运输类旋翼航空器必须按照本规章A类或B类的要求进行合格审定，多发旋翼航空器可以同时按A类和B类进行型号合格审定，但必须对每一类规定相应的和不同的使用限制。

（c）最大重量大于20000lb和客座量等于或大于10座的旋翼航空器，必须按照A类旋翼航空器进行型号合格审定。

（d）最大重量大于20000lb和客座量等于或小于9座的旋翼航空器，可按B类旋翼航空器进行型号合格审定，但必须符合本规章中C、D、E和F分部的A类要求。

（e）最大重量等于或小于20000lb，但客座量等于或大于10座的旋翼航空器，可按B类旋翼航空器进行型号合格审定。但必须符合本规章中29.67（a）（2）、29.87、29.1517以及C、D、E和F分部的A类要求。

（f）最大重量等于或小于20000lb和客座量等于或小于9座的旋翼航空器，可按B类旋翼航空器进行型号合格审定。

（二）CS 29.1 适用范围

内容与FAR 29.1等效。

注：

A类：A类是指多发旋翼航空器，其设计具有FAR/CS-27和FAR/CS-29中规定的发动机和系统隔离特征，并能够利用基于关键发动机失效概念而预定的起飞降落程序运行，以确保具有足够的指定地面区域和足够的性能能力，在一台发动机失效的状态下有继续安全飞行或安全中断起飞的能力。

B类：B类是指单发或不完全符合所有A类标准的多发旋翼航空器，B类旋翼航空器在一台发动机失效时无法继续安全飞行，只能进行非计划降落。

4.5.6.7 CS-VLR：甚轻型旋翼航空器

（一）CS VLR.1 适用范围（见AMC VLR.1）①

该适航规章适用于甚轻型旋翼航空器（直升机），其最大审定起飞重量不超过600kg，其中：

（a）设计简单。

（b）设计承载不超过2名乘客。

（c）不是由涡轮或火箭发动机提供动力。

（d）仅限于白天目视飞行规则运行。

注：意大利RAI-ENAC在20世纪90年代发布了此类旋翼航空器的标准（1996年4

---

① AMC VLR.1解释了CS VLR（直升机）中关于《简单设计》的含义。

月22日获得批准)，允许对最大重量为450kg、低空运行的超轻型直升机进行合格审定。但这个最大重量考虑得并不充分，并且从长远来看，这些超轻型旋翼航空器仍然没有合格审定标准。

RAI-VLA（这是此标准的标题）作为JAR 27部的简化版本颁布，就像JAR-VLA作为FAR 23部的简化版来发布的形式那样。RAI-VLA作为一项国家标准可以作为型号合格审定的依据并颁发标准适航证①，然而，由于RAI受《塞浦路斯协定》的限制，意大利设立了初级航空器类别，要求进行特殊的合格审定。

之后，此标准被“提供”给了JAA，JAA成立了一个研究小组来对此文件进行评估并确定了最终版本，并颁布了JAR-VLA。

JAR-VLA于2003年9月颁布，之后作为CS-VLA被EASA采纳。

4.5.6.8 FAR/CS-31 HB：载人自由气球/热气球

（一）FAR 31.1 适用范围

（c）本部中：

（1）轻气球是靠轻于空气的气体产生升力的气球。

（2）热气球是靠热空气产生升力的气球。

（3）球囊是用于包容升力物质的包壳。

（4）吊篮是吊于球囊下用于载人的容器。

（5）吊架是悬挂于球囊下用于载人的索带或者有水平扶杆或平板的座椅。

（6）最大设计重量是气球的最大总重量减去升力气体或者空气的重量。

（二）CS 31HB.1 适用范围

该适航规章适用于从以下来源获取升力的载人自由气球：

（a）热空气（热气球）。

（b）加热空气与比空气轻的气体的组合（混合气球，也称为rozière）。

（三）CS 31HB.2 定义

所用术语的定义：

（a）“球囊”是包容升力物质的包壳。

（b）“吊篮”是悬挂在球囊下方的容器，用于运载气球乘员。

（c）“加热器系统”是用于加热空气以提供气球升力的系统。该系统包括热源（如燃烧器）、控制器、燃料管线、燃料电池、调节器、控制阀和其他相关元件。

（d）“一次性压舱物”是可用于飞行路径管理的压舱物的数量。

（e）“系留飞行”是对自由气球进行临时限制，使其在飞行过程中围绕某个地点进行整个飞行。

（f）“发射限制”是为了进行自由飞行而临时限制自由气球。

注：对于FAR和CS规章适用的气球，对重量和乘员数量没有限制，最大重量是符合规章每一适用要求的最大的重量。

---

① 参考第8章。

4.5.6.9 涡轮发动机飞机燃油排放和排气排出物规定/航空器发动机排出物与燃油排放

（一）FAR 34 涡轮发动机飞机燃油排放和排气排出物规定

适用范围在B分部（§34.10）、C分部（§34.20）与D分部（§34.30）中，规定了各类飞机燃气涡轮发动机（T3、T8、TSS和TF）[①] 的不同的额定输出功率和不同的制造日期。

（二）CS 34 飞机发动机排放和燃油排放

①CS 34.1 燃油排放

飞机的设计必须符合21A.18（b）（1）中规定的适用燃料排放要求。

②CS 34.2 飞机发动机排放

见第2卷中的AMC 34.2和GM 34.2。

飞机发动机的设计必须符合21A.18（b）（2）和（3）中规定的适用排放要求[②]。

4.5.6.10 FAR/CS-36：噪声规定：航空器型号和适航合格审定/航空器噪声

（一）FAR 36 噪声规定：航空器型号和适航合格审定

①§36.1 适用范围和定义

（a）本规定为以下证书的颁发和更改规定了噪声标准：

（1）亚声速运输类大飞机和亚声速喷气式飞机的型号合格证、型号合格证的更改以及标准适航证。

（2）螺旋桨小飞机及螺旋桨通勤类飞机的型号合格证、型号合格证的更改以及标准适航证和限用类特殊适航证，设计用于农业作业运行的航空器除外。

（4）直升机的型号合格证以及型号合格证的更改，设计用于农业作业运行的直升机除外。

（5）倾转旋翼机的型号合格证、型号合格证的更改以及标准适航证。

（b）按照FAR 21部申请适航证的申请人应当表明：除符合FAR 21部适用的适航要求外，还应符合本部规章适用的条款。

（二）CS 36 航空器噪声

①CS 36.1

见第2卷中的AMC 36.1和GM 36.1。

飞机的设计必须符合21A.18（a）中规定的适用噪声要求。

4.5.6.11 CS-APU：辅助动力装置

（一）CS-APU 适用范围

（b）根据21部，该CS-APU包含颁发APU合格证的合格审定规范，以及此类证书的

---

① TF类是指所有为涡轮喷气发动机和涡轮风扇发动机（T3、T8和TSS类发动机除外）应用而设计的飞机发动机。

T3类是指JT3D型号系列的所有飞机燃气涡轮发动机。

T8类是指JT8D型号系列的所有飞机燃气涡轮发动机。

TSS类是指设计用于超声速飞行飞机的所有飞机燃气涡轮发动机。

② 21A.18指定了适用的环保要求和合格审定规范。

更改要求。

(c) 第 1 卷适用于第 1 类和第 2 类 APU。

第 1 类 APU 符合 A、B、C 与 D 分部规范，第 2 类 APU 符合 A、B 和 C 分部规范。

注：FAA 对于 APU 批准的要求：

APU 的最低性能标准必须满足在 2000 年 12 月 20 日发布的 TSO C77b。

FAR 21 部 O 分部提供了通用的 TSO 批准程序。

第 5 章　型号合格审定

5.1　国际民航组织关于型号合格审定的要求

国际民航组织（ICAO）公约附件 8 的第 1 章给出了型号合格审定基础的相关要求。其中 1.2 节“适航要求的设计部分”给出了以下描述：

1.2.1　缔约国为开展某一类别航空器的型号合格审定或型号合格审定的任何更改所使用的适航要求的设计部分，必须如此确定，即只要符合这些设计要求就能确保符合本附件第 2 部分①的各项标准，以及适用的第 3、第 4、第 5、第 6 或第 7 部分②的各项标准。

注：上述标准代表了诸如 FAR/CS-23，FAR/CS-25，FAR/CS-27，以及其他规章给出的最低标准。

为了清楚起见，这里给出第 1 章的几个段落：

1.3.1　必须有经批准的设计，其中包括为说明航空器设计所必需的图纸、规范、报告和文件证据，并证明符合相应适航要求的设计部分。

1.3.2　航空器必须经过缔约国认为必要的检查、地面试验和飞行试验，以表明符合相应适航要求的设计部分。

1.4.1　设计国一旦收到航空器型号符合相应适航要求的满意证据，必须颁发型号合格证，来定义设计和批准航空器的型号设计。

1.4.2　设计国之外的缔约国在颁发航空器型号合格证时，必须基于满意的证据表明航空器型号符合相应适航要求的设计部分。

5.2　航空器、发动机和螺旋桨的型号合格审定

5.2.1　型号合格证

型号合格证（TC）是适航当局颁发的一种文件，用于声明申请人已经表明其型号设计符合所有适用要求。对航空器运营的授权不是由型号合格证给出，而必须由适航证③

① 合格审定和持续适航的程序。

② 第 3 部分：大飞机；第 4 部分：直升机；第 5 部分：小飞机；第 6 部分：发动机；第 7 部分：螺旋桨。

③ 见第 8 章。

给出。

5.2.1.1　型号合格证的内容

正如FAR 21.41和EASA 21.A.41所述：每个型号合格证都应包含型号设计、使用限制、数据单①、FAA/EASA规定要表明符合性的适用规章，以及对产品所规定的其他条件和限制。

EASA航空器TC还包括噪声的型号合格证数据单。EASA发动机型号合格证数据单包括排放符合性的数据。

5.2.1.2　有效期和持续有效性

对于联邦航空局（FAA）来说，型号合格证在FAA放弃、暂扣、吊销或终止日期之前都是有效的。相似地，对EASA来说，型号合格证没有有效期限制并且在下述条件下保持有效：证件持有人保持符合21部，合格证在EASA管理程序下没有放弃或吊销。

5.2.1.3　型号合格证的转让

有时由于各种原因，如企业的出售或者破产、出售型号设计资料等，需要将型号合格证从一个持证人（TCH）转让给另一个人。FAR 21.47和EASA 21.A.47中规定了这种转让的程序要求。

根据EASA 21.A.47的转让性要求，型号合格证或限制型号合格证转让时，转让的自然人或法人必须能够承担21.A.44中规定的责任，并且证明具有符合21.A.14要求的能力。

21.A.47条款要求新TCH必须具有TCH所需能力，这是型号合格证转让的前提。

FAA的方法有所不同并且更加务实。除了一些设计说明，对想成为新持证人的申请人没有特殊要求。实际上，一个型号合格证在特定航空器取得适航合格证之前，只是“一纸空文”，对飞行安全没有影响。

有一种可能性就是与TC有关的航空器不再存在。在这种情况下，设计单位就与其无关了。当然，当航空器确定进行生产时，或者TCH为一系列按同一TC进行型号合格审定的航空器承担持续适航责任时，新的TCH需要满足所有必要条件。

值得注意的是，在这些情况下，对于生产和持续适航来说，必须保持或者恢复对型号设计的正确管理。如果新的TCH没有生产部门，那么转让也是有可能的。

型号合格证持有人必须有FAA书面批准书才可以用型号合格证制造新的航空器、航空发动机和螺旋桨。无论如何，型号合格证持有人必须确保对设计和制造进行适当协调，并对产品、零部件或机载设备的持续适航给予支持。

5.2.1.4　遗弃航空器

航空器的TC持有人消失或者不再能够履行职责，这并不罕见，特别是对于小型航空企业来说，严重的问题也许源自遗弃的被称为“孤儿”的相关航空器。在这种情况下，一般而言有以下两种可能：

（a）适航管理当局代替TC持有人履行相关持续适航的责任。这种情况很可能出现在

① 型号合格证数据单（TCDS）是包含航空器、发动机或螺旋桨描述的文件。它列出了型号合格审定的使用限制和基本数据，包括飞行速度限制、重量限制、推力限制等。

通用航空的轻型航空器上，它们一般要求参与的工作较少。这也允许进口上述航空器的国家的适航管理当局履行责任。

（b）适航管理局不想承担 TC 持有人的责任。在这种情况下，型号合格证可能被暂停，直到有新的 TCH 申请，或者在最糟的情况下，型号合格证被撤销。很明显，TC 暂停或者撤销对于仍在运营的航空器来说会导致相似的后果。

依据 EASA 要求，在下列情况下，航空器成为“遗弃航空器”：

（a）持有 TC 的法人已不复存在。根据法律，TC 自动失效，因为没有人履行 TC 持有人的责任。

（b）TC 持有人不再履行其法定义务。一个典型情况是，当 TC 持有人失去或不再符合 DOA 时，TC 会失效。

（c）TC 持有人放弃 TC，这也将使 TC 失效。

根据现有的 21 部，不能给遗弃航空器颁发适航证。适航证要求 TC 持有人承担持续监控的设计职责。因此，它们只有在获得限用类适航证或特许飞行证的情况下才能继续飞行。这些文件必须基于 EASA 批准的设计来颁发。

5.2.1.5 EASA 21 部规定的型号合格证

EASA 规定有以下型号合格证：

（1）21.A.21 型号合格证。

（2）21.A.23 限用类型号合格证。

注：除了进口产品的型号合格证（见 5.3.3），其余型号合格证的相关信息可以在本书第 8 章中找到。

5.2.1.6 FAR 21 部规定的型号合格证

FAR 21 部 B 分部规定了以下型号合格证：

（1）FAR 21.21 型号合格证的颁发：正常类、实用类、特技类、通勤类和运输类航空器；载人自由气球；特殊类航空器；航空发动机；螺旋桨。

（2）FAR 21.24 型号合格证的颁发：初级类航空器。

（3）FAR 21.25 型号合格证的颁发：限用类航空器。

（4）FAR 21.27 型号合格证的颁发：军队剩余航空器。

（5）FAR 21.29 型号合格证的颁发：进口产品。

FAR 21 部 C 分部对临时型号合格证作出规定。

注：除了进口产品的型号合格证（见 5.3.2），其余型号合格证的相关信息可以在本书第 8 章中找到。

5.2.1.7 持续适航文件

ICAO 附件 8 定义了“持续①适航”，即“航空器、发动机、螺旋桨或零部件符合适用的适航要求，并在整个运行期间保持安全状态的一套流程”。

航空器安全性始于设计。这意味着不仅是结构、系统、飞行性能、飞机品质等要符合使用要求，而且也需要为航空器的维修以及在其使用寿命期内的修理提供指导。FAR

① 关于“持续性”这个术语，ICAO 通常用 continuing，FAA 通常用 continued，EASA 两个都用。

21. 50 和 EASA 21. A. 61 分别用不同的方式，表达了相同的意思。这些条款提出如下要求：设计批准持有人，包括航空器、航空发动机或者螺旋桨的型号合格证或者补充型号合格证的持有人，应提供至少一套完整的持续适航文件，该文件满足适用要求。对每个型号的航空器、航空发动机或螺旋桨的所有人来说，在其产品交付或第一个适航证书颁发之时，取其较晚者，都应该使持续适航文件可供规章要求的任何人使用，航空产品在使用时应该符合持续适航文件要求。此外，持续适航文件的更改应该可供规章要求的任何人使用，航空产品在使用时应该符合持续适航文件要求。

上述提及的适用要求是指相关的合格审定标准，如 FAR/CS-23 部、FAR/CS-25 部、FAR/CS-27 部、FAR/CS-29 部、FAR/CS-33 部、FAR/CS-35 部等。

例如，FAR/CS-23 部有如下的要求（23. 1529 持续适航文件）：

申请人必须根据本部附录 G 编制适航当局可接受的持续适航文件。如果有计划保证在交付第一架飞机之前或者在颁发标准适航证之前完成这些文件，则这些文件在型号合格审定时可以是不完备的。

为完成例证，这里摘录了附录 G 的内容。

FAR-23 部附录 G——持续适航文件

G23. 1　总则

（a）本附件规定 23. 1529 所需的持续适航文件的编制要求。

（b）飞机的持续适航文件必须包含：发动机和螺旋桨（以下统称“产品”）的持续适航文件，民用航空规章要求的机载设备的持续适航文件，以及所需的有关这些机载设备和产品与飞机相互连接关系的资料。如果装机的机载设备或产品的制造厂商未提供持续适航文件，则飞机持续适航文件必须包含上述对飞机持续适航必不可少的资料。

（c）申请人必须向局方提交一份文件，说明如何分发由申请人或装机产品和机载设备的制造厂商对持续适航文件的更改资料。

G23. 2　格式

（a）必须根据所提供资料的数量将持续适航文件编成一本或多本手册。

（b）手册的编排格式必须实用。

G23. 3　内容

手册的内容必须用英文编写。持续适航文件必须含有下列适用的手册或条款以及相关资料：

（a）飞机维护手册或条款

（1）概述性资料，包括在维修和预防性维修和所需范围内对飞机特点和数据的说明。

（2）飞机及其系统和安装（包括发动机、螺旋桨和设备）的说明。

（3）说明飞机部件和系统如何操作及工作的基本操作和使用资料（包括适用的特殊程序和限制）。

（4）关于下列细节内容的服务资料：服务点、油箱和流体容器的容量、所用流体的类型、各系统所采用的压力、检查和服务口盖的位置、润滑点位置、所用的润滑油、服务所需的设备、牵引说明和限制、系留、顶起和调水平的资料。

（b）维护说明

（1）飞机的每一部分及其发动机、辅助动力装置、螺旋桨、附件、仪表和设备的定期维护资料。该资料提供上述各项的清洗、检查、调整、试验和润滑的推荐周期，并提供检查的程度、适用的磨损允差和在这些周期内推荐的工作内容。但是，如果申请人表明某项附件、仪表或设备非常复杂，需要专业化的维护技术、测试设备或专家才能处理，则申请人可以向该件的制造厂商索取上述资料。推荐的翻修周期和与本文件适航限制条款必要的相互参照也必须列入。此外，申请人必须提交一份包含飞机持续适航所需检查频数和范围的检查大纲。

（2）说明可能发生的故障、如何判别这些故障，以及这些故障采取补救措施的检查排故资料。

（3）说明拆卸与更换产品和零件的顺序和方法，以及应采取的必要防范措施的资料。

（4）其他通用程序说明，包括系统地面运转试验、对称检查、称重和确定重心、顶起和支撑以及存放限制程序。

（c）结构检查口盖图和无检查口盖时为获得检查通路所需的资料。

（d）在规定要做特种检查（包括射线和超声检验）的部位进行特种检查的细节资料。

（e）检查后对结构进行防护处理所需的资料。

（f）关于结构紧固件的所有资料，如标识、报废建议和拧紧力矩。

（g）所需专用工具清单。

（h）此外，对于通勤类飞机，必须提供下列资料：

（1）各系统的电气负载。

（2）操纵面的平衡方法。

（3）主要结构和次要结构的区别。

（4）用于该型飞机的专门修理方法。

G23.4　适航限制条款

持续适航文件必须包含题为适航限制的条款，该条款应单独编排并与文件的其他部分明显地区分开来。该条款必须规定型号合格审定所要求的强制性更换时间、结构检查间隔和有关的结构检查程序。

如持续适航文件由多本文件组成，则本节要求的条款必须编在主要手册中。必须在该条款显著位置清晰说明：“本适航限制条款已通过FAA批准，依照FAR 43.16和91.403规定列出维修要求，除非FAA已另行批准使用替代的大纲。”

5.2.2 型号设计

产品①的型号设计必须按照EASA 21部（21A.31条款）和FAR 21部（21.31条款）充分明确。它由下面几部分组成②：

（1）图纸和技术规范，以及图纸和技术规范的清单。这些都是定义产品构型和设计特征、表明符合适用的型号合格审定基础和环境保护要求所必需的。

---

① 产品是指航空器、发动机和螺旋桨。

② 这段文字出自EASA 21部，FAR 21部的用词稍有不同，但意思一样。

（2）保证产品的制造符合性所需要的材料、工艺、制造方法以及产品装配的资料。

（3）依据适用的适航法规，持续适航①文件中经批准的适航限制条款。

（4）通过对比，确定同一型号后续产品的适航性、噪声特性、燃油排放和燃气排放（若适用）所必需的任何其他资料。

换言之，型号设计不仅“冻结”产品的构型，同时也“冻结”了产品生产制造的方法。对型号设计的所有偏离都是必须经过批准的“更改”。

5.2.3　环境保护

对型号合格审定，EASA 21 部和 FAR 21 部都包含了适用的环境保护要求和合格审定规范。

根据《芝加哥公约》附件 16，环境保护包括噪声和排放要求（防止涡喷与涡扇发动机蓄意的燃油排放和燃气排放）。

EASA 21 部 I 分部，规定了噪声合格证的颁发。FAA 的合格审定过程②不包括这些文件。

环境保护要求可以对飞机设计产生影响，如超声速公务机（SSBJ）。超声速运输机（SST）伴随着“协和”号的退役而结束。目前，大型飞机公司不太可能生产新的超声速运输机，而是在为更高效、更经济的运输飞机努力寻找新的市场。

然而，在公务机市场上超声速飞机仍然具有吸引力。“时间就是金钱……”，2004 年 10 月的《国际飞行》谈到了关于 SSBJ 项目的一些设想和思路。

（民用）超声速飞机运营最棘手的问题在于如何说服监管层和立法层改变禁止在陆地上空超声速飞行的规则。显然，被迫以亚声速飞行的 SSBJ 是不具备运营价值的。另一方面，改变这一规则的唯一方式就是将声爆降低到地面人群可以接受的水平。

安静的超声速运输（QSST）的概念由来已久。提出这个概念的先驱之一是湾流公司的创始人艾伦·保尔森（Allen Paulson）。他一直追逐着实现 SSBJ 的梦想，直到 2000 年去世。其子迈克·保尔森（Michael Paulson）继承父亲的遗志，雇佣了著名的“臭鼬工厂”（Skunk Works）③ 设计 SSBJ，采用了一种创新构型来减少声爆。美国也已开展了其他的一些研究，所有目标都是降低声爆。NASA 当然也参与了此方向的研究。

如果低声爆技术研究需要确认，那么就需要制造原型机，这样会有很高的成本。《国际飞行》谨慎乐观的结论还是值得一读的：

“……现在比历史上的任何时候都具有可能，即在未来的十年之内超声速公务机会成为现实。如果超声速公务机投入运营，那么更大型的超声速飞机上天将只是时间问题，或许是 50 座级的跨大西洋喷气式飞机以取代‘协和’号，或者是 300 座级的跨太平洋航班。”

---

① 持续适航是指产品在其整个使用寿命期内的适航性。因此，相关信息提供了产品描述及其特征、营运信息、维修指令等。

② 噪声合格审定是 FAA 型号合格证的一部分。

③ 见第 6 章“原型机和试验件的制造”。

上述论述对 SSBJ 的实现时间很乐观，很肯定其在某个时期会有大发展。显然，这个想法对一些特殊目标人群（企业高管、政治家等）很有吸引力。

2015 年，仍然有一些 SSBJ 处在研发阶段，尤其是上文提及的迈克·保尔森似乎下定决心要实现他父亲制造实用且安静的 SSBJ 的梦想，更大的飞机也会随之出现。

5.2.3.1 适用环保要求的确定

根据 EASA 21. A. 18 条款：适用环境保护要求和合格审定规范的确定。

(a)《芝加哥公约》附件 16 第 1 章的第 1 卷第 2 部分规定了航空器型号合格审定的适用噪声要求。

(b)《芝加哥公约》附件 16 规定了为航空器和发动机颁发型号合格证的适用排放要求。

(c) 适航当局应根据规章（EC）216/2008 第 19 条的要求发布审定规范与规定可接受的方法，以证明符合（a）和（b）中规定的噪声和排放要求。

附件航空器噪声合格审定规范（CS-36）已根据 2013 年 1 月 23 日颁布的 ED①Decision 2013/003/R 的附件进行了修订。

相似的是，涡轮发动机飞机燃油排放和排气排出物合格审定规范（CS-34）附件也已根据 2013 年 1 月 23 日颁布的 ED Decision 2013/003/R 的附件进行了修订。

两个合格审定规范（CS）中的可接受的符合性方法（AMC）和指导材料（GM）提供了表明 21 部符合性所需的方法。

FAR 36 部（见 4.5.6.10）36.1 条款给出了颁布型号合格证的噪声标准。

依据 FAR 36 部，咨询通告 AC 36-1H 提供了航空器合格审定的噪声级数值。符合 ICAO 附件 16 标准的国外航空器的噪声级数值也在单独的附录中列出，以供参考。其他附录列出了美国航空器合格审定的所选构型并且提供了按降序排列的噪声级清单。

《洁净天空法案》是美国联邦法律为了在全国范围内控制空气污染出台的法案。需要环保局（EPA）颁布和执行法规，以保护公众远离已知的对人类健康有害的空气污染物。

EPA 建立了排放标准，FAA 建立并管理符合排放标准的航空器和发动机的合格审定要求。常见的排出物包括在发动机停车时排放到大气中的燃料，以及几种发动机燃烧排放产物：烟（SN）、碳氢化合物（HC）、一氧化碳（CO）、氮氧化物（NO_x）。

FAR 34 部涡轮发动机飞机燃油排放和排气排出物合格审定要求适用于各种类型航空燃气涡轮发动机驱动的民用航空器。发动机必须有美国颁发的标准适航证，或者与美国标准适航证相当的国外适航证。

规章很复杂，为了使发动机制造商和局方统一理解并应用，FAA 发布了咨询通告 AC 34-1B“涡轮发动机飞机燃油排放和排气排出物要求”。

5.2.3.2 未来展望

当前，航空器排放的 CO_2 占全球燃烧石油燃料释放 CO_2 总量的 2%~3%。参考第 3 章中的 ICAO 附件 16，我们已经讨论了 CO_2 及其他的航空器排放物对环境的影响。

航空器排放和全球 CO_2 排放相比似乎并不重要，但我们必须考虑到由于未来航空旅行

---

① 执行董事（Executive Director）。

的急剧增长而导致的航空器数量的急速增加，预计到2035年航空旅行的需求将是现在的两倍。

急剧降低排放的必要性迫使我们需要降低所使用的燃料数量。

燃油的消耗除了依赖于发动机效率外，还与飞行需要的推力相关。在巡航速度下，推力（T）应等于总的阻力（D），升力（L）等于总重力（W）。$T=W\times D/L$。T与重力成正比，与升阻比L/D成反比。

可以通过使用新材料、更合理的结构和客舱设计等降低航空器的空机重力。

升阻比的提高需要靠航空器的空气动力设计，例如：可以通过增大翼展和增加翼梢小翼（在不增加过多重力的情况下）降低诱导阻力；通过机体或其他非升力部件的良好设计降低摩擦阻力；减少蒙皮的摩擦等方式来获得更高的升阻比。良好的气动设计对降低波阻也相当重要，因为波阻是在高亚声速时常遇到的问题。

这一切当然不是新的。在最近的几十年里，客机在这方面已经取得了进步。但是航空旅行的快速增长、对气候变化关注的增加以及油料价格的急剧上涨已经使得所有利益相关者相信，面对这个新挑战，需研究替代性的解决方案。

在有关这个问题的众多计划中，我们这里讨论“洁净天空计划”。

“洁净天空计划”是欧洲委员会和欧洲航空工业的一次成功的公私合作。现在已持续6年时间，该计划基本上处于正常实施状态，环保性能目标都是可以实现的。

“洁净天空计划”2是一个雄心勃勃的航空研究计划。其任务是发展突破性技术以显著增加飞机和航空运输的环保性能，制造更少噪声与燃烧更充分的航空器，在欧洲单一天空（Single European Sky，SES）计划中①做出了关键贡献。

“洁净天空计划”致力于为下一代航空器发展先进技术，以建立一个创新的和有竞争力的航空运输体系。这个计划将包括航空运输体系的所有主要技术，也包括由航空技术平台——欧洲航空研究咨询委员会（ACARE）编制的航空战略研究备忘录中所确定的相关基础技术。

欧洲航空研究咨询委员会为航空技术和航空运输的战略研究提供支持和交流平台，以使航空满足社会需求并且巩固欧洲在这个重要领域的全球领导地位。

ACARE成立于2011年，由欧洲公共和私人利益相关者共同组成，他们有一个共同目标，就是使欧洲的航空技术和航空运输迅速发展。

ACARE至关重要，它把利益相关者聚集起来使欧洲航空运输由想象变为现实。

5.2.4 EASA设计单位

我们已经讨论了适航管理当局及其责任。现在考虑一下设计人的观点②，设计人的定义为：一旦型号合格证得以颁发，其从申请人变为型号合格证持有人。不言而喻，设计与

① 欧洲单一天空（SES）是指满足未来容量和航空安全需求的一系列措施。其适用于民用和军用，并覆盖了航空的监管、经济、安全、环境、技术和体制方面。欧洲议会和理事会2004年3月10日规章（EC）549/2004规定了建立欧洲单一天空的框架（框架规章）。

② 我们没有说“制造商的观点”，因为制造商和设计者可能是不同的“实体”（在法定意义上）。

表明对适用要求的符合性，需要一个适合此类项目的技术单位，单位的规模可能从几人到数百人。

5.2.4.1 能力证明

EASA 21 在 21A.14 条款中规定了能力证明：

（a）任何申请型号合格证（TC）或限制类型号合格证（RTC）的单位应通过适航当局根据 21 部 J 分部颁发的 DOA 来表明其能力。

（b）如果产品是下列中的一种，那么作为表明其能力的一个替代程序，申请人可以征得局方的同意，基于程序实施特定设计、资源管理和工作顺序以符合 21 部：

（1）ELA2 航空器。

（2）安装在 ELA2 航空器上的发动机和螺旋桨。

（3）活塞式发动机。

（4）固定或可变桨距螺旋桨。

注：根据 2012 年 10 月 5 日发布的 965/2012 号欧盟规章：

ELA1 航空器是指下列类型的欧洲轻型航空器：

（a）最大起飞重量不超过 1200kg 的航空器，并且不属于混合动力驱动航空器①。

（b）最大起飞重量不超过 1200kg 的滑翔机或动力滑翔机。

（c）最大设计提升气体或热空气体积不超过 $3400m^3$ 的热气球，不超过 $1050m^3$ 的燃气气球，不超过 $300m^3$ 的系留气球。

ELA2 航空器是指下列类型的欧洲轻型航空器：

（a）最大起飞重量不超过 2000kg 的飞机，并且不属于混合动力驱动航空器。

（b）最大起飞重量不超过 2000kg 的滑翔机或动力滑翔机。

（c）气球。

（d）最大起飞重量不超过 600kg 的超轻型旋翼航空器，其设计简单，不超过两名乘员，并且不由涡轮及/或火箭发动机驱动，只限于日间 VFR 运行。

注：FAA 有不同的方法。FAR 21 部没有提到设计单位的正式批准。在本章中，我们将更详细地考虑 FAA 型号审定程序。

5.2.4.2 替代程序

设计单位批准书的替代程序（ADOA）符合 21 部的要求。这是基于程序实施特定设

---

① 根据规章（EC）216/2008 第 3（j）条，混合动力驱动航空器应该是指：

（i）一架飞机：

- 合格审定最大起飞重量超过 5700kg。
- 合格审定最大乘客座位配置超过 19 个。
- 合格审定最少操作人员为 2 名飞行员。
- 装有一台或多台涡轮喷气发动机。

（ii）合格审定的直升机：

- 最大起飞重量超过 3175kg。
- 最大乘客座位配置超过 9 个。
- 最少操作人员为 2 名飞行员。

（iii）倾转旋翼机。

计、资源管理和工作顺序完成的，以符合 21 部多个关于设计批准流程的分部。这样可以确保设计单位了解适用的要求并执行 EASA 要求的相关工作。

由于其简化性质，ADOA 不包括权利。这些替代程序的建立可看作是 J 分部 DOA 的开始阶段，允许在后续阶段，根据申请人的判断，通过补充缺少的组成部分实现完整的 J 分部 DOA。

替代程序的说明文件：

（1）GM 21. A. 14（b）替代程序的资格。

（2）AMC 21. A. 14（b）替代程序。

AMC 的范围：

1.1 作为 DOA 的替代程序，程序手册必须针对具体零部件考虑 21 部的要求，开展特定设计、资源管理和工作顺序。

1.2 这些程序必须简明扼要，并限于申请人/持有人和 EASA 对零部件的质量和适当控制所需的信息。

EASA 发布了具有 DOA 替代程序的单位清单。

5.2.4.3 EASA 设计单位批准书（DOA）

前面提到的关于获得 DOA 的要求包含在 EASA 21 部 J 分部，J 分部阐明了 DOA 的主要特点。

21 部 J 分部的 GM 和 AMC 中有大量的咨询材料。

现对这些信息进行总结。

DOA 构架。除常规的设计单位之外，关键是建立 21. A. 239 要求的设计保证系统（DAS），用于控制和监督申请所覆盖的产品的设计和设计更改。这包含了为获得型号合格证、设计更改批准书和持续适航维修等所进行的全部工作。

特别地，设计保证系统应该包含一个组织构架①（见图 5-1）以便：

（1）控制设计。

（2）表明对适用的合格审定标准和环境要求的符合性。

（3）表明对保护要求的符合性。

（4）独立检查符合性。

（5）与 EASA 保持联络。

（6）持续地评估设计单位。

（7）控制供应商。

所有这些职责通过下面的工作予以实现：

（a）合格审定验证办公室（CVE）负责检查和签署所有对适用要求的符合性文件。CVE 可能与准备符合性文件的人员协同工作，但不应直接参与符合性文件的编写（这是为了保证检查的独立性）。

（b）独立监控职能（independent monitoring function）的任务是保证 DAS 正确地履行所有职责，为保证工作的持续有效性而提出纠正和预防措施。通常这些工作可通过有目标

① 在 21 部的 AMC 和 GM 中有详细解释。

的审计实现。系统监控（system monitoring）可以认为是申请人质量保证系统的职责延伸。负责系统监管的人员始终向设计单位负责人（head of design organisation）汇报情况。

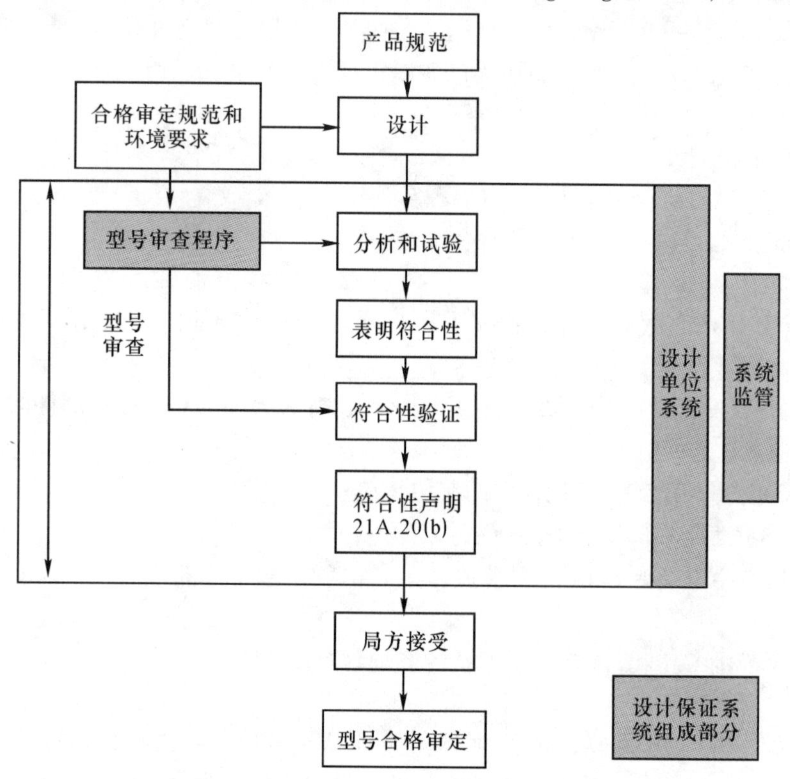

图5-1　设计、设计保证和型号审查之间的关系

（c）首席执行官（chief executive）应该为设计单位各项工作的开展提供所需资源。

（d）设计单位的一个重要特征是拥有适航办公室，其主要任务之一是保证设计单位和局方就型号合格审定的所有方面的沟通联络。这个办公室在设计单位内部进行真正的协调工作。此外，还发布和更新DOA手册，这是单位的基本文件，包含了单位说明、合格审定的对象、人员工作职责和所有涉及设计的活动、试验或其他相关的程序。

（e）设计单位负责人或者授权代表应该在设计单位评审全部完成之后，依据适用的CS和环境保护要求签署符合性声明（见21.A.20（d）和21.A.97（a）（3））。

在21部J分部或与其关联的AMC和GM中，三种不同的工作职责依靠以下有资格和有经验的人员来完成：

（a）首席执行官。

（b）其他管理人员：

（1）设计单位负责人。

（2）适航办公室负责人。

（3）DAS独立监控职能的负责人。

（c）确定满足适航和环境保护要求的人员：

（1）合格审定验证工程师。

（2）适航办公室确定满足适航和环境保护要求的人员。

DOA 权利。DOA 的一个重要特点是由 21. A. 263 所赋予的权利。该条款指出，对适用要求的符合性文件可以不经过进一步验证而被 EASA 所接受①。此外，经过规定的审查后，在其批准范围内，设计单位可以获得：

（1）批准特许飞行证所需的飞行条件。

（2）型号合格证，或者对型号设计大改的批准。

（3）补充型号合格证。

（4）ETSO 批准书。

（5）主要的设计批准。

在其批准范围内，按照设计保证系统的相关程序，DOA 持有人将有以下权利：

（1）将型号设计更改和修理分为大改和小改。

（2）批准型号设计小改和小修②。

（3）发布信息资料或说明，其中包含如下声明："本文件的技术内容通过授权 DOA 批准。"

（4）批准对航空器飞行手册文件的小改，颁布的这些修改包含如下声明："航空器飞行手册（AFM）的 No. XXX 修订版参考 . yyy，依据 DOA……的授权批准。"

（5）批准持有型号合格证、补充型号合格证或 ETSO 授权③的产品或辅助动力装置的大修设计。

（6）依据 21. A. 710（a）（2），批准可以颁发特许飞行证的条件，不包括依据 21. A. 701（a）（15）④ 颁发特许飞行证的情况；

（7）依照 21. A. 711（b）颁发航空器的特许飞行证。这些航空器已经被设计或改型，并且当时设计单位本身正在按其 DOA 控制该航空器的构型，以及正在证明该航空器与为飞行而经批准的设计状态的制造符合性（21. A. 263（c）（6））。

DOA 持有人义务。DOA 持有人具有下列义务：

（a）保证手册符合设计保证系统。

（b）确保该手册作为本单位内部的基本工作文件。

（c）确定产品或其更改或修理的设计，当适用时应满足适用要求并且没有不安全特征。

（d）除了基于 21. A. 263 规定的权利批准的小改或小修，向局方提供确认证明符合（c）的声明和相关文件。

（e）向局方提供有关 21. A. 3. B 所要求行动（即向局方报告）的资料或说明。

（f）在适用的情况下，根据 21. A. 263（c）（6）的权利，确定能够颁发特许飞行证的条件。

（g）在适用的情况下，根据 21. A. 263（c）（7）的权利，在向航空器颁发特许飞行

---

① 设计单位应该允许适航当局审查任何报告和进行任何检查，并实施或目击任何必要的飞行和地面试验，以检查申请人提交符合性声明的真实性。

② 也就是说，没有当局的直接介入。

③ 见本章中"补充型号合格证"部分。

④ 对于个别非复杂飞机的非商业性飞行项目，适航证或限用类适航证是不适合的。

证前，确定对21.A.711（b）[①] 和（e）[②] 的符合性。

可以认为，设计单位批准书（DOA）对申请人和局方[③]之间的关系起到了重要的改善作用。很多局方对设计和航空材料进行监督已有很长一段时间，这种情况可以被称为“对控制进行控制”。所有航空器都需要经过检验，并且还要经过飞行中检查[④]。从人力资源的角度看，这种监管是成本很高的，仅在企业为弥补机构不足时才有合理性。“对控制进行控制”本质上是一种缺乏条理的行为，为了使之有效率，监管应该包含其他级别的控制（“对控制进行控制”的控制，也就是说，谁监督监管人？），直至安全性得到保证[⑤]。这种系统的不可能性和糟糕的效率是明显的。

因此，申请人必须承担全部的安全责任，而不是抱着幻想“如果有差错的话适航管理当局会纠正的”。但适航管理当局真正感兴趣的是什么呢？局方通过诸如DOA（或生产单位批准POA）这样的合格审定流程，把企业提升到一个不需要局方监管而自觉做到安全设计、制造产品的状态。所以，局方的职责就从对产品的控制转变为对组织的控制。这一点通过对产品[⑥]的审核和对组织系统[⑦]的审核来保证。

此外，DOA的权利使得局方的介入更为有效，因为局方能选择性地集中力量去检查和批准。这对局方的技术人员来说也有好处，因为他们可以时刻关注航空材料和试验，这是培训和更新的一个必不可少的先决条件。

从某种角度来看，DOA权利就是局方的权利。遗憾的是，前述的DOA替代程序并不提供上述权利。因此，小型单位申请DOA的动因是可以理解的，尽管并不强制要求拥有DOA。对小型单位而言，获得DOA是非常困难的，因为EASA 21部J分部本身是面向中/大型单位的。

正如已经提到的那样，这些替代程序的建立可以看作是J分部DOA的初始阶段，允许设计单位在后期阶段通过增加欠缺因素来完全满足J分部DOA的要求。

在不偏离DOA基本理念的情况下，进一步简化可以使小型单位的DOA评审变得容易一些。这对安全性和局方的效率都将是一个改进。

5.2.5 型号设计更改

5.2.5.1 更改分类

在前面已看到，所有对型号设计的偏离都是一种“更改”，必须经过局方的批准（以直接或者间接的方式）。这些偏离的范围很广，从图纸的简单修正，到为货机更改而在机

---

① 根据21.A.263（c）（7）授予的权利，依据21.A.711（b），经过批准的设计单位可以签发特许飞行证（EASA表格的20b），条件是21.A.708指出的飞行条件符合21.A.710的要求。

② 特许飞行证签发的条件是任何条件和限制均满足21.A.710的要求。

③ 我们一般使用“局方”这个术语。当然，EASA就是局方。

④ 在美国，很久以前通过不同的组织形式克服了这个问题。在通用航空危机之前，每年有数千架飞机生产，以致FAA无法采用传统的监督来处理。

⑤ 这与控制的安全评估类似。

⑥ 产品审核：对单项试验或单个试验件进行检查，以确保正确实现对适用要求符合性的证明。

⑦ 系统审核：对申请人的机构、人员和程序进行检查，以确保符合适用要求。

身上开一个大的舱门。FAR 21. 93/EASA 21. A. 91 考虑了两类更改：

（1）小改，指对航空产品的质量、平衡、结构强度、可靠性、使用特性（噪声、燃油排放、燃气排放）① 以及对航空产品适航性没有“显著影响”的更改。

（2）大改，除 21. A. 19 条款②指出以外的所有其他更改都是大改。

FAR 21 部有同样的分类，措辞有所变化，增加了对不同类型航空器声学更改的定义。

对更改的分类是很重要的，因为它使局方在批准阶段的参与有所不同（也会看到对建立审定基础的重要性）。持有 DOA 的单位能够进行小改批准而无须局方的直接确认。即使没有 DOA，局方对这些更改的态度也没有那么严格。然而，更改分类是一个精细的问题，因为当更改不能明显确定为小改或大改时，小改定义中的“显著影响”可能会导致一定程度的不确定性。

这就是为什么设计单位对于分类必须具有经过批准的程序，也是为什么只有持有 DOA 的设计单位才可以不经过局方进一步确认就可以进行分类。

不管怎样，对型号设计小改进行批准有以下方法：

（1）对于 EASA，由 EASA 自己或者由经过批准的设计单位依据局方认可的程序进行（21. A. 95）。

（2）对于 FAA，在提交给 FAA 用于评审的资料之前，按照 FAA 所接受的方法进行（21. 95）。

EASA 21 部的指导材料 GM 21A. 91 提供了大改（相对于 21A. 91 条款定义的小改）分类的指南。另外，为了使分类更加容易，提供了一些按专业划分的大改示例，包括结构、客舱安全、飞行、系统、螺旋桨、发动机、旋翼和传动系统、环境以及动力装置安装等。

图 5-2③ 给出了更改分类的过程。

5. 2. 5. 2　型号合格证的型号合格审定基础

（一）EASA 21. A. 17　型号合格审定基础

（a）型号合格证或限制类型号合格证中的审定基础应该包括：

（1）型号合格证申请之日有效适用的适航规章，以下情况除外：

（i）局方另有特别规定。

（ii）依据（c）和（d），选择申请之日以后有效适用的修正案修订的适航条款④。

（2）21. A. 16B（a）要求的专用条件

（b）大型飞机和大型旋翼航空器型号合格证申请书的有效期是五年，其他类别航空器型号合格证申请书的有效期是三年。如果申请人在规定的期限内没有取得型号合格证，则可以向局方申请延长期限。

---

① 仅 EASA 21 部内的噪声、燃油排放和燃气排放。

② 21. A. 19 需要申请新的型号合格证的更改。如果局方认为设计、功率、推力或重量更改太大，以至于需要对适用的型号合格审定基础的符合情况进行彻底评估，建议更改产品的任何自然人或法人应该申请新的型号合格证。

③ 21 部相关的 AMC 和 GM。

④ （c）超过（b）规定时间的型号合格审定。（d）选择有效适用的修正案修订的适航条款，在提交型号合格证申请后生效。

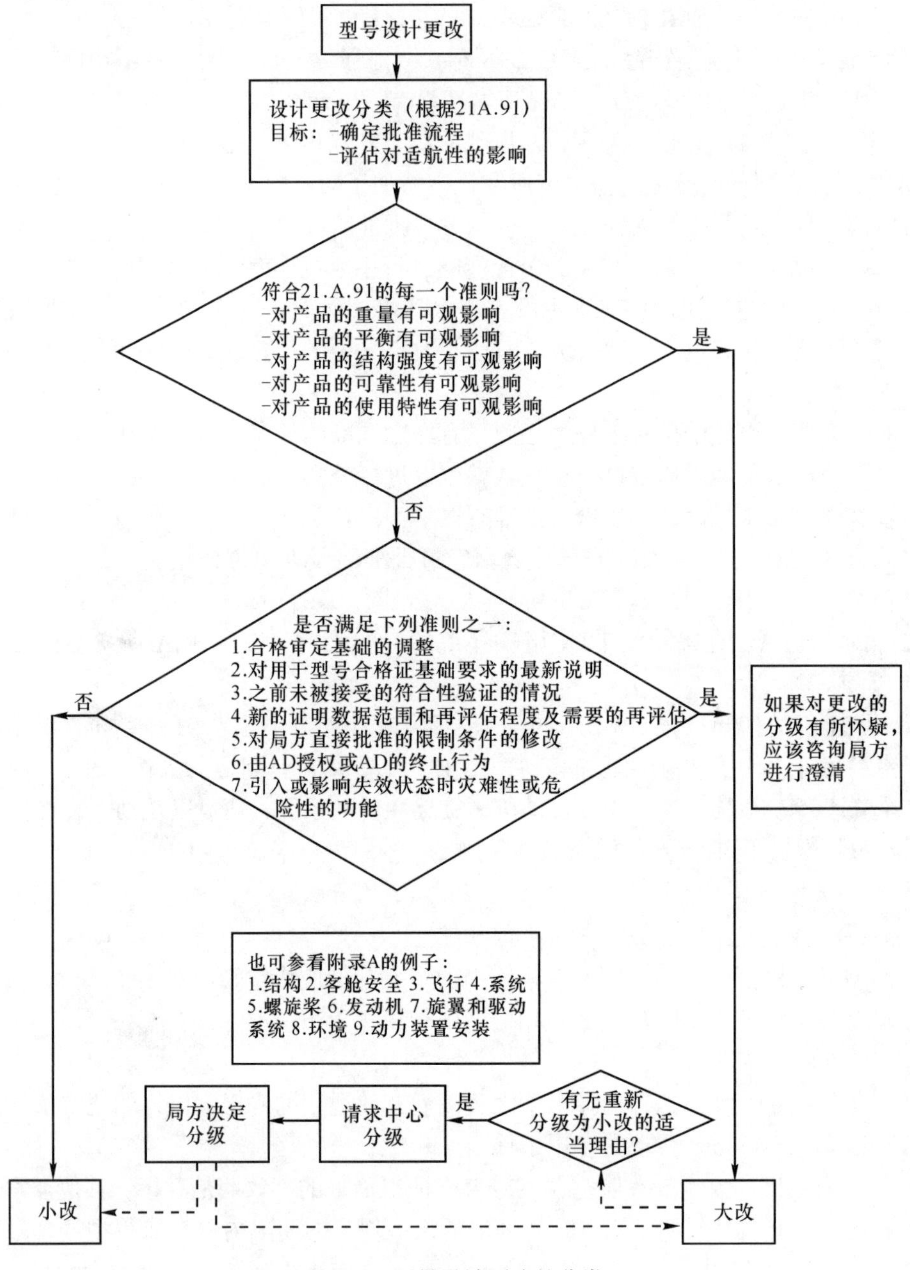

图 5-2 型号设计更改的分类

（二）FAR 21.17 适用规章的确定

（a）除非适航条款 23.2、25.2、27.2、29.23①，以及 FAR 26 部、34 部和 36 部另有规定，型号合格证申请人应当表明其提交进行型号合格审定的航空器、航空发动机和螺旋桨符合下述规定：

① 23.2 条款安全带和肩带安装的特殊追溯要求。

（1）型号合格证申请之日有效适用的适航规章，以下情况除外：

（i）FAA另有特别规定。

（ii）选择或者根据本条被要求符合申请之日以后的有效适用的适航规章。

（2）FAA制定的专用条件。

（b）特殊类航空器是指局方指定的尚未颁布适航规章的某些种类航空器，如滑翔机、飞艇、甚轻型飞机和其他非常规航空器。对于特殊类航空器，包括安装在其上的发动机、螺旋桨，其型号设计应当符合FAR 23部、25部、27部、29部、31部、33部和35部中适用的要求或民航局确认适用于该具体的设计和预期用途且具有等效安全水平的其他适航要求。

（c）运输类航空器型号合格证申请书的有效期为五年。其他类别航空器及航空发动机、螺旋桨型号合格证的申请书的有效期为三年。如果在本条所规定的期限内未取得型号合格证，FAA批准延长期限。

5.2.5.3 型号合格证更改时的审定基础确定

在航空器的使用寿命期内，通常会由于各种原因进行许多小改或大改（经局方批准后）。也会发生型号合格证持有人（TCH）在型号合格审定后（通常是商业原因）需要用所谓的衍生型航空器①来区分型号设计。

这些更改可以是不同的最大起飞重量，或发动机型号的替换，或者是不同的机身长度以容纳较多（或较少）的乘客——此类的事例大量存在。

更改的引入或衍生原型机的设计往往要在（基本型）型号合格审定数年之后才能实现，而在这一段时间内适用要求可能已经发生实质上的改变。

不管怎样，首先要做的是，确定对产品的更改是否影响到型号合格证（TC）的申请，或者是否需要申请新的型号合格证（TC）。

FAR/EASA的21.19/21A.19条款②规定了什么情况需要申请新的型号合格证。然而，那些一般性用语的最终决定权在适航管理当局，常常导致局方和申请人之间的争论。实际上，申请人乐意从基本型号开始（继续修改），因为如果需要申请新的型号合格证，他们就不得不从头开始，而且满足最新的审定基础。

一般的原则是（例外情况已在FAR 21部中给出），对型号设计更改的合格审定，应该满足的是更改申请之日的适用要求，也有可能采用下列较早的修正案（与更改批准书申请之日已有的现行要求相比）③。

FAR 21部的21.101条款和EASA 21部的21A.101条款引入了局方认为是非重大更改的概念。申请人可以针对下列任一情况，表明更改的产品符合较早的修正案：

（1）局方认为不是重大更改的更改。

在确定具体更改是否重大时，FAA会考虑所有以前的相关设计更改和适用法规的所有相关修订，以及型号合格证中已有的适航条款。

---

① 其中一个例子：A340-200/300/500/600系列的空客飞机。

② 21.19条款需要申请新型号合格证的更改。如果FAA发现航空器设计、功率、推力或重量的变化太大，以至于需要对适用的型号审定基础的符合情况进行彻底的评估，那么建议更改产品的申请人必须申请新的型号合格证。

③ 早期的修正案可以不早于列入型号合格证供参考的相应规章。

只要满足下列条件之一，就可看作是重大更改。

（i）不再保持总体布局或构造原理。

（ii）被更改产品合格审定所依据的假设不再有效。

（2）局方认为此更改不影响各区域、系统、部件、装置或机载设备。

（3）对影响各个区域、系统、部件、装置或机载设备的更改，局方认为，它们对申请之日适用规章的符合性，不会对被更改产品的安全性水平起到显著作用，或不切实际。

FAR/EASA 21.101（c）/21.A.101（c）条款提出了与21.101（a）条款要求不同的一个例外，即小于特定最大起飞重量的某些航空器的更改。对一架最大起飞重量不超过6000lb的航空器（非旋翼航空器），或者最大起飞重量不超过3000lb的非涡轮旋翼航空器来说，可以证明被更改的产品满足型号合格证中引用的规章要求。

然而，如果局方认为某个区域内的更改是重大更改，他们可以指定符合型号合格证引用规章的修正案，或者是符合局方认为与之直接相关的规章，除非他们也发现满足这些修正案或规章，对产品的安全性水平不会产生实质影响，或不切合实际。

关于被更改产品的合格审定基础，显然是采用与基本产品型号合格审定相同的标准，如果局方认为，在更改申请之日有效的规章，由于产品设计的新颖或独特的设计特性而无法为提议的更改提供足够的标准，那么申请人就必须满足专用条件和这些专用条件的修正案，从而提供与申请更改之日现行有效的规章相当的安全水平。

5.2.5.4　咨询材料

正如之前所阐明的，确定型号合格审定基础是一件复杂的事情，涉及许多不同的情况，并需要经验和常识。例如，考虑对某一型号设计的逐步更改，其累积效应使得产生了实质性更改。这可能需要针对相关产品的系列演化逐个进行详细的检查。

FAR 21部和EASA 21部都定义了基本准则，但如果没有咨询材料，对这些准则进行统一的操作是不可能的。经过多年的讨论，EASA GM 21A.101和FAA AC 21.101-1A提供了咨询材料，为确定产品型号合格审定基础给出了指导意见，也为判别申请人的设计更改是否需要申请新的型号合格证提供了指导。

这里引用“GM 21.A.101航空产品更改的型号合格审定基础的确定”的摘要。EASA编写GM是基于21.A.101条款，为更改航空产品的型号合格审定基础提供指南，并帮助确定是否有必要依据21.A.19条款申请新的型号合格证。

指南描述了确定型号合格审定基础的流程，分别对型号合格证更改、限制类型号合格证更改、补充型号合格证更改的影响评估、分类和通过流程做出的指导。这个GM的内容被分成了四个章节和五个附录：

（1）第1章解释了GM的目的、简介及内容，明确了依据和适用范围。第1章也包含了参考GM表明对21.A.101和21.A.19条款符合性的定义和术语。

（2）第2章给出了21.A.101和21.A.19条款简介，分析条款要求和安全目标，对本GM随后章节中的指南的适用情况进行说明。

（3）第3章包含表明21.A.101（a）和（b）符合性的指南，用以指导航空产品更改时如何确定合格审定基础。第3章详细介绍了“自下而上”合格审定基础的诸多发展历程。

（4）第4章包含设计相关的运营要求的考虑，为特定最大起飞重量（“例外产品”）的特定轻型航空器和旋翼航空器的更改提供型号合格审定基础确定指南，为在21.A.101

(d) 条款下特殊条件的使用提供指导。

五个附录里有很多例子和有用的指导材料。

图 5-3 引自 AMC/GM（FAA 的 AC 包括了极为相似的图），表明了更改产品型号合格审定基础确定的流程。GM 中解释了每个步骤的详细内容。

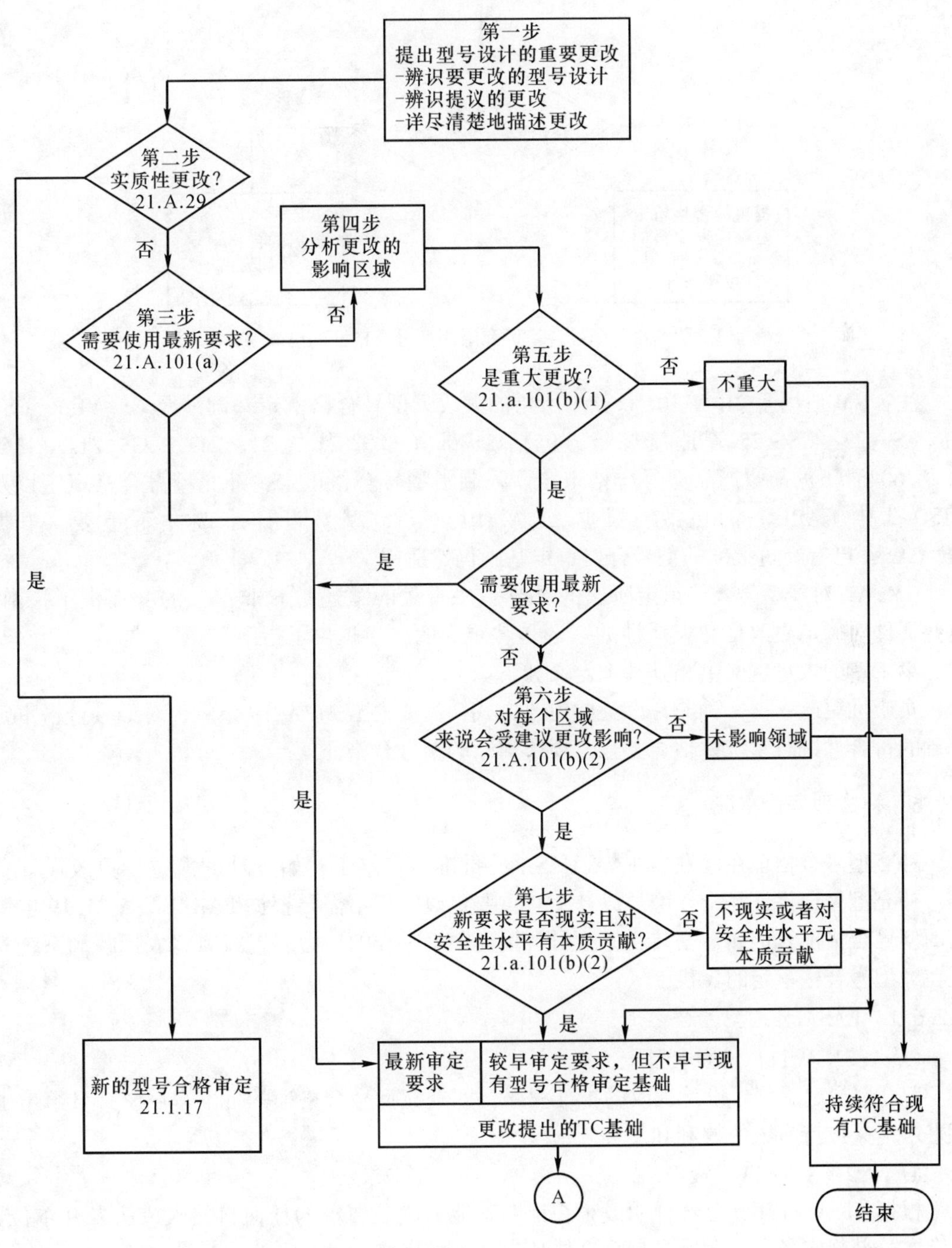

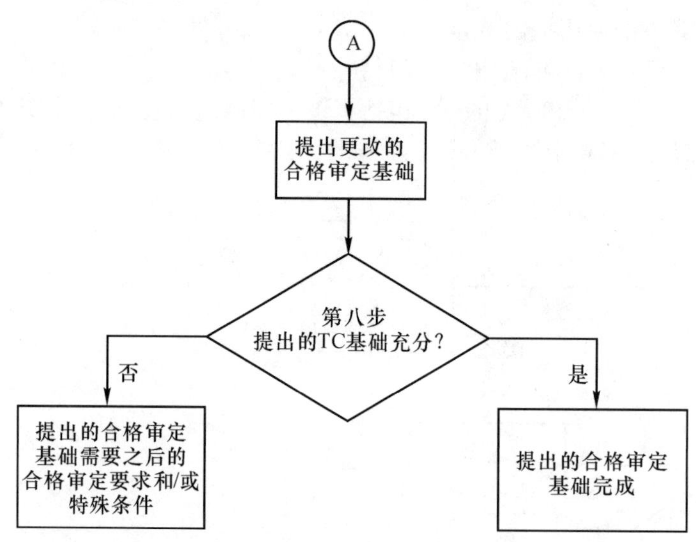

图 5-3　型号合格证和限制型号合格证的更改

注：GM 适用于 21. A. 101 条款中所指的大改，型号合格审定基础涉及 CS-VLA、CS-22、CS-23、CS-25 等适航规章，包括 21 部（参考 21. A. 21、21. A. 23、21. A. 115、21. A. 604）下的航空产品型号合格审定、限制类型号合格审定、补充型号合格审定以及 ETSO 批准（APU）的更改。根据 21. A. 101（b），型号设计小改并不重要。根据 21. A. 95，已有经过批准的型号合格审定基础仍然适用。

GM/AC 对经型号合格审定所作的更改是“重大的”还是“非重大的”提供了指南。这些文件对确定更改是“实质性的”还是“重大的”也提供了指南。

第 1 章的大量定义中，其基本定义如下：

实质性更改——一种非常广泛的更改方式，需要根据 21. A. 19 条款，对型号合格审定基础的符合性进行系统评估，并且需要申请新的型号合格证。

5.2.6　补充型号合格证

补充型号合格证在已获得 FAA/EASA 的批准后，基于初始设计的航空器更改设计批准。补充型号合格证是指在型号设计上有重要更改，但不需要根据 FAR/EASA 21.19 申请新的型号合格证。例如，安装和原型号合格证中不一样的动力装置或者将农用喷洒系统安装在经型号合格审定的飞机上。

5.2.6.1　EASA 补充型号合格证

（一）21. A. 111　适用范围

E 分部规定了型号设计大改的批准程序，即补充型号合格证的批准程序，并且给出了证书申请人或持有人的权利和义务。

（二）21. A. 112A　资格

根据 21. A. 112B，已经证明或正在证明其能力满足要求的任何自然人或法人（单位）具有本分部规定条件下的补充型号合格证申请人的资格。

（三）21. A. 1128　能力证明

（a）申请补充型号合格证的任何单位应通过持有 J 分部颁发的设计单位批准书来证明其能力。

（b）作为证明其能力的替代程序，申请人可以在获得局方批准的条件下，开展符合本分部要求的特定设计实践、资源管理和相关工作顺序。

（c）除（a）和（b）外，申请人也可以根据 21. A. 14（c）中对航空器、发动机和螺旋桨的补充型号合格证的审定程序来证明其能力。

5. 2. 6. 2　FAA 补充型号合格证

（一）FAR 21. 113　补充型号合格证的适用要求

（a）型号合格证持有人对型号设计进行尚未达到按本规定 21. 19 要求应当申请新型号合格证的大改时，可以申请补充型号合格证，或者按照本章 D 分部[①]的规定申请对原证件的更改。

（b）非型号合格证持有人对民用航空产品的型号设计进行尚未达到按本规定 21. 19 要求应当申请新型号合格证的大改时，应申请补充型号合格证。

（c）申请补充型号合格证的流程和方法需要按照 FAA 的规定执行。

5. 2. 6. 3　补充型号合格证注意事项

从 EASA/FAA 规定中可以看出，STC 是不需要申请新 TC 的一个型号设计大改。有一点值得注意的是，一个未持有产品 TC 的人也可以申请 STC。TCH 有申请 STC 的选择，也可以选择符合 FAR/EASA 21 D 分部的要求（见 5. 2. 6. 2）。

由于 STC 是型号设计大改的批准，因此我们关于型号设计更改（见 5. 2. 5）的分析是完全适用的。STC 的合格审定程序和产品（包括航空器、发动机和螺旋桨）型号合格审定程序是相似的。

对 EASA 来说，任何申请 STC 的机构应该证明自己能力，通过持有 DOA 或者通过替代程序，实施特定设计、资源管理和工作顺序，以符合适用的要求。

在 STC 的实际使用过程中，根据 FAR 21. 120 条款，如果 STC 持有人允许某人使用 STC 对飞机、发动机、螺旋桨或者机载设备进行更改，则这个人应该有 FAA 的书面批准。FAA 认为 STC 持有人具有如下权利：

（1）对航空器，可以获得适航证。

（2）对于其他产品，获得在经合格审定飞机上进行安装的批准书。

（3）对已批准的型号设计更改，获得更改的生产许可证。

5. 2. 6. 4　咨询材料

EASA GM21. A. 112B 和 AMC 21. A. 114 为能力证明和 STC 符合性证明过程提供指南。

EASA 也发布了补充型号合格审定程序（PR. STC. 00001-002）。

关于 FAA 的申请，AC 21-40A 是获得 STC 的一个指南。

---

① 型号合格证的更改。

5.3 零部件和机载设备批准

5.3.1 FAA零部件批准

FAA零部件指的是材料、零件、部件、软件或机载设备。根据FAR 21.8条款所述，批准零部件可以按照下述方式：

（a）PMA。

（b）TSO。

（c）随产品的型号合格审定批准。

（d）FAA批准的其他任何方式。

5.3.1.1 零部件制造人批准书

零部件制造人批准书（PMA）包括替换零部件的设计批准和生产批准①。

FAR 21.303（a）条款规定必须持有PMA，才能够生产替换件或改装件，用以出售或安装在经型号合格审定的产品上。PMA可以用于STC改装件的生产。因此，允许持有PMA的制造商生产航空器替换件，即使他们不是该航空器的初始制造商。

申请人必须通过以下两种方法之一以表明设计满足适用的适航标准：

（1）申请人能证明该零部件的设计与型号合格证中批准的零部件的设计相同。

（2）采用试验和计算分析的方法，表明该零部件的设计符合拟安装该零部件的民用航空产品适用的适航规章。

PMA申请需要ACO批准设计，MIDO批准生产。

FAR 21部K分部规定了：

（a）颁发PMA的规定要求。

（b）PMA持有人的管理规定。

Order 8120.22和AC 21.303-4为PMA生产批准提供指南。

5.3.1.2 技术标准规定项目批准书

技术标准规定（TSO）是民用飞机上特定材料、零部件和机载设备的最低性能标准。当授权制造TSO标准的材料、零部件或机载设备时，称为TSO授权。得到TSO授权就是得到设计和生产的批准书。

得到TSO授权并不意味着可以在航空器上安装或使用零部件，是指零部件符合特定TSO并且授权申请人对其进行制造。

得到TSO授权后，只有在表明零部件满足特定航空器型号的特殊适航要求（合格审定基础）后，才能制造可以安装在航空器上的零部件。换句话说，获得TSO授权意味着零部件满足最低性能要求，而与零部件在飞机上的预期安装无关。当在飞机上安装零部件

---

① 设计批准是指型号合格证（包括更改和补充型号合格证）或根据PMA、TSO授权、TSO项目批准书或其他经批准的设计。生产批准是指向允许按照其批准的设计和批准的质量系统生产产品或零部件的人颁发的文件，可以采用生产许可证、PMA或TSO授权的形式。

时，需要独立的 FAA 批准书。

AC 21-50 适用于在产品（航空器、发动机或螺旋桨）上安装 TSO 零部件的任何人。其中介绍了 FAA 通过 TSO 授权（TSOA）或 TSO 设计批准函（LODA）批准的资料的正确使用方法。

FAR 21 部 O 分部规定了：

（1）颁发 TSO 授权的规定要求。

（2）TSO 授权持有人的管理规定。

（3）颁发 TSO 设计批准函的规定要求。

在美国之外制造的符合特定 TSO 的零部件，FAA 将颁发一个 TSO 设计批准函，这仅适用于与美国签订适用于该零部件双边协议国家的制造商。

出口国民用航空局（CAA）负责监督这些零部件设计和生产。FAA 仅针对在 FAA-TSO 中最低性能标准的零部件颁发项目设计批准函。

Order 8120. 22 的第 2 部分为开展 TSO 适航审查提供了指南。

5. 3. 1. 3　随产品的型号合格审定批准或者 FAA 认可的其他方式批准

包括在型号设计中，随着航空产品型号合格审定一起评审的零部件，以 FAA 认可的任何方式批准的零部件，如 FAR 21 部 F 分部和 G 分部①。另外，FAR 21 部 N 分部规定了与美国签署双边协议的国家的出口和进口零部件的认可要求。当制造国颁发了该出口零部件的适航证时，该零部件获得批准。

经 FAA 审定合格的维修单位可以制造用于安装在经型号合格审定的产品上的零部件，前提是该零部件是批准的维修项目中的消耗件，并包括在飞机运营规范中。请参阅 AC 43-18《由维修单位制造的飞机零部件》获取进一步指导。他们不能把制造的这些零部件卖给其他人。

根据 FAR 21. 9 条款“替换件和改装件”，要安装在型号合格审定的产品上，需要：

（1）根据 TC 生产。

（2）根据 FAA 生产许可②生产。

（3）标准件③（如螺母和螺栓）生产要符合政府或已建立的工业标准。

（4）FAR 21. 1 中定义的商业零部件。

（5）由产品所有人或运营人为维修或更改所有人或运营人的产品而生产。

（6）由适用合格证持有人按照要求的制造质量系统制造，并是 FAR 43 部规定的维修或改装的零部件。

咨询通告 AC 20-62E 中给出了关于要安装在美国型号合格审定产品和零部件上的航空材料和零部件的质量、资格和追溯性的要求，并使其符合适用规章的指南。

---

① F 分部——根据型号合格证生产（见第 7 章）。G 分部——生产许可证（见第 7 章）。

② 生产许可证、PMA 和 TSO。

③ 标准件。制造的零件完全符合美国政府或工业认可的规范，包括设计、制造和统一标识要求。规范必须包括生产和保持零部件一致性所需的所有信息。必须发布规范，以便任何人可以制造该零部件。例如，国家航空航天标准（NAS），空军/海军航空标准（AN）、汽车工程师协会（SAE）、航空航天标准（AS）、军用标准（MS）等。

5.3.2 EASA 零部件和机载设备批准

EASA 21 部 K 分部给出了关于零部件和机载设备的批准程序。

（一）21. A. 303　适用要求的符合性

用于型号合格审定产品的待安装的零部件和机载设备应该通过下列方式证明符合性：

（a）依据 B、D 或 E 分部，随零部件和机载设备待安装的型号合格审定产品一同批准。

（b）如适用，依据 O 分部的 ETSO 授权。

（c）对于标准件，依据经批准的标准。

（二）21. A. 305　零部件和机载设备的批准

如果欧盟法律或适航当局法规明确要求某一零部件或机载设备需要批准，则该零部件或机载设备应符合适用的 ETSO 或适航当局认可的等同的规范（特定情况）。

（三）21. A. 307　零部件和机载设备的装机批准

当零部件或机载设备处于安全使用的条件下，且符合下列条件时，该零部件或机载设备可以安装在经型号合格审定的产品上：

（a）随机取证件的制造符合批准的设计资料并且按照 Q 分部标识，通过评审后局方可以签署适航批准标签（EASA 表格 1）。

（b）标准件。

（c）对于 ELA1 或者 ELA2 航空器，其零部件和机载设备：

（1）没有寿命限制，不是主要结构的一部分，也不属于飞行控制系统的一部分。

（2）根据 Q 分部标识。

（3）确定安装在特定飞机上。

（4）安装在一架飞机上，该飞机的所有人已被证明符合条件 1 至 4，并且能够承担相关责任。

5.3.2.1 随产品型号合格审定一同批准

根据 21. A. 303（a）条款：

（1）B 分部规定了颁发产品 TC 和 RTC 的程序，批准的依据是符合型号设计。

（2）D 分部的内容是关于《型号合格证和限制型号合格证的更改》，涉及受更改影响的零部件和机载设备。

（3）E 分部的内容是关于 STC（见 5. 2. 6. 1）的。

5.3.2.2 欧洲技术标准规定项目的授权

欧洲技术标准规定（ETSO）授权根据 21 部 A 章和 O 分部。

ETSO 授权是一种批准零部件和机载设备的方式（不是唯一方式），它是一个可选方法，确保零部件或机载设备符合最低性能标准。

零部件和机载设备在安装前必须申请装机批准，用以证明 ETSO 授权产品符合航空器适用的合格审定基础。如适用，装机批准还必须考虑符合相关 FAR/CSXX. 1309 条款要求。此项工作可以参考 ETSO 标准。

（一）21. A. 602B　能力证明

ETSO授权的申请人应该证明它的能力：

（a）对于生产，应该持有依据G分部[①]颁发的生产单位批准书或者满足F分部的要求。

（b）对于设计：

（1）对于辅助动力装置，应该持有依据J分部颁发的设计单位批准书。

（2）对于其他零部件，需要基于程序实施特定设计、资源管理和工作顺序以符合21部。

以上关于单位的要求不适用于已签署完整双边协议的发展中国家的申请。

DDP指设计和性能的声明，它是包含产品定义和所有相关参考资料的最主要的文件，其信息内容可以与产品型号设计批准书的数据单进行比较。申请人必须声明该产品的设计和制造符合21部和CS-ETSO[②]适用的部分。标准表格可在AMC 21A.608中找到。

EASA对于TSO的设计批准认可，技术标准规定项目批准书的持有人需要向发布TSO的FAA的航空器合格审定办公室（ACO）提出申请。ACO必须提供一份证明产品符合所要求的ETSO标准的批准函，并将其提交给EASA。所需的技术文件和申请表与EASA成员国制造商的相同。

5.3.2.3 标准件的批准

依据21.A.303（c），我们定义了标准件，标准件通常安装在经合格审定的产品上并包括在型号设计中。

AMC 21.A.303（c）标准件：

（1）以下情况，零件被认为是标准件，由产品、零部件或机载设备设计批准的持有者指定使用该零件。作为“标准件”，该零件符合的设计、制造、检查和标记要求应该完全标准化，并作为官方认可的标准颁布。

（2）对于滑翔机和动力滑翔机，如果依据CS 22.1301（b），安装的仪器或设备不是必需的，在安装了这些仪器或设备后，其功能故障或者功能丧失不影响滑翔机的运行，不构成灾难性影响，则不需要对仪器和/或设备进行审定。

21.A.303（c）的GM No.2：

（1）这些标准是由官方机构制定或发布（不论官方机构是否具有法人资格），并被航空运输部门广泛认可为合适的方法。

（2）设备制造商使用的标准在AMC 21.A.303（c）的第2段中。

5.3.2.4 其他

除了上文提到的情况，TSO/ETSO零部件和机载设备可以安装在任何产品中，但是与

---

① 生产单位批准（见第7章）。

② CS-ETSO包含零部件为获得21部O分部的ETSO授权应符合的技术条件。技术条件包含在相应的ETSO中，并且是ETSO的一部分。CS-ETSO B分部包含两个索引。

索引1列出了在技术上与FAA-TSO类似的所有ETSO。

索引2列出了在技术上与FAA-TSO不同的所有ETSO，例如：

（a）偏离FAA-TSO。

（b）当特定申请不存在FAA-TSO时。

相关产品的型号合格审定一同批准的零部件和机载设备只能安装在相同的型号产品中。

此时可能会产生误解：申请人是否被迫安装TSO/ETSO零部件？这通常是申请人和适航当局之间产生争议的原因，特别是对通用航空中轻型航空器的合格审定。21.A.305指出，即使零部件符合适用的ETSO，适航当局也可以在特定情况下承认等效标准。当申请人想要安装来自汽车生产或其他非合格审定生产的产品（如超轻型）时，争议会激化。为什么不呢？每个人都可以证明他或她自己的汽车中使用的仪器和各种配件的可靠性（多年来经常被证明是可用的和可靠的），然而，零部件直接从汽车经销商转移到飞机上是不可能的。

必须采用与上述类似的（尽可能类似的）认证程序，评估零部件本身及其与航空器运行和安装条件的兼容性（例如，环境和电磁兼容性），还需要建立验收程序（供应商不能颁发制造符合性证书）。

总之，经过认证的产品应有自己的部件号，以免与其他商业产品混用。TSO/ETSO零部件的安装需要花费更多的时间和金钱，TSO/ETSO零部件的唯一缺点是它通常更昂贵：其成本可能是同等车型或超轻型飞机的零部件的几倍。因此，必须做出选择。对非TSO/ETSO零部件的投资将有利于在批量生产中节省成本，从而降低销售价格，在市场上获得更有利的地位。

然而，如果批量生产不确定，并且迫切需要TC，那么TSO/ETSO零部件的安装可能会更方便。

轻型航空器争议的另一个原因是，申请人A假定在他或她的飞机上安装未经合格审定的零部件，这个零部件已获批准并被申请人B使用。上述考虑的部分原因是经产品合格审定零部件的有效性仅限该产品：申请人A没有申请人B对于零部件的了解，也不知道可能对该零部件和验收程序所做的更改。在这种情况下，申请人A必须为他或她的产品进行类似于申请人B的认证。

当然，已有经验应该作为合格审定的主要依据。对于许多非关键件（多数产品），从通常的角度来看，适航当局可以根据以往的经验和技术评估等接受简化的审定程序。

5.3.2.4.1 无风险准则

前面我们已经提到，安装在合格审定产品（航空器、发动机和螺旋桨）上的所有零部件和机载设备必须得到批准。然而，一个经常出现的情况，即对航空器适航性无特别要求的设备，我们必须考虑其安装。这些设备包括：

(a) 娱乐设备。

(b) 生活设施。

(c) 空中作业设施。

(d) 实验装置。

(e) 用于辅助信息的仪表①。

在这些情况下，采用无风险准则，目的是确保上述设备本身是没有危险的，其在飞机上的存在不会危及航空器系统的性能和功能，以及航空器的适航性。

---

① 飞机运行不需要的资料。

必须清楚的是，从适航性角度来看，上述准则并未保证该设备的正常功能和名义性能，我们可以将其定义为“容许的”。

如果该设备是无线电发射源，申请人有责任获得相关批准书。

AMC 21. A. 303（c）标准件中有关 CS-22 某些要求的解释是有帮助的：

对于滑翔机和动力滑翔机，如果依据 CS 22. 1301（b），安装的仪器或设备是不必需的，在安装了这些仪器或设备后，其功能故障或者功能丧失不影响滑翔机的运行，不构成灾难性影响，则不需要对仪器和/或设备进行审定。

上述术语“不必需”是指满足适用的适航条款（CS 22. 1303、CS 22. 1305 和 CS 22. 1307）、运行规章、空中规则或空中交通管理要求（例如，某些管制空域的应答机）。

可以视为标准件的例子包括：可变电感器、球形指示器、能量探针、容量瓶、滑动计算器、导航计算机、数据记录器/压力计/转向摄像机、雨刮器和防撞系统。

根据审定规范批准的设备应符合适用的 ETSO 或等效标准，它们不被视为标准件（如氧气设备）。

5. 3. 2. 4. 2　航空器所有人生产的零部件

根据 FAR 21. 9（5），航空器所有人或运营人可以生产安装在型号合格审定产品上的替换件或改装件。这通常发生在难以或无法找到替换件的老旧和遗弃航空器[①]上。

如果所有人或运营人参与零部件的设计、制造或质量控制，则所有人/运营人被视为零部件的生产者。参与零部件的设计包括监督零部件的制造或向制造商提供以下资料：设计数据、制造零部件的材料、制造工艺、装配方法或质量控制程序。

关键是所有人必须参与零部件的制造，如果零部件具有批准零部件的所有特征，就只能安装在所有人的航空器上并且不能出售。

5. 4　进口产品和零部件的型号合格审定

进口产品或零部件的合格审定一般由进口国的管理当局，通过评估在出口国所完成的型号合格审定来实施。评估的目的是为了确保进口产品的安全性水平与进口国类似产品适用法律、规章和要求所提供的安全性水平相当。这一评估的结果就是型号合格证（TC）的认可。

接着，TCH 和出口国管理当局准备与不同的进口管理当局进行单独谈判。事情可能会因为不同国家的不同要求而变得相当复杂。

当 JAA 成员国采用了相同的 JAR 之后，这个事情在欧洲就得到了简化。

此外，为颁发通用型号合格证的 JAA 联合合格审定和认可（现在是 EASA 合格审定和认可），进一步简化了问题。因此，各个成员国管理当局为了颁发适航证，仅需检查单一航空器是否符合本国的运行要求。

为了简化 TC 认可过程，国与国之间已经建立双边协议。这些协议基于双方在技术能力上的高度互信和对出口当局在协议范围内实施航空器合格审定职能和管理规章能力的高

① 当持有型号合格证的法人不再存在时，航空器变成遗弃航空器。

度互信。

双边协议并非贸易协定，而是一个技术协议，它能够提供“进口国应对出口国航空管理当局做出的合格审定，给予同等法律效力的待遇，就像是（进口国）自己的航空管理当局，依照其本国适用法律、规章和要求所做出的合格审定那样”①。

然而，由于这些法律、规章和要求有可能是不相同的，因此，这个协议允许进口国规定补充技术条件，这些条件的提出是出于“进口国认为有必要确保这些产品的安全性水平，达到该进口国对其国内类似产品适用的现行有效的法律、规章所要求的同等安全性水平”②。

5.4.1 US/EU 协议

如果考虑美国（US）和欧盟（EU）之间的关系，就很有必要提到民用航空安全协议。

注：美国政府与欧盟之间的双边协议，而不是和 EASA。这个协议是美国和一些欧盟成员国已经签署过的双边协议的一次推进，代表着欧盟和美国在适航方面又前进了一步。

JAA 不可能和美国有单独的双边协议，因为其没有独立的法律地位。尽管如此，JAA 还是与 FAA 建立了合作关系，并建立了双边协议的保护性条款，即欧盟成员国签订双边协议的共同标准。

欧盟委员会在 EASA 的技术支持下，历经很长一段时间，克服了法律基础的不同，签署了该协议。

新的美国/欧盟航空安全协议于 2011 年 5 月 1 日生效，并附有技术实施程序，取代以前的文件。这个新的双边协议经过多年的审议，在 2008 年 6 月 30 日首次签署后，其执行被推迟，该协议以 22 种语言编写。

注：我们必须记住，除附件 2 的航空器和一些其他项目外，欧盟各成员国民航当局（NAA）不再对型号合格审定负责。他们通过和欧盟的协议/合同，代表 EASA 承担某些设计批准项目。

我们将提到有关美国和欧洲委员会的民用航空安全协议的一些细节。民用航空安全协议的前 19 条涉及执行协议，该协议为美国和欧盟在航空安全领域的所有合作提供了框架，并给出了协议的一般定义。

5.4.1.1 附件

附件包括美国和每个欧洲委员会成员国的适用范围。

附件 1 包括适航和环境合格审定。

附件 1 的附录列出了可以从每个欧盟成员国进口到美国的欧洲产品、零部件和机载设备。每个成员国的范围都是不同的，都建立在国内工业的基础上，以及美国对各国民航当局的熟悉程度。并非所有的欧盟成员国都在附录③中。支持附件 1 的文件成为技术实施程

① FAA AC 21-23B。

② FAA AC 21-23B。

③ 对于 2003 年 9 月以后出口到欧盟成员国的美国产品，进口当局是 EASA。对于出口到美国的欧洲产品，出口当局将仍然是欧盟各国民航当局。

序（TIP）。FAA和EASA都批准了这个文件（见后文）。

附件2包括维修单位的批准。

新协议为互认维修单位的批准、审批并为技术文件提供法律基础。同时也在批准和监督维修单位方面，为双方的技术协助提供了法律基础。

5.4.1.2　适航和环境合格审定的技术实施程序

目的。根据协议第5条和附件1，签订技术实施程序的目的是确定FAA、EASA和欧盟（EU）成员国民航管理当局之间关于进口、出口和持续支持民用航空产品的要求和工作范围。

在这里，我们将给出技术实施程序第2、第3和第5部分的目录，以了解该重要文件的内容。

第2部分　设计批准程序

2.0　总则

2.1　型号合格证的设计批准程序

2.2　补充型号合格证的设计批准程序

2.3　手册（包括飞行手册）的批准程序

2.4　运行和维修方面的评估

2.5　技术标准规定（TSO）的设计批准程序和欧洲技术标准规定（ETSO）的设计批准

2.6　非TSO产品的批准

2.7　设备标准和航空数据库的批准

2.8　零部件设计批准的批准程序

2.9　环境试验和批准程序

2.10　记录保存要求

第3部分　持续适航相关的批准程序

3.0　总则

3.1　持续适航

3.2　设计更改

3.3　支持维修的设计资料的批准

第5部分　出口产品的适航审定

5.0　总则

5.1　出口产品的审定声明

5.2　飞机噪声和发动机排放等级

5.3　出口适航证的协调

5.4　适航批准标签的协调

5.5　进口产品的附加要求

5.4.2　FAA对进口产品和零部件的合格审定

根据FAR 21部N分部——航空器发动机、螺旋桨和进口产品的认可要求：

（一）21.500　航空发动机和螺旋桨的认可

在外国或其管辖区制造的飞机发动机或螺旋桨需要满足本分部的认可要求，如果：

（a）该国家或其管辖区与美国签订了关于认可该产品的适航协议。

（b）产品依据 FAR 45 标识。

（c）该产品的美国型号合格证的持有人或型号合格证权益转让所有人应为每一个进口到美国的此类航空器上安装的发动机或螺旋桨提供出口适航证，出口适航证根据适航协议中关于审定飞机发动机或螺旋桨的内容评审后颁发：

（1）符合美国的型号合格证并处于安全可用状态。

（2）制造商已经进行了最终的运行检查。

（二）21.502　零部件的认可

在外国或其管辖区制造的零部件（包括依据技术标准规定项目批准书生产的产品）需要满足本分部的认可要求，如果：

（a）该国家或其管辖区与美国签订了关于认可该产品的适航协议。

（b）产品依据 FAR 45 标识。

（c）依据适航协议中关于审定进口到美国的零部件的条款评审后颁发出口适航证。

对进口产品型号认可证的颁发：

（一）FAR 21.29　型号合格证的颁发：进口产品

（a）FAA 可以为与美国有出口和进口适航协议的外国或其管辖区制造的产品颁发型号合格证，如果：

（1）该产品的设计已经经过检验、测试，并符合：

双边协议有助于签署国之间进出口民用航空产品的相互适航审定。双边航空安全协议（BASA）及其适航实施程序（IPA）规定了 FAA 与其他民航当局之间的适航技术合作。

5.4.2.1　双边航空安全协议

除了适航合格审定之外，双边航空安全协议在很多航空领域都提供了双边合作，包括维修、飞机运营和环境合格审定。

对于飞机合格审定，还制定了一份补充文件，即适航实施程序，以解决某些领域，如设计批准、生产制造、出口适航批准、持续适航等的技术合作。

依据 8110.52 适航指令，FAA 规定了进口和出口产品（飞机、飞机发动机或螺旋桨）的型号合格审定和持续适航管理的政策和程序。

参考 AC 21-23B，下面引用其中的内容对进口（进入美国）产品及其更改认可进行说明，这涉及 FAA 的一些关注内容。这些内容很重要，因为关系到欧洲对美国的出口，其中包括：

（1）向 FAA 提供资料并使之熟悉产品的设计特征、性能和运行特性，用以建立型号认可审定基础，并保证产品在美国注册服役后 FAA 能够履行其证后管理职责。

（2）为产品建立型号合格审定基础和符合性验证方法，可以依据美国制造的相似产品所采用的美国适航和环境标准。

（3）理解出口国适航当局在其国内产品审定时所采用的适航合格审定系统（适航和环境要求、政策和审定程序等），包括出口国适航当局参与原型机制造符合性检查、试验和飞行试验等的程度。

（4）将出口国适航当局在其国内审定时所采用的适航和环境要求、政策和实践与美国型号合格审定基础或设计要求、审定政策和程序相比较。

（5）定义和解释任何为满足 FAA 审定要求所提出的附加技术条件，提供与适用的美国适航和环境要求的等效性。

（6）维持与出口国适航当局充分的联系和技术对话，以保证尽可能早地在 FAA 和出口国适航当局之间识别和解决可能影响产品在美国合格审定的技术问题和争论。

（7）对与零部件的合格审定提供有效管理，对零部件按最有效方式利用 FAA 资源。

5.4.2.2　合格审定基础

适用的美国适航标准是美国 TC① 证申请当日有效的适航标准，而适用的美国环境标准是美国型号合格审定②当日有效的环境标准。

另一种确定 FAA 合格审定基础的方法是在出口国适航当局合格审定基础上给出附加技术条件（addition of technical conditions，ATC）。

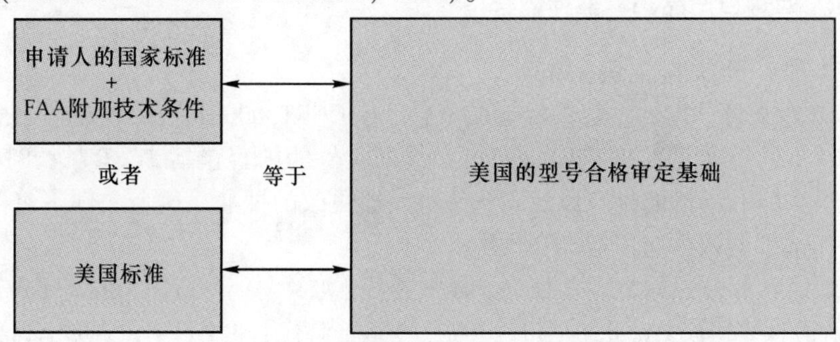

图 5-4　美国型号合格审定基础

ATC 考虑以下内容：

（1）美国和出口国基本的适航和环境标准的差异。

（2）因豁免③而与出口国适航当局的适航或者环境标准的不一致，或出口国适航当局认可的等效安全结论④。

（3）由于产品新的或非常规设计特征使 FAA 颁布的专用条件，而出口国适航当局并未要求对产品采用等效方法。

（4）由出口国适航当局提出的强制适航措施（如适航指令），以纠正在 FAA 批准申请前的运行中出现的不安全状态。

（5）由 FAA 确定的备选条件，以帮助美国的最终运营商遵守当前的美国运行或者维修要求。

图 5-4 说明了如何确定美国型号合格审定基础。在上述第 2 个选项中，如果符合性结论对美国标准适用，那么 FAA 不再提出任何 ATC。

---

① 除非双边协议另有规定，否则可以接受向出口适航当局的申请日期。

② 这是非常严格的要求，因为这些标准可以在最后一刻进行修改。

③ 豁免是指对特殊要求的不符合性被适航当局正式接受。

④ 等效安全结论：任何不能符合的适航规定，由提供相同安全等级的因素补偿。

由此引发的问题的确认和讨论在问题纪要①（issue paper）中进行介绍，并要求出口国适航当局实质性参与。

如上所述，也如 AC 21-23B 所述，TC 认可是一个相当复杂的过程，有时会比原始型号合格审定本身更加困难。当然，当进口国/出口国双方适航当局均具有充分的经验时，这一过程也可能简化。但是，最关键的是需要人们对双边协议的理念有很好的理解。

因为型号合格认可小组似乎对什么需要（或者不需要）验证没有清晰的概念，因此早期在 FAA/JAA 认可中出现过一些问题，在大西洋两岸都引起了对制造方面的抱怨。这一局面迫使 JAA 和 FAA（也包括后来的加拿大适航当局）来讨论这一情况并最终形成了《JAA/FAA 认可程序》（JAA/FAA validation procedures）。这是解释认可过程、确定组织程序，特别是确定型号合格认可小组审查性质以及小组与出口国适航当局之间关系的手册。此外，在欧洲和美国都为型号合格认可小组的成员提供培训课程。

5.4.3 EASA 对进口产品和零部件的合格审定

EASA 21 部 N 分部是“不适用的”。

2013 年 2 月 9 日颁发的型号设计适航文件 PR. CERT. 00001-001 描述了 EASA 如何在其职权范围内对航空产品的审定履行职责。这个文件的内容包括 TC/RTC、STC、大改和小改的批准、大修和小修的批准以及飞机飞行手册更改的批准。这个文件不包括零部件的认可，但是零部件的认可应该遵循文件中的原则。

根据规章（EC）216/2008 的第 12 条，欧洲委员会如果与第三方国家签署了包括合作实施程序的双边（互认）协议，则此协议可以补充、更改或替代上述文件中包含的流程和步骤。

5.4.3.1 欧盟双边协议

根据规章（EC）216/2008 第 12 条：

（一）第三方国家合格审定的认可

除依据（EC）216/2008 的第 12 条的规定外，EASA 或成员国的适航当局可以根据第三方国家适航当局的型号合格证颁发型号认可合格证，在欧洲委员会和第三方国家签署的认可协议中有相关的内容。

除了 5.4.1 介绍的“US/EU 协议”外，欧盟还与巴西和加拿大达成双边协议。这些协议的目标是：

（a）根据各缔约方现行法规，在双边协议适用范围内，建立双方适航当局能够对航空产品进行互相认可的原则和工作安排，详见第 4 条款②。

---

① 问题纪要。一种识别和解决合格审定过程中发生的重大技术、法律和行政问题的方法。

② 一般覆盖范围。本协议适用于：
（a）民用航空产品适航认可和监督。
（b）运营飞机的持续适航。
（c）生产和制造设施的批准和监督。
（d）维修设施的批准和监督。
（e）民用航空产品的环境批准和环境试验。
（f）相关合作项目。

（b）允许缔约方适应民用航空产品的跨国设计、制造、维修和交换的新趋势，涉及缔约方在民用航空安全和环境质量方面的共同利益。

（c）促进在维护安全和环境质量目标方面的合作。

（d）促进民用航空产品和服务的持续交流。

技术实施程序（TIP）与上述提及的“US/EU 协议”等双边协议有关。这些 TIP 的内容包括巴西和加拿大适航当局与 EASA 之间关于民用航空产品设计批准、生产、进口、出口和持续支持的合作原则和工作安排：这些适航当局和 EASA 应当进行合格审定和认可工作，这些工作符合“巴西、加拿大政府和欧盟的民用航空安全协议”，具体工作程序参考 TIP 的规定。

5.4.3.2　EASA 工作协议

仍参考上述提及的规章（EC）216/2008 的第 12 条：

（一）第三方国家合格审定的认可

（a）在欧盟没有签署双边协议的情况下，并且在成员国相关法规生效前，成员国或者适航当局可以根据第三方国家与该成员国签订的合作协议颁发相关适航证书，并通知欧盟委员会和其他成员国。EASA 也可以代表任何成员国颁发适航证书，以适用其中一个成员国与第三国缔结的协定。

EASA 与欧洲民航会议（ECAC）中的非欧盟国家（如乌克兰、土耳其、格鲁吉亚、阿尔巴尼亚等）和全球的第三方国家（如日本、新西兰、中国、俄罗斯等）签署了工作安排（WA）。

这些 WA 通常用于促进 EASA 的合格审定工作或国外适航当局对 EASA 合格审定的认可。不同于双边协议，WA 不允许相互认可适航证书。EASA 直接协商并制定此类协议。

很明显，这种 WA 的目的不一定与型号合格证相关。许多与非欧盟国家的 WA 旨在实施 SAFA 系统①有关。

① 见 10.8.1 外国航空器安全评估计划。

第 6 章　型号合格审定程序

6.1　ICAO 型号合格审定程序

在详细介绍 EASA 和 FAA 相关程序之前，我们应该了解 ICAO 适航手册 Doc. 9760 中的建议，即“各国应制定本国设计生产的航空器、发动机、螺旋桨、设备和仪器等产品的型号合格审定程序或其他设计批准程序，以及外国颁发的型号合格证和其他设计批准的认可程序”。这里给出与型号合格审定程序相关的 Doc. 9760 第 2 章的目录。

第 2 章　型号合格审定和其他设计批准的程序

2.1　概述

2.2　初次颁发型号合格证与其他设计批准

　　2.2.1　概述

　　2.2.2　申请

　　2.2.3　颁发

2.3　专用条件

2.4　型号设计记录

2.5　型号合格证

2.6　型号合格证的转让

2.7　型号合格证数据单

2.8　补充型号合格证

　　2.8.1　概述

　　2.8.2　颁发要求

　　2.8.3　有效期

2.9　重新申请型号合格证/批准的设计更改

2.10　外国颁发的航空器型号合格证的认可

附录 A　型号合格证

附录 D　型号合格证数据单举例

6.2 EASA 型号合格审定程序

6.2.1 型号合格审定程序概述

(a) 21. A. 14 规定了申请人的技术水平要求，简化了 ELA1 和 ELA2 航空器①的合格审定要求。

(b) 21. A. 20 要求符合：

(1) 型号合格审定基础（21. A. 17），其中包含适用的适航条例（21. A. 16A）和专用条件（21. A. 16B）。

(2) 环保要求（21. A. 18）。

(c) 21. A. 20 还要求按 AMC 21. A. 20（b）给出的审定计划（CP）和符合性验证方法（见 AMC 附录）。AMC 21. A. 20（c）给出了符合性文件的要求。

(d) 21. A. 21 规定了颁布型号合格证的步骤。

下面我们给出更详细的说明。

6.2.2 要求

EASA 21 部规定：

(一) 21. A. 14　能力证明

(a) 申请型号合格证或限用类型号合格证的任何单位，应持有局方根据 J 分部颁发的设计单位批准，以证明其能力。

(b) 当航空产品属于以下之一时，申请人可申请豁免（a）的要求，并向局方申请采用包括根据 21 部附录 I 明确要求的具体设计标准、资源和必要的活动顺序等，作为证明其能力的设计替代批准②：

(1) ELA2 航空器。

(2) 安装在 ELA2 航空器上的发动机或螺旋桨。

(3) 活塞式发动机。

(4) 固定或可调桨距的螺旋桨。

(c) 当航空产品属于以下之一时，申请人可以申请豁免（a）的要求，并通过向局方提供 21. A. 20（b）要求的审定计划（CP）来证明其能力：

(1) ELA1 航空器。

(2) 安装在 ELA1 航空器上的发动机或螺旋桨。

表 6-1 为设计单位能力证明的总结，引自 EASA 网站。

---

① 见第 5 章 5. 2. 4. 1。

② 见第 5 章 5. 2. 4. 2。

表 6-1　设计单位能力证明

型号设计	能力证明 DOA	ADOA	CP	无要求
航空器型号合格证				
所有航空器	是			
ELA2	是	是		
ELA1	是	是	是	
发动机型号合格证				
所有发动机	是			
活塞式发动机	是	有		
安装在 ELA2 航空器上的发动机	是	有		
安装在 ELA1 航空器上的发动机	是	有	是	
螺旋桨型号合格证				
所有螺旋桨	是			
固定可调桨距螺旋桨	是	是		
安装在 ELA2 航空器上的螺旋桨	是	是		
安装在 ELA1 航空器上的螺旋桨	是	是	是	
补充型号合格证（STC）				
所有 STC	是			
第 1 组 STC①	是			
第 2 组 STC②	是	是		
ELA1 或其发动机或螺旋桨的 STC	是	是	是	
小改	是	是	是	是
修理				
小的修理	是	是	是	是
大的修理	是	是②		
ELA1 或其发动机或螺旋桨的大修	是	是	是	
ETSO 批准（ETSOA）		是		

注：①定义见 GM 21. A. 11B。
②和局方协商。

（二）21. A. 15　申请

型号合格证或限用类型号合格证的申请应以局方规定的格式和方式提出。

（三）21. A. 16B　专用条件①

（a）对特定航空产品，如果相关适航规章没有包含足够或适当的安全标准，局方应制定专门的详细技术规范，即专用条件，因为：

---

① 见第 4 章 4. 5. 3. 1。

（1）与适用的适航规章设计实践相比，航空产品具有新颖或独特的设计特征。

（2）航空产品的预期用途是非常规的。

（3）基于类似航空产品或具有类似设计特征的航空产品的使用经验表明，可能产生不安全状况。

（b）专用条件包含局方认为必要的安全标准，与适用的适航规章具有等效的安全水平。

（四）21. A. 17　型号合格审定基础①

（a）颁发型号合格证或限用类型号合格证应明确型号合格审定基础，其内容应包括：

（1）局方制定的、申请之日有效的适用的适航规章，除非：

（i）局方另有规定。

（ii）申请人自愿选择申请之日以后生效的审定规范修正案，或（c）和（d）强制要求的。

（2）按21. A. 16B（a）制定的任何专用条件。

（五）21. A. 18　确定适用的环境保护要求和审定规范（见第5章5. 2. 3. 1）

（六）21. A. 20　型号审定基础和环境保护要求的符合性

（a）型号合格证或限用类型号合格证申请人应证明符合适用的型号合格审定基础和环境保护要求，并向局方提供证明符合性验证方法。

（b）申请人应向局方提供一份审定计划，详细说明符合性验证方法。在审定过程中，可根据需要及时更新。

（c）申请人应根据（b）的审定计划，在符合性文件中记录符合性的依据。

（d）申请人应根据（b）的审定计划，声明其已证明符合适用的型号审定基础和环境保护要求。

（e）如果申请人持有适用的设计单位批准，则（d）的声明应按照J分部规定进行。

21. A. 20条款是型号合格审定过程的基本要求，下面的AMC给出了制订审定计划的指导。

（七）AMC 21. A. 20（b）　审定计划

（1）对于特定项目并作为技术熟悉的一部分，申请人提供的审定计划应包括：

（i）包含以下信息的计划：

• 项目和预期运行的描述。

• 建议的审定规范、专用条件、等效安全与环境保护要求。

• 如何证明符合性的说明，包括建议的符合性方法（参见本AMC附录中的代码），以及任何选定的指导材料。符合性方法的描述应足够充分，以确保能收集所有必要的资料并能证明符合性。

• 符合性检查单应覆盖适用于项目的型号合格审定基础和环境保护要求的每个条款要求、符合性方法和相关符合性文件。

• 确定与局方沟通的相关人员，该人能够做出适航和环境保护相关的决定，除非另

① 见第5章5. 2. 5. 2。

向局方进行确认。

（ii）项目进度表，包括主要节点。

（2）在项目开始时缺乏相关信息，可以逐步完善审定计划。

（3）对于简单的项目，在提交申请时可同时提出审定计划。

（4）审定计划可采用单元模块方式制订，每个单元可以独立更新。

符合性方法代码的定义与AMC 21. A. 20（b）附录的定义相同，这对于制订审定计划非常有用。

关于AMC 21. A. 20（b）的附录——符合性方法代码，见表6-2。

表6-2　AMC 21. A. 20（b）附录——符合性方法代码

<table>
<tr><th>型号符合性</th><th>符合性方法</th><th>相关符合性文件</th></tr>
<tr><td rowspan="4">工程评估</td><td>MC0：
符合性声明
引用型号设计文件
方法、因素的选择
定义</td><td>型号设计文件
符合性记录单</td></tr>
<tr><td>MC1：说明性文件</td><td>描述
图纸</td></tr>
<tr><td>MC2：分析/计算</td><td>验证报告</td></tr>
<tr><td>MC3：安全评估</td><td>安全性分析</td></tr>
<tr><td rowspan="4">试验</td><td>MC4：试验室试验</td><td rowspan="4">试验大纲
试验报告
试验分析</td></tr>
<tr><td>MC5：地面试验</td></tr>
<tr><td>MC6：飞行试验</td></tr>
<tr><td>MC8：模拟器试验</td></tr>
<tr><td>检查</td><td>MC7：航空器检查</td><td>检查报告或审查报告</td></tr>
<tr><td>设备合格</td><td>MC9：设备合格鉴定</td><td>设备合格鉴定是一个过程，可能包括上述所有符合性方法</td></tr>
</table>

（八）AMC 21. A. 20（c）　符合性文件

（1）符合性文件包括报告、图纸、规范、计算、分析等，提供了符合性方法的记录，以此证明适用型号审定基础和环境保护要求的符合性。

（2）每份符合性文件通常应包含：

（i）与相应审定计划有充分联系。

（ii）对文件所涉及的审定规范、专用条件或环境保护要求的引用。

（iii）证明符合性的资料。

（iv）申请人声明，该文件提供的符合性证据已经创建。

（v）授权签名。

（3）每份符合性文件都应有相应的编号和签发日期，并对文件的版本进行控制。

更具体地说，我们定义了与审定计划相关的一些技术术语：

（1）职权范围（TOR）。审定基础的所有款、项的清单通常由局方制定，并指定多个专家负责同一要求的符合性。可能有不同的专家负责同一条款（例如，系统专家、结构专家、飞行手册专家等），每个人都必须完成各自的工作，并相互协调，以确保符合整个条款的要求。

（2）符合性方法定义。符合性方法（MOC）是对证明符合规章要求的方法的分类。例如，可以通过飞行试验、静力试验或验证报告来表明满足规章要求。在 EASA 的程序中对 MOC 进行了定义，这里给出部分示例：

（i）MC2：计算/分析。评估载荷、强度、性能、飞行性能或其他特性的报告。

（ii）MC3：安全评估。描述安全性分析原则和方法、安全性评估计划（软件）、系统安全性评估、区域安全性评估等的文件。

（iii）MC6：飞行试验。按飞行试验大纲由飞行试验机组执行的飞行试验报告。

（iv）MC7：检查。符合性检查，以验证材料、零件、工艺和制造程序是否符合型号设计。如果仅通过技术资料评估无法充分确定符合性，应通过航空器检查确认符合性。

（九）GM 21. A. 20（d）　最终声明

按21. A. 20（d）要求，在发布最终符合性声明之前，应完成所有符合性验证。

如果局方同意，部分符合性文件可以在按 21. A. 20（d）要求的最终符合性声明后生成。

（十）21. A. 21　颁发型号合格证

在满足以下条件时，申请人有权获得局方颁发的产品型号合格证：

（a）按照 21. A. 14 证明其能力。

（b）提交 21. A. 20（d）所述的声明。

（c）表明以下要求的符合性：

（1）要审定的产品符合 21. A. 17 和 21. A. 18 规定的适用型号合格审定基础和环境保护要求。

（2）任何未满足的适航要求，均有等效安全水平。

（3）在审定使用条件下没有任何不安全的特征或特性。

（4）型号合格证申请人明确表示准备符合 21. A. 44 条。

（d）对申请航空器型号合格证，安装在航空器上的发动机或/和螺旋桨应根据本规章要求取得或确定的型号合格证。

（十一）21. A. 23　颁发限用类型号合格证

（a）对于不符合 21. A. 21（c）规定的航空器，申请人在满足以下条件时可获得局方颁发的限用类型号合格证：

（1）符合局方制定的适用的型号审定基础，确保在航空器的预期用途和适用的环境保护要求方面具有足够的安全性。

（2）明确表示符合 21. A. 44。

（b）安装在航空器上的发动机或/和螺旋桨：

（1）应根据本规章要求取得或确定的型号合格证。

（2）已被证明符合确保航空器安全飞行所必需的审定规范。

6.2.3 型号合格审定程序

EASA 的型号合格审定过程基于程序 PR. CERT. 00001-002《型号设计的适航性》，下面给出此程序的概要。

根据欧盟规章（EU）748/20121 的附件——EASA 21 部，该程序适用于欧洲航空产品的型号合格审定及更改/修理的批准。

该程序适用于型号合格证（TC）/限用类型号合格证（RTC）、补充型号合格证（STC）、大改/小改批准书、大修和小修批准书，以及单独的飞行手册更改。

本程序没有明确包含认可项目。但是，认可审查应遵循本程序中规定的原则。

在欧盟与第三国之间达成正式的双边协议的情况下，根据欧盟规章（EC）216/2008 第 12 条，该协议（包括相关的执行程序）可以补充、更改或替代型号合格审定程序中的流程步骤。

6.2.3.1 基本原则

合格审定项目通常可以分为以下几个阶段：

（1）阶段 0：与申请人确定和协商工作方法。本阶段的目标是检查申请人的资格并建立专家团队。

（2）阶段 1：技术熟悉和合格审定基础的初步建立。本阶段的目标是向专家团队提供有关该项目的技术信息，以便初步确定 EASA 型号合格审定基础。

（3）阶段 2：确定合格审定项目和介入程度。本阶段的目标是确定合格审定基础的每一要求的建议的符合性方法及相关协议，明确型号合格审查组的介入程度。

（4）阶段 3：符合性确定。本阶段的目标是证明合格审定基础和环保要求的符合性，并向当局提供符合性验证，提出符合性证明。

（5）阶段 4：技术关闭和批准书的颁发。该阶段的目标是技术上关闭审查并颁发合格证。

在启动型号合格审定时，如果预计产生合格审定评审项目（CRI）① 和审定行动项目（CAI）②，即可在这时提出。但是，CRI 和 CAI 也可以在合格审定项目的过程中提出。

建议程序使用者根据需要参考合格审定手册以获取更多指导。

6.2.3.2 程序的详细内容

（一）阶段 1

（1）合格审定项目的授权。该项目可以将任务授权给成员国国家航空当局（NAA）或其他有适航认证的单位（QE）。

---

① 合格审定评审项目（CRI）是合格审定过程中的正式管理手段，并提供了一种发生在整个合格审定项目中记录广泛项目的结构化方法。CRI 过程还为 PCM、专家、申请人，以及（如果合适的话）第三国国家航空管理局之间的重大问题建立了正式沟通的方法。

② 合格审定行动项目（CAI）可能会在任何合格审定项目中提出，目的是：在熟悉阶段请求更多信息；记录并通知申请人关于 EASA 团队参与符合性证明过程的验证；如当局参与符合性证明程序的验证，正式记录在批准之前需要进行追踪的被认为必要的任何行动。

（2）技术资格的检查。检查的目的是了解项目的特点和复杂程度，21部要求的申请人资格，以及具备的必要能力（设计单位批准书（DOA），设计单位的替代批准（ADOA））。对认可审查项目，要检查双边协议、工作安排和实施程序的适用性。

（3）进行总体熟悉。申请人在申请时要求提供详细的说明，应对此信息进行审查，以确定团队和条件的完整性和充分性。

（4）设立合格审查组。基于项目复杂程度，项目合格审定主管（PCM）与负责部门主管协调，确定审查组规模和专业小组以及审查组成员，商定的审查组需记录存档并通知申请人。

（5）进行技术熟悉。技术资料可以通过申请人提供的文件收集，并在需要时补充与申请人的会议简报。关于更改，需要评估设计资料，这些资料是评估更改性质所必需的（更改包括：重要更改，非重要更改，实质更改，影响区域），并考虑之前的任何更改。

（6）审查建议的合格审定基础。申请人建议的合格审定基础由合格审查组审查，以建立初始合格审定基础，根据需要纳入CRI，由项目合格审定主管（PCM）确定参与审查的审查组成员。

（7）通知初始合格审定基础。更改合格审定基础的CRI，也需要根据MB决议12-2007条款第7.3条①进行通知。

（二）阶段2

（1）确定合格审定项目的类型。

（2）评估是否需要更改初始合格审定基础。在必要时根据21.A.19② 评估新TC是否需要更改初始合格审定基础。根据21部确定合格审定基础。

（3）建立CRI。

（4）执行21.A.101评估③。根据21.A.101和21.A.101的指导材料，关于申请人评价的审查和协议，根据需要考虑21.A.19。

（5）通知最终合格审定基础。对于复杂项目，此步骤可能会在合格审定项目后期进行，例如，在颁发型号合格证数据单（TCDS）（噪声）之前。

（三）阶段3

（1）审查CP。所有相关的审查组成员都应参与CP审查，所有评审意见或审查结论（意味着没有进一步的意见）应以书面形式报给PCM，确保符合21.A.20④ 和AMC/GM 21.A.20。

（2）确定介入程度。每个专业组应根据当前实际情况确定介入程度。

（3）根据需要建立CAI。需要由PCM、审查组成员或申请人确定是否需要CAI，合格审定手册中提供了相关内容的进一步指导。

① 应当根据需要更改初始合格审定基础，以解决新的应用技术、引入设计更改和发现不安全的条件。这种更改的过程与建立初始合格审定基础相同。

② 21.A.19需要新型号合格证的更改。

③ 21.A.18指定适用的合格审定规范和环保要求。

④ 21.A.20符合型号合格审定基础和环保要求。

（4）CP修改。PCM整合审查组意见，并以书面形式通知申请人。审查组成员也可以与申请人进行沟通，但是应该让PCM知道。PCM要求申请人修改CP，并在必要时提供理由与解释。

（5）通知接受CP和介入程度。可以直接通过CP本身或者书面方式接受CP。分发CP或信函/电子邮件给申请人和所有审查组成员。

（四）阶段4

（1）审查符合性证据。申请人提交的符合性证据包括CP和符合性验证文件，即符合性声明、计算报告、评估报告与试验报告等。审查/目击阶段的其他输入还包括适航条例、相关指导和解释材料以及申请人和当局商议的CRIs。

根据CP中的标准、适用的适航条例、相关指导和解释材料以及CRI中确定的任何标准，对符合性资料进行审查，并考虑介入程度。

每个型号合格审查组成员需评估资料的可接受性，评估结果以书面形式通知申请人。

（2）签发技术满意的专家声明。当审查组成员（或专家组）对符合性证明表示满意时，每个审查组成员（或专家组）向PCM报告技术满意的专家声明。

（3）接收符合性声明。PCM应确认申请人已经提交了符合性声明。

（4）确定证后项目。确定在颁发合格证/批准书之前不能完成的合格审定项目。

（5）要求修改符合性资料。如果合格审查组确定符合性证据不充足，不能接受，则应通知申请人不接受的原因。

（6）证后项目文件归档。

（7）编写最终报告和TCDS（如适用）。对于TC和RTC，应编写一份最终报告，并提交给合格审定主管部门。

（8）根据需要提交合格审定项目总结。合格审定主管部门决定是否需要向内部安全委员会（ISC）提交合格审定项目总结，合格审定结论和签发可查阅工作指导书（WI）。

（9）签发技术证明（TV）①。在签署技术证明之前，通过DOA数据库检查DOA的验证能力，必要时联系DOA管理负责人。签署技术证明后转发给应用管理部门。

（五）合格审定项目关闭

（1）签发合格证/批准书：签署合格证/批准书前应检查合理性。这里所说的合理性可参阅合格审定手册。合格证/批准书由授权人签发，而技术证明由PCM签署。合格证及其签发可查阅工作指导书（WI）。

（2）颁发（修订）TCDS。

（3）起草不予颁证决议。应以书面形式给出不予颁证理由。理由应合理，以支持当局决定。必要时寻求法律支持。当局的不予颁证决定由应用管理部门发出。

（4）完成工作文件并归档：收集并整理项目期间在特定项目文件夹下收到和形成的所有文档和记录。

注：本程序还为以下项目提供指导：

---

① TC设计批准活动后的技术证明（TV）是技术关闭文件（TCD），将在项目结束时由所有PCMs（内部的和在NAA的）填写。

（1）CAI 和 CRI 的形成。

（2）修理、小改和飞行手册批准书的修订。

（3）附录 A：运行文件。

6.3　FAA 型号合格审定程序

6.3.1　简介

关于申请人设计单位（DO），我们发现 FAR 21 部没有像 EASA DOA 一样，对 DO 规定正式批准。为理解 FAA 型号合格审定，需要先了解 FAA 机构的一个基本特点：委任。

1958 年《联邦航空法》允许 FAA 对航空器制造商雇用的员工进行授权并委任工作。尽管由制造商支付工资，但委任代表作为 FAA 的代理人检查航空器的设计、生产质量和适航性。FAA 负责监督委任代表的活动，并确定设计是否符合 FAA 的安全要求。

FAA 委任的好处在于通过委任技术合格的委任代表执行某些审定活动，节省 FAA 资源，使 FAA 能够将其有限的人力资源集中在设计的最紧要方面。

重要的是要注意到，根据《联邦规章》（code of federal regulations），只要规章提到"局方"，即包括由 FAA 授权行使或履行特定的权力、职责或职能的任何人。

至少从 1927 年起，授权人员对航空器进行检查、试验和审查就成了 FAA 航空安全管理体系的一部分。1958 年 FAA 的法案确定了可以任命各种委任代表签发合格证的法定权利。

以下两个文件规定了委任代表的职能和职责：FAA Order 8110.37E 委任工程代表（DER）手册和 Order 8100.8D 委任管理手册。

FAA 在合格审定过程中依赖个人和组织的委任代表，在 FAA 的委任管理程序政策中规定的监督保障措施下，可以最大限度地采用委任体系。

FAA 和申请人同意在委任代表的任命、程序和监督的规章政策下，管理所有委任代表的活动。重要的是 FAA 和公众相信委任代表系统的完整性，相信它能正常运转。FAA 和申请人均同意营造一个良好的环境，以便促进委任代表与申请人的管理部门之间、委任代表与 FAA 对口部门之间的开放交流。应鼓励委任代表在其授权范围内与 FAA 坦率交流合格审定项目，以保持对委任系统的信心。申请人同意营造一个工作环境，使得委任代表可以依据设计符合性和制造符合性结论作出判断而不承担过大的压力，并能得到 FAA 的支持和理解。FAA 人员和委任代表应当清楚地认识到，其目标是确定与规章的符合性，而不是指挥和指导设计。

6.3.2　委任工程代表

委任工程代表（DER）可以在其权限范围内批准工程技术资料，当获得航空器合格审定办公室（ACO）授权后，可以观看 FAA 符合性试验并进行符合性检查。

DER 将遵循 FAA Order 8110.4C《型号合格审定过程》规定的程序，DER 的特定任务、授权领域和责任将由航空器合格审定办公室（ACO）与 DER 之间协商确定。

6.3.2.1 公司委任工程代表

ACO可以任命个人担任其所在公司的DER。公司DER只可以批准公司的工程资料，或者向FAA建议批准公司的工程技术资料。

如果公司DER被指派至联合企业、商业安排（如使用其他公司的DER）、到伙伴企业或有相关许可协议的单位工作，DER管理办公室将限定DER的授权范围。

6.3.2.2 顾问委任工程代表

ACO可以任命个人作为独立（私人）顾问DER批准或建议批准客户的技术资料。

注：附加说明，ACO可以任命个人作为公司DER和顾问DER（双重任命）。

6.3.2.3 委任工程代表的委任

DER是根据明确的任命范围进行工作的专家。其中包括：

（1）结构委任工程代表。

（2）动力装置委任工程代表。

（3）系统和设备委任工程代表。

（4）无线电委任工程代表。

（5）发动机委任工程代表。

（6）螺旋桨委任工程代表。

（7）飞行分析委任工程代表。

（8）试飞委任工程代表。

（9）声学工程委任工程代表。

Order 8110.37E规定了每个DER的权限范围。

值得一提的是一些特殊委任/授权，这些在上述职权范围内没有具体列出。以下是特殊委任的例子。

6.3.2.4 委任工程代表的特殊委任/授权

可以指定DER批准附录B①的图中没有具体列出的技术资料，每个图都有一个被称为“特殊”的授权区域，以表明特殊的委任内容。DER必须在相关领域有丰富的经验，才能被特殊委任。以下“特殊”委任可能获得授权：

（a）行政/管理工程委任代表是指具有资质的行政协调人或申请人组织合格审定计划（CP）的管理人员。

（1）行政工程委任代表，作为FAA协调活动的焦点，包括组织技术DER活动、通信联系、安排计划、组织会议、制造符合性检查和FAA参与的正式试验。行政工程委任代表仅执行行政任务。

（2）管理工程委任代表，为局方开展FAA合格审定项目管理工作，类似于FAA项目主管（PM）。包括CP、指导、监督以及管理技术评估和符合性审查结论。除了FAA保留批准的项目外，管理工程委任代表确保表明符合性的所有技术资料均经相应的DER审查和批准。

（b）大修和大改：DER需要具体授权来检查和批准大改或大修的资料。“特殊—大

① 附录B。代表职能和授权领域。

修”和/或“特殊—大改”的授权范围可能会分配给DER，这将与DER的基本委任有关。具体授权是：

（1）特殊—大修。

（2）特殊—大改。

（3）特殊—大修和大改。

（4）特殊—管理和批准修理规范。

（c）零部件制造人批准书（PMA）中的同一性检查：DER需要特殊授权来检查和发现同一性以获得PMA。这仅适用于DER能够看到原始设计批准持有人（DAH）资料，允许他们直接比较设计资料。

（d）适航指令（AD）替代的符合性方法（AMOC）：FAA可以授权DAH公司的结构DER批准AMOC，以便在结构领域（即结构AD，或其他结构相关的修理、更改或大改影响的AD）批准AD。这些AD的目的是将航空器恢复到其型号合格审定基础，或其他已知、定义和公布标准的水平。

6.3.3　指导材料

型号合格审定过程的基本指导材料包括：

（1）“FAA和工业方的产品合格审定指南”（CPI指南），包括了改进的审定过程的目的与目标描述。

（2）“Order 8110.4C型号合格审定”规定了FAA根据FAR 21部要求审定新的民用航空器、航空发动机和螺旋桨及其更改必须遵守的责任和程序。

这两个文件密切相关。Order 8110.4C根据FAA和工业方产品合格审定指南，将产品的型号合格审定周期分为几个阶段。

若要更深入地理解这个问题，可以查阅上述文件，或参加培训与在职培训。下面基于上述两个文件，描述FAA型号合格审定过程中的一些主要问题。

6.3.3.1　FAA和工业方产品合格审定指南

FAA和工业方产品合格审定指南包括对改进的合格审定程序的目的和目标描述，以下参考了合格审定程序改进（CPI）的相关内容。它还包括产品合格审定阶段的概述，如对过程流程和关键人员职责的详细描述。

其后附有附录1和附录2，包括合格审定过程的主要工具模型，安全保障合作计划（PSP）和专项合格审定计划（PSCP）。

附录3是航空电子设备合格审定程序改进，附录4、附录5和附录6主要是支持航空电子设备批准程序相关内容，并提供有关各类航空电子设备合格审定最有效途径的信息。

附录7包含项目每个阶段结束时使用的阶段评估检查单，以确保阶段目标的完整性和评估程序的有效性。

附录8是术语和缩略语。

本指南介绍如何规划、管理和记录FAA与申请人之间有效的航空产品合格审定程序和工作关系。

FAA和申请人采用本指南，开展型号合格审定、补充型号合格审定、TC或STC的重大更改、生产批准，以及包括PMA和技术标准规定批准书（TSOA）的其他设计批准。

虽然重点关注大型或复杂的程序，但前期规划、项目管理以及合格审定过程文档要求和工作关系的CPI原则，适用于所有大型申请人和小型申请人。

本指南应作为现有FAA指导的补充。

我们从合格审定过程的两个基础文件的描述开始，总结CPI指南前四章。

6.3.3.1.1　安全保障合作计划

安全保障合作计划（PSP）是FAA和申请人之间的“伞”形书面协议，定义了产品合格审定的一般程序、建立了总体期望或操作规范，并确定了交付物①。PSP也定义了在规划和管理合格审定项目中使用的一般规则和方法，其中包括制定项目计划里程碑、一般委任程序、符合性程序、沟通机制、问题解决过程，以及项目发展评价的一般准则。

“CPI指南”的附录I提供了形成PSP的说明。

6.3.3.1.2　专项合格审定计划

专项合格审定计划（PSCP）将PSP中的决定原则应用于特定的合格审定项目。每一个项目都将设有一个PSCP作为项目管理工具，并提供项目进度里程碑、效能评估和合格审定项目等特殊信息。PSCP基于PSP的通用方法获取程序，并将其应用于特定项目。

附录3中的航空电子合格审定改进程序指南包含了获得航空电子设备和系统批准的方法。

图6-1是PSP和PSCP之间的关系示意图。

PSCP是一个灵活的文件，这意味着如果FAA和申请人都同意对计划进行修改，则可起草一个修订的计划。只要FAA和申请人同意合格审定项目是可行的，可以为其完成计划并获得资源，那么就应尽可能建立该计划（PSCP）。随着项目进展，PSCP将由FAA和申请人的PM共同管理和维护。

注：“CPI指南”的附录2提供了制定PSCP的指导。

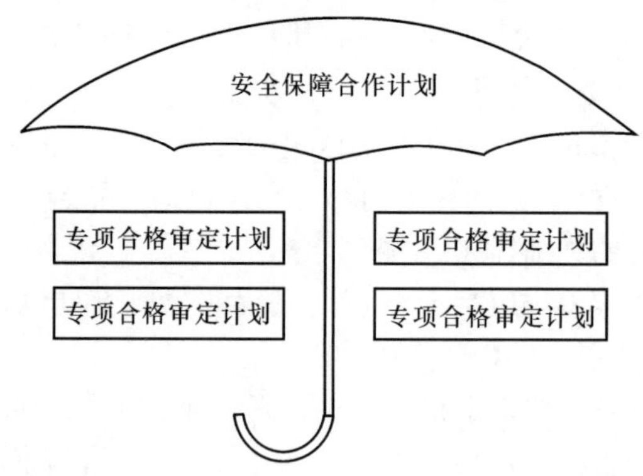

图6-1　安全保障合作计划（PSP）和专项合格审定计划（PSCP）之间的关系

6.3.3.1.3　型号合格审定阶段

型号合格审定有五个阶段。涉及了从初期的项目概念与启动到合格审定之后的活动。

① 可交付成果：在进入新阶段之前完成后续阶段的先决条件。

图6-2对这五个阶段进行了说明。

我们在这里只讨论这五个阶段的定义。

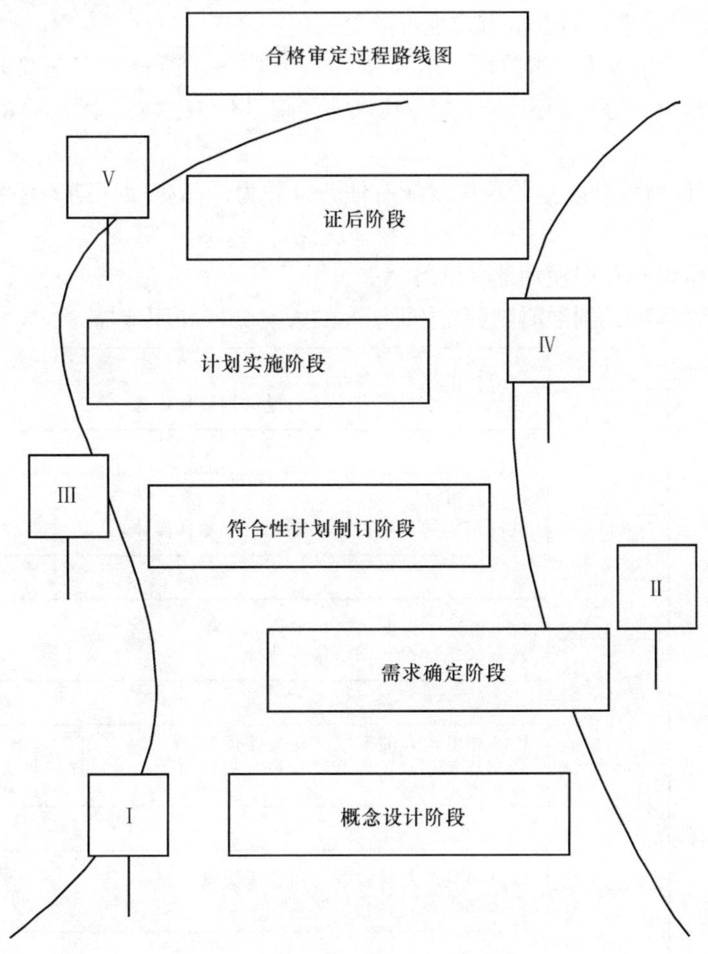

图6-2　合格审定过程的“路线图”

CPI指南包含了每个阶段的详细描述，其中包括了每个阶段的定义、任务、所需信息、输出以及完成的判据。

此外，每一个表格之后是阶段评估检查单，作为在适当阶段评价项目的工具。

FAA和申请人的项目主管（PM）应该在产品合格审定的每一阶段结束时共同准备阶段评估检查单。这些表格应该由申请人/FAA工作小组持续进行评估，以便及时改进审定进程。

阶段I——概念设计。本阶段开始于申请人启动产品的概念设计，规划一个切实可行的项目。其目的是保证尽早、有效的共同参与，希望能熟悉关键领域及相关适航问题，形成初步的专项合格审定计划（PSCP）。这有利于基于安全保障合作计划（PSP）中的原则，熟悉理解潜在的新项目。

阶段II——要求确定。本阶段的工作是明确产品的定义和有关风险，并就推进产品的合格审定达成共识。要确定具体的规章要求、符合性方法，识别关键问题，并形成更加正式的专项合格审定计划（PSCP）。

阶段 III——符合性计划制订。本阶段将完成专项合格审定计划（PSCP）。此计划是相关方的承诺和用于管理产品合格审定项目的工具。

阶段 IV——计划实施。本阶段申请人和 FAA 在管理、改进和实施双方同意的专项合格审定计划（PSCP）等方面密切合作，其目的是保证所有达成一致的产品合格审定要求得到满足。

阶段 V——证后管理。本阶段完成所有任务，并为产品生命周期的持续适航活动和证件管理奠定基础。

6.3.3.1.4　型号合格审定过程中的“关键人员”

图 6-3 给出了型号合格审定过程中所涉及的人员分解和职责描述。

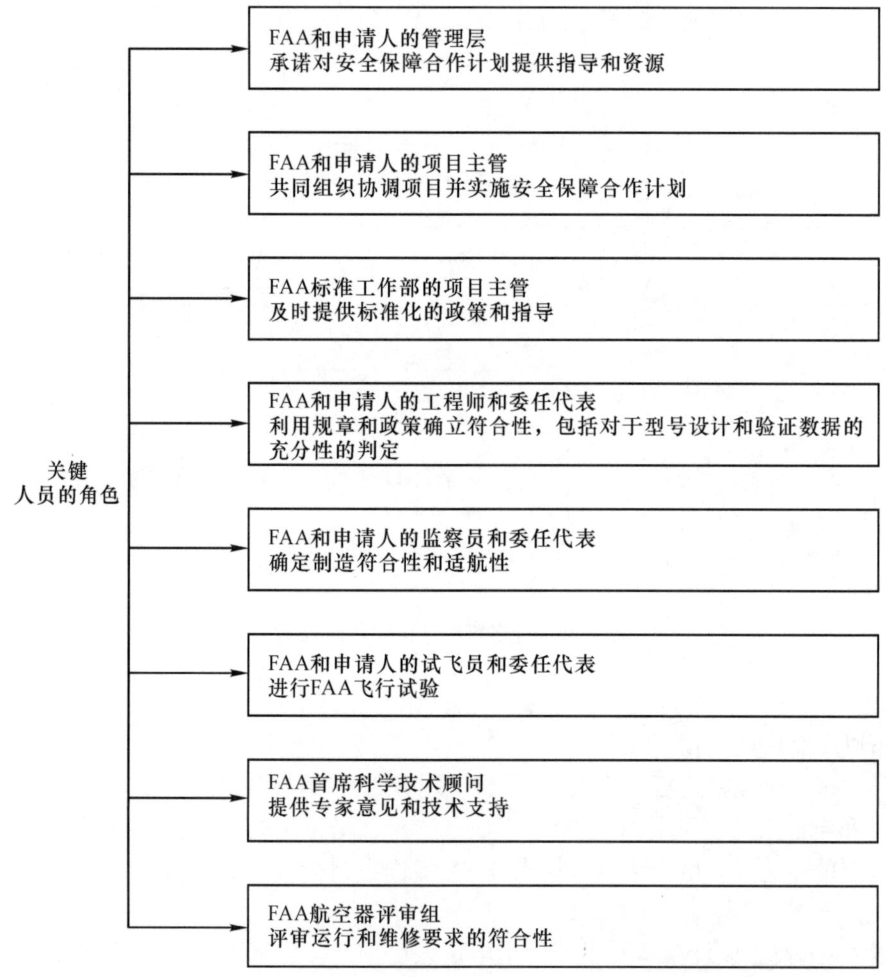

图 6-3　型号合格审定过程中涉及的“关键人员的角色”

下面对关键人员进行简要描述，CPI 指南则包含了他们的职责、义务以及联络方式等方面的详细信息。

（1）FAA 和申请人的管理部门提供领导力和资源。申请人和 FAA 共同制订安全保障合作计划（PSP），其目的是对设计和产品定义及其合格审定要求中的职责形成清晰的共识。为完成项目合格审定并解决问题，各自管理部门通过项目主管为产品合格审查组提供领导力和资源。管理层对产品合格审查组负有最终责任，包括符合性检查工作的质量、符合性政策和程序的标准应用，以及及时高效地完成产品合格审定项目。

（2）FAA 和申请人的项目主管对项目进行策划，并保证项目能够完成。FAA、委任代表以及申请人的项目主管是项目的关键人员。他们协调并指导合格审查组的工作，并确保工作向前推进以实现产品合格审定工作的完成。

（3）FAA 标准处项目官员协调审定中心之间的关系。标准处项目官员为合格审查组提供项目的清晰、及时的规章和政策指导。项目官员是项目负责审定中心内部的联络点，负责提供政策，使其他审定中心的人员参与多个 FAR 规章的设备安装问题，如发动机、螺旋桨、辅助动力装置等。

（4）FAA 工程师和/或委任代表应用规章和政策来确定符合性。被分配到相应专业的工程师是申请人的主要联系人。他们保持与 FAA 项目主管相配合，按照已达成共识的专项合格审定计划（PSCP）来指导合格审定过程，交流相关指南，并了解相关的规定和政策如何应用。工程师和委任代表了解项目的技术细节、适用规定和政策的应用，并负责与项目相关的大部分符合性结论。他们还对型号设计和验证资料的充分性进行评估，并对其中的任何资料进行慎重检查，如关键材料的工艺规范。

（5）FAA 监察员和/或委任代表确定制造符合性和适航性。FAA 航空安全监察员对设计中的生产工艺提出咨询和建议。他们通过委任代表实施和监督各种制造符合性检查、航空器适航性评审，颁发适航证或其他批准。他们对制造商的质量和生产系统实施逐步评估，以实现最终的生产批准。使监察员理解关键零部件的制造符合性问题不仅取决于型号设计的资料，这就要求在生产质量体系中关注过程控制、检查和评审。

（6）FAA 试飞员和/或委任代表进行产品合格审定的飞行试验。试飞员向审查组提供确定符合性所需要的关于航空器构型、运行、飞行试验和仪表方面的技术咨询。他们进行 FAA 的飞行试验和其他评审，确定飞行试验要求的符合性，并为申请人提供关于编制飞行手册和相关操作程序的指导。

（7）FAA 首席科技顾问（CSTA）提供专家建议和技术协助。首席科技顾问提供其专业领域的技术指导、建议和帮助。在由研发设计、专业学术组织、工业方、其他政府以及所在学科的国内和国际专家等组成的广泛专业网络中，他们是最直接的联系人。

（8）FAA 航空器评审组（AEG）对运行和维修要求的符合性进行评审。FAA 航空器评审组提供与相关的飞行标准技术部门之间的联系。这为型号设计评审提供了航空器操作和维修方面的观点，因此允许 FAA 工程师和委任代表在这些领域确定适当的符合性要求。航空器评审组掌握产品的全部信息，了解航空器维修评审委员会（MRB）、飞行运行评审委员会（FOEB）和飞行标准化委员会（FSB）如何进行航空器的型号合格审定工作。

CPI 包含以下附件，可以为合格审定过程和特定产品合格审定（特别是航空电子设备）提供指导。

附件 I　安全保障合作计划

附件 II　专项合格审定计划

附件 III　航空电子设备合格审定过程的改进

附件 IV　航空电子设备的安全保障合作计划

附件 V　航空电子设备技术标准规定项目批准书（TSOA）专项合格审定计划

附件 VI　航空电子设备安装专项合格审定计划

附件 VII　阶段评审检查单

附件 VIII　委任计划

附件 IX　术语和缩略语

6.3.3.2　FAA Order 8110.4C——型号合格审定

正如我们所看到的，CPI 指南是一份有效的文件，应由 FAA 和申请人共同使用，以履行各自的职责，加快产品的合格审定并关注重要安全问题。

FAA 的 Order 8110.4C 主要规定了 FAA 航空器合格审定人员依据 FAR 21 部进行民用航空产品的合格审定时的职责和工作程序。

为了更好地理解职责的分配，并更好地阐述型号合格审定过程，下面对这一重要文件的内容进行简单介绍。

6.3.3.2.1　总则

Order 8110.4C 的第 2 章描述了美国的申请人依据 FAR 21.21 的要求申请美国的 TC 的过程。

本章给出的合格审定过程适用于以下四种型号批准：型号合格证、型号合格证修订、补充型号合格证和补充型号合格证修订。本章的某些步骤或过程可能不适用于所有的合格审定项目，尤其是对小型航空器。

本章介绍了标准的型号合格审定程序的模型，描述了参与合格审定的各方的责任，并介绍了 FAA 工作人员在进行型号合格审定项目时所使用的管理方法和工具。

在 Order 第 4 章中讨论了 STC 的审定过程。

本 Order 特指适用于 FAR 121 部航空运输业务的运输类飞机的型号合格审定。然而，该模型的基本审定原则同样适用于其他任何 FAA 的设计批准项目。

项目的范围、规模和复杂性影响了模型中规定事件的相对重要性。在要求不太苛刻的项目中，可以将事件合并后采用非正式方式处理，或者略过。

6.3.3.2.2　型号合格审定过程的概述

此模型依据 CPI 指南将产品的型号合格审定周期分成若干阶段。

我们给出此概述的要点，让读者对原始文件进行深入分析，需要说明，可能有一些修改。

图 6-4 列出的事件是按阶段进行分组的，下面是对相关信息的摘录。

（一）概念设计

（a）过程介绍（提前熟悉型号合格审定委员会（TCBM））。在提交 TC 申请之前，鼓励 TC 申请人联系其所属地区的航空器合格审定办公室（ACO）。在进行联系的初期阶段，ACO 项目主任应与申请人讨论所要求批准的型号。过程介绍能够与申请人建立合作伙伴关系，并为提升型号合格审定过程的理解提供帮助，因为它适用于申请人的设计。对于选择执行 CPI 中所述技术和指南的申请人，该信息就成为安全保障合作计划（PSP）的基础。

（b）前期项目指导（规章和政策讨论）。FAA 要求 TC 申请人提出申请，之后准备提

概念设计	
过程介绍	2-3a
项目前期指导	2-3b
熟悉性介绍	2-3c
合格审定计划	2-3d

要求确定	
TC、TC 修订和 PC 的申请	2-4a
TC 项目建立	2-4b
合格审定项目通知书（CPN）	2-4c
建立合格审查组（和 TCB）	2-4d
制订审定项目计划（CPP）	2-4e
首次 TCB 会议	2-4f
问题纪要	2-4g
问题纪要汇编	2-4h
专项合格审定计划（PSCP）	2-4i
审定基础	2-4g
评审审定基础的中间 TCB 会议	2-4k

符合性计划制订	
FAA 介入	2-5a
监督与委任	2-5b
工程目标符合性	2-5c
完成（专项）合格审定计划	2-5d
评审（专项）合格审定计划的中间 TCB 会议	2-5e

计划实施	
制造符合性检查	2-6b
申请人的试验计划和 FAA 的批准	2-6c
工程试验和飞行试验的目击	2-6d
工程合格审定试验	2-6e
工程符合性检查	2-6f
分析	2-6g
试验类适航证	2-6h
申请人飞行试验	2-6i
符合性验证——总则	2-6j
资料提交批准	2-6k
申请人的飞行试验资料和报告	2-6l
符合性报告	2-6m
FAA 对符合性资料的检查	2-6n
申请人飞行试验结果检查	2-6o
飞行试验风险管理程序	2-6p
飞行试验前 TCB 会议	2-6q
型号检查核准书（TIA）	2-6r
飞行试验符合性检查	2-6s
飞行试验合格审定	2-6t
运行和维修评审	2-6u
持续适航文件（ICA）	2-6v
功能和可靠性（F&R）试飞	2-6w
航空器飞行手册	2-6x
最终 TCB 会议，型号合格证与数据单的签发	2-6y

证后阶段	
型号合格审定总结报告	2-7a
型号检查报告（TIR）	2-7b
持续适航	2-7c
持续适航文件（ICA）的变更	2-7d
证后评估	2-7e
资料保存	2-7f
需求文件	2-7g

图 6-4　典型型号合格审定过程中的事件

供完成项目所需的 FAA 资源。可能还需要进一步的参与来确定设计的独特性、创新性，或者研究以前政策的应用。最后，鼓励潜在申请人在承诺申请 TC 不久之后，向 ACO 提交一份初步熟悉性介绍。

（c）熟悉性介绍。给潜在申请人提供了一个在提交申请之前向 ACO 描述其项目的机会。这些介绍是为了让申请人的产品尽快通过型号合格审定并进入市场，主要目的是让 FAA 熟悉已提出的设计。还应特别强调技术方面的问题及其独特、新颖的特点（还应该提供其他的相关信息和委任代表与单位）。

（d）合格审定计划。所有的TC申请人需要向FAA提交一个初步合格审定计划，并保证其贯穿整个项目的实施过程①。对于简单的项目，希望有完整的合格审定计划作为申请材料的一部分。对于复杂的项目，希望申请人为初期的申请提供尽可能多的信息，并在该项目开展后提供剩余的信息。在进行申请的过程中，合格审定计划所包含信息的范围和深度决定了申请人提出的时间表的可行性。

（二）要求确定

（a）TC、TC修订和PC的申请②。以局方规定的格式和方式提交申请给当地的ACO，也叫做PACO。本Order的第4章是对STC的介绍，申请资料必须包含依据上述信息制订合格审定计划。

（b）TC项目的确立。ACO会指定项目的编号、一名项目主管以及需要的专家。对于重大项目，由责任审定中心委派一名项目官员。

本Order对下列事项进行了详细说明：

（1）项目编号。

（2）项目主管的任务和职责③。

（3）飞行员和工程师的任务和职责。

（4）项目官员的任务和职责④。

（c）审定项目通知（CPN）。项目经理完成本Order附录I的图4的CPN表格，通过电子邮件通知责任审定中心。CPN包括项目的简要描述和项目意义的说明，以及可能需要参与的其他FAA机构。责任审定中心收到CPN之后，对项目的重要性进行判定。当项目被责任审定中心判定为重大项目时，责任审定中心会任命项目官员并将此任命告知ACO。

注：本Order规定了确定某项目是否为重大项目的标准。

（d）合格审查组（和TCB）的组建。FAA的型号合格审查组包括参与合格审定项目和FAA管理团队工作的FAA人员、对项目进行监督的型号合格审定委员会（TCB）。型号合格审定委员会（TCB）只为具有一定规模的项目建立。当型号合格审定委员会（TCB）不是必要的机构时，合格审查组负责对项目进行管理，并在必要的情况下履行型号合格审定委员会（TCB）的职能。

注：本Order规定了型号合格审查组和型号合格审定委员会（TCB）的构成，并对型号合格审定委员会（TCB）的职能和会议进行了介绍。

（e）编制合格审定项目计划（CPP）。合格审定项目计划定义了特定的型号合格审定项目的责任审定中心和PACO之间的关系。在项目的实施过程中，CPP是项目主管更新项

---

① 合格审定计划：申请人的意图表明产品符合使用规章。这个CP是指CPI中的PCPS（见6.3.3.1）。

② 产品合格证（见第7章）。

③ FAA项目主管是ACO指定的焦点，根据CPP计划，审查、评估和协调所有合格审定项目的各个方面。当项目规模小的时候，一般涉及一名ACO工程师，项目管理的职责可能由该工程师填补。

④ 项目管理官员是政策委员会的焦点，其根据CPN监测重大的合格审定项目。项目管理官员负责确保项目团队正在使用当前的政策和指导。项目管理官员还向项目组提供项目具体规则（如特殊情况和豁免）和政策（例如，可接受的符合性方式和合格审定基础）。项目管理官员和项目主管合作发展CPP。

目进度的主要项目协调工具。在预备TCB（PTCB）会议之后完成CPP，与申请人详细讨论关键角色及其责任。项目主管以相关管理官员应该遵守以草案形式发布的CPP的相关要求，直到该项目完善到可以发布最终版CPP。项目主管通过ACO主管将CPP的最终计划提交给批准项目的责任审定中心。

注：申请人的合格审定计划和CPP相结合，利用CPI指南的技术和指导形成这些项目PSCP基础。

（f）首次TCB会议是TCB召开的首次正式会议，此会议考虑了工程、飞行试验、制造、维修和运行等多个方面，为整体的合格审定计划奠定了基础。通过此次会议来决定TCB和申请人对项目的各个方面是否足够熟悉，并确定项目是否足够成熟到可以开始对要求进行确定。在进入要求确定阶段之前，TCB和申请人对于问题与可接受的风险应达成共识。

注：本Order规定了TCB会议进程的指导。

（g）问题纪要。问题纪要提供了在合格审定过程中出现的识别和解决重大技术、规章和管理问题的方法。问题纪要的主要目的是提供重大问题的概述、确定问题状态的方法，以及证后如何解决这些问题的总结性声明的基础。

注：本Order的附件给出了关于问题纪要的流程、问题纪要的形式和模板，以及问题纪要样例的详细信息。

（h）问题纪要汇编。项目主管负责收集所有的问题纪要，并以问题纪要汇编的形式将其分发给TCB成员、项目组成员、申请人和责任审定中心。如果新的或更新的问题纪要经过申请人和TCB协商，那么问题纪要汇编就可能会在没有召开TCB会议的情况下增加新的问题纪要或对现有的问题纪要进行更新，以此来对问题纪要汇编进行修订。

（i）专项合格审定计划（PSCP）。当FAA和申请人选择实施CPI指南中描述的技术和指导项目时，PSCP是用来协调他们之间的活动的主要项目管理工具。PSCP将来自申请人的合格审定计划信息与FAA的CPP中附加的项目细节相结合，以支持有效的合格审定项目。PSCP也是合格审定项目的里程碑、性能指标和信息储存库。FAA和申请人的合格审查组收集到申请人在合格审定计划中所需的信息之后开始改进PSCP。这个联合的审定团队还增加了额外的计划信息以达到CPI指南中概述的目标。虽然PSCP是一个可以改变的计划，但依据承诺履行职责依然是各签署人期望的。

（j）合格审定基础。在早期的TC项目中，FAA制定了合格审定基础，定义了发布的TC所适用的FAR规章要求。合格审定基础确定了在颁发TC之前，申请人必须表明符合的具体FAR条款和修正案。合格审定基础包括了将要颁发的TC的类别所适用的适航标准，它还包括了FAR规章中涵盖的适用于航空器噪声、燃油排放和废气排放的要求。FAA在项目开始时尽一切努力确保合格审定基础的正确性，并且申请人应知晓包括FAR其他规章中的运行规定在内的所有规章要求。审定基础要基于对要审定的产品的设计特征的理解，由FAA制定并由申请人同意。在获得审定基础的同意后，除非需要制定政策以解决FAA通过对具有相同设计特征的其他项目进行更改而纠正的不安全设计条件，否则不会实施新政策。

注：本Order对这些项目进行了详细的介绍。尤其是针对下列内容：

特殊类航空器。许多类型航空器在FAR 21部中没有与之对应的适航标准，这些航空器可能会被定义为特殊类航空器。FAR 21.17（b）允许FAA和公众制定与14 CFR中公布的适航标准相适应的适航标准。目前，特殊类航空器包括飞艇、滑翔机、动力滑翔机和甚轻型航空器（遵循为这些特殊类航空器建立审定基础所必需的程序标准）。

专用条件（新颖的或独特的设计特点）。FAR 21.16规定了专用条件的发布与修订。根据该规定，由于要进行型号合格审定的产品具有新颖或独特的设计特征，当现行适用适航标准对航空器、航空器发动机或螺旋桨不具有足够或适当的安全标准时，会颁发专用条件。与适用的适航标准相比，“新颖或独特”这一短语适用于要审定的产品的设计特征。当“新颖或独特”的设计特性不包含其中时，专用条件将不再用于适用的适航标准的更新。专用条件包含额外的适航标准，以确定与现有适航标准相当的安全水平（遵循标准和说明，发布专用条件）。

等效安全水平（ELOS）。当无法证明符合审定规章，并且设计中的补偿措施可以表明与适航标准所规定的安全水平相当的水准，由责任审定中心制定ELOS。ELOS可能会包括某种符合性方法，该方法与规章所述方法不同，但FAA认为这是可接受的（遵循标准与说明制定ELOS）。

豁免。豁免是根据特定的适航标准要求给予申请人的豁免，申请豁免需遵循FAR 11中描述的公众对规则制定发表意见的程序。申请人需要通过ACO向FAA责任审定中心提交豁免申请。在授予豁免之前，FAA考虑以下内容：所请求的豁免必须使整个公众受益，豁免不会对安全产生不利影响，或者至少提供等同于寻求豁免条款所要求的安全水平（遵循标准与说明批准豁免）。

（三）符合性计划

（a）FAA的介入。为了完成制订的计划，FAA和申请人的合格审定队伍需要知道FAA计划介入项目的哪些方面以及介入程度。FAA工作人员沉重的工作负荷限制了其在审查工作中的介入程度，导致其只能参与整个工作中的一小部分。FAA型号合格审查组的成员必须审查申请人的设计描述和项目计划，以确定他们聚焦于何处才能获得最大效益，并与申请人协调他们的意图（遵循标准和说明，确定FAA直接和间接介入的活动，如DER）。

（b）监督和授权。一旦项目小组确定了项目需要FAA介入的活动，所有其他符合性要求可被视为接受授权。应该记住的是，当存在一定的信任并且委任代表有能力找出问题时，FAA直接介入的价值会降低。但是，如果对委任代表缺乏信心或委任代表经验不足时，那么FAA直接介入的价值就会增加。

在得出符合性结论时，为了实现对FAA的直接介入程度的评估，DER主管应该将问题分为以下三类：

（1）不需要再进行ACO审查的问题。

（2）将从ACO审查中获益的问题——尽管委任代表将会被授权做这些决定，但是FAA为了监督项目和监督DER，可能会对问题进行审查。

（3）需要ACO参与的问题——虽然被委任代表可能会通过推荐批准资料来参与，但是FAA还是会对这些问题负责。

（c）工程目标的制造符合性。FAA使用制造符合性检查来实现质量保证和工程目标。作为型号合格审定过程的一部分，ACO必须对需要进行合格审定的制造符合性检查的最小等级进行确认（遵循标准和说明，特别是符合FAR 21.33（b）关于使用技术标准规定（TSO）授权或PMA审定试验中生产的零部件的检查和试验要求）。

（d）完成（专项）合格审定计划。在本项目中，申请人表明符合性计划的详细信息应该在合格审定计划或PSCP中获得。从这些信息中，合格审查组应该确定，如果计划成功实施，其结果将会表明符合性。在处理符合性请求、批准试验计划、目击或观察合格审定试验或执行其他合格审定项目活动之前，合格审查组应确定该计划令人满意，其目的是确保合格审查组和申请人对于合格审定资料有相同的理解。

（e）（专项）合格审定计划协议的中间TCB会议。这是对所有综合的合格审定计划达成共识的正式会议。在此会议期间，在表明符合性与得出符合性结论后，使用PSCP（或合格审定计划和CPP）来评估审定风险。在进行风险评估之前，必须先征得双方对于计划的充分性和风险的可接受性的认可。合格审查组可能会主持一次主要的中间TCB会议，以达成关于项目如何实施的协议。随后召开专业/专题会议，以解决审定活动中所涉及飞机设计的各种系统、专业或零部件等方面的问题。当以这种方式划分TCBM时，审定计划的项目级协议必须包括专业/专题会议的实际计划，审定计划协议的TCB会议对专业/专题会议的完成情况给出结论（遵循标准和说明，确定何时需要召开中间TCB会议）。

（四）计划实施

注意：我们在前面已经提到过，FAA Order 8110.4C的基本目的是规定FAA航空器合格审定人员的责任和工作程序。因此，在描述实施阶段的任务时，这里仅概述与申请人直接相关的内容。

（a）实施阶段的注意事项。在此阶段，FAA与申请人依据合格审定计划来实施合格审定项目。本阶段的活动和事件不一定都是按照时间顺序排列的。然而，这些事件可以采用其他方式进行详细的整理。实施阶段分为以下几个部分：符合性资料的生成、符合性证明和符合性结论。

（b）制造符合性检查。对符合设计的试验件、零部件、组合件、安装、功能以及试验装置进行制造符合性检查，并提供客观的文件。FAR 21.33（a）要求申请人允许FAA在型号合格审定过程中对其选择的任何符合性方法进行制造检查。

（c）申请人的试验计划和FAA批准。当试验对于证明规章的符合性是必要时，申请人必须准备一个试验计划。申请人还必须尽早提交试验计划以保证FAA在试验开始之前有足够的时间对计划进行检查和批准。在ACO工程师或FAA飞行员对试验计划批准之后，他们要求对试验件和试验装置进行FAA制造符合性检验，以确保符合工程图纸和试验计划。

（d）工程合格审定试验被申请人用来证明符合要求，或收集定量的产品或设备资料以表明符合性。相比之下，审定飞行试验依靠飞行员的定性评审，或与补充的定量数据一起，并在航空产品的试验件上实施。审定飞行试验向工程师提供符合性证明，也会提供飞行员的定性评估。工程合格审定试验的一些例子包括零部件鉴定试验、系统功能试验、铁鸟试验、疲劳试验、燃烧试验、起落架落震试验、地面振动试验和电磁干扰试验。在进行任何FAA审定飞行试验之前，必须成功完成申请人试验，以验证申请人所表明的符合性。为了表明对型号合格审定要求的符合性，必须为各个审定试验建立所使用的试验件、试验装置和试验程序的符合性以及试验结果的有效性。

（e）分析。工程分析是表明符合性所不可缺失的一部分。工程分析涵盖了各种分析技术，如理论公式、计算方法、计算机建模/模拟等。FAA只对资料进行批准，而不对资料进行分析，因此申请人必须表明资料是有效的。

（f）试验类适航证①。除了一些特殊情况，在利用航空器进行研究或研发飞行试验之前，申请人必须获得试验类特殊适航证。Order 8130.2航空器及相关航空产品的适航合格审定，对试验类适航证的颁发进行了说明。

（g）申请人的飞行试验。为了满足FAR 21.35（a）（4）的要求，在型号检查核准书（TIA）②之前进行的研究和研发，申请人需要进行飞行试验并对其进行检查，研究和研发飞行试验结果并不是型号合格审定过程的一部分。申请人为了满足FAR 21.35（a）（4）而进行的飞行试验并不是FAA在飞行试验项目中明确提出的，官方的FAA飞行试验在FAA发布TIA之后进行。

（h）符合性证明——总则。

（1）申请人飞行试验数据和报告。接下来的第一条讨论了涉及试验和检查的合格审定过程。在向FAA汇报之前，申请人需要成功完成这些审定过程。FAR 21.33和FAR 21.35提供了确定完成这些过程的标准。在这些试验过程中产生证明符合性的资料被添加到申请人的飞行试验报告中，并向FAA汇报。其他所有的试验都是在FAA的监督下完成的，申请人需要提交他们的资料以获得批准。在任何一种情况下，申请人都有以下责任。

（2）申请人的责任。申请人有责任遵守适用于特定产品或运行的规定。他们必须：

（i）提交必要的型号设计和审定资料以表明产品获得的合格证满足适用的适航要求、航空器噪声标准和规章中规定的排放要求，以及符合FAA规定的任何专用条件。

（ii）为申请型号合格证的航空器、发动机和螺旋桨向FAA提交符合性声明，并将每架航空器或零部件提交局方进行试验（相关内容参考FAR 21.53）。

（iii）允许FAA进行任何检查和任何必要的飞行或地面试验，以确定符合规章中的适用要求（相关内容参考FAR 21.33）。

（iv）在进行飞行试验之前，完成FAR 21.35（a）的要求并表明符合性，完成FAA认为所有必要的飞行试验。申请人必须提供一名持有合适执照的飞行员进行飞行试验（相关内容参考FAR 21.35和FAR 21.37）。

（i）提交资料并批准。在进行本活动期间，TC申请人将会向FAA提交必要的设计资料、试验报告和计算结果以表明将要被颁发合格证的航空产品满足适用的适航要求、噪声和排放要求以及FAA规定的任何专用条件。一旦这些资料完成并按照逻辑格式整理，申请人就应该提交符合性资料进行审核，使FAA在合格审定项目的正常流程中完成检查工

① 见8.3.3.6。

② 由ACO编写的型号检验授权（TIA），用于颁布授权进行一致性适航检查，并进行必要的地面和飞行试验以满足某些合格审定要求。

作。这项活动以申请人提交符合性报告结束，如果申请人提供足够的证据表明所提供的数据事实上已获得FAA的批准，那么表明符合适用要求的申请人可以取得以前获批准数据的符合性证据，而无须进一步表明符合性（本Order还提供了其他的指南）。

(j) 申请人的飞行试验数据和报告。申请人准备一份试验报告（FAR 21.35（a)（4)），详细说明数据，并说明评估数据所需的计算（FAR 21.39（a)）。这份试验报告还应该表明符合FAR 21部B分部或审定基础中规定的其他合适的飞行规章。如果航空器将在FAR 25部的要求下进行合格审定，飞行试验报告应该由申请人的试飞员签字。

(k) 符合性报告。拥有符合型号设计的声明并不是FAR 21.21（b）的唯一要求。申请人在表明符合性后有资格获得TC，FAA确定符合性，并确定该型号设计没有不安全特征。FAA确定申请人是否表明对于规章的符合性。符合性报告是申请人表明符合性的一种方法，当证据足以使FAA技术专家确信适航要求得到满足时，申请人就满足了表明符合性的要求。

(l) FAA对符合性资料的审查。在审查期间，FAA对适用的适航标准、航空器噪声和排放要求中的条款确认符合性。经过所有的检查、分析和必要的试验并有满意的结果后，FAA批准符合性资料。

(1) 中止信函。TCB将在必要时可以出于任何原因，用信函通知申请人中止FAA型号合格审定检查或试验。

(2) 不符合项通知书。当在FAA地面试验或飞行试验中发现不符合规定的项目时，TCB将会以书面形式通知申请人，但是不需要中止型号合格审定试验。

(m) 申请人飞行试验结果的审查。FAA对申请人的飞行试验报告进行检查以确定飞机符合型号设计，并确定将由FAA试飞员对特定飞行试验重新进行评估。这个项目可能会在对申请人的技术资料进行满意度检查后实施。

(n) 飞行前TCB会议。召开飞行前TCB会议的目的是讨论并明确申请人在进行FAA要求的航空器飞行试验中可能存在的任何问题。

(o) 型号检查核准书（TIA）。在FAA对申请人的试验材料进行检查并确定其可接收之后，将会颁发TIA。此外，还要解决运行与适航性方面的要求，包括TIA的航空器评审组（AEG）运行评审。

(p) 飞行试验制造符合性检查。地面检查是从物理性能方面验证提交用于飞行试验的航空器是否符合最低的质量要求，满足技术资料要求，且对于预定的地面和飞行试验是安全的。

FAA的制造检查员对进行FAA飞行试验的航空器进行初始验收。初始验收是基于对安全运行的飞机状态和即将进行试验的确定。制造检查代表和试飞员应建立一个双方同意的系统，告知项目经理航空器的变化，以及飞行试验中遇到的任何问题。

(q) 审定飞行试验是FAA用来检查申请人提交的飞行试验资料的一种方法。这些试验评估航空器的性能、飞行特性、运行品质和设备的运行情况。此方法还确定了航空器的运行限制、程序和飞行员所需要的信息。审定飞行试验根据TIA开展，可能会包括飞行试验、地面试飞、功能与可靠性试飞。AC 23-8、AC 25-7、AC 27-1和AC 29-2给出了有关这些审定飞行试验的指南。此外，对于原型机的型号合格审定试验，申请人进行FAA

符合性飞行试验之前，为FAA飞行试验和分配给该项目的AEG飞行员提供首次飞行员飞行检查时间。

（r）运行和维修评审（AEG职责）。成立AEG的目的是在型号合格审定的过程中体现FAA在运行和维修方面的责任。AEG由运行和适航监察员组成，他们直接与航空器合格审定人员一起工作，为工程活动提供运行方面的指导。AEG在设计和合格审定过程中向制造商提供适用的运行和维修要求，并就飞行培训、检查计划和飞行机组资格等问题提出与飞行标准相关的建议（本Order提供了与合格审定相关的AEG功能方面的详细信息）。

（s）持续适航指令（ICA）。ICA是依据FAR 21.50、FAR 23.1529、FAR 25.1529、FAR 27.1529、FAR 29.1529、FAR 31.82、FAR 33.4以及FAR 35.4的要求提出的，Order 8110.54中也有相关要求。ICA的适航限制部分是为了满足型号合格审定的要求而提出的。具体来说，FAR 21.31（c）中的型号设计这一要求，也是FAR 21.41对TC的要求之一。请注意，在ICA中，只有适航限制章节是由FAA批准的。AGE团队成员的责任包括确定ICA对运行与维修要求的可接受性。

（t）功能与可靠性飞行试验。航空器TC（除了FAR 21.24至FAR 21.29的要求）①的申请人必须进行局方认为必要的所有飞行试验（FAR 21.35（b）和FAR 21.39（b）进行了规定）。这主要是验证航空器、零部件和相关设备是否可靠，正常功能是否正常（相关内容参考FAR 21.35（b）（2）和（f））。功能与可靠性飞行试验在申请人表明符合适用的结构要求、完成所有必要的地面检查和试验后进行，证明航空器符合型号设计要求，并向ACO提交包含试验结果的报告。AC 23-8、AC 25-7、AC 27-1和AC 29-2提供了功能与可靠性试验指南。

（u）航空器飞行手册（AFM）。要求每一架航空器都配备AFM（相关内容参考FAR 21.5）。这些手册包含了运行限制和程序、性能和载荷相关的信息。AC 23-8、AC 25-7、AC 27-1和AC 29-2提供了AFM相关的指南。

（v）最终TCB会议，TC和型号合格证数据单（TCDS）的颁发。

（1）最终TCB会议在ACO确定申请人已经表明符合审定基础中所有适用的适航标准之后召开。这是根据责任主管中心和航空器工程处制定的技术政策召开的。召开最终TCB会议要完成下面这些工作：

（i）审查所有未解决的项目，包括AFM、ICA和符合适航标准但可能存在问题的项目。

（ii）确定任何未解决的技术资料的状态。

（iii）正式决定发布TC和TCDS。

注：除了FAR 36部的噪声要求外，在发布初始的TC之前，FAA还必须制定一个噪声控制法案（见本Order的第七章）。

型号合格证（TC）。当申请人达到航空产品相关FAA规章的要求之后，进行合格审定工作的ACO将会颁发型号合格证。Order 8110.4C（第三章）为准备适用的FAA表格提供指导。

---

① 初级类和限用类航空器、剩余的美国空军飞机、进口产品的TC。

型号合格证数据单（TCDS）是 TC 的一部分，记录了满足规章（14 CFR）所包含的合格审定适航要求所需的条件和限制。Order 8110. 4C（第三章）为准备适用的 FAA 表格提供指导。

6. 3. 3. 3　与型号审定相关的 FAA 咨询通告（AC）清单

Order 8110. 4C 包含以下有用的咨询通告（AC）清单：

（1）AC 20-135，动力装置安装和推进系统部件防火试验的方法、标准与准则

（2）AC 21. 17-1，型号合格审定——飞艇

（3）AC 21. 17-2，型号合格审定——固定翼滑翔机

（4）AC 21. 17-3，甚轻型飞机型号合格审定

（5）AC 21-23，出口到美国的民用航空器、发动机、螺旋桨及相关产品的适航审定

（6）AC 21-24，延伸生产许可证的双边适航协议（BAA）

（7）AC 21-40，补充型号合格证申请指南

（8）AC 23-8，第 23 部飞机审定飞行试验指南

（9）AC 25-7，运输类飞机审定飞行试验指南

（10）AC 25-19，审定维护要求

（11）AC 25. 571-1，结构的损伤容限和疲劳评定

（12）AC 27-1，正常类旋翼航空器适航审定

（13）AC 29-2，运输类旋翼航空器适航审定

（14）AC 33-2，航空发动机型号审定手册

（15）AC 36-4，噪声审定手册

（16）AC 121-22，维修审查委员会

6. 3. 4　原型机和试验件的制造

型号合格审定主要是对型号设计的批准。实际上，即使出于某种原因，不再有这种型号的航空器，其型号合格证仍然有效。然而，不能只进行“纸面上”的型号合格审定，必须制造一个或多个原型机和试验件。申请人的设计单位可以是能够进行规模生产的企业，甚至是生产单位批准书（POA）[①] 的一部分，此外，也可以是与具备这些能力的企业进行合作的独立机构。在第一种情况下，设计单位有两种选择：

（1）在企业的生产组织内制造原型机。

（2）在某个实验部门内制造原型机。

第一种情况，因为适航当局已经批准，所以设计单位具有良好生产机构的优势。因此，当产品获得型号合格证后，就可以进行大规模的生产。这种安排的缺点是必然受到规则的制约，特别是在大型企业中，这是相当复杂的。例如，某个更改零件的采购会被长时间延误。如果考虑到在型号合格审定期间需要频繁更改的情况，就会明白为什么在很多情况下优先选择第二种。

在实验部门内部，设计单位的技术人员可以密切接触原型机材料，使得更改较为简

① 见第 7 章“生产单位批准”。

单，工作更加容易，这样可以节省时间。因为航空制造就是冒险，所以实验部门必须利用其自身的控制手段和程序，重视质量保证规范。

如果申请人是与具有生产设施的企业进行合作的独立设计单位时，以上提到的观点原则上仍然有效，并依据企业的规模选择两种解决方案。

由于可能有很多不同的情况和选择，在定义了一些原则后，不可能规定固定的规则。大型企业可能更希望在型号合格审定结束时，就能进行大规模的生产。小型企业可能通过手工制造产品，可能就是通过这种方式进行合格审定，如果批量生产可能会考虑未来的产业化（可能需要进行型号设计更改）。

洛克希德-马丁公司的“臭鼬工厂”是最著名的实验部门之一，在传奇人物凯利·约翰逊（Kelly Johnson）的领导下开始发展。凯利·约翰逊是P-38“闪电”战斗机的设计者（P-38仅是他设计的许多著名飞机之一）。1913年，他受托设计美国第一架喷气式战斗机，并且仅用180天就生产出原型机。出于保密的原因，凯利·约翰逊租用了一个大马戏帐篷，并建立了一个紧挨有害塑料工厂的车间，利用工厂的臭气来打消人们对于飞机的好奇。一天，其中一个工程师开玩笑地戴上气体防护面具去工作，然后另一个雇员拿起电话并大叫“臭鼬工厂”。在那个时代，这是一个很流行的说法，它起源于阿尔·卡普（Al Capp）的卡通片，指用死去臭鼬制造的特殊果汁。随即这种说法开始流行，并由于编辑原因更改为“臭鼬工厂”，成为了实验室的注册名。P-80“流星”战斗机的制造仅用了143天，比计划提前了37天。有人认为，很可能是气味刺激了凯利的工人，以至于在如此短的时间内制造出了飞机。

“臭鼬工厂”最著名的设计分别是F-104“星”式战斗机，能在70000ft高度飞行的U-2侦察机（20世纪50年代），以及能在80000ft以上高度以马赫数3飞行的SR-71侦察机（20世纪60年代）。

20世纪80年代，隐身飞机F-117A的出现开启了军用航空器设计的新时代，它利用了俄罗斯科学家发现但此前从未被苏联付诸实现的理论。

凯利·约翰逊的基本原则之一就是“工程师必须在飞机制造的一步距离内工作”。

“臭融工厂”代表了一个凡事皆有可能的专家组，进行了先期的试验和演示。

第7章　产品、零部件和机载设备的生产

在产品的原型阶段最终取得型号合格证后，通常进入批量生产阶段。在前面的章节中，已经解释了非型号合格证持有人如何开展批量生产。无论是哪种情况，都要求型号合格证持有人与生产单位合作，保证：

（1）设计与生产之间具有良好的协同。

（2）为产品的持续适航提供支持。

7.1　EASA 生产单位

EASA 21 部为生产单位提供了两种选择：

（1）依据 G 分部，进行有生产单位批准书（POA）的生产。

（2）依据 F 分部，进行无 POA 的生产。

对于（1）情况，批准过程与设计单位批准书（DOA）① 相同。对于 DOA，批准书的目的在于强调单位职责，使适航管理当局实现花费更少但更有效的监管。

例如，适航管理当局需要审查每一架航空器的制造，并进行飞行试验，然后签发适航证。POA 持有人可以根据 POA 赋予的权利，只需要提交制造符合性声明而无须进一步表明制造符合性，就能够获得适航证。

显然，适航管理当局需要对生产单位有深入的了解，并进行仔细检查，以确保 POA 能够持续有效。

对于（2）情况（EASA 21 部 F 分部）适用于那些不适合依据 G 分部批准生产的制造单位。例如，仅生产一些零部件，或者在依据 G 分部颁发 POA 前，按照 F 分部预先生产。这些单位没有 POA 的权利，这意味着为了获得最终合格证，它将受到适航当局更加严格的监管。前面已经指出，没有 DOA 的设计单位也发生过类似的情况。下面将详细介绍这两种类型的生产单位。

7.1.1　生产单位批准书

7.1.1.1　范围和资格

生产，针对的是产品（航空器、发动机和螺旋桨）、零部件和机载设备（包括欧洲航

① 参见第5章“设计单位批准书”。

空技术标准规定项目（ETSO）、补充型号合格证（STC）和其他零部件①），以及以STC②批准的型号设计的更改。

根据21.A.131，G分部规定“按生产单位批准书的颁发程序，生产单位用合理的设计资料表明产品、零部件及机载设备的制造符合性”③。

申请人应当证明（21.A.131）根据G分部的批准书适用于表明特定设计（已批准或待批准）的制造符合性，并通过与特定设计批准书持有人或申请人的合理安排，确保产品和设计之间良好的协调。

GM 21.A.133（a）申请资格：解释了表明符合性的适用范围，例如：

（1）航空器、发动机或螺旋桨的生产（除非管理当局认为POA不适合）。

（2）管理当局认为有必要参加经批准的国际合作项目。

GM也提供了一些特殊说明：

• 管理当局④的意图不是要向仅仅为产品主制造商的分包生产制造商颁发生产批准，而且表明他们应该在主制造商直接监管下开展生产。

• 标准件、材料、工艺或服务包含在适用的设计资料中（参见GM 21.A.131中适用设计资料的指南），应由POA持有人以令人满意的方式在产品、零部件或机载设备生产制造过程中使用。

因此，以下制造商或供应商目前不会被批准为生产单位：消耗性材料、原材料、标准件。

21.A.133（b）和（c）申请资格的AMC No.1说明了设计单位与生产单位之间的联系。如果有文件证明并使管理当局满意的良好协调，则认为该安排合理。要达到良好的协调，文件安排必须至少包括以下方面，而不管这两个单位是否为独立的法人。比如：

（1）设计单位的责任，即确保正确、及时地传送最新的适航资料（比如，图纸、材料规范、尺寸数据、工艺表面处理、运输条件、质量要求等）。

（2）POA持有人/申请人有责任在适合的情况下开发自己的制造资料，以符合适航数据资料。

7.1.1.2 申请

生产单位应向相关管理当局申请POA。当该单位位于EASA成员国时，相应成员国的NAA被自动认为管理当局，除非该国要求EASA受理申请。当该单位位于EASA成员国之外时，EASA为管理当局。

每个生产单位批准书的申请，应以管理当局规定的形式和方式提交管理当局，并应包

---

① 参见第5章“零部件和机载设备批准”。

② 参见第5章“补充型号合格证（STC）”。

③ GM 21.A.131解释说：“适用的设计资料被定义为申请人，或者设计单位批准书、TC、STC、修理或设计小改的持有人，或者ETSO授权并以受控方式管理的生产单位批准书的持有人提供的必要的图纸、规范和其他技术信息。这对于按照设计资料进行可重复的制造来说是足够的。”

④ 管理当局由欧盟成员国任命，根据法规（EC）1702/2003的要求承担相关责任。例如，在英国，民航局（CAA）是管理当局。

括 21. A. 143 所要求的信息概要以及根据 21. A. 151① 要求的颁发批准条件。

7.1.1.3　质量系统

21. A. 139（a）质量系统：生产单位应证明其已建立并能够维护质量系统，质量系统应当记录在案。该质量系统应使制造单位能够确保自己及其合作伙伴生产的、或由外部承包商或分包商生产的每一件产品、零部件或机载设备均符合适用的设计资料，处于可安全使用的状态，并因此可以行使 21. A. 163 规定的权利。

21. A. 139（a）的 GM No. 2 强调了所提供零部件或机载设备的制造符合性。

无论是用于实际生产还是作为备件交付给客户，POA 持有人负责建立和采用所提供产品、零部件或机载设备的物理状态、构型状态和制造符合性的验收标准。

为了履行上述职责，质量系统中需要有相关的组织结构和程序来充分控制供应商，也可以采用以下方法进行控制（适用于必须保证制造符合性的系统或产品）。

例如（下面列出了其他方法）：

（1）供应商质量系统的评估和审核。

（2）评估供应商生产制造能力，以及确定零部件或机载设备型号设计符合性的检查和检测能力。

（3）首件产品检查，包括破坏性试验，以验证该产品是否满足新生产线或新供应商的相关标准。

对持有 POA 的零部件或机载设备供应商质量系统的监管可以酌情降低。POA 持有人可以依据供应商 21. A. 163 授权发布的零部件或机载设备的文件来表明符合性。

未持有 POA 的供应商在 POA 质量系统的直接监管下被视为分包商。POA 持有人对自己的设备或供应商的设备进行检查/检测负有直接责任。

21. A. 139（b）质量系统应当包括以下内容：

（a）批准程序、控制程序（如适用）：

（1）文件发布、批准和更改。

（2）供应商、分包商的评审和控制。

（3）无论供应商提供新的产品、零部件和原材料，还是已有的，都需要根据设计资料进行检验。

（4）标识和可追溯性。

（5）制造工艺。

（6）检验和试验，包括产品飞行试验。

（7）工具、夹具和检验设备的标定。

（8）不合格产品的控制。

（9）与设计批准的申请人或持有人协调适航相关工作。

（10）完成和保留记录。

（11）人员能力和资格。

---

① 21. A. 151 批准条件。批准条件应指明持有人有权根据 21. A. 163 行使权利的工作范围，产品或零部件的分类，或两者。这些内容应作为生产单位批准书的一部分颁发。

（12）适航合格文件的签发。

（13）搬运、储存和包装。

（14）内部质量审核及纠正措施。

（15）依据批准书，可以在批准的设施以外的任何地点开展生产制造工作。

（16）在生产完成后但交付前进行的工作，以保持飞机处于安全运行状态。

（17）签发特许飞行证和批准相关飞行条件。

控制程序中需要包括任何关键件的具体规定。

（b）独立的质量保证职能，负责监督质量系统文件的符合性和充分性。

GM 21. A. 139（b）（1）质量系统：质量系统的要素为具有质量系统的机构提供了指导，质量系统可以满足公认的标准，如 ISO 9001（与所要求的批准范围相关），适当时也可将其扩展到其他产品，质量系统建立的目的是为了符合 21 部 G 分部的要求。

21. A. 139（b）（2）质量系统的 GM No. 1：独立的质量保证职能。具有质量系统的机构需要建立独立的、可监控的质量保证功能。这一功能需要具有独立的报告、管理、审核和监控权，并且没有技术依赖。

7. 1. 1. 4 说明

GM 21. A. 143 生产单位说明（POE）。

POE 的目的是以简明的文件格式阐述生产单位的关系、职责、职权范围以及单位的相关权限、程序、手段和方法。

21. A. 143（a）中规定了要提供的信息。如果这些信息被整合在手册、程序和说明中，POE 应提供信息摘要和适当的交叉引用。

管理当局要求 POE 对生产单位有准确的定义和描述。该文件本身不需要批准，但依据单位批准书，它也被视为批准文件。

当单位发生变更时，POE 需要按照 POE 中规定的程序进行更新。单位的重大变更（如 GM 21. A. 147（a）所定义）应在 POE 更新之前由管理当局批准。

7. 1. 1. 5 批准要求

21. A. 145 批准要求规定了以下四个要求：

（a）设施、工作条件、设备和工具、工艺和材料、工作人员数量和资质，以及机构简介。

（b）所有必要的适航、噪声、燃油和废气排放资料。

（c）管理人员和普通员工。

（1）责任经理。

（2）负责经理。

（d）生产单位授权的审查人员，依据 21. A. 163 的适航要求和范围开展产品批准工作。

AMC 21. A. 145（c）（1）责任经理：指负责生产并具有法人权利的经理，以保证所有的生产工作均按照要求的标准进行。该项职能可由主要领导担任；或由其提名，由单位中的其他人担任，前提是其在单位中的职位和权限允许履行所附职责。

AMC 21. A. 145（c）（2）负责经理：提名的人员应代表单位的管理层，并负责 G 分部规定的所有职能。因此，根据单位的规模，这些职能可以分解给各个经理（事实上也可以进一步细分）或以各种方式组合。

每个经理的责任和任务都需要明确界定，为了防止单位内部关系的不确定性。

通常，包括一位质量经理，负责监督单位对 G 分部的符合性，并在必要时联合其他经理或责任经理共同开展工作。质量经理应与责任经理有直接的联系。

AMC 21. A. 145（d）适航人员：由生产单位提名，以确保产品、零部件或机载设备满足符合性声明和颁发适航证书要求的质量。

适航人员的职位和数量应与产品的复杂性和产品数量相适应。

注：AMC 中强调了根据知识、背景和经验以及具体培训（或检查）对适航人员进行资格认证的重要性。

7.1.1.6　权利

根据 21. A. 163 权利，生产单位批准书持有人可以：

（a）根据本附件Ⅰ（21 部）进行生产活动。

（b）对于完整航空器，且根据 21. A. 174 提交符合性声明（EASA 表 52），则无须进一步说明即可获得航空器适航证和噪声合格证。

（c）对于其他产品、零部件和机载设备，无须进一步说明即可获得适航证件（EASA 表 1）①。

（d）维修单位修理的航空器，签发维修放行证明（EASA 表 53）。

（e）对于已经生产的航空器，生产单位按照 POA 管理航空器构型，并证明其设计条件符合飞行批准，按照管理当局评审程序，依据 21. A. 711（c）颁发特许飞行证，包括依照 21. A. 710（b）的特许飞行证。

注：AMC/GM 21. A. 163（c）、（d）、（e）提供了有关上述权利的全部信息。

7.1.1.7　持有人的义务

21. A. 165 提供了 POA 持有人的义务清单，要求持有人在获得和持有生产单位批准书的前提下，必须符合 POE 要求。

基于 GM，需要特别关注 21. A. 165（c）的义务。

21. A. 165（c）的 GM No. 1 原型机和试验件的符合性。21. A. 33 要求确定原型机和试验件是否符合适用的设计资料。EASA 表 1 作为制造符合性证明，是 POA 持有人向设计批准持有人/申请人提供的支持性文件的一部分。

21. A. 165（c）的 GM No. 2 型号设计的符合性。产品的设计通常基于客户的需求，型号合格证持有人需要不断对产品进行改进或更改。在制造过程中也可能存在随机偏差（偏离或不符合项），上述情况均应经设计批准人批准，或必要时经局方批准。

适航合格证件或制造符合性证明。

EASA 表 1 作为 21. A. 165（c）（2）和（3）中所述的适航合格证件使用时，可以通过两种方式签发：

（1）作为适航合格证书，按照 21. A. 133（b）和（c）所述内容，才能确定该零部件

---

① 参见 21. A. 165（c）的 GM N°4。

符合经批准的设计资料，并处在安全使用状态。

（2）作为制造符合性证明，按照21. A. 133（b）和（c）中所述内容，才能确定该零部件符合未（尚未）批准的设计文件，具体原因将在第12章中指出。作为制造符合性证明，使用EASA表1批准的零部件不适合安装在经型号合格审定的航空器上。当避免可能用于适航证件时，EASA表1只能用于制造符合性。

7.1.1.8　管理当局的管理规定

（一）21. B. 220　检查

（a）管理当局应为每个申请人或生产单位批准书的持有人指定一个审查组，以执行相关的审查工作，该审查组由一名组长负责管理和领导，必要时还可由一名或多名审查人员组成。审查组长应该向负责21. B. 25（b）（2）的主管汇报工作情况。

（b）管理当局应该对生产单位批准书的申请人或持有人进行充分的审查，以证明批准书的颁发、保持、更改、暂停或撤销的建议是合理的。

（c）管理当局应该编制生产单位批准的审查程序，其中至少包括以下内容：

（1）对收到的申请进行评估。

（2）建立生产单位批准审查组。

（3）审查准备和计划。

（4）文件评估（生产单位手册（POE）、程序等）。

（5）评审。

（6）纠正措施的跟踪。

（7）生产单位批准书的颁发、更改、暂停或撤销的建议。

（8）持续监督。

（二）21. B. 230　证件的颁发

当管理当局认为生产单位符合G分部A章的适用要求时，应立即发布生产单位批准书（EASA表55，见附录X），不得无故拖延。

注：我们只关注G分部B章——管理当局的管理规定中的两个要点。

B章中的AMCs和GMs均详细说明了管理当局要遵循的程序，包括成立审查组和生产单位批准审查组（POAT）负责人，POA申请的受理与审查，以及证件颁发。

还要考虑下一阶段的持续监督。

指导材料中包括与各项程序一起使用的表格。为了帮助并尽量使审查组的工作合理化，提供了许多建议报告。

7.1.1.9　EASA用户指南

前面曾提到生产单位向相关管理当局申请POA。当该单位位于EASA成员国时，除非该国要求EASA受理申请，否则相应成员国的NAA被自动认为是管理当局。当该单位位于EASA成员国之外时，EASA为管理当局。

EASA用户指南UG. POA. 00067-001的目的是提供一个简短的概要，用于说明申请人应如何申请EASA 21部G分部规定的批准书，以及EASA将依据21部对上述的单位批准书如何初步调查、保持、更改、限制、暂停或撤销的。

本用户指南将说明EASA作为管理当局时的审定流程。

在EASA，生产单位批准处（production organisations approval section）负责管理POA相关事宜。

7.1.1.9.1　申请

新申请的EASA 21部G分部生产单位批准书应根据21部B分部使用EASA表50来进行，用“国外POA”邮箱以平邮、传真或电子邮件的方式直接发送到EASA。

7.1.1.9.2　生产单位批准组的确定

在系统评估申请人资格并支付费用后，生产单位审查处的主管（POASM[①]）决定是否由EASA（EASA组长）内部进一步处理申请，或者是否应将技术评审分配给经认可的外部机构（NAA或QE[②]组长）。

如果要在内部进行技术调查，POASM将组织EASA职员建立一个独立的EASA审查组，如有必要，由经过认证的NAA或QE的借调人员提供支持。

POASM将任命由组长（POATL）和组员组成的审查组（POAT）来执行调查程序。EASA确定调查组的标准在指南（GM）中指出。学员可以免费参加审查组。

如果经认可的NAA/QE选择利用其他工作人员或受训人员进行评审，任何相关费用将由NAA/QE直接承担，而不是由申请人或EASA承担。

7.1.1.9.3　审定程序

指定的POATL向申请人提供POA符合性检查单（附件2），并由申请人填写，以便在调查开始之前作为交叉引用检查单和符合规章的依据。此外，还将向申请人提供POE[③]符合性检查单（附件3）。

POATL与申请人安排首次会议（开球会），由申请人就其单位、产品、零部件或机载设备进行总体介绍，并由POAT说明评审过程，确认负责填写EASA表4的经理。

如果举行这样的首次会议的差旅成本较高，POA审查组可以使用其他通信方式。POATL将与被评审方的管理层一起，合并召开首次会议和现场审查会议，这样生产单位的责任经理可以参加。

“指南”说明了需要进行的以下现场审查活动。

在评审过程中，责任经理至少参加一次审查会议，最好是最终审查会议，可能的话参加首次会议，因为责任经理最终负责POA的首次批准及后续保持的符合性。

由审查组组长组织举行审查组审查结论会议，向被评审方提交评审结果和结论，并确保被评审方理解相关内容。被评审方可以与审查组讨论所确定的任何不符合项，并提出纠正措施和执行时间表。

评审过程中的结果由POATL依据21部G分部的B章及其相关AMC/GM给出。评审完成后，将举行最终审查会议。会议由POATL主持，向被评审人通报评审结果，并就纠正措施时间表以及可能需要进行的任何后续工作的初步安排达成协议。

7.1.1.9.4　建议

一旦申请人符合21部G分部的规定，POATL将向EASA POASM建议颁发生产单位批

① POASM：生产单位批准处的处长（EASA职员）。

② QE：有资格的机构。

③ POE：生产单位手册（production organisation exposition）。

准书，包括推荐的POE和管理人员。

7.1.1.9.5　颁发批准证书

EASA评估审查建议，确认符合性和准确性，一旦满意，EASA将签署：

（1）证件，EASA表55。

（2）批准信函，说明接受POE及其相关的文件和清单。

（3）批准并签署EASA表4。

EASA POASM将已签署的EASA表55和相关批准书一起提交给EASA申请和采购部（EASA applications procurements services，EASA A&P）。该部门将开具第一张年度监督费发票，并将其连同上述文件发送给生产单位。第一笔年度费用应在证书颁发后立即支付。

7.1.1.9.6　持续监督

在颁发POA并确保持续及完全符合21部A章G分部以及P分部（如适用）后，POASM将指定POATL负责生产批准书持有人证件的管理与监督。

在默认情况下，持续监督由最初成立的审查组来执行，但是如有必要或需要更改，POASM可能决定将持续监督工作分配给另一个审查组，两个审查组需要进行必要的沟通。

“指南”中补充了持续监督及其他相关事宜的准则。

7.1.2　无生产单位批准书的生产

前面提到了EASA 21部的F分部适用的情形，现在可以总结如下：

（1）局方认为依据G分部进行生产批准不合适。

（2）依据G分部的规定颁发POA之前，依据F分部进行的生产。

7.1.2.1　范围和资格

（一）21.A.121　范围

（a）本分部规定了在未经G分部生产单位批准的情况下，制造的产品、零部件和机载设备与适用设计资料符合性的审查程序。

（b）本分部规定了根据本分部制造生产航空产品、零部件或机载设备的制造商需要承担义务的管理办法。

条款21.A.121适用性的GM No.2解释了适用设计资料的含义。

适用的设计资料包括：所有必要的图纸、规范和其他申请人提供的技术信息，或申请人拥有的设计单位批准书、TC、STC、修理或设计小改批准书或ETSO批准书（或依据21部A章F分部生产的产品、零部件或机载设备，其设计已获得批准，但不是根据21部批准）。适用的设计资料以受控方式提供给根据21部F分部生产的制造商，这些资料应该足够支持制造商编制生产资料，并使制造符合设计资料。

在颁发TC、STC、修理或设计小改批准书或ETSO批准书或同等文件之前，设计资料被定义为“未获批准”，但零部件和机载设备可以使用EASA表1作为制造符合性证明①。

在颁发TC、STC、修理或设计小改批准书或ETSO批准书或同等文件之后，设计资料被定义为“已批准”，并且符合要求的产品可以使用EASA表1，此时EASA表1的作用是

① 见7.1.1.6以及21.A.121适用性的GM No.2——适用的设计资料。

表明适航性。

21. A. 122 资格：要求产品、零部件或机载设备的设计批准书的申请人或持有人需要通过合适的方式方法，在生产和设计之间进行令人满意的协调。

21. A. 122 资格的 AMC No. 1 解释了设计与生产之间的联系。

如果“安排”有资料证明并且使管理当局认为协调是令人满意的，则该安排被认为是合适的。为了达到令人满意的协调，资料的安排必须至少包括以下方面，而不论设计单位和根据 21 部 F 分部生产或拟生产的单位是否是独立的法人：

（1）设计单位的责任是确保正确和及时地提供最新的适用设计资料（例如，图纸、材料规格、尺寸数据、工艺、表面处理、运输条件、质量要求等）。

（2）制造商接收、管理和使用设计单位提供的适用设计资料的责任和程序。

（9）确定控制上述情况的负责人/办公室。

（10）TC/STC/修理或改装设计批准书/ETSO 批准书的持有人根据该安排提供、控制和修改已获批准的设计资料，上述行为均视为已获批准。

7. 1. 2. 2　申请书和批准书

21. A. 124（b）申请要求申请书应包含证据，应证明（如适用）：

（i）根据 G 分部颁发的生产单位批准书不适用。

（ii）根据 G 分部颁发生产单位批准书之前，需要对本分部规定的产品、零件或设备进行审定或批准。

GM 21. A. 124（b）（1）（i）适用性—不适用根据 G 分部的批准解释：管理当局如果认定 21 部 A 章 G 分部不适用，则 21 部 A 章 F 分部适用。21 部 A 章 G 分部和 F 分部之间的主要区别在于，G 分部要求建有质量系统，该系统为管理当局提供必要的信心给予制造商自主生产的权利。但在某些情况下，包括独立监督和持续评估内部职能的质量系统是不具备建立条件的。

在确定 F 分部适用时，管理当局可以考虑以下一个或多个条件的组合：

（1）无批量生产（不频繁或产量低）。

（2）生产技术简单（在制造过程中可以实现有效的检验）。

（3）生产单位规模很小。

GM 21. A. 124（b）（1）（ii）在颁发 POA 之前需要完成的审定或认可给出如下解释：

在 21 部 A 章 G 分部适用的情况下，但单位需要一段时间才能符合 G 分部的规定，即需要建立必要的质量系统文件，管理当局同意在有限时间内（暂行阶段）使用 21 部 A 章 F 分部。

在 21 部 A 章 G 分部适用的情况下，如制造 ETSO 产品，除非根据 G 分部申请生产单位批准书并且在符合 G 分部方面正取得合理的进展，否则不应该颁发根据 21 部 F 分部的生产批准书。根据 21 部 F 分部进行长期生产将不被允许。

根据 21. A. 125A 批准书的颁发，申请人有权获得管理当局颁发的批准书，该批准书认可某个①产品、零部件和机载设备符合 F 分部的要求：

---

① “单件”是指应在管理当局的认可函中直接或通过最低设备清单具体引用的每个零件编号或产品类型（即产品、零部件或机载设备）。认可函还可以指明生产率的任何限制（21. A. 125A 的 GM 1）。

（a）建立了一个生产检查系统，确保每个产品、零部件或机载设备符合适用的设计资料，并处于安全使用状态。

（b）提供了一个包含以下内容的手册：

（1）上述（a）中所要求的生产检查系统的说明。

（2）描述生产检验系统的确定方法。

（3）21. 21. A. 127 和 21. A. 128 要求的检验说明①，以及为 21. A. 130（a）授权的人员姓名。

（c）证明它能够按照 21. A. 3A 和 21. A. 129（d）提供协助。

除非管理当局另有批准，否则不得在获得根据 21 部 A 章 F 分部（AMC 21. B. 130）颁发批准书之前进行任何生产。

批准书颁发的方式由 21. A. 125B 评审结果和 GMs 相关的 21. A. 125A/B 提供。

根据 21. A. 125C 持续时间和持续有效性，颁发的批准书的有效期不得超过一年。一年之内，如果没有特别说明，它始终有效。

7. 1. 2. 3　生产检验系统

我们前面已经提到（7. 1. 2）F 分部适用的条件是 G 分部被认为不适用，或者在依据 G 分部颁发 POA 之前。

第一种情况可以认为是长期生产，而第二种情况只能是短暂生产。GM 21. A. 126 生产检查系统解释了采用生产检验系统的情况。

GM 21. A. 126（a）和（b）是根据 21 部 A 章 F 分部 21. A. 124（b）（1）（i）中定义的长期生产为相关人员提供指导。

对于依据 21 部 A 章 F 分部 21. A. 124（b）（1）（ii）进行短暂生产的人员，也可通过使用等效的 21 部 A 章 G 分部 AMC/GM② 来证明符合 21. A. 126 的要求，管理当局认可这种方式。

注：除 21 部 21. A. 126 外，还有 11 个 GM 解释如何符合（a）和（b）的要求。

7. 1. 2. 4　制造商的义务和符合性声明

这些要求见 21. A. 129 和 21. A. 130。

21. A. 129 有四个 ACM 并且 21. A. 130 有两个 ACM。

最后两个 ACM 影响：

（1）完整的航空器的制造符合性声明。

（2）产品（完整航空器除外）、零部件、机载设备和材料③的制造符合性声明。

7. 1. 2. 5　管理当局程序

（一）21. B. 120　检查

（a）管理当局应为每个批准书的申请人或持有人建立一个审查组，负责该项目的评审

---

① 21. A. 127：试验航空器，21. A. 128：试验发动机和螺旋桨。

② 要求一个质量系统。

③ 该 AMC 具体涉及根据 21 部 F 分部使用 EASA 表 1 进行制造的情况。它可用作 21 部附录 I 中要求的补充，其中涵盖了 EASA 表 1 的使用。

工作，审查组由一名组长负责管理和领导，必要时还可由一名或多名组员组成。如21.B.25（b）（2）中所述，审查组长应该向负责21.B.25（b）（2）规定的主管汇报工作情况。

（b）管理当局应对批准书的申请人或持有人开展充分的评审工作，以证明对批准书的颁布、持续、更改、暂停或撤销提出的建议是合理的。

（c）管理当局应该编制申请或持有人批准书的评审程序，其中至少包括以下内容：

（1）对收到的申请进行评估。

（2）建立审查组。

（3）评审准备和规划。

（4）文件评估（手册、程序等）。

（5）评审与监督。

（6）纠正措施的跟踪。

（7）批准书的颁布、持续、更改、暂停或撤销的建议。

注：我们提供了F分部的参考文件——“B章管理当局工作程序”。

21部的B章和有关AMC和GM提供了管理当局可遵循程序的详细说明，包括评审结果、颁证、监督管理、更改、限制、暂停和撤销批准书。

7.2　FAA生产批准

7.2.1　生产许可证

7.2.1.1　适用性和资格

21部的G分部规定了：

（a）颁发生产许可证的程序要求。

（b）生产许可证持有人的管理规定。

对于生产许可证（PC），申请人将提交FAA表8110-12“申请型号合格证、生产许可证或补充型号合格证申请书”。该表格提交给申请人主要制造设施所在地区的制造检查办公室（MIO）的主任。

对于PMA：

（1）如果申请人基于同一性①或试验和计算②申请生产许可，则申请人应向申请人的制造设施所在地的航空器合格审定办公室（ACO）提交申请书。

（2）如果申请人基于许可协议提出申请生产许可，申请人将向申请人制造设施所在地的地区制造检查办公室（MIDO）提交申请书。

对于TSO项目批准书，申请人应向申请人主要制造设施所在地的ACO提交申请书。

根据21.132，持有下列文件之一的任何人均可申请生产许可证：

---

① 表明PMA产品设计与型号合格证（TC）所涵盖的产品设计相同。

② 通过试验和计算的方法表明PMA产品设计满足受影响产品的适航要求。

（a）持有或已经申请型号合格证（TC）。

（b）持有或已经申请补充型号合格证（STC）。

（c）持有 TC 或 STC 的权益转让协议书。

7.2.1.2 单位和质量系统

单位要求。21.135（PC）、21.305（PMA）和21.605（TSO）要求生产许可证持有人（PAH）向 FAA 提交相关说明文件，以表明其组织机构如何确保符合适用章节的要求。说明文件中至少应当描述组织机构中各个部门的职责和权限，以及质量部门与行政管理部门和其他部门的职能关系。上述要求的目的是获得高层管理人员的承诺：

（a）建立符合本章节的质量系统，以确保每一民用航空产品及其零部件均能符合经批准的设计，并处于安全可用状态。

（b）持续改进质量系统。

质量系统①。根据21.137，每个生产许可证申请人或持有人必须建立并书面描述一个质量系统，以确保每一民用航空产品及其零部件均能符合经批准的设计，并处于安全可用状态。该质量系统应当包括以下内容：

（a）设计资料控制。控制设计资料和后续更改的程序，确保使用的资料是现行有效的和准确无误的，并且符合经批准的设计。

（b）文件控制。控制质量系统文件和资料以及后续更改的程序，确保使用的文件和资料是现行有效的和准确无误的，并且符合经批准的设计。

（c）供应商控制。规定用以：

（1）确保供应商提供的每一民用航空产品或零部件符合经批准的设计。

（2）如果供应商提供的民用航空产品或零部件被发现存在不符合相应设计资料的情况，则要求该供应商向生产许可证持有人报告。

（d）制造过程控制。控制制造过程的程序，确保每一民用航空产品及零部件符合经批准的设计。

（e）检验和试验。用于确保每一民用航空产品及其零部件符合经批准的设计的检验和试验程序。如适用，这些程序必须包括以下内容：

（1）对所生产的每架航空器进行飞行试验，除非该航空器将作为未组装的航空器出口。

（2）对生产的每一航空器发动机和螺旋桨进行功能试验。

（f）检验、测量和试验设备的控制。规定所有检验、测量和试验设备的校准和控制程序，这些检验、测量和试验设备是用于确定每一民用航空产品及其零部件符合经批准的设计。每一校准标准应当追溯到 FAA 可接受的标准。

---

① 质量系统。书面的组织结构文件，内容包括职责、程序、流程和资源，用于执行确定和实施质量原则的管理功能。质量系统包括质量保证和质量控制：

（1）质量保证。设计和/或制造单位实施和协调质量保持和提高的管理制度，使设计和/或生产符合单位要求和客户要求。

（2）质量控制。对质量任务（例如，产品检查等）进行指导和监督，确保产品质量达到要求。

（g）检验和试验状态。检验和试验状态的记录程序，用于记录按照经批准的设计制造的或者由供应商提供的民用航空产品和零部件的检验和试验状态。

（h）不合格的民用航空产品和零部件的控制。

（1）确保只有符合经批准的设计的民用航空产品或者零部件才能被安装在经型号合格审定的民用航空产品上。这些程序应当规定不合格的民用航空产品及其零部件的识别、文件记录、评估、隔离和处理。只有经授权的人员才可以决定如何处理。

（2）确保将报废的零部件永久标记为不可使用。

（i）纠正和预防措施。纠正和预防措施的程序，用于实施纠正和预防措施，消除产生实际的或者潜在的不符合经批准的设计的因素，或者消除对经批准的质量系统的不符合性。

（j）搬运和存储。搬运和存储的程序，用于避免在搬运、存储、保存和包装过程中引起每一民用航空产品及其零部件损坏和性能退化。

（k）质量记录的控制。质量记录的控制程序，用于识别、存储、保护、获取和保存质量记录。生产许可证持有人（PAH）应当保存按照该生产批准生产的民用航空产品及其零部件的相关记录至少 5 年，对根据本章 45. 15（c）所列的关键部件，PAH 必须保留至少 10 年。

（l）内部审核。内部审核的程序，用于规划、实施和文件记录内部审核，以确保符合经批准的质量系统。这些程序应当包括将内部审核结果向负责实施纠正和预防措施的负责人报告的要求。

（m）使用反馈。使用反馈的程序，用于接收和处理使用中出现失效、故障和缺陷的反馈信息。这些程序应当包括支持设计批准书持有人完成下列工作的流程：

（1）确定涉及设计更改来解决使用中的问题。

（2）确定是否需要修改持续适航文件。

（n）质量疏漏。质量疏漏的程序，对已经通过质量系统但是不符合适用的设计资料或者质量系统要求的民用航空产品及其零部件，进行确认、分析并启动适当纠正措施。

21. 138 质量手册。生产许可证申请人或者持有人应当提供一份描述质量系统的手册，以供 FAA 评审。该手册必须是英文，应当为 FAA 接受。

注：咨询通告 AC 21-43 指导 PAH 建立和保持其生产民用航空产品及其零部件的质量系统。本指导有助于生产许可证的申请人或持有人开发既符合 PAH 需求又符合规章要求的质量系统。

7. 2. 1. 3　PC 的颁发和持证人的权利

21. 141 颁发。FAA 确定申请人符合本章的要求，应当颁发生产许可证。

21. 142 许可生产项目单。许可生产项目单是生产许可证的一部分。许可生产项目单列出准许生产许可证持有人生产的每一民用航空产品的型号合格证、补充型号合格证、改装设计批准书、型号认可证或者补充型号认可证的编号和类别。

21. 143 生产许可证的有效期。除局方另行规定终止日期外，生产许可证长期有效。

持证人的权利与 POA 的权利相似，生产许可证持有人享有下列权利。

（一）21. 145　权利

（a）生产许可证持有人享有下列权利：

（1）除FAA要求检查是否符合型号设计外，生产的航空器无须进一步证明即可获得适航证。

（2）除局方要求检查是否符合型号设计外，该航空产品的零部件无须进一步证明即可获得适航批准标签。

（b）根据21.184（c）[①]，初级类、正常类、实用类或特技类航空器型号设计的持有人和设计飞机的生产证书持有人可申请特殊适航证：

（1）根据21.24（b）[②]，应该对特殊检查和预防性维护计划的人员进行培训，培训作为航空器型号设计的一部分，需要得到批准。持有根据FAR 65[③]颁布的飞机和发动机维修执照的人员可以开展这些培训。

（2）向成功完成经批准的培训计划的人员颁发合格证书，该证书中规定了适用的飞机制造和型号。

7.2.1.4　持证人的责任

21.146（PC）、21.316（PMA）和21.616（TSO）规定了PAH的责任。PAH应根据适用的章节以了解他们希望获取或保持生产许可证的类型，确保他们了解所有适用的要求。

根据21.146持证人的责任，生产许可证持有人必须：

（a）需要表明机构变化时，修订21.135要求的说明文件，并提交给FAA。

（b）保持质量系统，符合获得生产许可证时批准的资料和程序。

（c）确保每一提交适航审查或者批准的民用航空产品或者零部件均符合经批准的设计并处于安全可用状态，并且在交付前一直进行适当的维护以保持安全可用状态。

（d）为民用航空产品或者零部件设置标牌或者标记，标记必须符合FAR 45[④]的要求，包括任何关键件。

（e）用制造人的件号、名称、商标、代号或者FAA接受的制造人其他标识方法，标识从制造人设施出厂的民用航空产品或者零部件的任何部分（例如，组件、部件或者替换件）。

（f）能够获取为确认依据生产许可证生产的每一民用航空产品和零部件的制造符合性和适航性所必需的型号设计资料。

（g）保管生产许可证，确保在FAA要求时可获取。

（h）FAA可以获取其向供应商授权的所有相关信息。

注：有关进一步的建议，请参见AC 21-43第6-9段。

（一）21.140　检查和试验

---

① 具有当前有效的标准适航证的航空器。

② 21.24（b）申请人开展可以包括特定的检查和预防维护计划，作为航空器型号设计或补充型号设计的一部分。

③ FAR 65：飞行机组之外的航空人员审定（certification：airmen other than flight crewmember）。

④ FAR 45：登记和注册标志

生产许可证申请人或持有人应当接受 FAA 实施对质量系统、设施、技术资料和任何生产的民用航空产品或零部件的检查，目击任何试验，包括对供应商设施进行的任何检查或试验，以确定符合 G 分部。

（二）21.150　质量系统的更改

生产许可证颁发后：

（a）质量系统的每一变更应经局方审查。

（b）对可能影响到民用航空产品或零部件的检验、制造符合性或者适航性的质量系统的更改，生产许可证持有人应当立即书面通知 FAA。

注：AC 21-43 为重要事项提供指导；例如：

供应商控制程序（第3章）、内部评审程序（第5章）、电子记录（第4章）等。

Order 8120.23 规定了 FAA 对于生产批准书持有人（PAH）证件管理（CM）的要求：

CM 是 FAA 检查航空器在制造过程中是否持续满足规章要求的方法，而管理与监督是 CM 的关键组成部分。管理与监督的目的是检查 PAH 是否已经建立并持续符合经批准的航空产品及其零部件的生产程序，这些程序符合批准的型号设计，并处于安全可用状态。

PAH 和相关制造设施 CM 的工作由地区制造检查办公室（MIDO）/证件管理办公室（CMO）完成，该办公室负责 PAH 或相关设施所在的地理区域内的 CM。

7.2.2　依据型号合格证的生产

7.2.2.1　适用范围和讨论

“依据型号合格证的生产”是指 TC 持有人或其权益转让协议书持有人在没有取得航空产品及其零部件的生产许可证的情况下进行生产。

TC 下的生产批准在 TC 颁发后六个月内，以 FAA 批准的型号设计生产产品。

依据 FAR 21 部 F 分部的 21.123，按型号合格证生产产品的制造商必须：

（a）在制造地点保存所有 21.31 和 21.41 规定的技术资料和图纸。

（b）确保每一民用航空产品和零部件均可供 FAA 检查。

（c）完成 21.127、21.128 和 21.129 要求的所有检查和试验后，将其记录保持至少5年。根据 45.15（c）确定的关键件，其记录保持至少10年。

（d）允许 FAA 实施任何用于确定符合民用航空规章必要的检查或者检验，包括在供应商的设施实施检查或者检验。

（e）按照45部规章要求为包括关键件在内的民用航空产品设置标牌或者标记。

（f）用制造人的件号和名称、商标、代号或者 FAA 接受的制造人其他标识方法，标识从制造人设施出厂的民用航空产品的任何部分（例如，组件、部件或者替换件）。

（g）除非 FAA 同意，在型号合格证颁发6个月之内应当按照21部的 G 分部取得该民用航空产品的生产许可证。

AC 21-43 附录 D 提供了上述内容的进一步说明。例如：

（4）第（g）段指出根据 F 分部生产的制造商在 TC 颁布后6个月内，根据 G 分部获得生产批准书。适用下列要求：

（a）在 TC 颁布之日起的6个月内，每个制造的产品或其零部件在适航证书或者批准颁布之前都要接受FAA检查。由于FAA的财政和人力资源有限，这些检查可能会延迟或非常耗时，通常情况下仅允许TC持有人进行数量很少的生产。因此，考虑到TC持有人的利益，应该尽快按照G分部申请生产许可证。

（b）如果TC持有人在6个月期限结束时没有按照G分部要求取得生产许可证，并且没有任何合理的原因，FAA可以停止对制造产品的检查，直到TC持有人取得生产许可证。

Order 8120.22说明了6个月内的FAA的工作。例如：

FAA符合性确定。在TC颁布日期之后和在PC颁布之前，地区制造检查办公室（MIDO）/证件管理办公室（CMO）负责确定航空产品或零部件是否符合型号设计和处于安全使用状态。MIDO/CMO负责对来料（如果有必要，在来料源头）、组装和生产的产品进行检查，MIDO/CMO负责将每次检查记录填写在FAA表8100-1中，以便使每次检查的航空产品或零部件都有完整的检查记录。

延期6个月。在6个月内，当有特殊或合理的原因使PC审定无法完成，FAA可给予延期。FAA不应在不考虑延长6个月期限对FAA人力资源和安全的影响的情况下给予延期。当申请人能够提供正当理由时，FAA才会考虑延期。延期批准书需要以书面形式发给申请人。

7.2.2.2 权利

根据21部F分部的规定，航空产品或零部件的制造商不得享受任何权利。然而根据Order 8120.22，依据TC生产航空产品或零部件的制造商可以获得FAR 183① 授权来申请并获得委任单位授权（ODA）。

FAA Order 8100.8“委任代表管理手册”和Order 8100.15“委任单位授权程序”② 包含管理ODA的程序。

7.2.2.3 检查和试验

21.127、21.128和21.129要求分别对航空器、航空发动机和螺旋桨进行试验。

（一）FAR 21.127 航空器的试验

（a）制定符合局方要求的生产试飞程序和试飞项目检查单，生产的航空器均应当按此检查单进行试飞。

（b）生产试飞程序应当包含以下内容：

（1）对配平、操纵性或其他飞行特性进行操作检查，以确定生产的航空器的操纵范围及角度与原型机相同。

（2）由试飞机组人员在飞行中对操作的每一部分或每一系统进行检查，以确定在试飞过程中，仪表指示正常。

（3）试飞后确定所有仪表均有正确的标记，并已配齐各种标牌和所需的飞行手册。

---

① FAR 183.1描述了可以通过本部规章指定机构作为委任代表开展审查、检查和检验等工作的要求。

② 该Order给出了FAA委任单位授权（ODA）的授权程序。根据这一指令，FAA可以向被授权单位提供某些类型的授权。该指令包括如何在ODA授权程序中对机构进行资格认定、委任和监督。

（4）在地面检查航空器的操作特性。

（5）检查航空器所特有的其他任何项目，该项检查应当在地面或者飞行操作中有利于检查的状态下进行。

AC 21.43 指出以下警告：

（a）飞机生产飞行试验前，应该检查21.127（b）（5）规定的任何要求。例如，重点内容包括：

（1）提供的用于飞机配平的方法准确且符合型号设计资料。

（2）对每架飞机进行称重，以确定空重和重心与型号设计资料一致。

（b）依据21.127的要求建立和批准的试飞程序和试飞项目检查单应提交给FAA的ACO批准。

7.2.2.4　生产地点或生产设施的变更

如果FAA确认按照适用的民用航空规章的要求进行管理不会对FAA造成过重负担，则生产许可证申请人可以为位于美国之外的生产设施取得生产许可证，如21.122（a）所述。

生产许可证持有人变更生产设施地点，应当向局方申请变更生产许可证。

7.2.3　国际民航组织标准

在讨论了EASA和FAA如何管理航空器生产之后，附件8包含了各国对生产的适航要求的基础。

以下是附件8第2章和“适航性技术手册”文件的摘录（9760卷ⅡA部分第2章）。

7.2.3.1　附件8

2.1　适用范围

本章的各项标准适用于所有航空器和零部件的生产。

2.4　生产许可

2.4.1　缔约国在批准生产飞机或零部件时，应：

（a）检查生产文件资料，检查生产设施和工艺，以确定生产单位符合适用的要求。

（b）确保生产机构已经建立并能够保持质量系统或生产检验系统，以确保机构或分包商和/或供应商生产的每架飞机或飞机零部件都具有适航性。

注1：通常，生产监督是通过批准生产单位来促进的。

注2：如果飞机零部件的制造国不是缔约国，则国家间需要签署协议，以支持对生产飞机零部件单位的监督责任。

2.4.4　如果飞机零部件制造国不是缔约国，则国家间需要签署协议。

（a）确保生产单位有权获取与生产有关的经批准的设计资料。

（b）说明各国在飞机设计、制造和持续适航方面的责任。

7.2.3.2　适航技术手册Doc.9760

2.11.1　总则

2.11.1.1　申请人（制造商）有资格获得CAA颁发的生产许可证书或生产单位批准书，但必须由CAA根据对文件资料的评估和对生产设施、工艺和机构的评审，确定申请人已符合这一章规定的相关要求。

2.11.1.2　航空产品或零部件的生产许可证书/批准书的申请人必须持有：

（a）当前的型号合格证或设计批准（或在生产单位批准的情况下，必须申请型号合格证/设计批准）。

（b）补充型号合格证或设计批准（或在生产单位批准的情况下，必须申请补充型号合格证/设计批准）。

（c）根据协议，为生产目的使用型号合格证/补充型号合格证的适用设计资料的权利。

2.11.2　质量系统

2.11.2.1　申请人应证明其已根据生产许可证或生产单位批准书建立并能够维持航空产品或零部件的质量系统，以便每个产品都符合相关型号合格证的设计规定。

2.11.2.2　制造商还应为独立的质量保证功能（如内部质量审核）建立程序，包括纠正措施体系，以确保质量系统符合相关适航要求。

2.11.3　权利和责任

2.11.3.1　生产许可证或生产单位批准书的持有人可以：

（a）除CAA要求检查是否符合型号设计外，生产的航空器无须进一步证明即可获得适航证。

（b）除CAA要求检查是否符合型号设计外，该航空产品的零部件无须进一步证明即可获得适航批准标签。

2.12　无生产许可证或生产单位批准书的生产

2.12.1　总则

在申请或颁发型号合格证之后并在开始批量生产飞机或零部件之前，制造商通常以生产许可证书或生产单位批准书的形式获得CAA的批准。生产许可证书/生产单位批准书是批准飞机或零部件批量生产的首选方法。在没有生产许可证书/生产单位批准书的情况下，制造商可以在建立CAA认可或批准的生产检验系统的情况下，仅根据型号合格证制造飞机或零部件，但有附加限制。

2.12.2　无生产许可证书/生产单位批准书的基本要求

依据型号合格证生产航空产品或零部件的制造商应：

（a）使每个航空产品和零部件可供CAA检查。

（b）在生产地点保存CAA确定每个航空产品及其零部件是否符合型号设计所需的所有技术资料和图纸。

注：上述摘录旨在表明FAA和EASA适航要求与附件8的一致性。

第 8 章　适航证和特许飞行证

为了便于航空器进出口，以及航空器的国际运行，ICAO 公约第 33 条规定航空器登记国有责任认可另一缔约国颁发的适航证，只要颁发该适航证所依据的适航要求不低于 ICAO 公约附件 8 的最低标准。

回顾第 5 章所提到的，航空器获得型号合格证并不意味着获得运行批准。只有取得适航证，航空器才能运行。

关于有效期，一般情况下，除非被暂停或撤销，或者局方规定终止日期，只要按照相关要求进行维护，而且航空器仍在相同的注册国，那么适航证在所指定的期间是有效的。如果局方颁发适航证时所依据的型号合格证暂停或撤销，此适航证将失效。

若航空器被认为是“适航的”并有资格取得适航证，则通过型号合格审定的航空器必须满足以下两个条件：

（a）航空器必须符合其型号合格证。当航空器的构型以及它的安装部件，符合其图纸、规范、型号合格证的其他相关资料，包括航空器补充型号合格证（STC）及外场改装批准，则可以认为其制造符合型号设计。

（b）航空器必须处于安全可用状态。这是指与磨损和退化相关的航空器状态，例如：蒙皮腐蚀、窗子的脱层/龟裂、漏油和轮胎磨损。

如果以上条件有一个或两个不满足，则认为该航空器是不适航的。

8.1　EASA 的适航证和限用类适航证

根据 EASA 21 部规定，局方为符合型号批准的航空器颁发适航证。

正如在第 5 章 5.2.1.5 提到的，EASA 21 部考虑以下型号合格证：

（a）21.A.21　型号合格证。

（b）21.A.23　限用类型号合格证。

8.1.1　适用范围

根据 21.A.173 分类：

（a）适航证应颁发给按 21 部颁发型号合格证的航空器。

（b）限用类适航证应颁给下列航空器：

（1）按 21 部颁发的限用类型号合格证。

（2）已向局方表明对特殊适航规范的符合性，以确保足够安全。

8.1.2 型号合格证的定义

8.1.2.1 EASA 21. A. 21 型号合格证

申请人有权利在以下情况，获得局方颁发的产品型号合格证：

（a）根据21. A. 14[①]规定表明其能力。

（b）提交21. A. 20（d）[②]所述的声明。

（c）已经表明：

（1）要审定的产品符合21. A. 17[③]和21. A. 18[④]规定的相关型号合格审定基础和环保要求。

（2）对任何不符合的适航要求，均有相应的等效安全。

（3）没有任何使得审定航空器出现不安全使用的设计特征或特点。

（4）型号合格证申请人明确声明准备符合21. A. 44[⑤]。

（d）对航空器型号合格证，安装在航空器上的发动机和/或螺旋桨应已根据本规章获得相应的型号合格证。

8.1.2.2 EASA 21. A. 23 限用类型号合格证

（a）对于不符合21. A. 21（c）规定的航空器，申请人有权在下列情况下获得局方颁发的限用类型号合格证。

（1）符合局方制定的适用的型号合格审定基础，确保在航空器预计使用条件下具有足够的安全性，并符合适用的环保要求。

（2）明确声明符合21. A. 44。

（b）安装在航空器上的发动机和/或螺旋桨，应：

（1）拥有按照本规章颁发或确定的型号合格证。

（2）已被证明符合确保航空器安全飞行所必需的合格审定规范。

8.1.3 申请（21. A. 174）

（a）根据21. A. 172[⑥]，应以登记国适航当局制定的格式和方式申请适航证。

（b）每个适航证或限用类适航证的申请应包括：

（1）申请适航证的类别。

---

① 表明TC申请人的能力（见第5章5.2.4，EASA设计单位）。

② 21. A. 20（d）申请人应根据审定程序声明其已表明对适用的型号合格审定基础和环境保护要求的符合性。

③ 21. A. 17 型号合格审定基础。

④ 21. A. 18 适用的环保要求和审定规范的指定。

⑤ 21. A. 44 TC持有人的义务。

⑥ 资格。

（2）关于新制造的航空器，应提交：

（i）符合性声明：

- 根据 21. A. 163（b）[①] 颁发。
- 根据 21. A. 130[②] 颁发并经管理当局确认。
- 对于进口航空器，出口国局方签署的声明表明该航空器符合 EASA 批准的设计。

（ii）带有装载的重量和平衡报告。

（iii）用于特殊航空器适用的适航条例要求的飞行手册。

（3）关于使用过航空器：

（i）来自成员国，应有根据 EASA M 部[③]颁发的适航审查证。

（ii）来自非成员国：应有该航空器正在或已经在登记的国家管理当局的声明，确认航空器在登记时的适航性。

- 带有装载的重量和平衡报告。
- 用于特殊航空器适用的适航条例要求的飞行手册。
- 确定航空器生产、改装和维修标准的历史记录，包括与 21. B. 327（c）[④] 所述的限用类适航证相关的所有限制。
- 根据 M 部，在适航审查后颁发适航证或限用类适航证以及适航审查证的建议。

（c）除非另有协议，上述（b）（2）（i）和（b）（3）（ii）中提到的声明应在航空器出示给登记成员国管理当局 60 天内颁发。

8. 1. 4　适航证的颁发

根据 EASA 第 21. B. 320[⑤] 条进行审查，如果满足 H 分部的相关要求并且提交相关文件[⑥]满足要求（参见 21. B. 325），登记成员国管理当局应当给上述 TC 或限制 TC 颁发或更改适航证。

注：管理当局有责任根据 21. B. 330 暂停和吊销适航证，或对适航证进行限制。

---

① 21. A. 163（b）如果是完整的航空器，并且根据 21. A. 174 提出符合性声明（EASA 表 52），则无须进一步展示即可获得航空器适航证和噪声合格证。

② 制造商的符合性声明。

③ M 部：持续适航。

④ （c）使用限制将与限用类适航证相关，包括空域限制，以考虑到与（欧盟）216/2008 规章规定的适航性基本要求的偏离。

⑤ 评估申请人的资格和申请，适航证分类，对随申请书收到的文件进行评估，航空器检查，确定适航证的必要条件、限用或限制。

⑥ 见 8. 1. 3。

8.2 EASA特许飞行证

8.2.1 范围

根据21.A.701，特许飞行证应按照P分部颁发给不满足或尚未表明符合适用的适航要求，但用于下述目的且能够在规定条件下安全飞行的航空器（见下面的GM 21.A.701（a））。

P分部规定了颁发特许飞行证和批准相关飞行条件的程序，并规定了这些许可证和批准飞行条件申请人和持有人的权利和义务。

GM 21.A.701（a）解释了颁发特许飞行证的原因：

当私人航空器或航空器型号不符合正常的持续适航要求，并且航空器是按照经证明能够在规定条件下安全飞行的设计标准制造的，适航证或限用类适航证是不适用的。21.A.701规定了不可能或不适当颁发（限制）适航证的情况，本GM提供了更为详细的信息和典型示例，以便在适用情况下予以阐明。

注：以下例子并不详尽。

（1）研制：

（i）新航空器试验或改装。

（ii）新概念机体、发动机、螺旋桨和设备的试验。

（iii）新运行技术试验。

（2）表明其对规章或合格审定规范的符合性：

为型号合格证、补充型号合格证、型号合格证的更改或ETSO授权进行飞行试验合格审定。

（3）设计单位或生产单位的机组培训：

在设计批准或适航证（certificate of airworthiness，CA）之前，可以签发设计或生产飞行试验的机组人员培训的飞行。

（4）新生产的航空器进行生产试飞：

为了表明与已批准的设计具有一致性，通常这对于许多类似的航空器来说是相同的程序。

（5）生产中的航空器在生产工厂之间转场：

未完工的航空器转场飞行以便最终完工。

（6）航空器客户验收飞行：

航空器出售和/或注册之前。

（7）航空器交付或出口：

航空器在颁发适航证的国家注册之前。

（8）航空器局方验收飞行：

在适航证颁发之前，由当局进行检查飞行试验的情况。

（9）市场调查，包括客户的机组训练：

使用未经型号合格审定的航空器或尚未表明符合性航空器或未注册适航证，并且在颁发适航证之前，用于进行市场调查、销售表演和客户机组训练的飞行。

（10）展览和航空展：

在设计批准颁发之前或在表明对已批准设计的符合性之前，航空器参加展览或航展飞行。

（11）航空器飞往将进行维修或适航审查的地点，或飞往存放地：

转场飞行，发生在未按照批准程序进行维修、主最低设备清单（MMEL）以外的某些设备出现故障不符合 AD 要求，或者航空器遭受超出允许范围的损坏。

（12）航空器超出其最大合格审定起飞重量，在水面上或在没有适当着陆设施或燃油的陆地上空进行超出其正常航程的飞行：

适用额外燃油容量监督转场飞行。

（13）打破纪录、空中竞赛或类似比赛：

包括以此为目的的训练飞行和定位飞行。

（14）尚未确定符合环境要求但满足适用的适航要求航空器的飞行：

航空器飞行，已被证明符合所有适用的审定规范，但没有符合环境要求。

（15）不适合采用适航证/限用类适航证的私人简单航空器或型号从事非商业飞行活动。

对于实际上不能满足所有适用合格审定规范的航空器，例如，没有 TC 持有人的某些航空器（一般称为“遗弃航空器”）或属于国家特许飞行证且未证明符合所有适用要求的航空器。只有在适航证或限用类适航证由于一些航空器超出所有人直接控制范围之外的状况而没有颁发时，此航空器才能选择特许飞行证，如合适的适航航材备件。

注：上述清单涉及可以颁发特许飞行证的情况，但不意味着在上述情况下必须颁发特许飞行证，如果有其他合法手段可以允许其飞行，也可以使用这些合法手段。

8.2.2　颁发特许飞行证的程序

颁发特许飞行证的程序有四个不同的步骤：

（1）EASA 特许飞行证的申请。

（2）飞行条件批准的申请。

（3）飞行条件的批准。

（4）EASA 特许飞行证的颁发。

8.2.2.1　EASA 特许飞行证的申请

根据 21. A. 707：

（a）根据 21. A. 703① 规定，当申请人没有获得颁发特许飞行证② 的权利时，应以管

① 特许飞行证申请人的资格。

② 根据 21. A. 263（c）条（DOA）权利，设计单位批准的持有人有权批准根据 21. A. 710（a）（2）颁发的特许飞行证条件。

理当局制定的形式和方式向该管理当局提出飞行许可的申请。

（b）每个特许飞行证的申请应包括①：

（1）根据21. A. 701规定的飞行目的。

（2）航空器不符合适用的适航要求的方式。

（3）根据21. A. 710批准的飞行条件。

（c）如果在申请特许飞行证时未获得批准飞行条件，则应按照21. A. 709的规定申请批准飞行条件。

8.2.2.2 飞行条件批准的申请

根据21. A. 709：

（a）根据21. A. 707（c），当申请人未获得批准飞行条件的权利时，应提出批准飞行条件的申请：

（1）当飞行条件的批准与设计的安全性有关时，以EASA制定的格式和方式向局方提供。

（2）当飞行条件的批准与设计的安全性无关时，以管理当局制定的格式和方式向当局提供。

（b）每个飞行条件批准的申请应包括：

（1）预计的飞行条件。

（2）支持这些条件的文件。

（3）声明航空器能在21. A. 708（b）的条件或限制下安全飞行。

8.2.2.3 飞行条件的批准

飞行条件包括（21. A. 708）：

（a）申请特许飞行证的构型。

（b）航空器安全飞行所需的任何条件或限制，包括：

（1）航空器对行程和/或空域的条件或限制。

（2）航空器飞行机组的条件和限制。

（3）对机组以外人员的运输限制。

（4）要满足的运行限制、特殊程序或技术条件。

（5）特殊飞行试验计划（如适用）。

（6）特殊持续适航安排，包括维修文件和执行方式。

（c）证明航空器在（b）的条件或限制下能够安全飞行。

（d）用于控制航空器构型的方法，以便维持在规定的条件范围内。

注：2013年5月的GM 21. A. 708提供了有关说明这一复杂且重要观点的有用信息。特别值得关注的是GM No. 3的21. A. 708（c）“超重航空器的运行”。

根据21. A. 710：

---

① EASA表21（见AMC 21. B. 520（b））应从管理当局获得。

（a）当飞行条件的批准与设计的安全性有关时，飞行条件应通过以下方式批准：

（1）局方。

（2）根据 21. A. 263（c）（6）规定的权利，经授权的设计单位。

（b）当飞行条件的批准与设计的安全性无关时，飞行条件应经颁发特许飞行证的管理当局或经授权的单位批准。

（c）在批准飞行条件之前，局方、管理当局或经授权的单位必须确认航空器能够在特殊条件和限制下安全飞行。局方或管理当局可以要求申请人为此目的进行任何必要的检查或测试。

GM 21. A. 710 解释了：

（a）飞行条件的批准与设计的安全性有关，当：

（1）航空器不符合批准的设计。

（2）不符合适航限制（AL）、审定维护要求（CMR）或适航指令（AD）。

（3）预期在批准包线之外的飞行。

（4）为 21. A. 701（a）（15）条款中的目的颁发特许飞行证。

（b）飞行条件与设计安全性无关时的典型批准有：

（1）以确认制造符合性为目的进行生产飞行试验。

（2）经批准设计的新航空器的交付/出口飞行。

（3）表明符合局方之前接受的标准，以使航空器或航空器型号获得或重新获得（限制）适航证的资格。

8. 2. 2. 4　EASA 特许飞行证的颁发

21. A. 711 提供了颁发特许飞行证的说明清单：

（a）管理当局可以在 21. B. 525[①] 规定的条件下颁发特许飞行证（EASA 表 20a）。

（b）当根据 21. A. 710 批准 21. A. 708 所述的飞行条件时，经授权的设计单位可根据 21. A. 263（c）（7）规定的权利颁发特许飞行证（EASA 表 20b，见附录 IV）。

（c）当根据 21. A. 710 批准 21. A. 708 所述的飞行条件时，经授权的生产单位可根据 21. A. 163（e）[②] 规定的权利颁发特许飞行证（EASA 表 20b）。

（d）当根据 21. A. 710 批准 21. A. 708 所述的飞行条件时，经授权的持续适航管理单位可根据附件 I（M 分部）M. A. 711 规定的权利颁发特许飞行证（EASA 表 20b）。

---

① 21. B. 525 特许飞行证的颁发。

管理当局应及时颁发特许飞行证（EASA 表 20a）：

（a）在提交 21. A. 707 所要求的数据后。

（b）当根据 21. A. 710 批准 21. A. 708 所述的飞行条件时。

（c）当管理当局通过自己的调查（可能包括检查或通过与申请人商定的程序）确定航空器符合飞行 21. A. 708 所定义的设计时。

② 根据 21. A. 163（e）条（POA）权利，生产单位批准书的持有人可以根据与其主管生产当局商定的程序，为其生产航空器，并在生产单位本身根据其 POA 控制航空器构型并且证明符合飞行批准的设计条件时，根据 21. A. 711（c）颁发特许飞行证，包括批准符合 21. A. 710（b）的飞行条件。

（e）特许飞行证应根据 21. A. 710（c）明确目的、任何条件和限制。对于根据（b）、（c）或（d）颁发的许可证，特许飞行证和相关飞行条件的副本应尽早（不超过三天）提交给管理当局。

（f）如果有证据表明，单位根据（b）、（c）或（d）颁发的特许飞行证未满足 21. A. 723（a）规定的任一条件，该单位应立即撤销特许飞行证并立即通知管理当局。

注：（2013 年 5 月的）GM 21. A. 708 提供的以下四个流程图，可全面了解特许飞行证颁发的过程（见图 8-1）。

8.2.2.5　首次颁发特许飞行证后的程序

EASA 21 部 P 分部为以下几点提出要求和指导材料（GM）：

（a）21. A. 713　更改

（b）21. A. 715　语言

（c）21. A. 719　交付

（d）21. A. 721　检查

（e）21. A. 723　有效期和持续有效

（f）21. A. 725　特许飞行证的延期

（g）21. A. 727　特许飞行证持有人的义务

（h）21. A. 729　记录保持（见图 8-1（d））

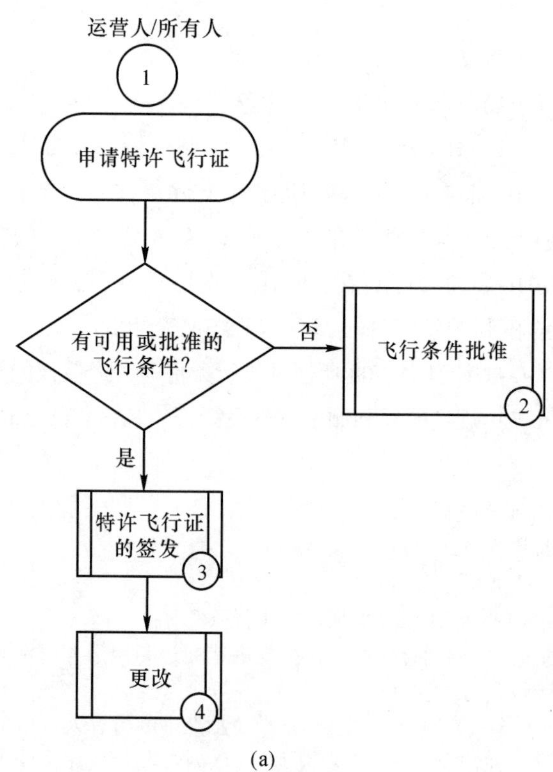

(a)

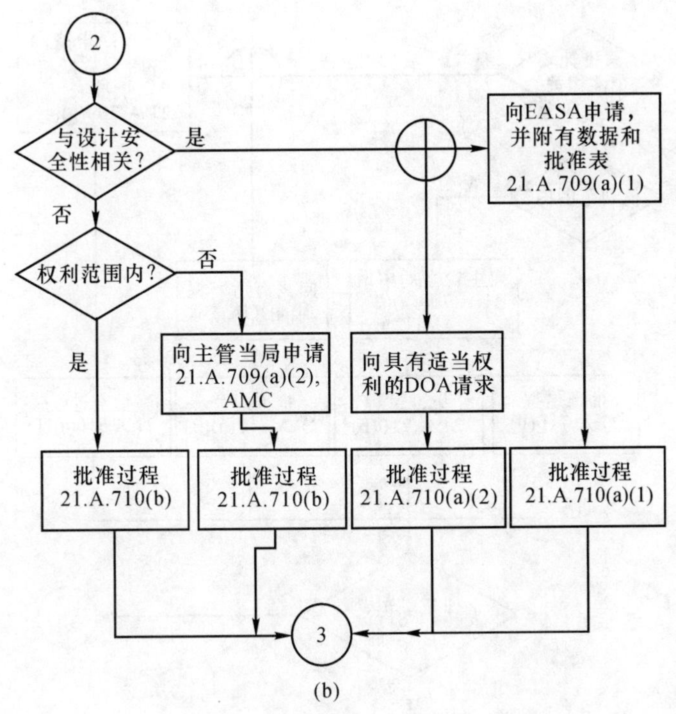
2
与设计安全性相关?
是
否
向EASA申请，并附有数据和批准表 21.A.709(a)(1)
权利范围内?
否
是
向主管当局申请 21.A.709(a)(2), AMC
向具有适当权利的DOA请求
批准过程 21.A.710(b)
批准过程 21.A.710(b)
批准过程 21.A.710(a)(2)
批准过程 21.A.710(a)(1)
3

(b)

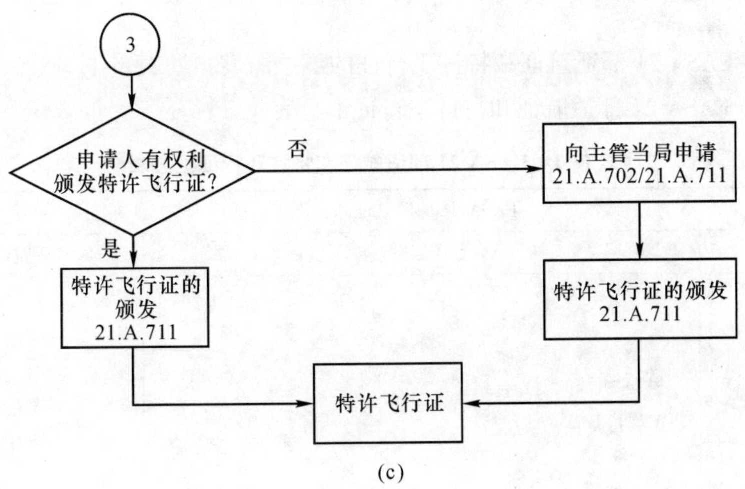
3
申请人有权利颁发特许飞行证?
否
向主管当局申请 21.A.702/21.A.711
是
特许飞行证的颁发 21.A.711
特许飞行证的颁发 21.A.711
特许飞行证

(c)

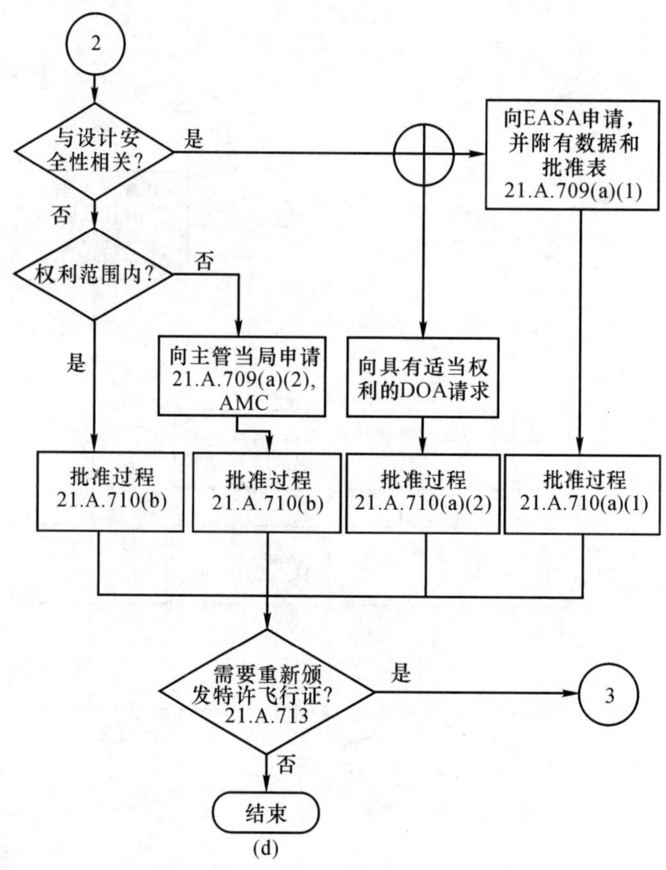

图 8-1　特许飞行证的颁发（（a）～（c））和特许飞行证首次颁发后的更改（（d））

注：关于 EASA 21 部适航证和特许飞行证的汇总图表，见表 8-1。

表 8-1 为 EASA 21 部适航证和特许飞行证汇总表。

表 8-1　EASA 21 部适航证和特许飞行证汇总表

EASA 21 部适航证和特许飞行证		
分类	型号合格证	适航证的颁发
21A. 173（a） 颁发给符合 21 部型号合格证的适航证	根据 21 部的型号合格证 A 章和 B 章 B 分部	A 章和 B 章 H 分部
21A. 173（b） 限用类适航证		
特许飞行证	范围（21. A. 701）	

表 8-1（续）

EASA 21 部适航证和特许飞行证		
	航空器特殊目的的飞行，尚不符合适航规章，但能安全飞行。 1. 研制。 2. 表明其对规章或合格审定规范的符合性。 3. 设计单位或生产单位机组培训。 4. 新生产的航空器进行生产试飞。 5. 生产中航空器在生产工厂之间转场。 6. 航空器用户验收飞行。 7. 航空器交付或出口。 8. 局方鉴定的航空器飞行。 9. 市场调查，包括客户机组训练。 10. 展览和航展。 11. 航空器飞往将进行维修或适航审查的地点，或飞往存放地。 12. 航空器超过最大合格审定起飞重量，在水面上空或在没有适当着陆设施或燃油的陆地上空进行超出其正常航程的飞行。 13. 破纪录、空中竞赛或类似比赛。 14. 尚未确定符合环境要求但满足适用的适航要求的航空器飞行。 15. 不适合采用适航证/限用类适航证的私人简单航空器或型号从事非商业飞行活动	A 章和 B 章 P 分部

8.3　FAA 适航证

8.3.1　分类

FAR 21 部 H 分部 21.175 将适航证分类如下：

（a）标准适航证是为已通过型号合格审定的正常类、实用类、特技类、通勤类或运输类航空器、载人自由气球以及 FAA 指定的特殊类航空器颁发的适航证①。

（b）特殊适航证是指为初级类、限用类、限制类、轻型运动类航空器颁发的适航证，以及临时适航证、特许飞行证和实验类适航证。

注：表 8-2 为 FAR 21 部适航证汇总表。

---

① 特殊类航空器包括滑翔机（欧洲称为 sailplanes）和动力滑翔机、飞艇和其他类型的航空器，这些航空器有资格获得标准适航证，但 FAA 尚未建立适航标准。

表 8-2　FAR 21 部适航证汇总表

FAR 21 部适航证			
分类	类别	注释	适航证的颁发
标准适航证 §21.175（a）	正常类 实用类 特技类 通勤类 运输类 载人自由气球 特殊类别航空器	T.C.：B 分部 §21.121	H 分部 §21.183
特殊适航证 §21.175（b）	初级类	T.C.：B 分部 §21.24。 专为娱乐和个人使用而简单设计的航空器	H 分部 §21.184
	限用类	T.C.：B 分部 §21.25。 用于以下“特殊用途”的航空器： 1. 农业（喷施、撒药和播种，以及牲畜和肉食动物的管理）。 2. 森林和野生动植物保护。 3. 航测（摄影、测绘以及石油和矿物勘探）。 4. 巡查（管道、电力和水渠）。 5. 天气控制（人工降雨）。 6. 空中广告（空中文字、旗帜拖带、机载标志以及公共广播系统）。 7. FAA 规定的任何其他用途	H 分部 §21.185
	限制类	限制类 T.C.（见指令 8130 2H）。 军队航空器转为民用	H 分部 §21.189
	轻型运动类	除旋翼机外的轻型运动类航空器	H 分部 §21.190
	临时类	具有临时 TC 的航空器	I 分部
	特许飞行证	航空器尚未满足适用的适航规章要求，但是能够安全飞行	H 分部 §21.199

8.3.2　标准适航证的颁发

21.183 条款要求如下：

（a）根据生产许可证新制造的航空器。根据生产许可证新制造的航空器，其标准适航证的申请人，无须进一步证明即有权利获得标准适航证，但局方可以检查航空器以确定其符合型号设计并处于安全可用状态。

（b）根据型号合格证新制造的航空器。根据型号合格证新制造的航空器，其标准适航证的申请人，在型号合格证持有人或权益转让协议受让人提交了 21.130 规定的制造符合性声明后，若局方检查后确认航空器符合型号设计并处于安全可用状态，则有权获得标准适航证。

（c）进口航空器。为进口航空器申请标准适航证的申请人如果满足以下情况，有权获得该证书：

（1）该航空器根据 21.21 或 21.29 进行型号合格审定，并在另一制造国生产。

（2）根据与美国签订的出口条款协议，制造国审定该进口航空器符合型号设计并且处于安全可用状态。

（3）FAA 确认航空器符合型号设计，并处于安全可用状态。

（d）军队使用过和剩余航空器。军队使用过和剩余航空器的标准适航证申请人有权获得标准适航证，如果满足以下情况：

（1）申请人向 FAA 提交证据，证明该航空器符合根据型号合格证或补充型号合格证批准的型号设计和相应的适航指令。

（2）航空器（以前根据本章颁发了不同的适航证书的实验类航空器除外）根据 FAR 43.15 规定的 100h 检查的性能标准，或 FAA 可接受的等效性能标准进行检查后，确认是适航的。

（3）FAA 在检查后确认航空器符合型号设计，并处于安全可用状态。

（e）噪声要求。尽管有本章的所有其他规定，但初始颁发的适航证必须符合以下规定：

（1）对运输类大型飞机和喷气式（涡喷发动机）飞机。

（2）对正常类、实用类、特技类、通勤类，或者运输类螺旋桨驱动的小型飞机。

（f）乘客紧急出口要求。尽管有本章的所有其他规定，但在 1987 年 10 月 16 日之后制造的运输类飞机，申请标准适航证的申请人，必须证明航空器符合要求。

（g）燃油排气和废气排放要求。尽管有本章的所有其他规定，并且无论申请日期如何，除非航空器符合该部分的适用要求，否则 34 部指定的航空器自规定的日期起，均不颁发适航证。

（h）根据 21.6（b）规定新制造的航空器。根据 21.6（b）规定新制造的航空器，其标准适航证申请人有权获得标准适航证。

8.3.2.1　有效期

根据 21.182：

（a）除非 FAA 另有吊销、暂停、撤销或终止日期的规定，否则适航证的有效性如下：

（1）标准适航证、初级类特殊适航证以及为限用类或限制类航空器颁发的适航证只要按照 FAR 43 部和 FAR 91 部进行维修、预防性维修和改装，并且航空器已经在美国注册，那么该适航证就是有效的。

8.3.3　特殊适航证的颁发

最初看到可能会产生疑问，为什么 FAA 有如此多种特殊适航证？

正如之前所述，这是为了解决航空器长期运行中产生的大量问题，为不同情况建立不同的书面规定。

我们已经看到 EASA 利用特许飞行证来解决这些问题。

有必要回顾本章开头有关适航管理规定的概述。本书中我们仅仅提到了相关的章节，是为了让读者对此有一个总体的了解。

因此，对于这些要求的实际使用，建议查阅FAR 21部，要求所引用的其他FAR规章以及咨询材料（AC、Order等）。

特别值得一提的是FAA Order 8130-2H，它给出了完成航空器及相关产品的初始和重复适航性合格审定的程序。

另一个实际的考虑是：为已通过型号合格审定的航空器颁发适航证时，其安全性是通过单个航空器与相关型号合格证和适用运行要求的符合性得以保证的。

因为大多数特殊的和实验类的适航证不是以某个型号合格证为基础的，因此这类适航证的颁发应保证“充分的安全性水平”。这一声明不仅包括单一航空器物理状态的评估，也包括对其设计的评估。这些各种各样的评估一般要求有经验、技能和常识。

8.3.3.1 *初级类航空器特殊适航证的颁发*

8.3.3.1.1 *初级类航空器①的定义*

按照初级类进行合格审定的航空器：

（i）无动力驱动或者由一台自然吸气式发动机驱动、按23.49定义的失速速度不大于113km/h（61kn）的飞机；或者在海平面标准大气条件下主旋翼桨盘载荷限制值为29.3kg/m^2（6lb/ft^2）的旋翼航空器。

（ii）最大重量不大于1225kg（2700lb）；对于水上飞机，不大于1530.9kg（3375lb）。

（iii）包括驾驶员在内，最大座位数不超过4个。

（iv）座舱不增压。

8.3.3.1.2 *适航证②的颁发*

（a）依据生产许可证制造的新的初级类航空器。适用于依据生产许可证制造并符合21.24（a）（1）要求的新航空器，包括由其他人利用生产许可证持有人提供的套材并在持有人监督和质量控制下组装的航空器，其特殊适航证申请人无须进一步证明即有权取得特殊适航证，局方可以检查航空器与型号设计的制造符合性及其安全可用状态。

（b）进口航空器。依据21.29③进行型号合格审定的进口航空器，若有该航空器制造国适航当局的证明，并且FAA在检查后确认航空器符合经批准的满足21.24（a）（1）的适用准则的型号设计并处于安全可用状态，其初级类特殊适航证申请人就有权获得特殊适航证。

（c）拥有临时标准适航证的航空器。对于拥有临时标准适航证，满足21.24（a）（1）的航空器，其初级类航空器特殊适航证申请人可以通过补充型号审定过程获得初级类航空器适航证，以转换为标准适航证。

（d）其他航空器。对于满足21.24（a）（1）且不在上述（a）、（b）、（c）之中的航空器，其初级类航空器特殊适航证申请人满足以下条件后有权获得特殊适航证：

（1）申请人向FAA提供证据，表明该航空器符合经批准的初级类、正常类、实用类、

① 参考FAR 21.24。

② 参考FAR 21.184。

③ FAR 21.29：进口产品型号合格证的颁发。

特技类型号设计，包括符合所有相关的适航指令。

（2）根据 FAR 91.409（a）（1），航空器已经过审查并确认在过去 12 个月内具有适航性。

（3）该航空器由 FAA 发现符合经批准的型号设计，并处于安全可用状态。

（e）不颁发初级类和任何其他类别的多类适航证，初级类航空器只能持有一个适航证。

8.3.3.1.3　有效期

见 8.3.2.1。

8.3.3.1.4　一般说明

这类航空器设计简单，并专门用于娱乐和个人用途。尽管此类航空器在一定条件下可租赁用于飞行培训，但禁止用于人员或者货物运输。

这类航空器必须按照生产许可证制造。这包括根据生产许可证持有人的监督和质量控制系统利用套材组装航空器。

FAR 21.24（b）允许申请人提交特殊检查和预防性维修计划，作为航空器型号设计或补充型号设计的一部分。

FAR 21.184（c）允许申请人将初级类航空器特殊适航证转换为标准适航证。这种转换将通过正常的 STC 程序进行。

进行转换的唯一好处是飞行员/所有人可以进行 FAR 43 部附录 A 所允许范围之外的预防性维修。

在进行转换之前，申请人应考虑必须对转换的特殊飞机型号进行 FAA 批准的特殊检查和预防性维修。

只有合格的飞行员/所有人才可以在特殊检查和预防性维护计划下进行预防性维护。

8.3.3.2　限用类航空器的特殊适航证

8.3.3.2.1　限用类航空器的定义

根据 FAR 21.25，按照特殊用途进行型号合格审定的限用类航空器：

（a）符合 FAR 36 部相关噪声要求的航空器，没有任何特征或特点使其在按预定用途规定的限制下飞行时不安全。该航空器：

（1）满足航空器类别的适航要求，但 FAA 认为不适合航空器使用特殊用途的要求除外。

（2）这是一种根据美国军队的要求制造并使用的类型，随后因特殊用途改装的航空器。

（b）“特殊用途”包括：

（1）农业（喷施、撒药和播种，以及牲畜和肉食动物的管理）。

（2）森林和野生动植物保护。

（3）航测（摄影、测绘以及石油和矿物勘探）。

（4）巡查（管道、电力线和水渠）。

（5）天气控制（人工降雨）。

（6）空中广告（空中文字、旗帜拖带、机载标志以及公共广播系统）。

（7）局方规定的任何其他用途。

8.3.3.2.2　适航证[①]的颁发

（a）依据生产许可证或依型号合格证制造的航空器。对于在限用类别中审定、以前没有在任何其他类别中进行型号合格审定的航空器，手册申请限用类适航证的申请人必须遵守21.183[②]的适用规定。

（b）其他航空器。对于在限用类别中审定的军队剩余航空器或之前已按其他类型进行过型号合格审定的航空器，申请人申请其限用类适航证时，如果航空器已经通过FAA的检查并表明其处于良好的保存和维修状态，并处于安全可用状态，则可获得限用类适航证。

（c）进口航空器。申请人可以获得限用类进口航空器的首份特殊适航证，如果符合以下情况：

（1）该航空器按照21.25或21.29进行型号合格审定，并在另一制造国的授权下生产。

（2）制造国根据与美国签订出口条款协议进行审定，该航空器符合型号设计并且处于安全可用状态。

（3）FAA认为该航空器符合型号设计并处于安全可用状态。

（d）噪声要求。对于螺旋桨驱动的小型飞机，除非FAA认为型号设计除了符合本章适用的适航性要求之外，还符合FAR 36部适用的噪声要求，否则根据本章规定，不颁发初始的限用类适航证。

对于进口飞机，如果飞机所在制造国表明了对本章的符合性，并且FAA认为其符合FAR 36部的适用要求（或其所在制造国的适用航空器噪声要求和FAA可能规定的任何其他要求）和符合（c）的内容。

8.3.3.2.3　有效期

见8.3.2.1。

8.3.3.3　多个适航证

根据FAR 21.187规定，限用类适航证以及一个或多个其他类别的申请人，当航空器构型为该类别时，如果表明了对每个类别要求的符合性，则有权获得合格证。此外，申请人必须表明，通过简单的机械方式移除或添加设备，可以将航空器从一个类别转换为另一个类别。

注：Order 8130.2H提供了这些合格证的详细信息。

8.3.3.4　限用类航空器的特殊适航证

8.3.3.4.1　限用类航空器的定义（FAR 21.189）

军队剩余限用类航空器转换为民用航空器，需要满足下列情况：

（a）该航空器具有限用类型号合格证*。

（b）该航空器符合其型号合格证。

---

① 参考FAR 21.185。

② 见8.3.2。

（c）FAA已经确定该航空器可以安全运行。

（d）运营不包括出租用于人员或货物运输。FAA可以规定安全运行所必要的附加限制。

*FAA 8130.2H“航空器及相关产品适航证”包含已颁发限用类型号合格证的航空器模型清单。

8.3.3.4.2　适航证的颁发①

（a）如果符合以下情况，申请人有权取得限制类航空器适航证：

（1）申请人能够表明该航空器之前已获得限用类型号合格证，并且航空器与型号合格证一致。

（2）经FAA检查（包括申请人进行的飞行检查），确认其维护、修理良好并且处于安全可用状态。

（b）FAA规定了安全飞行所必要的限制和条件。

8.3.3.4.3　有效期

见8.3.2.1。

8.3.3.5　轻型运动类航空器（LSA）的特殊适航证（FAR 21.190）

8.3.3.5.1　轻型运动类航空器②的定义

轻型运动类航空器不包括直升机，也不带动力增升装置，从其初始合格审定开始就持续满足下列条件：

（1）最大起飞重量不超过：

（i）1320lb（600kg），不用于水上运行的航空器。

（ii）1430lb（650kg），用于水上运行的航空器。

（2）在海平面标准大气压下，最大连续功率状态下最大平飞空速（V_H）不超过120kn校正空速。

（3）对于滑翔机，最大不可超越速度（V_{NE}）不超过120kn校正空速。

（4）在最大审定起飞重量和最临界的重心位置，并不使用增升装置的条件下，航空器最大失速速度或最小定常飞行速度（V_{SI}）不超过45kn校正空速。

（5）包括飞行员的最大座位数不超过2个。

（6）如果是动力航空器，为单台活塞式发动机。

（7）如果是除动力滑翔机外的动力航空器，为定距或者桨距可地面调节的螺旋桨。

（8）如果是动力滑翔机，为定距或者顺桨螺旋桨。

（9）如果是旋翼机，为定距、半铰接、跷跷板式、两片桨叶旋翼系统。

（10）如果具有座舱，为非增压座舱。

（11）除了用于水上运行的航空器或滑翔机外，为固定起落架。

（12）对于用于水上运行的航空器，为固定或者可收放起落架或者船体。

（13）对于滑翔机，为固定或者可收放起落架。

---

①　FAR 21.189。

②　FAR 1.1。

注：尽管FAR 1.1中“轻型运动类航空器”的定义包括自转旋翼航空器（俗称旋翼机），但即使符合LSA定义，这些航空器也不符合LSA类别的适航证。旋翼机可以符合其他类别，不归属LSA。

8.3.3.5.2 适航证的颁发①

（a）目的。FAA为轻型运动类航空器颁发特殊适航证，以运营除旋翼机之外的轻型运动类航空器。

（b）资质。为了具备取得轻型运动类特殊适航证资质：

（1）申请人必须向FAA提交：

（i）航空器使用说明。

（ii）航空器维修和检查程序。

（iii）按（c）规定的制造商的符合性声明。

（iv）航空器的飞行训练手册。

（2）航空器之前必须未取得标准的、初级类、限用类、限制类或临时适航证，以及由外国民用航空管理当局颁发的等效适航证。

（3）航空器必须经过FAA检查确定其处于安全可用状态。

（c）轻型运动类航空器制造商的符合性声明。（b）（1）（iii）规定的制造商符合性声明必须：

（1）通过型号和型别、序列号、类别、制造日期和行业标准等，来确定航空器。

（2）声明航空器符合已确定的行业标准的规定。

（3）声明制造商根据符合适用行业标准的生产验收检验程序具有：

（i）对航空器进行地面和飞行试验。

（ii）确认航空器性能可以接受。

（iii）确定航空器处于安全可用状态。

（d）在美国境外制造的轻型运动类航空器。为使在美国境外制造的航空器具有获得轻型运动类特殊适航证的资格，申请人必须满足（b）的要求，并向FAA提供如下证据：

（1）该航空器是在与美国签订了航空器相关双边适航协议或具有适航实施程序的双边航空安全协议或等效适航协议的国家制造的。

（2）航空器具备在其制造国获得适航证、特许飞行证或其他类似合格证的资格。

8.3.3.5.3 有效期

根据21.181，轻型运动类特殊适航证只要符合以下条件，就是有效的：

（1）航空器符合轻型运动类航空器的定义。

（2）航空器符合其原始构型，但根据适用的行业标准以及根据FAA认可的航空器制造商或人员授权进行过更改的航空器除外。

（3）航空器无不安全状况，不太可能发生不安全状况。

（4）该航空器在美国注册。

---

① FAR 21.190。

8.3.3.5.4　一般说明

为了使运动和娱乐领域的航空业能够复苏，FAA经过多年的研究和讨论，于2004年9月1日发布了新的规章。涉及轻型运动航空器的合格审定和飞行执照。

美国通用航空长期以来一直停滞，主要是由于过去几年的全球经济危机。

在美国，这类特殊审定的航空器的有关规定，代表了通用航空领域的巨大成就。

这些规章已由实验类航空器协会（EAA）长期推荐，旨在通过以低成本生产和运行，并且可以简化方式获得飞行员执照，使得各种航空器可以飞行。

值得注意的是，有可能将运动类飞行员的飞行时间计入更高级的飞行员等级。

按照FAA总结：

上述举措的预期作用是允许生产经过合格审定的安全经济的航空器，这些航空器超出了当前超轻型规章允许的范围，而且允许这些航空器由经过合格审定的运动类和娱乐类驾驶员飞行，可以携带一名乘客，也可以安全方式进行飞行训练和牵引。

轻型运动类特殊适航证颁发给符合LSA定义的航空器，按照适用的行业标准制造，并且是以下五类LSA之一：飞机、滑翔机、动力伞、移动重心进行控制的航空器（通常称为三角翼）以及轻于空气的航空器（气球或飞艇）。

这些航空器的审定不包括型号合格审定。FAA根据制造商符合行业标准的符合性声明（FAA表8310-15），将特殊适航证颁发给轻型运动类航空器（FAR 21.190（c））。

行业标准是LSA审定的关键文件，是由工业部门开发的适用于航空器设计、生产和适航的文件。

它包括但不局限于航空器设计与性能标准、所需设备、制造商质量保证体系、生产验收检验程序、操作说明、维修和检查程序、大修和大改的标识和记录以及持续适航方面等。

有一份适用于LSA的行业标准清单已被FAA接受，供轻型运动类航空器行业使用。接受的行业标准由ASTM技术委员会F37[①]定义。

已被FAA接受（但并没有正式批准）的行业标准的符合性声明，实际包括了合格审定。任何情况下，制造商必须允许FAA自由进出其设施，并对适航证的颁发进行最终检查。

8.3.3.5.5　咨询材料

FAA Order 8130.2H第6章给出了LSA制造和审定的详细程序和标准。

注：根据AC 65-32A的定义，“一架航空器根据21.190颁发了轻型运动类特殊适航证”，是一种特殊轻型运动类航空器（S-LSA）。

该咨询通告（AC）向公众提供有关维修人员（轻型运动类航空器）认证的信息，包括维修和检查等级、培训课程的可接受性以及LSA的持续适航性。

FAA Order 8130.36为实施特殊轻型运动类航空器（S-LSA）监查程序提供了指南并指定责任。该计划使用FAA的安全监察员进行以下工作：

---

① ASTM国际组织于2001年之后被称为美国材料试验协会（ASTM），是一个国际标准组织，为各种材料、产品、系统和服务等领域发展和推广行业的技术标准。轻型运动类航空器F37委员会负责与轻型运动类航空器的设计、性能、质量验收检验和安全监控等相关的问题。

（1）对S-LSA制造商及其相关设施进行审查，以确定对联邦规章第14集、FAA认可的行业标准和为了符合这些要求所建立程序的符合性。

（2）分析审查结果，以确定可能需要制定或修改的法规、政策或指南的国家动态。

有关LSA的重要说明，请参阅《轻型运动类航空器适航审定》特殊适航证的特殊注意事项，这份文件来自FAA的航空器适航审定司适航审定处AIR-230。

此航空器设计尚未获得FAA颁发的型号合格证。

（a）FAA不审查、检查或批准此设计。

（b）FAA不对此设计提供持续的运行安全监督。

（c）设计持有人负责根据行业标准对此设计进行审查、试验和批准。

（d）设计持有人负责根据行业标准对此设计进行持续的运行安全监督。

此航空器的制造尚未取得生产许可证（PC），由FAA监控制造。

（a）FAA不对此制造质量保证体系进行审查或批准。

（b）FAA不对此制造质量保证体系进行监督。

（c）制造商负责根据行业标准对此制造质量保证体系进行审查和批准。

制造商负责根据行业标准对此制造质量保证体系进行监督。

8.3.3.6 实验类适航证

8.3.3.6.1 实验类适航证的定义

实验类特殊适航证的颁发是为了没有型号合格证或不符合型号合格证但处于安全可用状态的航空器。此外，该合格证的颁发还为了在没有生产许可证持有人监督和质量控制的情况下的套材组装初级类航空器的运行。

根据FAR 21.191，颁发实验类适航证用于以下目的：

（a）研究和发展。实验航空器新设计概念、新设备、新安装、新运行技术和新用途。

（b）表明对规章的符合性。进行飞行试验和其他飞行，以表明对适航规章的符合性，包括为了表明对型号合格证和补充型号合格证颁发的符合性的飞行、验证设计大改的飞行，以及表明对规章中功能和可靠性要求的符合性的飞行。

（c）机组培训。申请人飞行机组人员的培训。

（d）展览。展览指的是在航展、电影、电视拍摄和类似生产活动中航空器飞行能力、性能或不寻常特性的展示，以及保持飞行表演的技能，包括（展示航空器的人员）往返于航展和生产地的飞行。

（e）航空竞赛。参加航空竞赛，包括参加此类航空竞赛的训练和往返竞赛活动的飞行。

（f）市场调查。仅按照21.195中的规定，使用航空器进行市场调查、销售表演和客户机组人员培训。

（g）自制航空器。航空器的主要部分是由负责结构项目的人员为了个人教学或娱乐自行制造和装配的。

（h）套材组装初级类航空器。运行符合21.24（a）（1）标准的初级类航空器，该航空器是根据21.184（a），在没有生产许可证持有人的监督和质量控制下，由个人通过生产许可证持有人制造的套材组装成的。

（i）轻型运动类航空器。运行下列情况的轻型运动类航空器：

（1）尚未颁发美国或外国适航证，且不符合 FAR 103.1[①] 的规定。

（2）由航空器套材组装：

（i）其申请人能够提供 21.193（e）所需的相关信息。

（ii）符合制造商的组装说明，该说明满足适用的行业标准。

（3）根据 21.190 已颁发轻型运动类特殊适航证。

8.3.3.6.2　实验类适航证的颁发

FAR 21.193 给出了颁发实验类适航证的一般要求。

FAA 要求美国注册的实验类航空器在其适航证限制范围内飞行，如 FAR 21.191 和 91.319 所定义。

我们研究了 21.191 中列出的各种实验类适航证的一些特性。

8.3.3.6.3　有效期

除非 FAA 规定较短的期限，否则为研究和发展的实验类适航证、表明对规章的符合性、机组人员培训或市场调查颁发的实验类适航证有效期为颁发或续签后一年。

除非 FAA 以正当理由建立了特殊的时间段，否则为运行业余自制航空器、展览、航空竞赛、运行套材组装初级类航空器或运用轻型运动类航空器颁发的实验类适航证长期有效。

注：上述 FAA Order 8130.2H 是 FAA 审定人员对此类合格证的指南，也供申请人理解程序要求。

以下为 Order 对 21.191 的说明：

（a）产品研发（R&D）

任何航空器都有资格为产品研发而获得实验类适航证。虽然这最终也可能获得 TC，但可能仅由申请人进行研究或确定是否需要进一步发展。除了 21.191（a）中规定的运行外，追踪航空器的运行、用于结冰飞行试验的加油机，以及其他没有资格获得标准或实验类适航证（产品研发）[②] 但与产品研发项目直接相关的航空器运行，都在此范围内。目前为展览或空中竞赛而审定的实验类航空器也有资格获得研发实验目的的特殊适航证。此外，以前的军队航空器也经常用于研发项目，在进行以前军队航空器的研发审定时，可以遵循本 Order 中的指南。

（b）表明对规章的符合性

当 TC 申请人或航空器改装人更改了 TC 设计数据，或申请了 STC 或现场批准时，可考虑这种方式。目的是在申请人完成研发试验（如适用）后，表明对联邦规章（CFR）[③] 的符合性，并准备通过 FAA 的飞行试验。除了 21.191（b）中规定的运行外，追踪航空器的运行，以及其他没有资格获得标准或实验类适航证但与型号合格审定项目直接相关的航空器运行，都在此范围内。

---

① 超轻类航空器。

② 研发。

③ 美国联邦规章。

（c）机组培训

根据21.191（c），此目的仅限于申请人的飞行机组。通常包括需要在实验类航空器上培训的制造商员工。制造商的飞行机组人员运行航空器在型号合格审定项目或生产飞行试验进行飞行试验。机组培训还包括运行一架试验性的前军队航空器的公司/申请人，并需要训练其飞行员/员工以获得型号等级或授权在航空器上担任飞行员。

（d）展览

根据21.191（d）的规定，展览航空器被定义为在航展、飞往活动场所和航空活动中展示航空器的飞行能力、性能或不寻常特性的航空器；用于电影、电视和类似作品；以及维持展览飞行的熟练程度，包括（参展航空器的人员）往返于此类活动场地和生产场地。

只有当航空器用于有效的展览目的时，才能颁发用于展览的实验类适航证。这些目的包括有组织的航展、有组织的飞行活动、有组织的展览、青少年教育活动、有组织的特技比赛、飞往和飞离比赛、电影或电视制作。用于展览的适航证长期有效。

（e）航空竞赛

根据21.191（e）规定，航空竞赛航空器被定义为参加航空竞赛的航空器，包括参加此类航空竞赛和往返竞赛场地的航空器。

只有当飞机用于有效的航空竞赛时，才能颁发航空竞赛的实验类合格证，包括有组织的航空竞赛或滑翔机竞赛。用于航空竞赛的适航证长期有效。

（f）市场调查

美国的航空器或发动机制造商，和修改已经取证的航空器的人员，可以根据21.195申请实验类特殊适航证，以进行市场调查、销售和客户机组培训。FAA代表必须确保在颁发实验类合格证之前满足21.195规定。申请人必须向FAA代表提供市场调查运行所需的预计飞行时间或航班数量，以及根据21.193（d）（2）和（3）所规定的飞行区域或航程。

该适航证的有效期应限于所述运行在颁发之日起一年或更短时间。可以为具有实验类运行批准程序的PC持有人提供更长的期限。地区制造检查办公室经理可以选择延长其他情况的有效期。

（g）业余自制航空器

总则。根据21.191（g）规定，业余自制航空器是指主要部分由个人制造和装配，制造者主要是为了个人教育或娱乐。

可以通过以下方式制造自制航空器：

（1）业余制造者的原创设计。

（2）购买的计划或套材。

有些套材已经经过了FAA的评估，有些没有。这些评估不是规章要求的，制造商也不需要在销售前让局方对套材进行评估。套材评估确定了自制者制造和组装的航空器是否满足21.191（g）的大部分要求，并且是否有资格获得实验类业余自制航空器适航证。

基本准则。当以以下目的运行业余自制航空器时，业余自制航空器有资格获得实验类特殊适航证：

（1）FAA确认该航空器符合可接受的航空标准和实践。

（2）航空器处于安全可用状态。

（3）申请人（个人，一系列个人，团体）提供可靠的证据，证明航空器的主要部分是为了个人教育或娱乐目的而制造和组装的。

附加信息和表明知识水平。为了确定知识水平，局方可要求申请人在适航检查过程中提供信息。例如，局方可以要求申请人描述用于制造航空器的特定制造工作或技术，或提供关于材料类型的信息。这些讨论使局方能够评估申请人参与制造航空器的情况。

主要部分的确定。主要部分的确定是通过评估业余自制者完成的工作量与完成航空器所需工作总量（不包括标准采购项目）的比例确定的。航空器的“大部分”被定义为50%以上的制造和组装工作，通常被称为“51%规则”。如果航空器制造和组装任务的主要部分不是由自制者完成的，则航空器不符合 21. 191（g）规定的实验类业余自制航空器适航证。

提供商业和/或教育帮助。业余自制者可以签订合同寻求商业帮助，但如果计划使用商业帮助，应通知局方。自制者也可以在制造或组装特定零部件时获得商业教育帮助，以完成飞机制造过程中涉及的任务或流程。在某些情况下，这种商业帮助可以由套材制造商提供。局方可以将用于教育目的的商业帮助归功于“大部分”的确定。然而，这种教育帮助不能超越完成任务的证实。

根据 FAR 65. 104 规定，制造知识对于作为航空器的主要制造者是必要的，以便 FAA 向业余制造者颁发修理执照，并且这也是该适航证的权利。

设计和制造。业余自制者不需要具备 TC 和 PC 持有人必须具备的连续重复生产航空器所需的详细设计数据、质量系统和程序。通常情况下，业余自制者只会获得套材提供的信息。然而，应该强烈建议业余制造者保持完整充分的证明文件①，以证实制造和装配工艺，并表明对 21. 191（g）的符合性。

商业生产的产品和零部件的使用。为了满足 21. 191（g）的要求并且有资格获得实验类适航证，必须提供可靠的证据，以证明该航空器不是由完全预制的产品、零部件或套材组装而成的。

（1）FAA 认为不能指望自制者制造组成航空器的每件产品和零部件，某些产品和零部件将从商业渠道获得。

（2）诸如发动机、发动机组件、螺旋桨、旋翼桨叶、旋翼桨毂、轮胎、车轮和刹车组件、仪表和标准航空金属构件，包括滑轮、摇臂、关节轴承、轴承、螺栓、铆钉、热气球燃烧器和油箱可以在公开市场采购。当局方确定自制航空器满足主要部分要求时，这些产品和零部件的使用不计入自制者或套材制造商。

自制套材的使用。如果航空器的主要部分由业余自制者制造和组装，仅用于自己的教育或娱乐，则由套材制造和组装的航空器有资格获得业余自制航空器的适航证。申请人必须持有可靠的证据，以支持 FAA 表 8130-12 中主要部分（超过 50%）的要求以及教育/娱乐的声明。

由完全预制零部件组成的套材组装的航空器不具备实验类自制航空器适航证的资格。套材的主要部分应由原材料组成，例如，木材、管材和挤压件的长度，其可能已经被切割

① 列于该指令 459e 条款。

成大致长度。

如果有的话，航空器业余自制者应从其套材制造商那里获得完整的FAA套材评估的副本。

FAA评估和检查。FAA进行套材评估，以确定按照制造商的说明由预制套材构造的航空器是否符合21.191（g）的主要部分要求。

局方通常不会在制造和组装过程中进行过程检查以确定适航性，但局方必须确定航空器处于安全可用状态。因此，业余自制者的文件需要说明所有的过程检查。

文档要求。业余自制者需要提供足够和充分的文档，来详细说明航空器的制造和检查。

（1）这些记录需要清楚地说明哪些是自制的？哪些是组装的？哪些要检查？由谁完成？以及执行这些工作的日期。

（2）文件应清楚地表明执行这些工作的人员，表明执行工作的时间和地点，表明可接受的航空器制造和操作方法，并记录商业和非商业帮助。

（3）必须向FAA提供足够的信息以确定“大部分”。

开展飞行试验的程序，应根据AC 90-89“业余自制航空器”和“超轻型飞行试验手册”，或其范围和细节等效的材料。

审定程序。当航空器提交适航审查时，FAA对自制航空器的检查将仅限于一般适航性检查。

证件颁发。在完成适航检查和文件审查后，局方将颁发特殊适航证和该航空器的运行限制。运行限制将附在FAA表8130-7中。

注：AC 20-27G为业余自制航空器制造人提供了有关审定和运行业余自制航空器的具体信息和指导。在制造自制航空器之前应该怎么做和知道什么；业余自制航空器的设计和制造；加工和组装；登记；识别和标记；申请适航证；FAA检查；颁发适航证；飞行试验；飞行试验后的运行。

（h）套材组装初级类航空器

如果初级类航空器套材（PCA套材）在没有PC持有人监督的情况下组装，航空器可以根据21.191（h）规定获得实验类适航证。该套材的购买者或所有人不需要组装或制造套材的任何特定部分；可以从其他来源获取部分或全部工作的帮助，如PC持有人或其他制造人。但是，该套材必须由PC持有人制造。

（i）轻型运动类航空器

资格。两种类型的LSA有资格获得实验类适航证（ELSA）：

（1）根据21.191（i）（2）符合实验类LSA适航证的套材组装轻型运动类航空器或套材LSA必须满足以下条件：

（i）根据21.191（e）（1）规定，LSA套材制造商根据适用的FAA认可的行业标准制造航空器，对相同型号和型别的航空器颁发了LSA类的特殊适航证①。

① 具有航空器套材制造商制造和组装并颁发了轻型运动类特殊适航证的相同制造和型号航空器的证据。

（ii）制造商的符合性声明（SOC）符合21.190（c）的要求，但不包括21.190（c）（7）①。

（iii）申请人提供14 CFR 21.193（e）所要求的航空器文件。

（2）以前颁发过LSA适航证的航空器具有资格。这可能发生在以下情况时：

（i）所有人/申请人根据制造商的说明和适用的FAA认可的行业标准，选择不再执行LSA维护或服务指令。

（ii）LSA制造商的持续适航运行/持续适航系统未得到保持或不再存在。导致LSA不合格的情况和持续运行安全性的降低，这可能使该特殊适航证无效。该航空器可能符合其他具有更改运行条件的试验目的。

一般设计与制造。LSA制造商的套材可以有资格获得用于运行LSA的实验类适航证，前提是该航空器的制造符合局方认可的适用行业标准中的规定。航空器必须按照行业标准中规定的制造商装配说明进行组装。

LSA套材不必满足业余自制航空器的主要部分要求。

之前颁发过轻型运动类特殊适航证的飞机有资格获得用于运行LSA的实验类适航证。这些航空器之前已经过飞行试验，不需要进行额外的飞行实验，除非他们后来进行了更改、改装、增加或删减。而该航空器未经LSA制造商书面批准，未在航空器记录中记录。

审定程序。航空器提交适航审查时，局方对实验类适航证（ELSA）的检查仅限于一般适航性检查。

局方不会在航空器制造或组装过程中进行任何连续检查。

适航证颁发。在完成记录检查、文件审查和航空器审查后，FAA将颁发特殊适航证，以飞行具有适当运行限制的试验类LSA。

8.3.3.7　特许飞行证

8.3.3.7.1　特许飞行证的定义

根据FAR 21.197，特许飞行证可以颁发给目前尚未满足适用的适航要求，但是能够安全飞行的航空器，其用于：

（1）航空器飞往修理、改装或维修的基地，或存放地点。

（2）为交付或出口航空器的飞行。

（3）新生产航空器的生产试飞。

（4）为撤离发生危险的地区而进行的飞行。

（5）已完成生产试飞的新航空器进行客户表演飞行。

当飞行超出水上或陆上的正常范围且不具备适当的着陆设施或充足的燃油时，特许飞行证也可以颁发给超出最大审定起飞重量的航空器。批准的超出重量仅限飞行所必须的附加燃油、燃油运输设施和导航设备。

根据申请，持续批准的特许飞行证可以颁发给尚未满足适用的适航要求，但是可以安全飞行抵达维修或改装基地的航空器。

---

① 制造商通过良好的地面和飞行试验获得生产验收。

8.3.3.7.2 特许飞行证的颁发

为了颁发特许飞行证，局方将收集所有必需的信息用来规定飞行限制，并安排或要求申请人进行安全飞行所需的检查和试验。

Order 8130.2H 提供了申请和颁发特许飞行证的信息，航空器检查，特殊运行限制，超重航空器运行的特殊飞行许可，生产试飞，以及进行客户表演飞行等。

8.3.3.8 临时适航证

8.3.3.8.1 临时 TC 的定义

（一）21.73 资质

（a）美国境内航空器制造商，如属于美国公民，可申请Ⅰ类或者Ⅱ类临时型号合格证、临时型号合格证更改、型号合格证的临时更改。

（b）制造国的航空器制造商，如果符合与美国签订的关于接受这些航空器进出口协议的规定，可以申请Ⅱ类临时型号合格证、临时型号合格证更改、型号合格证的临时更改。

（二）21.81 Ⅰ类临时型号合格证颁发和修改的要求

（a）如果符合本条规定并且按照本章（e）和 FAR 91.317 中已建立的限制运行时，局方认为没有设计特点、特征或使用条件使航空器不安全，申请人有资格获得或更改Ⅰ类临时型号合格证

（b）申请人必须建立申请型号合格证或补充型号合格证的所有限制，包括重量、速度、飞行机动、装载、飞行控制和设备方面的限制。对每个不能确定的限制，应为航空器建立适当的飞行限制。

（三）21.83 Ⅱ类临时型号合格证的颁发和更改的要求

（a）如果符合本条规定并且按照本章（h）、FAR 91.317 和 121.207 中已建立的限制运行，局方认为没有设计特点、特征或使用条件使航空器不安全，申请人有资格获得或更改Ⅱ类临时类型证书。

（b）如果申请人已经表明满足本条要求，即航空器满足本章（f）要求，并且按照本章（h）、FAR 91.317 和 121.207 中已建立的限制运行时，局方认为没有设计特点、特征或使用条件使航空器不安全，任何与美国签有航空器进出口协议的航空器制造商有资格获得或更改Ⅱ类临时型号合格证。

（c）申请人必须申请运输类的航空器型号合格证。

8.3.3.8.2 临时适航证的定义

总则。根据 FAR 21 部 I 分部规定，可以颁发两类临时适航证。

（a）Ⅰ类临时适航证可以颁发给所有类别航空器。

（b）Ⅱ类临时适航证仅颁发给运输类航空器。

在每种情况下，TC 相应的临时 TC 或临时更改必须有效，才有资格获得相应的临时适航证。

FAR 91.317 中规定了临时合格审定航空器进行的特殊用途的运行。这些运行包括：

（a）培训飞行机组人员，包括模拟航空运输运行。

（b）制造商为潜在客户进行飞行表演。

（c）制造商进行市场调查。

（d）对不影响航空器基本适航性的仪器、附件和装置进行飞行检查。

（e）航空器维护测试。

特殊适航证。一旦确定航空器符合临时 TC 或 TC 临时更改并且其处于安全可用状态，FAA 应颁发表 8130-7。

飞行限制。为颁发临时 TC 或 TC 的临时更改而建立的飞行限制是颁发给单个航空器临时适航证的一部分。

注：Order 8130. 2H 提供了其他的细节信息。

8. 3. 3. 8. 3　一般说明

型号合格证在制造商符合所有适用的审定要求时颁发。然而，航空器制造商有资格在颁发完整型号合格证之前申请临时型号合格证。

临时型号合格证是设计批准，具有时间和运行限制，例如，在载客飞行之前开始训练，并在审定的最后阶段进行上述的一些特殊飞行。

另一个例子，在一些系统失效的情况下，这种类型的适航证允许在临时型号合格证下飞行，如防冰、自动驾驶和增压，给临时适航证加了限制。当然，制造商应该证明这些系统失效的飞行是安全的。

8. 3. 4　出口适航批准

FAR 21 部 L 分部给出了颁发出口适航批准的规定，以及出口适航批准证书持有人的管理规定。

根据 21. 325：

（a）航空器的出口适航批准以出口适航证的形式颁发。该证书不用于航空器的运行。

（b）局方规定了颁发航空发动机、螺旋桨或零部件的出口适航批准的格式和方式。

（c）如果 FAA 确认在管理美国联邦条例（U. S. C.）第 49 集和本节的相关要求没有过重的负担，可以对位于美国境外的产品或零部件颁发出口适航审批。

这里提供了 AC No. 21-44 的概要，规定了符合这些要求的可接受方法。

8. 3. 4. 1　出口适航证批准的类型

FAA 为航空器、航空发动机、螺旋桨或零部件颁发出口适航批准，要求如下。

（a）航空器出口适航批准。FAA 表8130-4，即出口适航证（AC），用于航空器的出口适航批准。出口适航证代表着 FAA 对指定航空器的合格审定证明：

（1）符合其 FAA 型号设计或更改。

（2）在检查和颁发出口适航证时，航空器处于安全可用状态。

如果进口国或地区需要，出口适航证还包括证明航空器符合进口国型号设计的补充声明。

注：出口适航证不是航空器运行的批准。

（b）航空发动机、螺旋桨或零部件的出口适航证批准。FAA 表 8130-3，即批准放行证（authorized release certificate），用于颁发航空发动机、螺旋桨或零部件的出口适航批准。该批准放行证代表着 FAA 证明航空发动机、螺旋桨或零部件符合以下条件：

（1）符合 FAA 设计批准或更改。

（2）在检查和颁发批准放行证时，处于安全可用状态。

根据21.325（c），如果FAA确认在管理相关要求时没有过重负担，就可以将表8130-4和表8130-3颁发给位于其他国家的任何产品或零部件。

8.3.4.2 新的或使用过航空器获得FAA出口适航证前需满足的要求

FAR 21.329规定了新制造的或使用过航空器颁发出口适航证的要求，包括在美国境外的航空器，只要FAA确认在管理相关规章时没有过重负担。

（a）按FAR 21部F分部或G分部制造的新航空器或使用过航空器。如果符合FAR 21部H分部适航证中的规定，FAA可根据21部F分部“依据型号合格证的生产”或G分部“生产许可证”，向新制造的或使用过航空器颁发出口适航证。这类航空器可以获得标准适航证，或者初级类和限用类特殊适航证。

（b）没有按FAR 21部F分部或G分部制造的新航空器或使用过航空器。FAA也可以向不是按FAR 21部F分部或G分部制造的新航空器或使用过航空器颁发出口适航证。在这种情况下，航空器已经拥有有效的标准适航证，或者有效的初级类或限用类特殊适航证（按H分部要求颁发）。没有按FAR 21部F分部或G分部制造的航空器的例子，包括根据FAR 21.29“进口产品型号合格证的颁发”已获得FAA型号设计批准的进口航空器，以及使用备件和剩余部件制造的航空器。

注：如果进口国可以接受并且书面声明可接受，则产品不需要满足上述规定的相关要求。如果在出口产品和相关已型号审定产品之间存在不满足的要求和构型差异，可以在出口适航批准书上列出。

例如，未组装的航空器或临时安装了附加燃料或导航设备的航空器，不是型号设计中确定的可选构型，不符合FAR 21.329（a）要求。这样，出口商将需要确定和向FAA报告这些项目及其相关适航要求。

8.3.4.3 航空器出口到与美国没有双边协议的国家或地区

将航空器出口到与美国没有双边协议的国家或地区，并且没有正式向FAA提出明确的特殊进口要求时，无须获得FAA出口适航证。然而，当这些航空器符合FAA批准的设计或更改，并且处于安全可用状态，FAA可以为出口的所有符合条件的航空器颁发表8130-4。

8.3.4.4 新的或使用过航空发动机、螺旋桨或零部件获得FAA出口适航批准前需满足的要求

FAR 21.331规定了向新的或使用过航空发动机、螺旋桨或零部件颁发出口适航批准的要求。这包括位于美国境外的航空发动机、螺旋桨或零部件，只要FAA确认在管理相关规章时没有过重负担。

（a）新的航空发动机、螺旋桨或零部件。FAA或其委任单位可以为根据21部新制造的航空发动机、螺旋桨或零部件的出口颁发出口适航批准，即表8130-3。航空发动机、螺旋桨或零部件必须符合FAA批准的设计，并处于安全可用状态。

（b）使用过航空发动机、螺旋桨或零部件。任何人（例如，经销商、运营人、私人所有者）可以从FAA或其委任单位获得使用过航空发动机、螺旋桨或零部件出口适航批准。这类出口适航批准包含申请人声明，即这些使用过航空发动机、螺旋桨或零部件已按

照 FAR 43 部进行了适当的维修。

注：如果进口国可以接受并且接受这些要求的偏离，零部件、新的或使用过航空发动机和螺旋桨不需要满足 FAR 21.331 中规定的要求。如果航空发动机、螺旋桨或零部件与批准设计之间存在差异，将在表 8130-3 中列出。

8.3.4.5　出口航空发动机、螺旋桨或零部件到与美国没有双边协议的国家或地区

将新的或使用过航空发动机、螺旋桨或零部件出口到与美国没有双边协议的国家或地区时，并且不需要向 FAA 提交特殊进口要求，则无须提供表 8130-3。然而，当新的或使用过航空发动机、螺旋桨或零部件符合 FAA 批准的设计并处于安全可用状态时，FAA 可以为其出口颁发表 8130-3。

作为一个特殊情况，如果 FAA 已经对根据 F 分部或 G 分部制造的新的航空发动机、螺旋桨或零部件颁发了适航批准，则初始适航批准仍然适用于新的航空发动机、螺旋桨或零部件的出口，用于出口的补充表 8130-3 将不予颁发。

8.3.4.6　出口适航批准书的一般说明

在第 5 章中，“进口产品的型号合格审定”部分涉及进口国局方对型号合格证的批准。

出口适航证不授权航空器运行。如前所述，出口适航证本质上是对进口国型号合格证的符合性声明，包括进口的附加要求和进口国局方接受的不符合项清单。

因此，也有可能为“不适航”的航空器颁发出口适航批准。

Order 8130.2H 描述了完成和使用 FAA 表 8130-3“适航批准标签”的程序。此指令描述了 FAA 授权放行证、FAA 表 8130-3 和适航批准标签的完成和使用程序。

此指令描述了 FAA 表在国内适航批准、制造符合性检查、预先配置及新产品和零部件的适航批准等方面的使用。

注：图 8-2 是 FAA 表 8130-3“适航批准标签”的一个例子。

<table>
<tr><td colspan="2">1. 批准民航当局/国家
FAA/美国</td><td colspan="3">2. 授权放行证
FAA 表 8130-3，适航批准标签</td><td>3. 表格追综号：</td></tr>
<tr><td colspan="5">4. 单位名称和地址：</td><td>5. 工作指令/合同/发票号：</td></tr>
<tr><td>6. 项目：</td><td>7. 描述：</td><td>8. 件号：</td><td>9. 质量：</td><td>10. 序列号：</td><td>11. 状态/工作：</td></tr>
<tr><td></td><td></td><td></td><td></td><td></td><td></td></tr>
<tr><td colspan="6">12. 记录：</td></tr>
<tr><td colspan="3">13a. 证明上述物品符合要求：
□批准的设计数据，并处于安全可用状态
□方框 12 中指定的未批准的设计数据</td><td colspan="3">14a.
□14 CFR 43.9 重新投入使用
□在方框 12 中给出的其他规章
证明除了方框 12 中特殊规定外，方框 11 中确定的并在方框 12 中描述的工作是根据联邦规章第 14 集第 43 部完成的，并且就该工作而言，这些项目被批准重新投入使用</td></tr>
<tr><td>13b 授权签名：</td><td>13c 批准/授权号：</td><td colspan="2">14b 授权签名：</td><td colspan="2">14c. 批准/授权号：</td></tr>
<tr><td></td><td></td><td colspan="2"></td><td colspan="2"></td></tr>
</table>

<table>
<tr><td>13d 名称：</td><td>13e 日期：</td><td>14d 名称：</td><td>14e 日期：</td></tr>
<tr><td colspan="4">使用人/安装者责任</td></tr>
<tr><td colspan="4">重要的是要理解单独存在该文件并不自动构成安装航空发动机、螺旋桨或零部件的权限。
如果使用人/安装者按照适航当局（不同于方框1中指定国家适航当局）的规章开展工作，则使用人/安装者必须确保他/她的适航当局接受来自方框1规定适航当局的航空发动机/螺旋桨/零部件。
方框13a和14a中的声明不构成安装审定。在所有情况下，航空器维修记录必须包含航空器在可能飞行之前由使用人/安装者按照国家规定颁发的安装审定。</td></tr>
</table>

图8-2　适航批准标签举例

第 9 章　航空运行规章

9.1　国际民用航空组织运行标准

国际民用航空组织（ICAO）公约附件 6①“航空器运行”中包括定义、飞行运行、性能运行限制、仪器、设备和飞行文件、通信和导航设备、维修、飞行机组、飞行运行人员或飞行签派、手册、日志和记录、乘务人员、安保、危险品、航空器显示的灯光、运行手册的组织和内容、航空运营人运行合格证、飞行记录器等适用的标准。

运行安全的一个要素是航空器的本质安全，即其适航水平。航空器的适航水平不仅由附件 8 的适航标准来定义，还要结合附件 6 中的补充标准。

人们认识到，国际民航组织的适航标准不会替代各个国家的规章。一个国家的适航条例应包括该国认为必要的全部范围和细节要求，作为航空器的审定基础。每个国家都将制定自己的全面和详细的适航法规，或者选择另一个缔约国制定的全面、详细的法规。法规所定义的适航水平将通过标准来表示，必要时通过可接受的符合性方法加以补充。

与前几章一样，本章将介绍联邦航空局（FAA）和欧洲航空安全局（EASA）的运行规章。虽然基于国际民航组织的原则，这两套规章的结构完全不同且需要单独考虑。

9.2　联邦航空局运行标准

运行标准规定了航空器运行的要求，包括运营人审定的规定，特别是其单位、程序、手册、机组人员雇用和培训、设备、飞机的适用性和维修、危险品的运输，以及防止非法干扰行为。

这些运行标准已在第 4 章列出，我们将对这些复杂的文件进行总结。我们还将介绍它们的适用性以及一些条款或重要标题。

由第 4 章图 4-1（第 49 集，运输），我们将看到联邦航空规章（FAR）在 G 分部“航空承运人”和 F 分部“一般运行规则”中有关航空器运行的介绍。

在表 9-1 中，列出了 F 分部和 G 分部中直接适用于飞机运行/适航性的各部清单（FAR）。这些是：

F 分部：FAR 91② 部。

---

① 详见第 3 章 3.1.1.1。

② 在这里不考虑 FAR 103 超轻型航空器。

G分部：FAR 119部、FAR 121部、FAR 125部、FAR 129部、FAR 133部、FAR 135部、FAR 136部和FAR 137部。

9.2.1 定义（从FAR 1到FAR 119）

我们将列出一些定义，以便更好地理解上述运行标准的内容。

表9-1 有关航空器运行/适航性的规章各部清单（FAR）

第1章 运输部联邦航空局 F分部 空中交通和一般运行规则		
部	目录	标题
91	91.1至91.1609	一般飞行和飞行规则
93	93.1至93.353	特殊空中交通规则
95	9.51至95.8001	仪表飞行规则高度
97	97.1至97.20	标准仪表程序
99	99.1至99.49	空中交通安全控制
101	101.1至101.39	系留气球、风筝、无人火箭和自由气球
103	103.1至103.23	超轻型航空器
105	105.1至105.49	降落伞运行
106至109		（保留）
第1章 运输部联邦航空局 G分部 航空承运人和运营人的取酬或出租：审定和运行		
部	目录	标题
110	110.1至110.2	总则
111至116		（保留）
117	117.1至117.29	飞行和执勤限制及休息要求：机组人员
118		（保留）
119	119.1至119.73	航空承运人和商业运营人的审定
120	120.1至120.227	药物和酒精检测计划
121	121.1至121.1500	国内运行、国际运行和补充运行的要求
125	125.1至125.509	客座数等于或大于20座或载重不低于6000lb的飞机及机上人员的管理规则的合格审定和运行
129	129.1至129.201	外国航空承运人和运营人使用美国注册航空器进行公共运输的运行要求
133	133.1至133.51	旋翼航空器外挂载荷运行
135	135.1至135.621	通勤和应需运行要求及其机上人员的管理规则
136	136.1至136.51-136.59	商业航空旅游和国家公园航空旅游的管理
137	137.1至137.77	农用航空器运行
139	139.1至139.343	机场合格审定

9.2.1.1　总则

航空承运人，是指直接通过租赁或其他安排从事航空运输的人①。

直接航空承运人，是指提供或主动提供航空运输，并对提供该运输所履行的运行职能具有控制权的人。

商业航空，是指州际、海外或外国的商业航空，或通过航空器运输邮件，或在任何联邦航线范围内的任何航空器运行或航行，或直接影响或可能危及州际、海外或外国商业航空安全的任何航空器运行或航行。

航空运输，是指州际、海外或外国航空运输或航空邮件运输。

全货物运行，是指除载客运行外的任何取酬或出租运行，若涉及到载客，则是指在 FAR 121.583（a）或 FAR 135.85 中所指明的载客业务。

商业运营人，是指为了取酬或出租而利用航空器进行人员或者货物商业航空运输的人，其中不包括航空承运人或外国航空承运人或根据 FAR 375 部②规定授权的人员。如果怀疑某项运行业务是为了“取酬或出租”，所适用的检验标准是航空运输是否仅仅是该运营人其他业务的附带业务，或其本身就是一个主要的盈利企业。

公共运输，是指运营人通过广告或任何其他方式表明其愿意为寻求运营人提供服务的任何公众成员提供取酬或出租运营。

非公共运输，是指不涉及公共运输的运行，包括以下定义或例外，这些定义或例外包含在 FAR 119 部和 FAR 91 部“一般飞行和飞行规则”中。

（1）非公共运输，是指为取酬或出租而运输人员或货物，但是不存在广告等展示行为。非公共运输运行需要签发运行合格证。该运行需依据 FAR 125 部或 FAR 135 部，根据航空器类型、客座构型和载重完成。

（2）私人运输，是指为取酬或出租而运输人员或货物，但合同数量受到限制（在这种情况下，客户寻求运营人提供所需的服务，并与运营人签订专有且互利的协议）。私人运输运行需要签发运行合格证。该运行需依据 FAR 125 部或 FAR 135 部，根据航空器类型、客座构型和载重完成。

定期运行，是指由航空承运人或商业运营人进行的用于取酬或出租的任何公共运输载客运行，其合格证持有人或其代理人提前提供出发地点、出发时间和到达地点。它不包括依据 FAR 380 部进行的公共包机运行。

“不涉及公共运输”或“不涉及公共运输的运行”表示以下任何一种情况：

（1）非公共运输。

（2）不以取酬或出租为目的的人员或货物运输运行。

（3）不涉及人员或货物运输的运行。

（4）私人运输。

湿租，是指按照租赁协议，承租人租赁飞机时携带出租人一名或者多名机组成员的

---

① 指个人、商行、合作伙伴、集团、公司、协会、股份协会或政府部门，包括受托人、接收人、受让人或其代表。

② FAR 375 国外民用航空器在美国境内的航行。

租赁。

9.2.1.2 运行类别

运行类别是指合格证持有人有权按照其运行规范进行以下的各种运行，包括国内运行、国际运行、补充运行、通勤运行或按需运行。

国内运行，是指在本定义第（2）条所述位置，由任何人以本定义第（1）条所述任何飞机实施的任何定期运行：

（1）飞机：

（i）涡轮喷气式飞机。

（ii）客座构型超过9个座位（不包括机组人员座位）的飞机。

（iii）载重超过7500lb的飞机。

（2）地点：

（i）在美国48个毗邻州或哥伦比亚特区内的任何地点之间。

（ii）仅在美国48个毗邻州或哥伦比亚特区内实施的运行。

（iii）完全在任何州、领土或属地内实施的运行。

国际运行，是指在本定义第（2）条所述位置，由任何人以本定义第（1）条所述任何飞机实施的任何定期运行：

（1）飞机：

（i）涡轮喷气式飞机。

（ii）客座构型超过9个座位（不包括机组人员座位）的飞机。

（iii）载重超过7500lb的飞机。

（2）地点：

（i）在阿拉斯加州境内的任何地点之间。

（ii）在美国48个毗邻州或哥伦比亚特区内的任何地点与美国48个毗邻州及哥伦比亚特区以外的任何地点之间。

（iii）在美国境外的任何地点与美国境外的另一地点之间。

补充运行，是指以取酬或出租为目的，以本定义第（1）条所述的任何飞机实施本定义第（2）条所述的运行类型的公共运输运行：

（1）飞机：

（i）客座构型超过30座（不包括机组人员座位）的飞机。

（ii）载重超过7500lb的飞机。

（iii）客座构型超过9个座位且少于31个座位（不包括机组人员座位）的螺旋桨式飞机，该飞机也用于按照119.49（a）（4）的要求在运行规范中列出的国内运行或国际运行。

（iv）客座构型超过1个且小于31个座位（不包括机组人员座位）的涡轮喷气式飞机，该飞机也用于按照119.49（a）（4）的要求在运行规范中列出的国内运行或国际运行。

（2）运行类别：

（i）与客户或客户代表具体协商出发时间、出发地点和到达地点的运行。

（ii）全货物运行。

（iii）根据FAR 380部规定进行的载客公共包机运行。

通勤运行，是指任何人员根据公布的航班时刻表，以下列其中一种飞机实施的、在两个或多个地点之间的至少一条航线上、每星期至少往返五次的定期运行：

（1）除涡轮喷气式飞机外，最大客座构型为9个座位或以下（不包括机组人员座位），最大载重为7500lb或更少的飞机。

（2）旋翼航空器。

按需运行，是指以下任何一种用于取酬或出租的运行：

（1）依据FAR 380部（公共包机），以公共包机①形式实施的，属于以下任何一种运行类型的载客运行：

（i）以客座构型为30个或更少（不包括机组人员座位），载重为7500lb或更少的飞机（包括涡轮喷气式飞机）实施的公共运输运行。

（ii）以客座构型少于20个座位（不包括机组人员座位），载重小于6000lb的飞机实施的非公共运行或私人运输运行。

（iii）任何旋翼航空器运行。

（2）根据公布的航班时刻表，以下列其中一种飞机实施的、在两个或者两个以上地点之间至少一条航路上、每星期少于五次的定期载客运行：

（i）除涡轮喷气式飞机外，其最大客座构型为9座或以下（不包括机组人员座位），载重为7500lb或以下的飞机。

（ii）旋翼航空器。

（3）以载重在7500lb或以下的飞机或旋翼航空器实施的全货物运行。

9.2.1.3　位置

国外航空运输，是指在美国境内的一个地点与美国境外的任何地点之间的商业中，为取酬或出租以飞机运输作为共同承运人的人员或货物，或者以飞机运输邮件，无论该商业是完全以飞机进行，还是一部分以飞机进行，另一部分以其他形式的运输进行。

州际航空运输，是指在一个州或哥伦比亚特区的一个地点与另一个州的另一个地点之间，或在同一州内的不同地点之间，但途中通过空域到达该州以外任何地点；或者在美国任一属地的地点之间的商业中，为取酬或出租以飞机运送作为共同承运人的人员或货物，或在商业中以飞机运输邮件。

州内航空运输，是指完全在美国某一州内，为取酬或出租以能够运载30人或30人以上的涡轮喷气式飞机运输作为共同承运人的人员或货物。

海外航空运输，是指在一个州或哥伦比亚特区的一个地点与美国的属地之间；或者在美国的一个属地与另一个属地之间的商业中，为取酬或出租以飞机运输作为共同承运人的人员或货物，或者以飞机运输邮件，无论该商业是完全以飞机进行，还是一部分以飞机进行，另一部分以其他形式的运输进行。

---

①　公共包机是指旅游经营者直接或通过旅行社租用飞机，并向公众告知和出售座位。如果是公共包机，航班必须向美国交通部备案。

9.2.2 联邦航空规章运行标准的适用范围

第9.2款中列出的F分部和G分部中联邦航空规章的适用范围与上述定义有关。为了明确地确定哪项法规是适用的，我们可以利用FAA（联邦航空局）出版物“联邦规章（CFR 14）第14集概述”来简化这种方法。

FAR 119部——航空承运人和商业运营人的审定，包含在B分部“依据FAR 121部、FAR 125部和FAR 135部确定的不同运行类别的运行要求的适用范围”。

图9-1为FAR 119部与FAR 91部、FAR 121部、FAR 125部和FAR 135部的联系。为了确定适用的规章：

（1）首先确定服务是公共的还是私人的（非公共的）。

（2）服务是否出租。

（3）飞机的大小①。

一般来说，公共运输运行必须依据FAR 121部或FAR 135部的规定实施。私人运输可依据FAR 91部或FAR 125部的规定实施。

关于航空承运人和商业运营人的审定，我们将在以下章节中进行介绍。

为了说明运行标准的内容和方法，从适航性的角度引用了最值得关注的文献，通常是部分引用或仅引用标题。这只是为了提供对这些原则的总结和一般性理解，我们不建议工作应用中以此取代完整阅读原文。

9.2.2.1 FAR 91 一般运行和飞行规则

以下是各分部的标题：

A分部——总则

B分部——飞行规则

C分部——设备、仪表和合格证要求

D分部——特殊飞行运行

E分部——维修、预防性维修和改装

F分部——大型和涡轮动力多发动机飞机和部分所有权计划飞机

G分部——对大型和运输类航空器的设备和运行的附加要求

H分部——外国航空器的运行和在美国注册的民用航空器在美国境外的运行以及管理机上人员的规则

I分部——运行噪声限制

J分部——豁免

K分部——拥有部分所有权的飞机运行

L分部——持续适航和安全改进

M分部——联邦航空特别条例

（一）A分部：总则

---

① 根据FAR 1部的规定，最大审定起飞重量大于或等于12500lb的飞机为大型飞机，最大审定起飞重量小于12500lb的飞机为小型飞机。

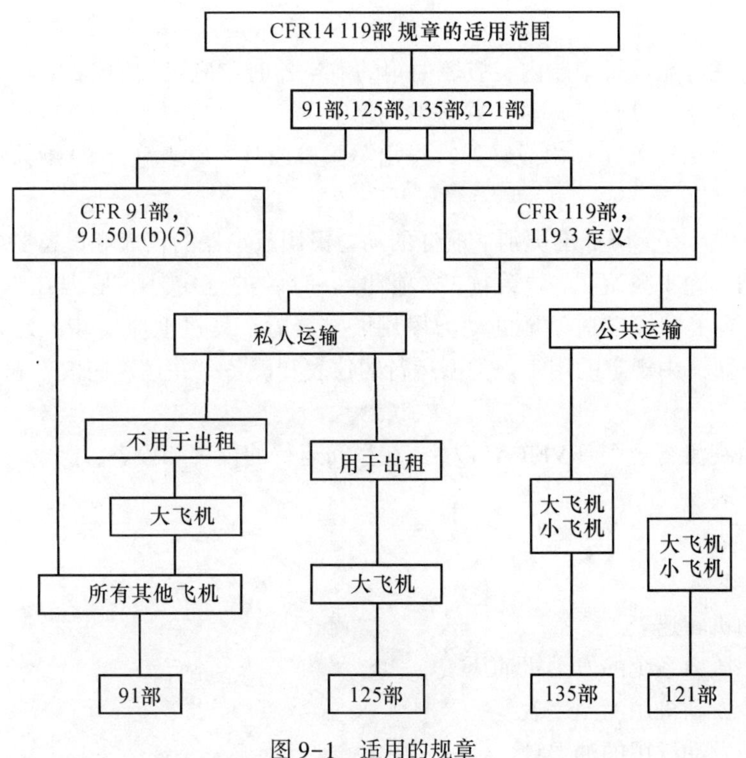

图 9-1　适用的规章

①91. 1　适用范围

（a）除本条（b）款和（c）款以及 FAR 91. 701 和 91. 703[①] 规定外，本分部规定了在美国境内包括美国海岸 3n mile 以内水域运行航空器的规则（除了符合 FAR 101 部规定的系留气球、风筝、无人火箭和自由气球，以及依据 FAR 103 部规定的超轻型航空器）。

（b）任何人在距离美国海岸 3～12n mile 的水域上空的空域内驾驶航空器时必须遵守 FAR 91. 1 至 FAR 91. 21 的规定。

（d）本部规章还规定了运营人确保飞机持续适航所采取行动的要求。

（二）B 分部：飞行规则

①91. 101　适用范围

本分部规定的飞行规则适用于在美国境内和美国海岸 12n mile 范围内运行的所有航空器。

（三）C 分部：设备、仪表和合格证要求

①91. 203　民用航空器的合格证要求

（a）除 FAR 91. 715[②] 规定外，运行民用航空器时，航空器应携带以下证件：现行有

① 第 701 款和第 703 款属于 FAR 91 部的 H 分部，该分部适用于美国注册的民用航空器在美国境外的运行，以及外国民用航空器在美国境内的运行。

② 91. 715 外国民用航空器的特许飞行许可。获得依据本条签发的特许飞行的外国民用航空器可在没有 91. 203 要求的适航证的情况下运行。

效的适航证。

（c）运行在客舱或行李舱内装有燃油箱的航空器时，应当按照FAR 43部完成并将批准该安装的FAA表337的复印件放在该航空器上。

（d）运行民用飞机（国内或国外）进出美国机场时，应当符合FAR 34部的燃油排放和废气排放规定。

②91.205　具有美国标准类别适航证的动力民用航空器的仪表和设备要求

（a）总则。除本条（c）款第（3）项和（e）款的规定外，依据在本条（b）款至（f）款运行具有美国标准适航证的动力民用航空器时，飞机上应安装上述各款（或FAA批准的等效条款）中规定的用于该类型运行的仪表和设备，并且这些仪表和设备处于可操作状态。

（b）按目视飞行规则（VFRs）（昼）在昼间运行的仪表和设备：

（1）空速表。

（2）高度表。

（3）磁罗盘。

（4）发动机转速表。

（5）使用压力系统的发动机油压表。

（6）液冷发动机用的温度表。

（7）风冷发动机用的油温计。

（8）高空发动机用的进气压力表。

（9）显示油箱中燃油量的油量表。

（10）若飞机有伸缩式起落架，则需起落架位置指示器。

（c）按目视飞行规则（夜）在夜间运行的仪表和设备：

（1）本条（b）款规定的仪表和设备。

（2）经批准的位置灯。

（3）所有美国注册民用航空器上安装经批准的航空红色或航空白色防撞灯系统。

（4）若航空器为租用，则使用电子着陆灯。

（d）按仪表飞行规则（IFR）运行的仪表和设备：

（1）本条（b）款规定的仪表和设备，以及本条（c）款规定的仪表和设备。

（2）适用于地面设施的双向无线电通信系统和导航设备。

（3）陀螺角速度指示器。

（f）II类运行①。II类运行的仪表和设备要求详见：

（1）本条（d）款。

（2）FAR附录A。

① 航空器的II类运行是指根据局方或其他有关当局签发的II类ILS仪表进近方法直接进入机场跑道的方法。

(g) III类运行①。III类运行的仪表和设备要求详见本条(d)款。

(i) 例外。本条(f)款和(g)款不适用于依据FAR 121部或FAR 135部签发的证书持有人所实施的运行。

③91.207　应急定位发射机

(a) 除本条(e)款和(f)款外，运行在美国注册的民用航空器时，应符合以下要求：

(1) 飞机上装备经批准的自动应急定位发射机，该发射机在以下运行中处于可操作状态。

④91.211　氧气设备

(a) 总则。运行在美国注册的民用航空器时，应符合以下要求：

(1) 在客舱压力高度大于12500ft(MSL)小于等于14000ft(MSL)的情况下，飞机运行时间超过30min时，能在该运行时间内向所有机组成员供氧。

(b) 座舱增压的航空器。

(1) 运行增压的在美国注册的民用航空器时，应符合以下要求：

(i) 当飞行高度高于250高度层，除了满足本条(a)款的要求外，必须为客舱内的乘员提供不少于10min的氧气，否则必须下降，以防客舱压力缺失。

⑤91.213　不工作的仪表和设备

(a) 除本条(d)款规定外，运行装有不工作的仪表或设备的航空器时，应满足以下条件：

(1) 该飞机上有批准的最低设备清单(MEL)②。

(2) 飞机内有FAA地区飞行标准办公室签发的批准书。

(3) 批准的MEL必须按照本条(b)款规定的限制进行制定。

(b) 以下仪表和设备不得包括在MEL中：

(1) 适航规章中明确或以其他方式提出的作为航空器型号合格证审定基础要求的仪表和设备，并且在所有使用条件下是安全运行必不可少的。

(2) 适航指令要求处于可工作状态的仪表和设备，适航指令另有规定的除外。

(3) 按本规章特定运行所需的仪表和设备。

(c) 依据FAR 91部K分部、FAR 121部、FAR 125部或FAR 135部，获批使用为特定飞机签发的MEL的人员必须使用该MEL以符合本条的要求。

(d) 除依据本条(a)款或(c)款进行的运行外，符合下列所有条件时，可依据本部规章运行装有不工作的仪表、设备的航空器，而无须有经批准的MEL：

(1) 飞行运行是在下列航空器上进行的：主最低设备清单还没有制定出来的旋翼航空器、非涡轮动力飞机、滑翔机、轻于空气的航空器、动力伞或重量转移控制航空器。

(e) 尽管本条中有其他规定，但装有不工作的仪表或设备的航空器可依据FAR

① 航空器的III类运行指使用局方或其他有关当局签发的III类ILS仪表进近方法进入和降落在机场跑道的方法。

② 详见第10章10.7。

21.197和FAR 21.199签发的特许飞行证进行运行。

C分部的其他相关款为：

⑥91.215　ATC应答机和高度报告设备及应用

⑦91.219　涡轮喷气民用飞机的高度警告系统或装置

⑧91.221　交通警告和防撞系统设备及应用

⑨91.223　地形提示和警告系统

（四）D分部：特殊飞行运行

①91.309　牵引滑翔机和无动力超轻型航空器

（a）使用民用航空器牵引滑翔机或无动力超轻型航空器必须符合下列要求：

（2）牵引航空器装备有牵引连接装置，并按局方批准的方式安装。

（3）所用牵引绳的断裂强度不低于滑翔机经审定的最大使用重量的80%。

（i）牵引绳与滑翔机的连接处有安全接头。

（ii）牵引绳与牵引航空器的连接处有安全接头。

（五）E分部：维修、预防性维修和改装

①91.401　适用范围

（a）本分部的规定适用于在美国注册的民用航空器的维修、预防性维修和改装。

（b）本分部91.405、91.409、91.411、91.417和91.419不适用于FAR 121、FAR 129，§§91.1411或FAR 135.411（a）（2）中规定的持续适航维修计划的航空器。

（c）本分部91.405和91.409不适用于依据FAR 125部进行检查的航空器。

②91.403　总则

（a）航空器的所有权人或运营人对保持该航空器的适航性状态负责，包括遵守FAR 39部的规定。

（b）应当按照除本分部和其他适用规章（包括FAR 43部）的规定对航空器进行维修、预防性维修或改装。

（d）除非航空器的所有权人或运营人是补充型号合格证持有人，或有持有人的书面许可，否则任何人不得依据补充型号合格证改装航空器。

③91.405　维修要求

每架飞机的所有权人或运营人：

（a）除本条（c）款的情况外，应按本规章E分部的规定对航空器进行检查，并在必要的检查之间，按本章第43部的规定对缺陷进行修复。

（b）应确保维修人员在飞机维修记录中做出适当的记录批准航空器恢复使用。

（c）除FAR 91.213（d）（2）允许不工作的仪表和设备外，要对不工作的仪表或设备进行修理、更换、移除或在下次进行要求的检查前检查。

（d）当列出的缺陷包括不工作的仪器或设备时，应确保按照FAR 43.11的规定挂上标牌。

④91.407　维修、预防性维修、翻修或改装后的运行

（a）运行任何经过维修、预防性维修、翻修或改装的航空器时，需满足：

（1）本章43.7节授权的人员已批准恢复使用；

（2）本章43.9节或43.11节（如适用）要求的维修记录项已经填写。

⑤91.409　检查

（a）除本条（c）款外，运行航空器时，航空器应满足在过去的12个日历月内：

（1）根据FAR 43部规定进行年度检查，并经FAR 43.7规定授权的人员批准恢复使用。

（2）根据FAR 21部规定签发适航证的检查。

（b）除本条（c）款外，任何人不得运行载有任何人（机组人员除外）的航空器以提供出租，也不得对该人所提供的航空器发出飞行指令。除非在使用的前100h内，飞机已经完成FAR 43部规定的年度检查或100h检查，并获准重新投入使用，或已经完成FAR 21部规定的签发适航证的检查。如果需要为检查而进行调机时，可以超过100h的限制，但超出时间不得多于10h。

⑥91.411　高度计系统和高度报告设备测试和检查

⑦91.413　ATC应答机测试和检查

⑧91.415　飞机检查程序的变更

⑨91.417　维修记录

⑩91.419　维修记录的转移

⑪91.421　重建的发动机维修记录

（六）F分部：大型和涡轮动力多发动机飞机和部分所有权计划飞机

①91.501　适用范围

（a）该部分规定了除FAR其他分部规定的运行规则外，还规定了美国注册的大型飞机和涡轮动力多发民用飞机和美国注册的部分所有权计划飞机的运行规则。在不涉及公共运输时，根据FAR K分部的规定实施运行。本分部中的运行规则不适用于根据FAR 121部、FAR 125部、FAR 129部、FAR 135部和FAR 137部要求运行的飞机（91.409规定了美国注册的大型和涡轮动力（涡轮喷气和涡轮螺旋桨）多发动机飞机和涡轮动力旋翼航空器根据本规章规定或FAR 129部或FAR 137部规定运行时的检查程序）。

（b）当不涉及公共运输时，可根据本分部的规则而非FAR 121部、FAR 129部、FAR 135部和FAR 137部的规则进行运行。

②91.507　云上或夜间目视飞行的设备要求

③91.509　水上运行的救生设备

④91.511　水上运行的通信和导航设备

⑤91.513　应急设备

⑥91.521　肩带

（七）G分部：对大型和运输类航空器设备和运行的附加要求

①91.601　适用范围

本分部适用于在美国注册的大型和运输类民用航空器的运行。

②91.603　音响速度警告装置

运输类飞机运行时，应当安装符合FAR 25.1303（c）（1）要求的音响速度警告装置。

③91.607　载客飞机的紧急出口

④91.609 飞行记录器和驾驶舱语音记录器

（a）航空器符合任何适用的飞行记录器和驾驶舱语音记录器的要求时，航空承运人运行合格证或运行合格证的持有人可以根据本部规章的要求，对持有人运行规范或航空运输中使用的当前航空器清单中列出的航空器实施运行。

（八）H分部：外国航空器的运行和在美国注册的民用航空器在美国境外的运行以及管理机上人员的规则

①91.701 适用范围

（a）本分部适用于美国注册民用航空器在美国境外的运行以及外国民用航空器在美国境内的运行。

②91.711 外国民用航空器的特殊规定

（a）总则。除遵守本分部的其他适用规定外，在美国境内运行外国民用航空器的任何人都应遵守本条规定。

（c）按照仪表飞行规则（IFR）运行的外国民用航空器应具备下列条件：

（i）在管制空域内运行时，可以与空中交通管制进行双向无线电通信的无线电设备。

（ii）与地面导航设施相对应的无线电导航设备。

（d）当飞行高度在240高度层及以上时在按照本条（c）（1）（ii）要求使用VOR导航设备时，在50个州和哥伦比亚特区内运行的外国民用飞机应当装备能够接收距离测量设备（DME）或合适的区域导航（RNAV）。

（九）I分部：运行噪声限制

①91.801 和FAR 36部相关的适用范围

（a）本分部规定了适用于美国民用航空器运行的噪声限制和相关要求，如下所示：

（1）91.803、91.805、91.807、91.809和91.811适用于最大重量超过75000lb的民用亚声速喷气（涡轮喷气）航空器。

②91.815 农用和消防航空器的运行噪声限制

（a）本条适用于具有标准适航证的螺旋桨驱动小型航空器，这些航空器用于“农用航空器运行”（如FAR 91部中FAR 137.3所定义，自1966年1月1日起生效），或用于喷洒消防材料。

③91.817 民用航空器声爆

（a）当以大于1的真实飞行马赫数在美国运行民用航空器时，应符合FAR附录B中向运营人签发的马赫数超过1的授权条件和限制。

（b）此外，运行最高运行极限速度超过马赫数1的民用航空器往返美国机场时，应满足以下条件：

（1）飞行机组可获得包括飞行限制的信息，以确保进出美国的航班在到达美国境内时不会发生声爆。

（2）运营人遵守本条（b）（1）规定的飞行限制，或符合FAR 91部附录B中签发的马赫数超过1的条件和限制。

（十）J分部：豁免

①91.903 政策和程序

（a）管理人如果发现根据豁免证明书，建议的运行可以安全进行，则可签发豁免证明书，授权飞机在偏离本分部所列任何规则的情况下实施运行。

②91.905　适用于豁免的规则一览表

（十一）K分部：拥有部分所有权的飞机运行①

①91.1001　适用范围

（a）除FAR其他分部外，本分部规定了适用于部分所有人和部分所有权计划经理的规则：

（1）在部分所有权计划中提供计划管理服务。

（2）部分所有权计划飞机在部分所有权计划中的运行。

（3）由所有权人所属的计划经理的附属机构管理的部分所有权计划中包括的计划飞机的运行。

（十二）L分部：持续适航和安全改进

①91.1501　目的与定义

（a）该分部要求运营人保证每架飞机的持续适航性。这些要求可能包括但不限于修订检查大纲、参与设计更改以及参与对持续适航指令的修订。

（b）就本分部而言，“FAA监督办公室”是航空器合格审定办公室或运输类飞机审定中心办公室，负责监管当局确定的相关型号合格证证书或补充型号合格证。

②91.1505　增压机身的修理评估

③91.1507　燃油箱系统检查大纲

（十三）M分部：特殊联邦航空条例

①91.1603　特殊联邦航空条例第×××号：禁止某些航班

附录A——II类运行的手册、仪表、设备和维修

附录B——超过马赫数1的授权（§91.817）

附录C——在北大西洋（NAT）最低导航性能规范（MNPS）空域内的运行

附录D——机场/地点：专业运行限制

附录E——飞机飞行记录器规范

附录F——直升机飞行记录器规格

0附录G——在缩小垂直间隔（RVSM）空域内的运行

9.2.2.2　FAR 121部运行合格审定规则：国内、国际运行和补充运行

以下是各分部的标题：

A分部——总则

B分部——（保留）

C分部——（保留）

D分部——（保留）

E分部——国内、国际运行航路的批准

F分部——补充运行区域和航路批准

---

① 详见第10章10.4.2.2。

G 分部——手册的要求
H 分部——飞机的要求
I 分部——飞机性能使用限制
J 分部——特殊适航要求
K 分部——仪表和设备要求
L 分部——维修、预防性维修和改装
M 分部——飞行员和机组人员要求
N 分部——训练大纲
O 分部——机组成员的合格要求
P 分部——飞行签派员的合格要求和值勤时间限制
Q 分部——飞行时间限制和休息时间要求：国内运行
R 分部——飞行时间限制：国际运行
S 分部——飞行时间限制：补充运行
T 分部——飞行运作
U 分部——签派和飞行放行规则
V 分部——记录和报告
W 分部——机组人员合格要求：国际
X 分部——应急医疗设备和训练
Y 分部——高级合格要求大纲
Z 分部——危险品训练大纲
AA 分部——持续适航和安全改进
DD 分部——特殊联邦航空规章

（一）A 分部：概述

①121.1　适用范围

本部规章规定了：

（a）进行国内、国际运行和补充运行，持有或需要持有 FAR 119[①] 规定的航空承运人证书或运行合格证的人员应当遵守本规则中的要求。

（b）承运人所雇用或使用的从事适用于本部规章的人员，包括飞机的维修、预防性维修及改装，都应满足本规则要求。

（c）申请临时批准的每个人员。

（d）根据 FAR 119.1（e）（2）的规定，为取酬或出租而进行的直达的商业航空旅行必须符合药物和酒精要求，未持有航空承运人证书或运行合格证的承运人允许聘用获得授权执行飞机维修或预防性维修职责的人员，并且该人员需不受反药物和酒精滥用预防计划的监管。

（二）E 分部：国内、国际运行航路的批准

①121.91　适用范围

① FAR 119：对航空承运人和商业运营商人的审定合格要求。

本分部规定了进行国内运行或国际运行的合格证持有人申请航线批准应当符合的要求。

（三）F 分部：补充运行区域和航线批准

①121.111 适用范围

实施补充运行的合格证持有人应当按照该条规定申请运行区域和航路的批准。

（四）G 分部：手册的要求

①121.131 适用范围

合格证持有人制定和修订手册应满足本条要求。

②121.141 飞机飞行手册

（a）合格证持有人对其持有的每一型号的飞机，应当保留一份现行有效的经批准的飞机飞行手册。

（五）H 分部：飞机的要求

①121.151 适用范围

该分部规定了合格证持有人运行的飞机应当符合的要求。

②121.159 禁止使用单台发动机飞机

合格证持有人不得使用单台发动机的飞机实施本规则运行。

③121.162 ETOPS[①] 型号设计批准依据

除了 2015 年 2 月 17 日之前制造的两发以上的载客飞机和仅用于 75min 或更短时间的 ETOPS 的双发飞机外，除非该飞机的型号设计获得 ETOPS 批准，并且进行 ETOPS 运行的每架飞机符合以下 CMP[②] 文件，否则合格证持有人不得进行 ETOPS 运行：

（a）对于双发飞机，如果是在 2007 年 2 月 15 日之前获得联邦航空局不超过 180min ETOPS 批准的同一型号飞机和发动机组合，该型号飞机和发动机组合的 CMP 文件于 2007 年 2 月 14 日生效。

（b）对于双发飞机，如果不是在 2007 年 2 月 15 日之前获得联邦航空局不超过 180min ETOPS 批准的同一型号飞机和发动机组合，应根据 FAR 25.3（b）（1）规定发布该新型号飞机和发动机组合的 CMP 文件。

（c）对于批准用于超过 180min ETOPS 的飞机和发动机组合，应根据 FAR 25.3（b）（2）规定发布该型号飞机和发动机组合的 CMP 文件。

（d）对于 2015 年 2 月 17 日当天或之后制造的两发以上的飞机，应根据 FAR 25.3（c）规定发布该型号飞机和发动机组合的 CMP 文件。

④121.163 航空器的运行验证试飞

（a）初始飞机运行验证试飞。任何人不得使用未经验证可用于 FAR 121 部或 FAR 135 部中的某种运行类别的飞机，除非该飞机除了进行飞机运行验证试飞外，还完成了局方认可的至少 100h 的运行验证试飞，包括有代表性的进入航路机场的飞行。如果局方认为试飞已达到令人满意的熟练程度，则局方可以减少至少 100h 验证试飞时间的要求。上述运

① 见第 10 章 10.5.1。

② 构型、维护和程序（CMP）文件（ETOPS）。

行验证试飞至少有 10h 必须在夜间进行，这些试验是不可简化的。

（b）运行类别的验证试飞。除非局方授权，否则对于每种类型的飞机，合格证持有人必须至少进行 50h 的验证运行试飞，以证明其计划进行的每种运行都得到局方的认可，包括相当数量的进入航路机场的飞行。

（六）I 分部：飞机性能使用限制

①121. 171　适用范围

（a）本分部规定了合格证持有人对飞机性能的使用限制

②121. 173　概述

（a）除本条（c）款规定的情况外，使用活塞式发动机驱动的飞机的合格证持有人应当遵守 12. 175 至 121. 187 的规定。

（b）除本条（c）款规定的情况外，使用涡轮发动机驱动的飞机的合格证持有人应当遵守 121. 189 至 121. 197 的规定。

注：121. 175 至 121. 207 这一部分规定了一系列"性能使用限制"，包含在相关的飞行手册中。

③121. 181　飞机：活塞式发动机驱动的飞机的航路限制：一台发动机不工作

④121. 183　25 部为四台或四台以上活塞式发动机驱动的飞机的航路限制：两台发动机不工作

⑤121. 191　涡轮发动机驱动的飞机的航路限制：一台发动机不工作

⑥121. 193　涡轮发动机驱动的飞机的航路限制：两台发动机不工作

⑦121. 201　非运输类飞机①的航路限制：一台发动机不工作

（a）除本条（b）款中规定的情况外，任何运行非运输类飞机的人在关键发动机失效的情况下，允许超过 50ft/min 爬升率的重量起飞，起飞高度满足在预定航迹两侧各 5mile②范围内最高障碍物上空至少 1000ft 或飞行高度 5000ft（以较高者为准）。

⑧121. 207　临时批准的飞机：使用限制

（七）J 分部：特殊适航要求

①121. 211　适用范围

（a）本分部规定了适用于本条（b）至（e）中所述的对合格证持有人的特殊适航要求。

（c）合格证持有人必须满足§§121. 285 至 121. 291 的要求。

我们仅给出 J 分部各条款的标题：

121. 215　座舱内部设施

121. 217　内部的门

121. 219　通风

121. 221　防火措施

---

① 例如，大型非运输类飞机，最大起飞重量超过 12500lb，在 1942 年 7 月 1 日前根据航空公报通报 7A 获得审定批准。

② 1mile = 1609m。

121.223 121.221的符合性验证
121.225 螺旋桨除冰液
121.227 传输供油压力管路布局
121.229 燃油箱位置
121.231 燃油系统导管和接头
121.233 指定防火区内的燃油导管和接头
121.235 燃油阀
121.237 指定防火区内的滑油导管和接头
121.239 滑油阀
121.241 余油系统
121.243 发动机排气管
121.245 防火墙
121.247 防火墙的安装
121.249 整流罩
121.251 发动机附件部分的隔板
121.253 动力装置防火
121.255 可燃液体
121.257 切断装置
121.259 管线和接头
121.261 通风和排液
121.263 灭火系统
121.265 灭火剂
121.267 灭火瓶释压
121.269 灭火瓶温度
121.271 灭火系统材料
121.273 火警探测系统
121.275 火警探测
121.277 其他部件的防火
121.279 发动机转动的控制
121.281 燃油系统独立性
121.283 进气系统防冰
121.285 客舱内装货
121.287 货舱内装货
121.289 起落架：声音警告装置
121.291 应急撤离程序演示
121.293 1964年12月31日之后批准的非运输类飞机特殊适航性要求
121.295 放置可疑设备的位置
(八) K分部：仪表和设备要求

①121.301　适用范围

本分部规定了合格证持有人应满足的仪表和设备的要求。

本分部各条款的标题如下：

121.303　飞机仪表和设备
121.305　飞行和导航设备
121.306　便携式电子设备
121.307　发动机仪表
121.308　厕所防火
121.309　应急设备
121.310　附加应急设备
121.311　座椅、安全带和肩带装置
121.312　座舱内部设施材料
121.313　其他设备
121.314　货物和行李舱
121.315　驾驶舱检查程序
121.316　燃油箱
121.317　旅客告知、禁烟和附加安全带要求
121.318　公共广播系统
121.319　机组成员内话系统
121.321　结冰运行
121.323　夜间运行的仪表和设备
121.325　IFR仪表飞行或云上飞行规则运行的仪表和设备
121.327　补充供氧要求：活塞式发动机飞机
121.329　用于生命保障的补充供氧要求：涡轮发动机飞机
121.331　具有增压座舱飞机的补充供氧要求：活塞式发动机飞机
121.333　应急下降和急救用的补充供氧要求：具有增压座舱的涡轮发动机飞机
121.335　设备标准
121.337　防护式呼吸装置
121.339　延伸的水上飞行应急设备
121.340　应急漂浮装置
121.341　结冰条件下运行的设备
121.342　空速管加温指示系统
121.343　飞行数据记录器
121.344　运输类飞机的飞行数字数据记录器
121.344a　适用于10~19座飞机的飞行数字数据记录器
121.345　无线电设备
121.347　地标领航的航路上目视飞行规则运行的无线电设备
121.349　非地标领航的航路上目视飞行规则运行或仪表飞行规则运行或云上飞行规

则运行的无线电设备

121.351　延伸跨水运行和某些其他运行的无线电设备

121.353　无人烟地区上空飞行的应急设备：国际载人运行、补充运行和某些国内载人运行

121.354　地形提示和警告系统

121.355　使用特殊导航方法的运行所用的设备

121.356　机载防撞系统

121.357　机载气象雷达设备要求

121.358　低空风切变系统的设备要求

121.359　驾驶舱语音记录器

121.360　（保留）

（九）L分部：维修、预防性维修和改装

①121.361　适用范围

（a）除本条（b）规定的情况外，本分部规定了合格证持有人应满足的维修、预防性维修和改装的要求。

②121.363　适航责任

（a）合格证持有人主要负责：

（1）航空器的适航性，包括机体、发动机、螺旋桨、设备及其部件的适航性。

（2）按照手册和本章规定，对飞机（包括机体、发动机、螺旋桨、设备、应急设备及其部件）进行维修、预防性维修和改装。

（b）证书持有人可以通过协议委托他人进行维修、预防性维修或改装。但是，合格证持有人依然承担本条（a）中规定的全部责任。

③121.365　维修、预防性维修和改装单位

④121.367　维修、预防性维修和改装方案

⑤121.369　手册

⑥121.371　维修人员

⑦121.373　持续分析和监督

（a）合格证持有人应建立一个系统，用于持续监控维修方案的可靠性和有效性，以纠正维修、预防性维修和改装维修方案中存在的缺陷，无论这些方案是由合格证持有人还是被委托人执行。

⑧121.374　双发ETOPS（延程运行）的持续适航性维修方案（CAMP）

如果使用双发飞机执行ETOPS（延程运行），合格证持有人应遵照局方批准的运行规范制定并完善持续适航维修方案，对用于延程运行的飞机发动机组合实施维修。合格证持有人应当通过对飞机制造厂增补维修要求或根据目前批准的CAMP制定适用于延程运行的持续适航维修方案（ETOPS CAMP）。

⑨121.375　维修和预防性维修培训方案

⑩121.378　资格要求

⑪121.379　执行和批准维修、预防性维修和改装的授权

⑫121.380　维修记录要求

⑬121.380a　维护记录转移

（十）M分部：飞行员和机组人员要求

①121.381　适用范围

本分部规定了对飞行员和机组成员的要求。

（十一）N分部：训练大纲

①121.400　适用范围和使用的术语

合格证持有人应满足本分部要求，为机组人员、飞机签派员和其他相关人员制订和维护训练计划，为训练提供训练设施，训练大纲应获得批准。

（十二）O分部：机组人员的合格要求

①121.431　适用范围

本分部（1）规定了机组人员的合格要求，除非另有规定。

（十三）P分部：飞行签派员的合格要求和值勤时间限制

①121.461　适用范围

本分部规定了：对从事国内和国际运行的飞行签派员的合格要求和值勤时间限制。

（十四）Q分部：飞行值勤期限制和休息时间要求：国内运行

①121.470　适用范围

本分部规定了国内全货运运行的飞行值勤期限制和休息时间要求。

（十五）R分部：飞行值勤期限制：国际运行

①121.480　适用范围

本分部规定了国际全货运运行的值勤期限制和休息时间要求。

（十六）S分部：飞行值勤期限制：补充运行

①121.500　适用范围

本分部规定了补充全货运运行的飞行值勤期限制和休息时间要求。

（十七）T分部：飞行运作

①121.531　适用范围

本分部规定了对飞机运行控制要求，但另有规定的除外。

（十八）U分部：签派和飞行放行规则

①121.591　适用范围

本分部规定了国内和国际运行的签派规则和补充运行的飞行放行规则。

（十九）V分部：记录和报告

①121.681　适用范围

本分部规定了编制和维护记录和报告的要求。

（二十）W分部：机组人员合格要求：国际

①121.721　适用范围

本分部规定了在美国注册的从事国际航空商务的飞行的机组人员为航空公司所雇用的美国公民时应满足的条件。

（二十一）X分部：应急医疗设备和训练

①121.801 适用范围

本分部规定了进行载客运行的合格证持证人应满足的应急医疗设备和训练要求。

（二十二）Y分部：高级训练大纲

①121.901 目的和资格

尽管FAR 61部、FAR 63部、FAR 65部、FAR 121部、FAR 135部和FAR 142部中有不一致的规定，但本分部提供了另外一种可供选择的批准方法（称为“高级训练大纲”或“AQP”），用于机组成员、飞行签派员、其他运行人员、教员和评估人员的资格获得、训练、审定，保证这些人员的能力满足FAR 121部和FAR 135部的要求。

（二十三）Z分部：危险品训练大纲

①121.1001 适用范围和定义

（a）本分部用于训练机组成员和履行或直接监督涉及飞机上运输项目的某些工作职能的人员。

（二十四）AA分部：持续适航和安全改进

①121.1101 目的和定义

（a）本分部要求航空承运人或运营合格证持有人支持每架飞机的持续适航。这些要求可能包括但不限于修订维修方案、参与设计更改和参与对持续适航文件的修订。

②121.1105 老龄飞机检查和记录审查

（a）适用范围。本条适用于合格证持有人运行的所有飞机，但在阿拉斯加境内任何地点与阿拉斯加境内任何其他地点之间运行的飞机除外。

（b）检查后的运行和记录审查。在本条规定的日期之后，除非局方告知合格证持有人已完成本部规章规定的老龄飞机检查和记录审查，否则持证人不得在本部规章规定的情况下运行飞机。在检查和记录审查期间，持证人必须向局方证明飞机的老化敏感零部件的维修是足够和及时的，可以确保最高的安全程度。

③121.1111 电气线路互联系统（EWIS）维护大纲

④121.1113 燃油箱系统维修方案

⑤121.1115 有效期

⑥121.1117 降低可燃性措施

（二十五）DD分部：特别联邦航空规章

①121.1500 SFAR第111号——厕所供氧系统

（a）适用范围。本SFAR规定适用于某些人员。

第121部附录A——急救箱和应急医疗箱

第121部附录B——飞机飞行记录器规范

第121部附录C——C-46非运输类飞机

第121部附录D——根据§121.291应急撤离程序演示准则

第121部附录E——飞行训练要求

第121部附录F——熟练检查要求

第121部附录G——多普勒雷达和惯性导航系统（INS）：评估请求；设备和设备安装；训练方案；设备精度和可靠性；评估方案

第121部附录H——高级模拟机
第121部附录I–J——（保留）
第121部附录K——某些涡轮螺旋桨动力飞机的性能要求
第121部附录L——先前生效的型号批准规则
第121部附录M——飞机飞行记录器规范
第121部附录N——（保留）
第121部附录O——合格证持有人危险品训练要求
第121部附录P——ETOPS和极地运行的要求

9.2.2.3 FAR 125 审定和运行：座位为20个或以上，或最大有效载重为6000lb或以上的飞机；以及管理其机上人员的规则①

以下是各分部的标题：
A分部——总则
B分部——审定规则和其他要求
C分部——手册要求
D分部——飞机要求
E分部——特殊适航要求
F分部——仪表和设备要求
G分部——维修
H分部——飞行员和机组人员要求
I分部——飞行机组人员要求
J分部——飞机运行
K分部——航班放行规则
L分部——记录和报告
M分部——持续适航和安全改进

（一）A分部：概述

①125.1 适用范围

（a）除本条（b）、（c）和（d）另有规定外，本规章规定了在美国注册的，不包括公共运输的，旅客座位数为20座或超过20座，或最大载重量达6000lb或以上的民用飞机运行的管理规则。

（b）本规章在下列情况下不适用于本条（a）款所述的飞机运行规则：

（1）按照FAR 121部、FAR 129部、FAR 135部、FAR 137部的规定进行运行。

（2）取得限用、限制或者临时适航证，特许飞行证、试飞合格证。

（3）由FAR 125部持证人运行，但不运载FAR 91部所述的乘客或货物，仅供训练、运输、定位或维修之用。

（4）由FAR 121部、FAR 135或FAR 137部持证人根据FAR 91部运行，由FAR 119部合格证申请人根据FAR 121部或FAR 135部运行，或者由外国承运人或仅在美国境外从

① 概括地说，租用大型飞机进行的私人运输。

事定期运输的非美国公民根据 FAR 91 部运行。

（5）根据 FAR 125. 3 签发的偏离授权进行运行。

（6）由 FAR 91 部 K 分部 91. 1001 定义的航空器代管人根据 FAR 91 部运行。

（7）由 FAR 91 部 K 分部 91. 1001 定义的部分产权项目经理根据 FAR 91 部运行，用于训练、运输、定位、维修或演示，不得载客或载物进行取酬或出租，除 FAR 91. 501（b）（3）规定的演示飞行许可外。

（c）除 FAR 125. 247 规定外，非美国公民在美国境外进行飞机运行时，不适用于（a）中的规定。

（二）B 分部：审定规则和其他要求

（三）C 分部：手册要求

①125. 75　飞机飞行手册

（a）每个证书持有人应为其运行每种型号的飞机保存一份当前批准的飞机飞行手册或经批准的等效手册。

（b）每个证书持有人应在其运行的每架飞机上携带经批准的飞机飞行手册或经批准的等效手册。证书持有人可以选择携带本条和 § 125. 71 要求的手册组合。如果选择携带本条和 § 125. 71 要求的手册组合，修订后的操作程序和性能数据得到局方的批准后，持证人可以修订操作程序部分并修改适用的飞机飞行手册的性能数据。

（四）D 分部：飞机要求

①125. 91　飞机要求：总则

（a）除非符合以下条件，否则证书持有人不得运行适用本规章的飞机：

（1）持有根据本章签发的相应的现行适航证书。

（2）处于适航状态并符合本章适用的适航要求，包括相关的识别和设备要求。

（五）E 分部：特殊适航要求

①125. 111　总则

（a）除本条（b）款另有规定外，除非该飞机符合 125. 113 至 125. 181 的要求，否则证书持有人不得使用额定功率超过 600hp① 的发动机驱动的飞机进行最大连续运行。

（b）如果局方确定，对于货运服务中使用的特定型号飞机，严格遵守本条（a）款中的要求是非常困难的，并且遵守这些要求不会对所寻求的目标产生实质性影响，则局方可以只要求满足其实现本规章基本目标所必需的那些要求。

（c）本条不适用于根据下列规定获得证书的飞机：

（1）1946 年 10 月 31 日后生效的 CAR 4b。

（2）FAR 25。

（3）特殊民用航空规章 422、422A 或 422B。

②125. 113　座舱内部设施

（a）在座舱的第一次大修或客舱内部的整修时，供机组人员或乘客使用的舱室中的所有材料不符合下列要求的必须用符合这些要求的材料替换。

---

①　1hp≈745. 7W。

（b）除本条（a）款另有规定外，供机组人员或乘客使用的每个舱室必须满足以下要求：

（1）材料必须至少是耐火材料。

（2）墙壁和天花板的衬垫以及装饰、地板和装饰物的覆盖层必须耐火。

（c）隔热/隔音材料。

③125.117　通风

每个客舱或机组舱必须有适当的通风。一氧化碳浓度不得超过空气的1/20000，并且不得有航油烟雾。

④125.119　防火措施①

（a）在用于存放货物或行李时，每个舱室的设计必须符合下列要求：

（1）除非该物品有足够的防护、隔离或以其他方式加以保护，使其不会因舱内货物的移动受损从而产生火灾，否则舱内不得包含在受损或故障时会影响飞机安全运行的操纵机构、电线、管路、设备或附件。

（2）货物或行李不得影响舱室防火设施的使用。

（3）舱室施工中使用的材料（包括固定设施）必须至少具有阻燃性。

（4）根据本条（b）~（f）款中规定的分类，每个机舱必须有防火设施。

（b）A级。如果机组人员在其工作位置可以观察到火灾的发生，并且在飞行中可以很容易接近该舱的各个部位，则该货舱和行李舱属于“A”级。每个A级舱必须配备一个手提式灭火器。

（c）B级。如果在飞行中有足够的通道使机组人员能够携带手提式灭火器有效地到达所有舱室及其内载物，并且货舱的设计可以确保在使用通道时，不会有危险数量的烟雾、火焰或灭火剂进入机组人员或乘客所在的舱室内，则货物和行李舱被归类为“B”级。每个B级舱必须符合以下要求：

（1）必须有经批准的、独立的烟雾探测或火警探测器系统，可在驾驶员或飞行工程师工作位置处发出警告。

（2）舱内必须备有手提式灭火器。

（3）除非使用额外要求的阻燃材料，衬垫必须完全使用耐火材料。

（d）C级。货物和行李舱如果不符合“A”“B”“D”或“E”级的要求，则归类为“C”级。每个C级舱室必须符合以下要求：

（1）必须有经批准的独立的烟雾探测或火警探测器系统，可在驾驶员或飞行工程师工作位置处发出警告。

（2）须有一个获批的在飞行员或飞行工程师位置能够控制的固定式灭火系统。

（3）其设计须能防止危险量的烟雾、火焰或灭火剂进入机组舱或客舱。

（4）有措施控制舱内的通风和抽风，使所提供的灭火剂可以抑制舱内任何可能的着火。

（5）衬垫除使用额外要求的阻燃材料外，必须完全使用耐火材料。

---

① 作为对第4章4.5.3.4“防火消防”的补充，本条已完整复制。

(e) D 级。如果货舱和行李舱的设计和构造可以遏制火灾的发生并且不会危及飞机或旅客的安全，则归类为“D”级。每个 D 级货舱或行李舱必须符合以下要求：

(1) 有措施可以阻止危险量的烟雾、火焰或有毒气体进入机组舱或客舱。

(2) 有措施控制舱内的通风和抽风，使得舱内发生的任何火灾都不会超过安全限制的程度。

(3) 衬垫必须完全使用耐火材料。

(4) 必须考虑舱内热源对相邻关键部件的影响。

(f) E 级。仅用于装货的飞机上的货舱，舱室归类为“E”级。E 级必须符合以下要求：

(1) 内衬必须完全使用耐火材料。

(2) 必须有经批准的独立的烟雾探测或火警探测器系统，可在驾驶员或飞行工程师工作位置处发出警告。

(3) 有措施切断进入舱室或舱室内的通风气流，这些措施的操纵器件是机组舱内的飞行机组可以接近的。

(4) 有措施可以阻止危险量的烟雾、火焰或有毒气体进入机组舱。

(5) 在任何装货情况下，所要求的机组应急出口是可以接近的。

⑤125. 121　关于 § 125. 119 的证明

在进行 125. 119 关于舱室可达性符合性验证时，对于危险量的烟或灭火剂进入机组舱或客舱和 C 级舱内灭火剂的消散要求必须进行飞行试验。进行上述试验时必须表明，在灭火过程中或灭火后，任何舱内的烟雾探测器或火警探测器不会由于任何另一舱内的着火而产生误动作，除非灭火系统同时向每个舱内喷射灭火剂。

⑥125. 123　螺旋桨除冰液

如果可燃液体用于螺旋桨除冰，持证人必须遵守 § 125. 153。

本分部其余条款的标题是：

125. 125　传输供油压力管路布局

125. 127　燃油箱位置

125. 129　燃油系统导管和接头

125. 131　指定防火区内的燃油导管和接头

125. 133　燃油阀

125. 135　指定防火区内的滑油导管和接头

125. 137　滑油阀

125. 139　余油系统

125. 141　发动机排气管

125. 143　防火墙

125. 145　防火墙的安装

125. 147　整流罩

125. 149　发动机附件部分的隔板

125. 151　动力装置防火

125. 153　可燃液体
125. 155　切断装置
125. 157　管线和接头
125. 159　通风和排液
125. 161　灭火系统
125. 163　灭火剂
125. 165　灭火瓶释压
125. 167　灭火瓶温度
125. 169　灭火系统材料
125. 171　火警探测器系统
125. 173　火警探测器
125. 175　其他部件的防火
125. 177　发动机转动的控制
125. 179　燃油系统独立性
125. 181　进气系统防冰
125. 183　客舱内装货
125. 185　货舱内装货
125. 187　起落架：声音警告装置
125. 189　应急撤离程序演示

（六）F 分部：仪表和设备要求

①125. 201　仪表和设备失效

（a）除非符合下列条件，否则任何人不得在仪表或设备失效的情况下起飞：

（1）该飞机有获批准的 MEL（最低设备清单）。

（b）以下仪器和设备可能不包括在 MEL 中：

（1）飞机型号审定所依据的适航性要求中特别要求或提出其他要求的仪表和设备，以及对安全运行起着至关重要作用的仪表和设备。

本分部其余条款的标题是：

125. 201　不工作的仪表和设备
125. 203　无线电和导航设备
125. 204　便携式电子设备
125. 205　设备要求：仪表飞行规则（IFR）飞行的飞机
125. 206　空速管加温指示系统
125. 207　应急设备要求
125. 209　应急设备：延伸的水上飞行
125. 211　座椅和安全带
125. 213　其他设备
125. 215　所需的飞行信息
125. 217　旅客信息

125. 219　旅客医用氧气

125. 221　结冰条件：运行限制

125. 223　机载气象雷达设备要求

125. 224　防撞系统

125. 225　飞行记录器

125. 226　飞行数字数据记录器

125. 227　舱音记录器

125. 228　飞行数据记录器：过滤数据

（七）G 分部：维修

①125. 241　适用范围

除本章其他部分规定的规则外，本分部还规定了按照本规章运行的飞机、机体、飞机发动机、螺旋桨、设备、各项救生和应急设备及其零部件的维修的规则。

②125. 243　合格证持有人的责任

（a）对于由合格证持有人运行的飞机，包括机体、飞机发动机、螺旋桨、设备、救生和应急设备，合格证持有人主要负责：

（1）适航。

（2）按照有关规定和持证人手册进行维修、预防性维修和改装。

（3）本规章所规定的检查的时间安排及执行。

（4）确保维护人员在飞机维护日志和维护记录中的记录符合本章 43 部和合格证持有人手册的要求，并表明飞机已获准在维修、预防性维修或改装完成后可以恢复使用。

③125. 245　执行维修、预防性维修和改装所需的单位

证书持有人必须确认一个单位，该单位根据 125. 249（a）（3）（ii）负责安排执行维修、预防性维修和改装，以及合格证持有人手册中确定的所需检查项目。

④125. 247　检查大纲和维修

（a）除非符合本规章规定，否则任何人不得运行飞机

（1）符合飞机型号合格证数据表或局方批准的其他文件中规定的时寿件的更换时间。

（b）本条（a）（3）规定的检查大纲必须包括某些特定内容。

（c）任何人不得执行本部规章要求的检查，除非该人根据本章 43 部获得进行维修的授权。

（e）可根据本部规章批准使用的检查程序包括但不限于：

（1）连续检查大纲，这个大纲是当前持续适航性计划的一部分，依据本章的 121 部或 135 部。

（2）由飞机、飞机发动机、螺旋桨、设备或者救生和应急设备制造者推荐的检查大纲。

（3）合格证持有人根据本规章规定制定的检查大纲。

⑤125. 249　维护手册要求

⑥125. 251　要求的检查人员

（八）H 分部：飞行员和机组人员要求

（九）I分部：飞行机组人员要求

（十）J分部：飞行操作

（十一）K分部：飞机放行规则

（十二）L分部：记录和报告

（十三）M分部：持续适航和安全改进

①125.501　目的和定义

（a）该分部要求运营人支持每架飞机的持续适航性。这些要求可能包括但不限于修订检查程序、参与设计更改以及参与对持续适航文件的修订。

②125.505　增压机身的修理评估

③125.507　燃油箱系统检查程序

④125.509　可燃性降低方法

附录A：其他应急设备

附录B：根据125.189应急撤离程序的演示标准

附录C：防冰

附录D：飞机飞行记录器规范

附录E：飞机飞行记录器规格

9.2.2.4　FAR 129运营：外国航空承运人和美国注册航空器的外国运营商从事公共运输

以下是各分部的标题：

A分部——概述

B分部——持续适航和安全改进

C分部——特殊联邦航空规章

（一）A分部：概述

①129.1　适用范围和定义

（a）外国航空承运人在美国的运营。本规章规定了管理每个外国航空承运人在美国境内运营的规则，其中包括：

（1）民用航空委员会或美国运输部根据49 USC 41301至41306（原1958年联邦航空法第402条，已修订）颁发的许可证。

（2）民用航空委员会或美国运输部颁发的其他适当的经济或豁免许可。

（b）美国注册飞机仅在美国境外的运营。除本条（a）款规定的运营之外，129.14、129.16、129.20、129.32和129.33也适用于仅在美国境外由外国人或外国航空承运人进行共同运输的美国注册航空器。

（c）定义。就本规章而言：

（1）外国人是指非美国公民且仅在美国境外以公共运输方式运营美国注册航空器的任何人员。

（2）服役年限是指自飞机首次取得美国或者外国适航证书以来经历的日历时间。

②129.13　适航和登记证书

（a）任何外国航空承运人不得在美国境内运营任何航空器，除非该航空器载有现行的注册证书，并显示登记国的国籍和注册登记号，以及由下列人员签发或认可的适航证书：

（1）登记国。

（2）运营人所在国，但运营商所在国和登记国已根据《国际民用航空公约》第 83 条订立了一项包括该航空器的协议。

（b）任何外国航空承运人不得在美国境内运营外国航空器，除非符合该航空器规定的最大许可重量限制和该航空器制造国的运行限制。

③129. 17　仪器飞行或云上目视飞行的航空器通信和导航设备

（a）航空器导航设备要求——概述。外国航空承运人不得进行仪器飞行或云上目视飞行，除非特定情况。

④129. 18　防撞系统

自 2005 年 1 月 1 日起，任何由外国航空承运人根据 129 部运营的飞机必须根据表×××进行装备和运行。

⑤129. 20　数字飞行数据记录仪

任何人员不得根据本部规章运行在美国注册的航空器，除非该飞机配备一台或多台获准使用数字记录和存储数据的飞行记录器。

⑥129. 22　引航导航航路上目视飞行的旋翼航空器运行的通信和导航设备

（a）任何外国航空承运人不得在引航导航航路上运行目视飞行的旋翼航空器，除非该旋翼航空器配备正常运行条件下必需的无线电通信设备，以满足下列要求：

（1）路线上的任何一点与至少一个适当的站点通信。

⑦129. 24　驾驶舱语音记录器

除非飞机配备符合 TSO-C123a 或更高版本标准的获批的驾驶舱语音记录器，否则任何人不得运行根据本部规章在美国注册的航空器。如果飞机根据 FAR 121 部、FAR 125 部或 FAR 135 部运行，驾驶舱语音录音器必须记录要求记录的信息，并且必须按照适用于航空器的该部分要求的时间安装。

⑧129. 28　驾驶舱安保

（a）2002 年 8 月 20 日之后，除了新制造的非营业收入交付飞行的飞机，§129. 1（a）规定所涵盖的外国航空承运人不得运营：

（1）除飞越（美国）领空外，在美国境内载客的运输类飞机。除非该飞机在乘客舱和驾驶舱之间装有舱门，该舱门具有限制人员非必要进入可操作的驾驶舱的功能，该舱门只能从驾驶舱内操作。

（二）B 分部：持续适航和安全改进

①129. 101　目的和定义

（a）本分部要求外国人或外国航空承运人以公共运输的方式运营美国注册的飞机，以支持每架飞机的持续适航性。这些要求可能包括但不限于修订维修大纲、参与设计更改以及参与持续适航指令的修订。

②129. 105　美国注册的多发动机飞机的老龄检查和记录审查

（a）检查后的操作和记录审查。在本款规定的日期之后，外国航空承运人或外国人员不得根据本规章运营美国注册的多发动机飞机，除非管理人已通知外国航空承运人或外国人员：管理人已完成飞机老龄检查，并根据本条要求完成记录审查。

③129.107　增压机身的修理评估

④129.109　对美国注册航空器的补充检查

⑤129.111　电气布线互连系统（EWIS）维护大纲

⑥129.113　燃油箱系统维护大纲

⑦129.117　可燃性降低方法

（三）C分部：特殊联邦航空规章

9.2.2.5　FAR 135部运营要求：通勤营运、按需营运以及航空器上人员的管理规则

以下是各分部的标题：

A分部——概述

B分部——飞行运行

C分部——航空器和设备

D分部——目视飞行/仪表飞行的驾驶限制和天气要求

E分部——飞行机组成员要求

F分部——机组成员飞行时间和工作时间限制及休息要求

G分部——机组成员测试要求

H分部——培训

I分部——飞机性能运行限制

J分部——维护、预防性维护和改装

K分部——危险品培训方案

L分部——直升机空中救护设备、运行和培训要求

（一）A分部：概述

①135.1　适用范围

（a）本规章所规定的规则适用于：

（1）根据FAR 119部规定持有或要求持有航空承运人合格证或运营合格证的通勤运营或按需运营。

（2）根据本规章进行运营（包括航空器的维修、预防性维修及改装）的持证人所雇用或使用的每个人员。

（3）根据邮政服务合同进行航空邮件的运输。

（4）每个申请高级资格计划课程或部分课程的临时批准的人员。

（5）根据本章119.1（e）（2）的规定，在同一机场起飞和着陆，并在该机场25mile范围进行的有偿或租赁的不间断商业航空旅行的航班；进一步规定，这些操作必须符合药物和酒精测试要求。

（6）根据本条进行操作的飞机上的每个人员。

（7）根据FAR 119部规定申请航空承运人合格证或运营合格证的在进行证明试验时的每个人员。

（8）在2007年9月11日前，根据本规章发布的运营规范持有人进行的商业航空旅行必须符合本章136部A分部的规定。

（9）§135.601（b）（1）中定义的直升机空中救护运行。

②135.21　手册要求

③135.25　航空器要求

(d) 在下列情况下，合格证持有人可以在公共运输和邮件运输中运行无机组成员的租赁或包租的民用航空器以及在《国际民用航空公约》缔约国注册的民用航空器：

(1) 飞机载有注册国签发的适航证，并符合该国的注册和识别要求。

(2) 飞机的型号设计是经美国型号合格证批准的，并符合本章（14 CFR 第一章）中适用于在美国注册的航空器的所有要求，包括签发美国标准适航证书必须满足的要求（包括型号设计符合性、安全运行条件以及本章中的噪声、燃油排放和发动机排放要求），但不会为航空器签发美国注册合格证和美国标准适航证书。

(二) B 分部：飞行运行

①135.61　概述

除本章 91 部规定的规则外，本分部规定了适用于本规章中的运行的规则。

(三) C 分部：航空器和设备

①135.141　适用范围

本分部规定了 FAR 规则中飞机和设备的操作要求。本分部的要求是对 FAR 91 航空器和设备要求的补充。但是，本规章不要求复制本章要求的任何设备。

本分部其他条款的标题为：

135.143　总要求

135.144　便携式电子设备

135.145　航空器验证和确认测试

135.147　双重控制要求

135.149　设备要求：概述

135.150　公共广播和机组成员对讲系统

135.151　驾驶舱语音记录器

135.152　飞行数据记录仪

135.153　(保留)

135.154　地形提示和警告系统

135.155　灭火器：载客飞机

135.156　飞行数据记录仪：过滤数据

135.157　氧气设备要求

135.158　皮托管热指示系统

135.159　设备要求：在夜间目视飞行或云上目视飞行条件下载客

135.161　引航航路上目视飞行的航空器的通信和导航设备

135.163　设备要求：仪表飞行的载客航空器

135.165　通信和导航设备：拓展水上运行或仪表飞行运行

135.167　应急设备：拓展水上运行

135.168　应急设备：水上旋翼航空器运行

135.169　附加适航要求

135.170　座舱内部设施
135.171　飞行机组人员站的肩带安装
135.173　机载雷暴探测设备要求
135.175　机载气象雷达设备要求
135.177　客座布局超过19人的航空器的应急设备要求
135.178　附加应急设备
135.179　不工作的仪器和设备
135.180　交通警告及防撞系统
135.181　性能要求：云上目视飞行或仪表飞行的飞机
135.183　性能要求：水上运行的陆上航空器
135.185　空机重量和重心：现行要求

（四）D分部：VFR/IFR运行限制和天气要求

①135.201　适用范围

该分部规定了VFR/IFR飞行运行的运行限制以及本规章中运行的相关天气要求。

（五）E分部：飞行机组成员要求

①135.241　适用范围

除§135.3规定的情况外，本分部规定了飞行机组成员在本规章中的操作要求。

（六）F分部：机组成员飞行时间和工作时间限制及休息要求

①135.261　适用范围

本规章135.263至135.273规定了根据本规章运行的飞行时间限制、工作时间限制和休息要求。

（七）G分部：机组成员测试要求

①135.291　适用范围

除非§135.3另有规定，本分部：

（a）规定在本规章规定的运行中飞行员和空乘人员以及批准检查飞行员所需的测试及检查。

（八）H分部：培训

①135.321　适用范围和使用的术语

（a）除§135.3中另有规定，本分部规定了适用于以下情况的要求：

（1）本规章下的合格证持有人与根据142部审定的培训中心签订合同，或以其他方式安排使用该培训中心的服务进行培训、测试和检查功能。

（九）I分部：飞机性能运行限制

①135.361　适用范围

（a）本分部规定了根据FAR 135部运行时，适用于§135.363中所列飞机类别的运行的飞机性能运行限制。

注：135.365至135.399规定了相关飞行手册中包含的一套“性能运行限制”。我们只引用一些标题作为示例：

135.365　大型运输类飞机：活塞式发动机驱动：重量限制
135.379　大型运输类飞机：涡轮发动机驱动：起飞限制

135. 383　大型运输类飞机：涡轮发动机驱动：航路限制：两台发动机失效

135. 397　小型运输类飞机性能运行限制

135. 399　小型非运输类飞机性能运行限制

（十）J 分部：维修、预防性维修和改装

①135. 411　适用范围

（a）本分部规定了除本章其他部分规定的规则外，每个合格证持有人进行的维修、预防性维修和改装的规则如下：

（1）经型号审定为 9 个或 9 个以下客座布局（不包括任何飞行员座位）的航空器，应按照 FAR 91 部和 FAR 43 部以及 135. 415、135. 417、135. 421 和 135. 422 的规定进行维修。根据 135. 419，可以使用经批准的航空器检查程序。

（2）经型号审定为 10 个或 10 个以上客座布局（不包括任何飞行员座位）的航空器，应按照 135. 415、135. 417、135. 423 至 135. 443 规定的维修程序进行维修。

②135. 413　适航责任

（a）每个合格证持有人主要负责其航空器的适航性，包括机体、航空器发动机、螺旋桨、旋翼、机载设备和零件，并应根据本章对其航空器进行维修，并应根据 FAR 43 部规定在要求的维护范围内修复缺陷。

（b）根据 135. 411（a）（2）维修其航空器的每个合格证持有人。

③135. 415　使用困难报告

④135. 417　机械停用总结报告

⑤135. 419　批准的航空器检查方案

当局方发现 FAR 91 部规定要求或允许的航空器检查不足以满足规章要求时，或在合格证持有人提出申请时，局方可根据 119. 51 修改合格证持有人的运行规范，以要求或允许一项审定的飞机检查计划，这项飞机检查计划针对任何型号和型别的飞机，合格证持有人应至少独自拥有一架这样的飞机（如 135. 25（b）所定义）。

⑥135. 421　附加维修要求

对于本章要求的每台航空器发动机、螺旋桨、旋翼和每项应急设备，每名运营航空器型号审定为客座布局 9 座或更少（飞行员座位除外）的航空器的持证人必须遵守制造商推荐的维修计划或局方批准的计划。

⑦135. 422　审定为 9 个或更少乘客座位的多发动机飞机的检查和记录审查

（a）适用范围。本条适用于由合格证持有人在 FAR 规定的定期运营中运行的审定为 9 座或更少乘客座位的多发飞机。

（b）检查和记录审查后的操作。在本条规定的日期之后，除非局方通知合格证持有人已完成本条要求的老龄飞机检查和记录审查要求，否则合格证持有人不得根据 FAR 的规定以定期运营的方式运行多发动机飞机。在检查和记录审查过程中，持证人必须向局方证明老龄飞机的敏感零部件的维护是充分和及时的，以确保最高的安全性。

⑧135. 423　维修、预防性维修和改装单位

（a）执行任何维修（要求的检查除外）、预防性维修或改装的每个合格证持有人，以及与其安排执行该工作的每个人员，必须有一个足以执行工作的单位。

⑨135.425　维修、预防性维修和改装计划

每个合格证持有人应有一个检查计划和一个包括维修、预防性维修和改装的计划。

⑩135.427　手册要求

⑪135.429　所需的检验人员

⑫135.431　持续分析和监控

(a) 每个合格证持有人应建立和维持一个系统，用于持续分析和监控其检查计划的性能和有效性，以及涵盖其他维修、预防性维修和改装以及纠正这些计划中任何缺陷的计划，无论这些程序是由合格证持有人还是由其他人执行。

⑬135.433　维修和预防性维修培训计划

⑭135.435　合格证要求

⑮135.437　执行和批准维修、预防性维修和改装的权限

⑯135.439　维修记录要求

⑰135.441　维修记录转移

⑱135.443　适航放行或航空器维修日志记录。

(十一) K分部：危险品培训大纲

(十二) L分部：直升机空中救护设备、运行和培训要求

①135.601　适用性和定义

(a) 适用范围。本分部规定了适用于每个合格证持有人进行直升机空中救护运行的要求。

135部附录A——对于10架或更多客机的附加适航标准

135部附录B——飞机飞行记录器规格

135部附录C——直升机飞行记录器规格

135部附录D——飞机飞行记录器规格

135部附录E——直升机飞行记录器规格

135部附录F——飞机飞行记录器规格

135部附录G——延程运行（ETOPS）

9.2.2.6　FAR 137 农用航空器运行

以下是各分部的标题：

A分部——概述

B分部——审定规则

C分部——运行规则

D分部——记录和报告

(一) A分部：概述

①137.1　适用范围

(a) 本规章规定了适用于下列事项的规则：

(1) 美国境内的农用航空器运营。

(2) 为这些运营签发的商业和私人农用航空器运营人合格证。

(b) 在公共紧急情况下，根据本规章进行农用航空器运行的人员可在必要时偏离本规章关于联邦、州或地方政府机构批准的救济和公益活动的运营规则。

（c）在本条授权范围内偏离本规章规则的每个人员。

（二）B分部：审定规则

①137.11 合格证要求

（a）除本条（c）和（d）另有规定外，任何人不得在没有或违反根据本规章签发的农用航空器合格证的情况下进行农用航空器的运行。

（b）尽管如此，运营人员如符合本规章的规定，可在没有旋翼航空器外挂载荷运营人合格证的情况下，使用有外部分配设备的旋翼航空器进行农用航空器的运营。

（c）联邦、州或地方政府使用公共航空器进行农用航空器运营，无须遵守本分部。

（d）根据FAR 133部进行农用航空器运营的旋翼航空器外挂载荷运营人合格证的持有人，仅涉及使用旋翼航空器外挂载荷装置在森林火灾中洒水，不需要遵守本分部。

（三）C分部：运行规则

①137.31 航空器要求任何人不得运行航空器，除非满足以下条件：

（a）满足137.19（d）[①] 的要求。

（b）配备供每个飞行员使用合适且正确安装的肩带。

②137.42 安全带和肩带的系紧

在没有安全带和肩带正确固定在该人身上的情况下，任何人都不得根据137部要求运行航空器。该人具有无法在系紧肩带的情况下执行要求的职责，则不需要系紧肩带。

（四）D分部：记录和报告

9.3 欧洲航空安全局（EASA）运行标准

9.3.1 飞机运行规章

基于2008年2月20日欧洲议会和理事会第216/2008号法规（EC），关于航空运行的第965/2012号法规（EC）于2012年10月25日发布在《欧盟公报》上。最初的内容只涉及飞机和直升机的商业航空运输，于2012年10月28日生效并开始适用。本规章由第800/2013号法规（EC）和第71/2014号法规（EC）修订。

通过对第379/2014号法规（EC）的进一步修订，完成了航空运行（air OPS）规章，其中包括了附件8——专业运行（SPO）。它包括飞机、直升机、滑翔机和气球进行商业专业运行的技术要求，以及复杂动力飞机和复杂动力直升机进行非商业专业航空运行的技术要求。它还包括有关气球和滑翔机的商业航空运输新规定，以及在同一个机场开始和结束的小型飞机/直升机商业航空运输。

欧洲委员会编制了一份“过渡说明”，给出了成员国和局方从EU-OPS/JAR-OPS 3或国家法规，过渡到新的OPS实施法规应采用的机制。

新的法规由成员国负责实施。

---

① 137（d）航空器，申请人必须至少配备一架经审定且可飞行的航空器，且该航空器可用于农业运行。

9.3.2 运营人分类

最新的欧洲航空运行规章基于图 9-3 所示的航空运行分类。

根据 EASA 报告，“考虑到比例原则和不同安全级别的需要，该分类用于制定一套不同的技术规则（如 CAT、NCC、NCO、SPO 运营）。安全级别基于风险等级，从要求的最高安全等级的付费商业航空运输乘客运营到要求相对较低的安全等级的非复杂动力驱动航空器（NCO）非商业单一飞行员的运营。

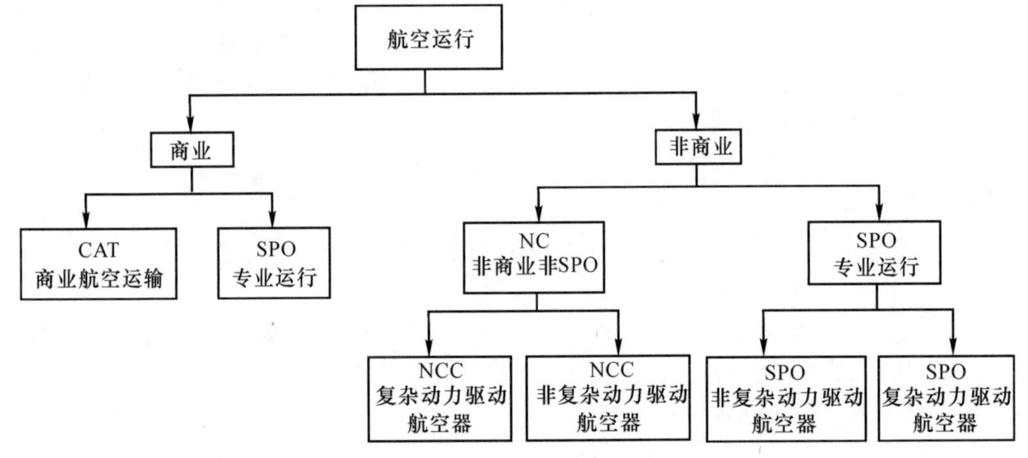

图 9-2 运营人分类

（a）“商业航空运输”（CAT）指运输旅客、货物或邮件以获取酬金或其他有价值的取酬的航空器运营。

（b）“专业运行”（SPO）指除商业航空运输以外的任何运营，其中航空器用于农业、建筑、摄影、勘测、观察和巡逻、空中广告等专业活动。

（c）NCC 代表复杂动力驱动航空器的非商业航空运营①。

（d）NCO 代表非复杂动力驱动航空器的非商业航空运营。

（e）第 800/2013 号法规（EC）增加了 I 类欧洲轻型航空器和 II 类欧洲轻型航空器用于非商业航空的定义②。

为了符合比例原则，局方根据所运营的航空器的复杂程度，提供了两套不同的非商业运营规则。

（a）NCO 部为非复杂动力驱动航空器（飞机、直升机、滑翔机、气球）的运行提供了相应的基本安全规则。

（b）NCC 部和 ORO 部的部分内容为复杂动力驱动航空器（飞机、直升机）的运行提供了更新的安全的法规，特别是考虑到复杂动力驱动航空器可能运载大量乘客，并且通常

① 见第 4 章 4.5.4.2 的定义。

② 同上。

需要专业团队运行。

9.3.3　飞行运行规章的附件

图 9-3 显示了下列附件。

(a) 定义

附件二至附件八中使用的术语（附件一）。

(b) ARO 部

局方对航空运行的要求（附件二）。

(c) ORO 部

具有复杂动力驱动航空器的商业航空运营商和非商业航空运营商的航空运行单位要求（附件三）。

(d) CAT 部

飞机和直升机商业航空运输的技术要求（附件四）。

(e) SPA 部

需要特殊适航证的运行要求（附件五）。

(f) NCC 部

复杂动力驱动航空器的非商业航空运营的技术要求（附件六）。

(g) NCO 部

非复杂动力驱动航空器的非商业航空运营的技术要求（附件七）。

(h) SPO 部

包括商业和非商业运营的专业运行的技术要求（附件八）。

附件一 定义附件二至附件八中使用的术语（附件一）		
附件二 ARO 部	1. GEN 分部-	一般要求
	2. OPS 分部-	航空运行
	3. RAMP 分部-	在另一国家的管制监督下对运营商的航空器进行 RAMP 检查
附件三 ORO 部	1. GEN 分部-	一般要求
	2. AOC 分部-	航空运营人合格证
	3. DEC 分部-	公告
	4. MLR 分部-	手册、日志和记录
	5. SEC 分部-	安全
	6. FC 分部-	飞行机组
	7. CC 分部-	乘务人员
	8. TC 分部-	技术机组人员
	9. FTL 分部-	飞行和执勤时间限制

附件四 CAT 部	1. A 分部 CAT. GEN-	一般要求
	2. B 分部 CAT. OP-	运行程序
	3. C 分部 CAT. POL-	航空器性能和运行限制
	4. D 分部 CAT. IDE-	仪表、数据和设备
附件五 SPA 部	1. A 分部 SPA. GEN-	一般要求
	2. B 分部 SPA. PBN-	基于性能的导航运行
	3. C 分部 SPA. MPNS-	规定最低导航性能的运行
	4. D 分部 SPA. RVSM-	按照缩短垂直间隔最低标准的运行
	5. E 分部 SPA. LVO-	低能见度运行
	6. F 分部 SPA. ETOPS-	双发飞机延程运行
	7. G 分部 SPA. D. G-	危险品运输
	8. H 分部 SPA. ENVIS-	带有夜视成像系统的直升机运行
	9. I 分部 SPA. HHO-	直升机悬停运行
	10. H 分部 SPA. HEMS-	直升机紧急医疗服务
附件六 NCC 部	1. A 分部 NCC. GEN-	一般要求
	2. B 分部 NCC. OP-	运行程序
	3. C 分部 NCC. POL-	航空器性能和运行限制
	4. D 分部 NCC. IDE-	仪表、数据和设备
附件七 NCO 部	1. A 分部 NCO. GEN-	一般要求
	2. B 分部 NCO. OP-	运行程序
	3. C 分部 NCO. POL-	航空器性能和运行限制
	4. D 分部 NCO. IDE-	仪表、数据和设备
附件八 SPO 部	1. A 分部 SPO. GEN-	一般要求
	2. B 分部 SPO. OP-	运行程序
	3. C 分部 SPO. POL-	航空器性能和运行限制
	4. D 分部 SPO. IDE-	仪表、数据和设备
	5. E 分部 SPO. IDE-	具体要求

图 9-3 飞机运行规章

9.3.4 附件的适用范围

为了描述 EASA 运行标准的内容和方法，我们从适航性的角度引用了最值得注意的条款，通常是部分引用或仅引用标题。从工作应用的角度考虑，我们不建议用这种方法取代完整阅读原文的做法。

9.3.4.1 附件二：ARO 部

9.3.4.1.1 局方对航空运行的要求

本附件为实施和执行第 216/2008 号法规（EC）及其民用航空运行实施细则，规定了 EASA 和成员国应满足的行政和管理体系要求。

ARO 部由三个分部组成：

（a）GEN 分部，规定了国家适航当局的任务，以及在管理系统、组织、人员资格审定和培训方面与 EASA 的关系。必须制定 EASA 可用的政策和程序，并对相关人员和组织进行审定、监督和执行。

（b）OPS 分部，涉及根据 ORO. AOC. 100 代码共享①和租赁协议对商业航空运输运营商的审定，也有特殊批准程序和某些直升机专业运行以及高风险商用专业运行授权的说明。

（c）RAMP 分部，规定了适航管理当局或 EASA 在行使其关于由第三国运营商使用的航空器或在另一成员国管制监督下运营人使用的航空器降落在受规章约束的领土内的机场时进行停机坪检查相关的任务和职责应遵循的要求。

9.3.4.2 附件三：ORO 部

9.3.4.2.1 航空运行的单位要求

本附件规定了从事商业航空运输的航空运营商应遵循的要求。

ORO 部分由 9 个分部组成：

（a）ORO. GEN. 005 中 GEN 分部，本附件规定了航空运营商应遵循的要求，即：

（1）商业航空运输。

（2）商业专业运营。

（3）复杂动力驱动航空器的非商业运营。

（4）复杂动力驱动航空器的非商业专业运营。

（b）AOC 分部涉及航空运营人合格证的颁发程序、AOC 持有人的运营规范和特权、代码共享协议、机组人员培训、设施要求等。

（c）DEC 分部——声明的目的是：

（1）让运营人认识到其在适用的安全规章下的责任，并持有所有必要的批准。

（d）MLR 分部规定，运营人应按照第 216/2008 号法规（EC）附件四 8. b 款的规定，以及运行手册结构、最低设备清单规范、记录保存，编制运行手册（OM）。

（e）SEC 分部，安保要求 MTOW 超过 45000kg 的载客飞机和为同一目的运行的直升机的机组人员舱门应上锁，以防止未经授权的进入。

（f）FC 分部规定了从事商业航空运输业务的运营商应进行飞行机组人员培训、经验和资格审定，以及机组人员的组成、机长的指定、机组人员培训等方面的要求。

（g）CC 分部规定了从事商业航空运输业务的运营商应进行乘务人员培训、经验和资格的要求。

（h）TC 分部规定了在商业航空运输直升机紧急医疗服务（HEMS）、夜视成像系统（NVIS）运行或直升机悬停运行（HHO）时，运营人与技术机组人员一起运行航空器应满足的要求。

（i）FTL 分部规定了飞行和执勤时间限制、休息、疲劳风险管理等要求。

① “代码共享”是指运营商将其指定代码放置在另一运营商运营的航班上，并为该航班出售、发行机票。

9.3.4.3 附件四：CAT部

9.3.4.3.1 商业航空运输运行

“商业航空运输运行”指为了取酬或其他经济考虑而运送乘客、货物或邮件的航空器运行。

CAT部包含飞机、直升机、滑翔机和气球的商业航空运输运行技术要求。它由四个分部组成，每一分部细分为包含飞机类别特定规则的部分。某些部分进一步细分成不同章。

CAT部由四个分部组成（见图9-4）：

（一）A分部：CAT. GEN一般要求

①CAT. GEN. 105　旅行用动力滑翔机、动力滑翔机及混合气球

（a）动力滑翔机（不包括旅行用动力滑翔机）的运行和装备应符合适用于滑翔机的要求。

（b）旅行用动力滑翔机（TMGs）应按照以下要求运行：

（1）由发动机驱动的飞机。

（2）运行时不使用发动机的滑翔机。

（c）除非CAT. IDE. A中另有规定，否则旅行用动力滑翔机的装备应符合适用于飞机的要求。

（d）混合气球应按照热气球的要求运行。

附件四　CAT部 商业航空运输运行
1. A分部 CAT. GEN：一般要求 第1部分　发动机驱动的航空器 CAT. GEN. MPA 第2部分　非发动机驱动的航空器 CAT. GEN. NMPA
2. B分部 CAT. OP：运行程序 第1部分　发动机驱动的航空器 CAT. OP. MPA 第2部分　非发动机驱动的航空器 CAT. OP. NMPA
3. C分部 CAT. POL：航空器性能及运行限制 第1部分　CAT. POL. A——飞机 第1章　一般要求 第2章　A级性能 第3章　B级性能 第4章　C级性能 第2部分　CAT. POL. H——直升机 第1章　一般要求 第2章　1级性能 第3章　2级性能 第4章　3级性能 第3部分　CAT. POL. MAB——质量和平衡 第1章　发动机驱动的航空器 第4部分　CAT. POL. S——滑翔机 第5部分　CAT. POL. B——气球

4. D分部 CAT. IDE：仪表、数据及设备
第1部分　CAT. IDE. A——飞机
第2部分　CAT. IDE. H——直升机
第3部分　CAT. IDE. S——滑翔机
第4部分　CAT. IDE. B——气球

图9-4　附件四　CAT部

一、第1部分　发动机驱动的航空器

本部分CAT. GEN. MPA提出了各种要求，如机组人员和机长的职责、所载应急和救生设备的信息、飞机滑跑、飞机水上迫降、人员运输方法、武器、危险货物运输、要携带的文件、手册和信息、酒精和药物。

二、第2部分　非发动机驱动的航空器

本部分CAT. GEN. NMPA提出了各种要求，如机长的职责和权力、额外的气球机组乘员、便携式电子设备、所载应急和救生设备信息、酒精和药物、要携带的手册和信息、危险货物运输。

（二）B分部：CAT. OP运行程序

一、第1部分　发动机驱动的航空器

以下是本部分CAT. OP. MPA要求的标题。

所有航空器：空中交通服务的使用；机场和运行地点的使用；合适的机场；机场运行最低标准；仪表离场及进近程序；运行路线和区域；确定最低飞行高度；燃油政策；燃油政策——简化；特殊类别乘客的运输（SCPs）；行李和货物的装载；乘客座椅；乘客须知；飞行准备；冰和其他污染物——地面程序；冰和其他污染物——飞行程序；燃油和滑油供应；起飞条件；最低飞行高度；模拟飞行中的异常情况；应急撤离的辅助手段；座椅、安全带和约束系统；客舱和厨房的固定；补充供氧的使用；地面接近检测；机载防撞系统（ACAS）的使用；进近和着陆条件；进近的开始和持续；ATS飞行计划的提交；乘客登机、在飞机上及下飞机时加油/卸油；用宽馏分燃料加油/卸油；执勤的机组人员；机舱内吸烟；气象条件；航空器类别。

飞机：独立机场的使用；进近飞行技术；降噪程序：运行路线和区域（单发飞机）；未经ETOPS批准（双发飞机）与合适机场的最大距离；机场的选择；仪表飞行最低计划；后推和牵引；耳机的使用；气象条件；飞行中的燃油管理；运行程序——跑道入口跨越高度。

直升机：水上运行的机载雷达进近（ARAs）；降噪程序；运行路线和区域；机场和运行地点的选择；仪表飞行最低计划；耳机的使用；救生衣；气象条件；飞行中的燃油管理；飞行小时报告。

二、第2部分　非发动机驱动的航空器

以下是本部分CAT. OP. NMPA要求的标题。

所有非发动机驱动的航空器：机场和运行地点的使用；特殊类别乘客（SCPs）的运输；乘客须知；飞行准备；ATS飞行计划的提交；舱内吸烟；气象条件；冰和其他污染物

——地面程序；起飞条件；模拟飞行中的异常情况；补充供氧的使用；进近和着陆条件。

气球：降噪程序；燃料或压舱物的供应和规划；运行限制（热气球）。

动力滑翔机：降噪程序；客舱及驾驶舱的固定；飞行中的燃料和压舱物管理。

滑翔机：运行限制。

（三）C分部：CAT. POL 航空器性能和运行限制

一、第1部分　CAT. POL. A——飞机

㈠第1章　一般要求

①CAT. POL. A. 100　性能等级①

（a）飞机应按照适用的性能等级要求运行。

（b）如果由于特定的设计特性而不能完全符合本部分的适用要求，则运营人应采用经批准的性能标准，以确保与相应章节有等效安全水平。

㈡第2章　A级性能

①CAT. POL. A. 200　概述

（a）如果航空器飞行手册（AFM）中批准的性能数据在以下方面不充分，则应在必要时用其他数据补充AFM中批准的性能数据：

（1）解释合理预期的不利运行条件，如在污染跑道上起飞降落等。

（2）考虑所有飞行阶段的发动机失效。

（b）对于湿跑道和污染的跑道，应使用根据大型飞机审定适用标准或同等标准确定的性能数据。

（c）运行手册中应明确规定（a）中提及的其他数据和（b）中提及的同等要求的使用。

以下是第2章其他段落的标题：

起飞；起飞障碍物清除；在航路上——单发失效（OEI），在航路上——有三台或多台发动机的飞机，其中两台发动机不工作；着陆——目的地和备降机场；着陆——干燥跑道；着陆——湿跑道和污染跑道；大角度进近运行的批准；短距滑跑着陆运行的批准。

㈢第3章　B级性能

以下是第3章各段的标题：

概述；起飞；起飞障碍物清除——多发飞机；在航路上——多发飞机；在航路上——单发飞机；着陆——目的地和备降机场；着陆——干燥跑道；着陆——湿跑道和污染跑道；起飞和着陆爬升要求；大角度进近运行的批准；短距滑跑着陆运行的批准。

㈣第4章　C级性能

以下是第4章各段的标题：

起飞；起飞障碍物清除；在航路上——所有发动机运行；在航路上——单发失效；在

---

①　A级性能飞机是指最大运营客座量构型大于9座或者最大起飞重量超过5700kg的涡轮螺旋桨发动机驱动的多发飞机，以及所有的涡轮喷气式发动机驱动的多发飞机。B级性能飞机是指由螺旋桨发动机驱动，最大运营客座量构型不超过9座，且最大起飞重量不超过5700kg的飞机。C级性能飞机是指由往复式活塞式发动机驱动，最大运营客座量构型大于9座或者最大起飞重量超过5700kg的飞机。

航路上——有三台或更多发动机的飞机，其中两台发动机不工作；着陆——目的地和备降机场；着陆——湿跑道和污染跑道。

二、第 2 部分　CAT. POL. H——直升机

㈠第 1 章　一般要求

①CAT. POL. H. 100　适用范围

（a）直升机应按照适用的性能等级[①]要求运行。

（b）直升机应按照 1 级性能运行：

（1）在/从机场或位于拥挤不利环境的运行地点之间运行，不包括根据 CAT. POL. H 在/从公共地点（public interest site，PIS）之间运行。

（2）当最大运营客座量构型超过 19 座时，不包括根据 CAT. POL. H. 305 的批准在/从 2 级性能的直升机甲板上运行

（c）除非（b）另有规定，最大运营客座量构型不超过 19 座但多于 9 座的直升机应按照 1 级或 2 级性能运行。

（d）除非（b）另有规定，最大运营客座量构型不超过 9 座的直升机应按照 1 级、2 级或 3 级性能运行。

以下是第 1 章各段落的标题：

概述；越障能力。

㈡第 2 章　1 级性能

以下是第 2 章各段落的标题：

概述；起飞；起飞飞行路线；在航路上——关键发动机不工作；着陆；往返公共地点的直升机运行。

㈢第 3 章　2 级性能

以下是第 3 章各段落的标题：

无安全迫降能力的一般运行；起飞；起飞飞行路线；在航路上——关键发动机不工作；着陆。

㈣第 4 章　3 级性能

以下是第 4 章各段的标题：

概述；起飞；在航路上；着陆；直升机在拥挤区域外的不利环境中运行。

三、第 3 部分　CAT. POL. MAB——质量和平衡

㈠第 1 章　发动机驱动的航空器

以下是第 1 章各段的标题：

质量和平衡，负载；质量和平衡的数据和文件。

---

① 1 级性能直升机：直升机的性能能够使其在关键动力装置失效的情况下，根据失效发生的时间降落在中断起飞区域或安全地继续飞行到合适的降落区域。2 级性能直升机：直升机的性能能够使其在关键动力装置失效的情况下安全地继续飞行，除非失效发生在起飞后决断点（a defined point after take-off）之前或着陆前决断点（defined point before landing）之后，在这种情况下可能需要强制着陆。3 级性能直升机：在飞行包线内任意一点发生动力装置失效都必须执行强制着陆的直升机。

四、第4部分　CAT. POL. B——滑翔机

以下是第4部分各段的标题：

运行限制；称重；性能。

五、第5部分　CAT. POL. B——气球

以下是第5部分各段的标题：

运行限制；称重；用于确定质量的系统；性能。

（四）D分部　CAT. IDE 仪表、数据和设备

一、第1部分　CAT. IDE. A——飞机

概述。CAT. IDE. A. 100 列出了不需要根据欧盟委员会第748/2012号法规（EU）及要求批准的仪表和设备。我们复制了关于要求安装仪表和设备的段落。

①CAT. IDE. A. 105　最低飞行设备

②CAT. IDE. A. 115　运行灯

③CAT. IDE. A. 120　风挡玻璃清理设备

④CAT. IDE. A. 125　昼间目视飞行规则下的运行——飞行和导航仪表及相关设备

（a）昼间在目视飞行规则下运行的飞机应配备以下可在驾驶舱使用的设备：

（1）测量和显示的方法：

（i）磁罗盘。

（ii）指示时、分、秒的计时表。

（iii）气压高度表。

（iv）指示空速表。

（v）垂直速度指示器。

（vi）转弯侧滑仪。

（vii）姿态指示器。

（viii）航向指示器。

（ix）大气温度指示器。

（x）以马赫数表示速度限制的马赫表。

⑤CAT. IDE. A. 130　仪表飞行规则下或夜间的运行——飞行和导航仪表及相关设备

夜间在目视飞行规则下或仪表飞行规则下运行的飞机应配备以下可在驾驶舱使用的设备：

（a）测量和显示的方法：

（1）磁罗盘。

（2）指示时、分、秒的计时表。

（3）指示空速表。

（4）垂直速度指示器。

（5）转弯侧滑仪。

（6）姿态指示器。

（7）航向指示器。

（8）大气温度指示器。

（9）以马赫数表示速度限制的马赫表。

⑥CAT. IDE. A. 135　仪表飞行规则下单一飞行员运行的附加设备

在仪表飞行规则下由单一飞行员运行的飞机应配备至少具有高度保持和航向模式的自动驾驶仪。

⑦CAT. IDE. A. 140　高度警告系统

下列飞机应配备高度警告系统：

（1）最大审定起飞重量超过 5700kg 或者最大运营客座量构型超过 9 座的涡轮螺旋桨驱动的飞机。

（2）涡轮喷气发动机驱动的飞机。

⑧CAT. IDE. A. 150　地形提示和警告系统（TAWS）

（a）最大审定起飞重量超过 5700kg 或最大运营客座量构型超过 9 座的涡轮动力飞机，应配备符合可接受标准中规定的 A 级设备要求的地形提示和警告系统。

（b）最大审定起飞重量超过 5700kg 或最大运营客座量构型超过 9 座的往复式活塞式发动机驱动的飞机，应配备符合可接受标准中规定的 B 级设备要求的地形提示和警告系统。

⑨CAT. IDE. A. 155　机载防撞系统（ACAS）

除非第 1332/2011 号法规（EU）另有规定，最大审定起飞重量超过 5700kg 或最大运营客座量构型超过 19 座涡轮动力飞机应配备 ACAS II。

⑩CAT. IDE. A. 160　机载天气探测设备

在夜间或仪表气象条件（IMC）下，在预计航路上可能存在雷暴或其他潜在危险气象条件（视为可通过机载天气探测设备探测到的）的区域内运行时，下列飞机应配备机载气象探测设备：

（a）增压飞机。

（b）最大审定起飞重量超过 5700kg 的非增压飞机。

（c）最大运营客座量构型超过 9 座的非增压飞机。

⑪CAT. IDE. A. 165　夜间结冰条件下运行的附加设备

（a）在预计或实际夜间结冰条件下运行的飞机应配备照明或探测结冰形成的装置。

⑫CAT. IDE. A. 170　飞行机组内话系统

⑬CAT. IDE. A. 175　机组人员内话系统

最大审定起飞重量超过 15000kg 或最大运营客座量构型超过 19 座的飞机，应配备机组人员内话系统。

⑭CAT. IDE. A. 180　公共广播系统

最大运营客座量构型①超过 19 座的飞机应配备公共广播系统。

⑮CAT. IDE. A. 185　驾驶舱语音记录器

（a）下列飞机应配备驾驶舱语音记录器（CVR）：

（1）最大审定起飞重量超过 5700kg 的飞机。

---

① MOPSC：最大运营客座量构型。

（2）最大审定起飞重量不超过 5700kg，最大运营客座量构型超过 9 座，并于 1990 年 1 月 1 日或之后首次颁发单机适航证的多发动机涡轮动力飞机。

⑯CAT. IDE. A. 190　飞行数据记录仪

（a）下列飞机应配备飞行数据记录仪，该记录仪采用数字方法记录和存储数据，并且有一种从存储介质中迅速检索数据的方法：

（1）最大审定起飞重量超过 5700kg，1990 年 6 月 1 日或之后首次颁发单机适航证的飞机。

（2）最大审定起飞重量超过 5700kg，1990 年 6 月 1 日之前首次颁发单机适航证的涡轮发动机飞机。

（3）最大审定起飞重量不超过 5700kg，最大运营客座量构型超过 9 座，并于 1998 年 4 月 1 日或之后首次颁发单机适航证的多发动机涡轮动力飞机。

（b）飞行数据记录仪。

⑰CAT. IDE. A. 205　座椅、座椅安全带、约束系统和儿童约束装置

⑱CAT. IDE. A. 210　系好安全带和禁止吸烟标志

⑲CAT. IDE. A. 215　内门和窗帘

⑳CAT. IDE. A. 220　急救箱

（a）根据表 1，飞机应配备急救箱。

㉑CAT. IDE. A. 225　紧急医疗包

（a）最大运营客座量构型超过 30 座的飞机，应配备紧急医疗包。

㉒CAT. IDE. A. 235　补充供氧——增压飞机

（a）在 10000ft 以上气压高度运行的增压飞机。

（b）在 25000ft 以上气压高度运行的增压飞机。

㉓CAT. IDE. A. 240　补充供氧——非增压飞机

在 10000ft 以上气压高度运行的非增压飞机，应根据表 1 配备能够储存和分配氧气供应的补充供氧设备。

㉔CAT. IDE. A. 245　机组防护式呼吸装置

所有增压飞机和最大审定起飞重量超过 5700kg 或最大运营客座量构型超过 19 座的非增压飞机，应配备防护式呼吸装置（PBE），以保护眼睛、鼻子和嘴并提供至少 15min 的使用时间。

㉕CAT. IDE. A. 250　手提式灭火器

（a）飞机应在驾驶舱内至少配备一个手提式灭火器。

（b）对于每个不在主客舱的厨房，厨房内须备有至少一个手提式灭火器，可随时取用。

（c）每个 A 级或 B 级货物或行李舱，以及在飞行中机组人员可到达的每一个 E 级货物舱内，均须备有至少一个手提式灭火器。

㉖CAT. IDE. A. 255　撞锤和撬棍

最大审定起飞重量超过 5700kg 或最大运营客座量构型超过 9 座的飞机应在飞行机组舱内配备至少一把撞锤或撬棍。

㉗CAT. IDE. A. 265　应急撤离方式

乘客应急出口门槛高度高于地面 1. 83m（6ft）的飞机应在每个出口处配备一种使乘客和机组人员在紧急情况下能够安全到达地面的装置。

㉘CAT. IDE. A. 270　扩音器

最大运营客座量构型超过 60 座的飞机。

㉙CAT. IDE. A. 275　应急照明和标记

（a）最大运营客座量构型超过 9 座的飞机。

㉚CAT. IDE. A. 280　应急定位发射机（ELT）

（a）最大运营客座量构型超过 19 座的飞机。

（b）最大运营客座量构型不超过 19 座的飞机。

㉛CAT. IDE. A. 285　水上飞行

下列飞机应为机上每名人员配备救生衣：

（1）距海岸 50n mile 以上水上飞行的陆上飞机。

（2）水上飞行的水上飞机。

㉜CAT. IDE. A. 305　救生设备

（a）在搜索和救援特别困难的地区运行的飞机。

㉝CAT. IDE. A. 325　耳机

㉞CAT. IDE. A. 330　无线电通信设备

㉟CAT. IDE. A. 340　地标领航的航路上目视飞行规则运行的无线电设备

地标领航的航路上目视飞行规则运行的飞机应配备正常无线电传播条件下所需的无线电通信设备。

㊱CAT. IDE. A. 345　仪表飞行规则运行或者非地标领航的航路上目视飞行规则运行的通信和导航设备

仪表飞行规则运行或者非地标领航的航路上目视飞行规则运行的飞机应按照适用的空域要求配备无线电通信和导航设备。

㊲CAT. IDE. A. 350　应答机

飞机应配备气压高度报告二次雷达（SSR）应答机和飞行路线所需的任何其他二次雷达应答机。

㊳CAT. IDE. A. 355　电子导航数据管理

（a）运营人只能使用支持符合完整性标准的导航应用程序电子导航数据产品，该标准适用于数据的预期用途。

（b）当电子导航数据产品支持附件五（SPA 部）要求批准的操作所需的导航应用时，运营人应向适航管理当局证明应用的过程和交付的产品符合数据预期用途的完整性标准。

二、第 2 部分　CAT. IDE. H——直升机

概述。CAT. IDE. H. 100 列出了根据第 748/2012 号法规（EU）及要求不需要批准的仪表和设备。我们复制了关于安装仪表和设备要求的段落。

①CAT. IDE. H. 105　最低飞行设备

②CAT. IDE. H. 115　运行灯

（a）昼间在目视飞行规则下运行的直升机应配备防撞灯系统。

（b）夜间运行或在仪表飞行规则下运行的直升机。

③CAT. IDE. H. 125　昼间目视飞行规则下的运行——飞行和导航仪表及相关设备

（a）昼间目视飞行规则下运行的直升机应配备以下可在驾驶舱使用的设备：

（1）测量和显示的方法：

（i）磁罗盘。

（ii）指示时、分、秒的计时表。

（iii）气压高度表。

（iv）指示空速表。

（v）垂直速度指示器。

（vi）转弯侧滑仪。

（vii）大气温度指示器。

（2）显示所需飞行仪表的电力供应不足时的方法。

④CAT. IDE. H. 130　仪表飞行规则下或夜间的运行——飞行和导航仪表及相关设备

在夜间目视飞行规则下运行或仪表飞行规则下运行的飞机，应配备以下可在驾驶舱使用的设备：

（a）测量和显示的方法：

（1）磁罗盘。

（2）指示时、分、秒的计时表。

（3）指示空速表。

（4）垂直速度指示器。

（5）转弯侧滑仪。

（6）姿态指示器。

（7）航向指示器。

（8）大气温度指示器。

（b）两种测量和显示气压高度的方法。对于在夜间目视飞行规则下的单一飞行员运行的直升机，可以用一个无线电高度表代替一个气压高度表。

⑤CAT. IDE. H. 135　仪表飞行规则下单一飞行员运行的附加设备

在仪表飞行规则下单一飞行员运行的直升机，应配备至少具有高度保持和航向模式的自动驾驶仪。

⑥CAT. IDE. H. 145　无线电高度表

水上飞行的直升机应配备无线电高度表，该无线电高度表能够在飞行高度低于预设高度时发出声音警告，并且在飞行员选择的高度发出视觉警告。

⑦CAT. IDE. H. 160　机载天气探测设备

最大运营客座量构型超过9座并在仪表飞行规则下或夜间运行的直升机应配备机载天气探测设备。

⑧CAT. IDE. H. 165　夜间结冰条件下运行的附加设备

（a）在预计或实际夜间结冰条件下运行的直升机应配备照明或探测结冰形成的装置。

⑨CAT. IDE. H. 170　飞行机组内话系统

由一名以上机组人员运行的直升机应配备飞行机组内话系统，包括供所有飞行机组人员使用的耳机和麦克风。

⑩CAT. IDE. H. 175　机组人员内话系统

直升机搭载除一名飞行机组人员之外的机组人员时，应配备机组人员内话系统。

⑪CAT. IDE. H. 180　公共广播系统

⑫CAT. IDE. H. 185　驾驶舱语音记录器

（a）以下类型的直升机应配备驾驶舱语音记录器（CVR）：

（1）最大审定起飞重量超过7000kg的所有直升机。

（2）最大审定起飞重量超过3175kg，并于1987年1月或之后首次颁发单机适航证的直升机。

⑬CAT. IDE. H. 190　飞行数据记录仪

（a）下列直升机应配备一台飞行数据记录仪，该记录仪采用数字方法记录和存储数据，并且有一种从存储介质中迅速检索数据的方法：

（1）最大审定起飞重量超过3175kg的直升机。

（2）最大审定起飞重量大于7000kg或最大运营客座量构型超过9座的直升机。

⑭CAT. IDE. H. 195　数据链记录

2014年4月8日或之后首次颁发单机适航证的直升机，该直升机具有运行数据链通信的能力，并且需要配备驾驶舱语音记录器，应在适用情况下在记录器上记录。

⑮CAT. IDE. H. 200　飞行数据和驾驶舱语音组合记录器

携带一台组合式记录仪可符合CVR和FDR规定的要求。

⑯CAT. IDE. H. 205　座椅、座椅安全带、约束系统和儿童约束装置

⑰CAT. IDE. H. 210　系好安全带和禁止吸烟标志

从机组人员座位上看不到所有乘客座位的直升机，应配备一种向所有乘客和机组人员指示何时系好安全带以及何时禁止吸烟的标志。

⑱CAT. IDE. H. 220　急救箱

（a）直升机应至少配备一套急救箱。

（b）急救箱必须：

（1）易于使用。

（2）及时更新。

⑲CAT. IDE. H. 240　补充供氧——非增压直升机

在10000ft以上气压高度运行的非增压直升机应配备能够按照表×××储存和分配氧气供应的补充供氧设备。

⑳CAT. IDE. H. 250　手提式灭火器

（a）直升机应在驾驶舱内至少配备一个手提式灭火器。

（b）对于每个不在主乘客舱的厨房，厨房内须至少备有一个手提式灭火器，或可随时取用。

（c）每个货舱内须备有至少一个手提式灭火器可供飞行中的机组人员使用。

㉑CAT. IDE. H. 260　进入点标记

如果直升机机身上适合救援人员在紧急情况下进入的区域有标记，这些区域应按要求进行标记。

㉒CAT. IDE. H. 270　扩音器

最大运营客座量构型超过19座的直升机应配备一个便携式电池供电扩音器，供机组人员在应急撤离时使用。

㉓CAT. IDE. H. 275　应急照明和标记

（a）最大运营客座量构型超过19座的直升机。

（b）直升机在运行时应配备在白天或晚上均可见的应急出口标志：

（1）以1级或2级性能运行。

（2）以3级性能运行，在距离陆地以正常巡航速度飞行时间超过3min航程的水上飞行。

㉔CAT. IDE. H. 280　应急定位发射机（ELT）

（a）直升机应配备至少一台自动应急定位发射机。

（b）用于在不利环境下水上飞行进行海上作业的1级或2级性能的直升机。

㉕CAT. IDE. H. 290　救生衣

直升机应为机上每名人员配备救生衣或等效漂浮装置。

㉖CAT. IDE. H. 295　机组人员救生衣

每个机组人员在运行时都应穿着救生衣：

（a）以1级或2性能在海上作业的水上飞行。

（b）以3级性能在水上飞行。

㉗CAT. IDE. H. 300　延伸跨水飞行中的救生筏、救生应急定位发射机和救生设备

直升机运行：

（a）以1级或2级性能在水上飞行。

（b）以3级性能在水上飞行。

㉘CAT. IDE. H. 305　救生设备

在搜索和救援特别困难的地区运行的直升机应配备：

（a）发出遇险信号的信号设备。

（b）至少一个应急定位发射机。

（c）考虑到机上人数及飞行航线配备额外的救生设备。

㉙CAT. IDE. H. 310　在不利海域进行海上作业的直升机的附加要求

直升机在不利海域进行海上作业。

㉚CAT. IDE. H. 315　经审定可在水上运行的直升机——其他设备

经审定可在水上作业的直升机。

㉛CAT. IDE. H. 320　水上飞行的所有直升机——水上迫降

（a）当直升机在不利环境中以1级或2级性能运行，在距离陆地以正常巡航速度飞行时间超过10min航程的水上飞行时，直升机应设计成用于水上着陆或根据相关适航规章进行水上迫降适航审定。

（b）直升机应设计用于水上着陆，或根据相关适航规章进行水上迫降适航审定，或在某些情况运行时配备应急漂浮设备。

㉜CAT. IDE. H. 325　耳机

㉝CAT. IDE. H. 330　无线电通信设备

直升机应配备适用空域要求所需的无线电通信设备。

㉞CAT. IDE. H. 335　音频选择面板

在仪表飞行规则下运行的直升机应配备一个可从每个飞行机组人员位置操作的音频选择面板。

㉟CAT. IDE. A. 340　地标领航的航路上目视飞行规则运行的无线电设备

地标领航的航路上目视飞行规则运行的直升机应配备正常无线电传播条件下所需的无线电通信设备。

㊱CAT. IDE. A. 345　仪表飞行规则运行或者非地标领航的航路上目视飞行规则运行的通信和导航设备

仪表飞行规则运行或者非地标领航的航路上目视飞行规则运行的直升机应按照适用的空域要求配备无线电通信和导航设备。

㊲CAT. IDE. H. 350　应答机

直升机应配备气压高度报告二次雷达（SSR）应答机和飞行路线所需的任何其他二次雷达应答机。

三、第 3 部分　CAT. IDE. S——滑翔机

①CAT. IDE. S. 100　仪表和设备——概述

（a）本分部要求的仪表和设备应根据第 748/2012 号法规（EU）进行批准，前提是这些仪表和设备：

（1）机组人员用来控制飞行路线。

（2）用于符合 CAT. IDE. S. 140。

（3）用于符合 CAT. IDE. S. 145。

（4）安装在滑翔机上。

（c）本分部未要求的仪表和设备，以及其他附件中未要求但在飞行中携带的任何其他设备，应符合下列要求：

（1）飞行机组不得使用这些仪表或设备提供的信息，以符合第 216/2008 号法规（EC）附件一的要求。

（2）仪表和设备不得影响滑翔机的适航性，即使在这些仪表和设备发生故障或失灵的情况下。

②CAT. IDE. S. 105　最低飞行设备

当预定飞行所需的任何滑翔机仪表、设备或功能不工作或失效时，滑翔机不得开始飞行，除非滑翔机按照最低设备清单（MEL）运行。

③CAT. IDE. S. 110　目视飞行规则下的运行——飞行和导航仪表

（a）昼间目视飞行规则下运行的滑翔机应配备测量和显示的方法：

（1）用于动力滑翔机的磁罗盘。

（2）指示时、分、秒的计时表。

（3）气压高度表。

（4）指示空速表。

（b）在未参考一个或多个额外仪表的情况下，滑翔机不能保持期望的姿态时，除（a）的要求外，滑翔机还应配备以下测量和显示方法：

（1）垂直速度指示器。

（2）姿态指示器和转弯侧滑仪。

（3）磁罗盘。

④CAT. IDE. S. 115　云中飞行——飞行和导航仪表

云中飞行的滑翔机应配备测量和显示装置：

（a）磁罗盘。

（b）指示时、分、秒的计时表。

（c）气压高度表。

（d）指示空速表。

（e）垂直速度指示器。

（f）姿态指示器和转弯侧滑仪。

⑤CAT. IDE. S. 120　座椅和约束系统

（a）滑翔机应配备：

（1）飞机上每名人员的座椅。

（2）根据航空器飞行手册，每个座椅都应配备有上躯干约束系统的安全带。

（b）带有上躯干约束系统的安全带应具有单点脱扣装置。

⑥CAT. IDE. 125　补充供氧

在10000ft以上气压高度运行的滑翔机应配备氧气。

⑦CAT. IDE. S. 130　水上飞行

水上飞行的滑翔机机长应确定水上迫降时滑翔机乘员的生存风险，并据此确定携带下列物品：

（a）飞机上每名人员的救生衣或同等的独立漂浮装置，该救生衣或漂浮装置须存放在座椅上使用者容易取到的位置。

（b）应急定位发射机（ELT）或个人定位信标（PLB）。

（c）发出求救信号的设备。

⑧CAT. IDE. 135　救生设备

在搜索和救援特别困难的地区运行的滑翔机应配备适合飞越地区的信号装置和救生设备。

⑨CAT. IDE. S. 140　无线电通信设备

（a）当飞行空域有要求时，滑翔机应配备能够与各航空站或者各频率进行双向通信的无线电通信设备，以满足空域要求。

（b）如果（a）要求，无线电通信设备应提供航空应急频率121. 5MHz的通信。

⑩CAT. IDE. S. 145　导航设备

滑翔机应配备任何必要的导航设备，以便按照下列要求进行：

（a）空中交通服务飞行计划（如适用）。

（b）适用的空域要求。

⑪CAT. IDE. S. 150　应答机

当飞行空域有要求时，滑翔机应配备具有所有要求能力的二次雷达应答机。

四、第 4 部分　CAT. IDE. B——气球

①CAT. IDE. B. 100　仪表和设备——概述

（a）本分部要求的仪表和设备应根据第 748/2012 号法规（EU）进行批准，前提是：

（1）机组人员用来确定飞行路线。

（2）用于符合 CAT. IDE. B. 155。

（3）安装在气球中。

（c）本分部未要求的仪器和设备，以及其他附件中未要求但在飞行中携带的任何其他设备，应符合以下要求：

（1）机组人员不得使用这些仪表或设备提供的信息，以符合第 216/2008 号法规（EC）附件一的要求。

（2）仪表和设备不得影响气球的适航性，即使在这些仪表和设备故障或失效的情况下。

（d）仪表和设备应易于操作，可从需要使用的机组人员所在位置使用仪表和设备。

②CAT. IDE. B. 105　最低飞行设备

当预定飞行所需的任何气球仪表、设备或功能不工作时，不得开始飞行，除非气球按照最低设备清单（MEL）运行。

③CAT. IDE. B. 110　运行灯

夜间运行的气球应配备：

（a）防撞灯。

（b）为气球安全运行所必需的所有仪器和设备提供充足照明的装置。

（c）独立的手提灯。

④CAT. IDE. B. 115　目视飞行规则下的运行——飞行和导航仪表及相关设备

目视飞行规则下运行的气球应配备：

（a）显示偏航方向的仪表。

（b）测量和显示以下参数的仪表：

（1）以时、分和秒为单位的时间。

（2）垂直速度（如 AFM 要求）。

（3）气压高度（如 AFM 要求、空域要求或当使用氧气需要控制高度时）。

（4）每条燃烧气体供应管道的压力，气球压力除外。

⑤CAT. IDE. B. 120　约束系统

为机长配备单独隔间的气球应为机长配备约束系统。

⑥CAT. IDE. B. 125　急救箱

（a）气球应配备急救箱。

（b）气球回收车辆应携带额外的急救箱。

（c）急救箱必须：

（1）易于使用。

（2）及时更新。

⑦CAT. IDE. B. 130　补充供氧

在10000ft以上气压高度运行的气球应配备氧气储存和分配装置，该装置应携带足够的呼吸氧气。

⑧CAT. IDE. B. 135　手提式灭火器

热气球应按照应用适航规章的要求配备至少一个手提式灭火器。

⑨CAT. IDE. B. 140　水上飞行

水上运行的气球机长应确定水上迫降时气球乘员的生存风险，并据此确定携带下列物品：

（a）气球上每个人的救生衣或同等的独立漂浮装置。

（b）应急定位发射机（ELT）。

⑩CAT. IDE. B. 145　救生设备

在搜索和救援特别困难的区域运行的气球应配备适合飞越区域的信号装置和救生设备。

⑪CAT. IDE. B. 150　其他设备

（a）气球应为每个机组人员配备防护手套。

（b）热气球应配备：

（1）替代点火源。

（2）测量和指示燃料量的装置。

（3）防火毯或防火罩。

（4）至少25m长的下降绳（drop line）。

（c）气体气球应配备：

（1）一把刀。

（2）由天然纤维或静电导电材料制成的至少20m长的下降绳。

⑫CAT. IDE. B. 155　无线电通信设备

（a）当飞行空域有要求时，气球应当在飞行员位置配备能够与各航空站或者各频率进行双向通信的无线电通信设备，以满足空域要求。

⑬CAT. IDE. B. 160　应答机

当飞行空域需要时，气球应配备二次雷达。

9.3.4.4　附件五：SPA部

9.3.4.4.1　特殊适航证

SPA部包含需要特殊适航证的运行要求，由10个分部组成：

（一）A分部：SPA. GEN——一般要求

本分部包括向适航管理当局申请颁发特殊适航证的要求、持有人的权利、批准的更改和有效期。

（二）B分部：SPA. PBN——基于性能的导航（PBN）运行①

签发批准的程序。

（三）C分部：SPA. MNPS——规定最低导航性能的运行

SPA. MNPS. 100 MNPS 如果运营商已获得管理当局批准进行此类运营，则按照与区域补充程序一致的 MNPS 运行空域确定最低导航性能规范。

航空器只能在指定的最低导航性能规范下运行（MNPS）。

①SPA. MNPS. 105　MNPS 运行批准

为了获得适航管理当局的 MNPS 运行批准，运营商应提供证据证明：

（a）导航设备符合要求的性能。

（b）导航显示器、指示器和控制装置可由坐在其驾驶舱座椅的任何一名驾驶员观察和操作。

（c）为参与这些运行的机组人员制订了培训方案。

（d）已制定运行程序，具体规定：

（1）要携带的设备，包括其运行限制和 MEL 中的适当条目。

（2）机组人员组成和经验要求。

（3）正常程序。

（4）应急程序，包括负责有关空域的当局规定的程序。

（5）监控和事故报告。

（四）D分部：SPA. RVSM——按照缩短垂直间隔最低标准的运行

在飞行高度层（FL）290 和 FL 410（包括 FL 410）之间，缩短垂直间隔最小为 300m（1000ft）的规定空域内，运营人获得适航管理当局批准此类运行后，RVSM 运行航空器方可运行。

SPA. RVSM. 105 RVSM 运行批准。为了获得适航管理当局的 RVSM 运行批准，运营商应提供证据证明：

（a）已经获得 RVSM 适航批准。

SPA. RVSM. 110 RVSM 设备要求。在 RVSM 空域运行的航空器应配备：

（a）两套独立的高度测量系统。

（b）一套高度警告系统。

（c）一套自动高度控制系统。

（d）一套带有高度报告系统的二次雷达应答机，可连接到用于高度控制的高度测量系统。

（五）E分部：SPA. LVO——低能见度运行

各类运行、飞行机组培训和资格审定的程序和限制。

①SPA. LVO. 130　最低设备

（a）运营人应根据航空器飞行手册（AFM）或运行手册中的其他批准文件或程序手

---

① 基于性能的导航（PBN）运行的“专业运行”（SPO）指除商业航空运输以外的任何运行，其中航空器用于专业活动，如农业、建筑、摄影、勘测、观察和巡逻、空中广告。

册（如适用），包括在低能见度运行开始时必须能够使用的最低设备。

（六）F分部：SPA. ETOPS——双发飞机的延程运行

SPA. ETOPS. 100 ETOPS在商业航空运输中，如果运营人获得适航管理当局的ETOPS运行批准，则双发飞机只能根据CAT. OP. MPA. 140确定的阈值距离之外运行。

SPA. ETOPS. 105 ETOPS运行批准。为获得适航管理当局的ETOPS运行批准，运营商应提供证据证明：

（a）飞机/发动机组合持有预期运行的ETOPS型号设计和可靠性审定。

（b）已经为飞行机组成员和所有参与这些运行的其他运行人员制订了培训方案，并且飞行机组成员和所有其他参与的运行人员有适当的资格进行预期运行。

（c）运营人的组织和经验适合支持预期运行。

（d）建立了运行程序。

①SPA. ETOPS. 110　ETOPS航路备降机场

（a）如果在预期使用时间，机场具备并配备必要的辅助服务，如空中交通服务（ATS）、充足的照明、通信、天气报告、导航辅助设备和应急服务，且至少有一个可用的仪表进近程序，则ETOPS航路备降机场可视为条件充足。

（b）在进行ETOPS飞行之前，运营商应确保在运营人批准的改航时间内或基于飞机的MEL生成的可用性状态（以较短者为准）的改航时间内，有一个ETOPS航路备降机场可用。

（c）运营商应在运行飞行计划和ATS飞行计划中规定任何所需的ETOPS航路备降机场。

②SPA. ETOPS. 115　ETOPS航路备降机场规划最低要求

当适当的天气报告、预报或其组合表明，在预计着陆时间至最晚可能着陆时间后1h之间，条件等于或高于通过增加表1额外限制进行计算的规划最低要求，运营商应仅选择一个机场作为ETOPS航路备降机场。

（七）G分部：SPA. D. G——危险品运输

SPA. D. G. 100 危险品运输。除附件四（CAT部）规定外，经适航管理当局批准后，运营人方可空运危险品。

SPA. D. G. 105 危险品运输批准。为获得危险品的运输许可，运营人应当按照技术说明书工作。

（八）H分部：SPA. NVIS——带夜视成像系统的直升机运行

①SPA. NVIS. 100　夜视成像系统（NVIS）的运行

（a）运营人在得到适航管理当局批准的情况下，直升机才能在NVIS的帮助下在夜间根据目视飞行规则运行。

（b）为获得适航管理当局的批准，运营商应：

（1）按照附件三（ORO部）进行商业航空运输（CAT）并持有商业航空运输航空运营人合格证（CAT AOC）。

（2）向适航管理当局证明：

（i）符合本分部中包含的适用要求。

（ii）成功整合 NVIS 的所有要素。

②SPA. NVIS. 110　夜视成像系统运行的设备要求

（a）在进行 NVIS 操作之前，每架直升机和所有相关的 NVIS 设备都应根据第 1702/2003 号法规（EC）获得相关适航批准。

（b）无线电高度表。直升机应配备无线电高度表，该无线电高度表能够在低于预设高度时发出声音警告，并在飞行员可选高度发出声音和视觉警告，在 NVIS 飞行的任何阶段都能立即识别。

（c）航空器 NVIS 兼容照明。为减轻周边视觉的下降和增强态势感知的需要，应提供以下各项：

（1）与 NVIS 兼容的仪表板泛光灯（如安装），该泛光灯可照亮所有必要的飞行仪表。

（2）与 NVIS 兼容的通用工具灯。

（3）便携式 NVIS 兼容手电筒。

（4）用于移除或熄灭内部 NVIS 不兼容灯的装置。

（d）附加 NVIS 设备。应提供以下附加 NVIS 设备：

（1）夜视镜（NVG）的备用电源或辅助电源。

（2）带有适当 NVG 附加装置的头盔。

（e）NVIS 航班上所需的所有 NVG 应为同型号、同一代和同型别。

（f）持续适航。

（1）持续适航程序应包含对安装在直升机上的 NVIS 设备进行持续维护和检查所需的信息，并至少包括：

（i）直升机风挡玻璃和透明胶片。

（ii）NVIS 照明。

（iii）夜视镜。

（iv）支持 NVIS 运行的任何附加设备。

（2）航空器的任何后续改造或维护应符合 NVIS 适航批准。

③SPA. NVIS. 120　NVIS 运行最低标准

（a）对于正在进行的夜间飞行类型，不得在低于 VFR 天气最低标准的条件下运行。

（b）运营商应确定辅助飞行的最小过渡高度，从该高度可继续进行往返辅助飞行的改变。

④SPA. NVIS. 130　NVIS 运行的机组人员要求

（a）选择。运营商应制定执行 NVIS 任务机组人员的选择标准。

（b）经验。开始训练前，直升机机长或指挥员的最低经验不得少于 20h 的夜间目视飞行时间。

（九）I 分部：SPA. HHO——直升机悬停运行

①SPA. HHO. 100　直升机悬停运行（HHO）

（a）只有经适航管理当局批准，直升机才能用于 CAT 悬停运行。

（b）为获得适航管理当局的批准，运营商应：

（1）根据 CAT 运营，并根据附件三（ORO 部）持有 CAT 航空运营人合格证。

（2）向适航管理当局证明符合本分部中的要求。

②SPA. HHO. 110　HHO的设备要求

（a）所有直升机悬停设备的安装，包括符合SPA. HHO. 115要求的任何无线电设备以及任何后续改造都应具有与预期功能相符的适航批准。辅助设备的设计和测试应符合适航管理当局要求的适当标准。

（b）HHO设备和系统的维护说明应由运营商与制造商联系制定，并按照第2042/2003号法规（EC）的要求纳入运营商的直升机维护计划。

③SPA. HHO. 115　HHO通信

应与向其提供HHO的组织建立双向无线电通信，并在可能的情况下，与在HHO现场的地面人员建立通信手段，用于：

（a）日夜海上作业。

（b）夜间陆上作业，直升机紧急医疗服务（HEMS）作业现场的HHO除外。

④SPA. HHO. 125　HHO性能要求

除了在HEMS运行现场的HHO外，HHO应能够在其余发动机处于适当的功率设置时，承受发动机故障，而不会对悬于半空的人员/货物、第三方或财产造成危险。

⑤SPA. HHO. 130　HHO机组人员要求

（a）选择。运营商应根据以往的经验，制定执行HHO任务机组人员的选择标准。

（十）H分部：SPA. HEMS——直升机紧急医疗服务

①SPA. HEMS. 100　直升机紧急医疗服务（HEMS）运行

（a）只有在运营人得到适航管理当局批准的情况下，直升机才能用于HEMS运行。

（b）为获得适航管理当局的批准，运营商应：

（1）根据CAT运营，并根据附件三（ORO部）持有商业航空运输航空运营人合格证（CAT AOC）。

（2）向适航管理当局证明符合本分部中的要求。

②SPA. HEMS. 110　HEMS运行的设备要求。

在适当的情况下，所有直升机专用医疗设备的安装和任何后续改造，其运行应根据第1702/2003号法规（EC）获得批准。

③SPA. HEMS. 125　直升机紧急医疗服务（HEMS）运行的性能要求

（a）3级性能运行不得在不利环境下进行。

（b）起飞和着陆。

（1）在位于拥挤的不利环境中且用于HEMS运行基地的医院进行往返最终进近和起飞区（FATO）运行的直升机，应按照1级性能进行操作。

④SPA. HEMS. 130　机组人员要求

（a）选择。运营商应根据以往的经验，制定执行HEMS任务机组人员的选择标准。

9.3.4.5　附件六：NCC部

9.3.4.5.1　混合动力航空器的非商业航空运行

第800/2013号法规（EU）修订了关于航空器运行的第965/2012号法规（EU），其中涵盖了飞机、直升机、气球和滑翔机的非商业运行（在附件六（NCC部）关于混合动力航空器和附件七（NCO部）关于非混合动力航空器中），并且还包括对先前公布的附件一至附件五的相应修改。

NCC部由四个分部（见图9-5）组成：

（一）A分部：NCC. GEN——一般要求

本分部规定了机组人员和机长的职责、飞机滑行、旋翼起动、所载应急和救生设备的信息的要求；要携带的文件、手册和信息；飞行记录器记录的保存、生成和使用；危险货物运输等。

（二）B分部：NCC. OP——运行程序

本分部涉及如下要求：机场和运行地点的使用、机场运营最低标准、起飞和进近程序、降噪程序、燃油和滑油供应、飞行准备、备用机场、乘客运载、气象条件、结冰条件下地面和飞行程序、氧气、机载防撞系统（ACAS）、进近和着陆条件。

附件六　NCC部 混合动力航空器的非商业航空运行
1. A分部　NCC. GEN——一般要求
2. B分部　NCC. OP——运行程序
3. C分部　NCC. POL——航空器性能和使用限制
4. D分部　NCC. IDE——仪表、数据和设备 第1部分　NCC. IDE. A——飞机 第2部分　NCC. IDE. H——直升机

图9-5　附件六　NCC部

（三）C分部：NCC. POL——航空器性能和运行限制

①NCC. POL. 100　运行限制——所有航空器

（a）在任何运行阶段，飞机的载荷、质量和重心位置（CG）都应符合AFM或运行手册中规定的任何限制条件（如果更严格）。

（b）应在航空器上展示标语牌、列表、仪表标记或其组合，其包含AFM规定用于视觉展示的运行限制。

本分部包括质量和平衡载荷要求，也包括起飞重量限制、航路上一台发动机失效和着陆。

（四）D分部：NCC. IDE——仪器、数据和设备

一、第1部分　NCC. IDE. A——飞机

①NCC. IDE. A. 100　仪器和设备——概述

（a）本分部要求的仪器和设备应根据适用的适航要求得到批准，如果它们是：

（1）飞行机组人员用来控制飞行路线，以符合NCC. IDE. A. 245和NCC. IDE. A. 250。

（2）安装在飞机上。

（b）本分部未要求的仪器和设备，以及其他适用附件未要求但在飞行中携带的任何其他设备，应符合以下要求：

（1）机组人员不得使用这些仪器、设备或附件提供的信息，来符合第216/2008号法

规（EC）附件一或 NCC. IDE. A. 245 和 NCC. IDE. A. 250 的规定。

（2）仪器和设备不应影响飞机的适航性，即使在故障或失灵的情况下。

②NCC. IDE. A. 105　最低飞行设备

当飞机为预定飞行所需的任何仪器、设备或功能不工作或失效时，不得开始飞行，除非：

（a）飞机按照最低设备清单（MEL）运行。

（b）运营商经适航管理当局批准，在主最低设备清单（MMEL）的限制范围内运营飞机。

（c）飞机须获得根据适用适航要求颁发的飞行许可证。

③NCC. IDE. A. 110　备用电熔丝

飞机应配备备用电熔丝，其额定值应符合完整电路保护的要求，用于更换允许在飞行中更换的电熔丝。

④NCC. IDE. A. 115　运行灯

夜间运行的飞机应配备：

（a）防撞灯系统。

（b）导航灯/航行灯。

（c）着陆灯。

⑤NCC. IDE. A. 120　目视飞行规则下的运行——飞行和导航仪器及相关设备

（a）目视飞行规则下昼间运行的飞机应配备以下设备：

（1）磁罗盘。

（2）指示时、分、秒的计时表。

（3）气压高度表。

（4）指示空速表。

（5）转弯侧滑仪。

（6）用马赫数表示速度限制的马赫表。

（b）除（a）外，目视气象条件（VMC）下在水上和看不见陆地的情况下运行，或夜间 VMC 下运行，或在不参照一个或多个附加仪器而无法保持在所需飞行航线的情况下运行的飞机，还应配备：

（1）测量和显示以下各项参数的一种方法：

（i）转弯侧滑。

（ii）姿态。

（iii）垂直速度。

（iv）航向。

⑥NCC. IDE. A. 125　仪表飞行规则下的运行——飞行和导航仪器及相关设备

根据仪表飞行规则运行的飞机应配备：

（a）测量和显示以下各项参数的方法：

（1）磁航向。

（2）以时、分和秒为单位的时间。

（3）气压高度。

（4）指示空速。

（5）垂直速度。

（6）转弯和侧滑。

（7）姿态。

（8）航向。

（9）外部气温。

（10）表示速度限制的马赫数。

（b）显示陀螺仪何时供电不足的方法。

（c）每当运行需要两名飞行员时，为第二名飞行员增加一个单独的显示装置。

⑦NCC. IDE. A. 130　仪表飞行规则下单一飞行员运行的附加设备

仪表飞行规则下只有一名飞行员运行的飞机应配备至少具有高度保持和航向模式的自动驾驶仪。

⑧NCC. IDE. A. 135　地形提示和警告系统（TAWS）

最大审定起飞重量（MCTOM）超过 5700kg 或最大运营客座量构型（MOPSC）超过 9 座的涡轮动力飞机应配备符合以下要求的 TAWS：

（a）可接受标准中规定的 A 级设备。

（b）可接受标准中规定的 B 级设备。

⑨NCC. IDE. A. 140　机载防撞系统（ACAS）

除非第 1332/2011 号法规（EU）另有规定，最大审定起飞重量（MCTOM）超过 5700kg 或最大运营客座量构型（MOPSC）超过 19 座的涡轮动力飞机应配备机载防撞系统 II（ACAS II）。

⑩NCC. IDE. A. 145　机载气象探测设备

在夜间或仪表气象条件下，在预计沿线可能存在雷暴或其他潜在危险气象条件的区域内（视为可通过机载气象探测设备探测到的）运行时，下列飞机应配备机载天气探测设备：

（a）增压飞机。

（b）最大审定起飞重量超过 5700kg 的非增压飞机。

（c）最大运营客座量构型超过 9 座的非增压飞机。

⑪NCC. IDE. A. 150　夜间结冰条件下运行的附加设备

（a）在预计或实际夜间结冰条件下运行的飞机应配备照明或探测结冰形成的装置。

⑫NCC. IDE. A. 155　机组内话系统

由一名以上机组人员运行的飞机应配备机组内话系统，包括供所有机组人员使用的耳机和麦克风。

⑬NCC. IDE. A. 160　驾驶舱语音记录器

（a）下列飞机应配备驾驶舱语音记录器（CVR）：

（1）最大审定起飞重量超过 27000kg 的飞机，并于 2016 年 1 月 1 日或之后首次发布单机适航证的飞机。

（2）最大审定起飞重量超过2250kg的飞机：

（i）经审定至少由两名飞行员组成机组人员的运行。

（ii）配备涡轮喷气发动机或一台以上涡轮螺旋桨发动机。

（iii）在2016年1月1日或之后首次颁发型号合格证。

⑭NCC. IDE. A. 165　飞行数据记录仪

（a）在2016年1月1日或之后首次发布单机适航证的最大审定起飞重量超过5700kg的飞机应配备飞行数据记录仪，该飞行数据记录仪采用数字方法记录和存储数据，并提供从存储介质中轻松检索数据的方法。

⑮NCC. IDE. A. 170　数据链路记录

（a）2016年1月1日或之后首次发布单机适航证的飞机，其具有运行数据链路通信的能力，并且需要配备CVR，应在适用情况下在记录器上记录。

⑯NCC. IDE. A. 175　飞行数据和驾驶舱语音组合记录器

符合CVR和FDR规定的要求可通过以下方式实现：

（a）如果飞机必须配备CVR或FDR，则需要一台飞行数据和驾驶舱语音组合记录器。

（b）如果飞机必须配备CVR和FDR，则需要两台飞行数据和驾驶舱语音组合记录器。

⑰NCC. IDE. A. 180　座椅、座椅安全带、约束系统和儿童约束装置

（a）飞机应配备：

（1）飞机上每名年满24个月或以上的人员所需的座椅或卧铺。

（2）每位乘客座椅上的座椅安全带和每个卧铺上的约束安全带。

（3）为飞机上每名24个月以下的人员配备儿童约束装置（CRD）。

（4）带有上躯干约束系统的安全带，该安全带包含一种在快速减速时自动约束乘客躯干的装置：

（i）在每个飞行员的座椅上和飞行员座椅旁边的任何座椅上。

（ii）位于驾驶舱内的每个观察员的座椅上。

⑱NCC. IDE. A. 185　系好安全带和禁止吸烟标志

从机组人员座位上看不到所有乘客座位的飞机，应配备一种向所有乘客和机组人员指示何时系好安全带以及何时禁止吸烟的装置。

⑲NCC. IDE. A. 190　急救包

飞机应根据表1配备急救包。

⑳NCC. IDE. A. 195　补充供氧——增压飞机

（a）按照（b）要求，在需要氧气供应的飞行高度运行的增压飞机须配备能够储存和分配所需氧气供给的氧气储存和分配装置。

（b）在客舱压力高度超过10000ft的飞行高度运行的增压飞机应携带足够的可呼吸氧气供应。

（c）飞行高度超过25000ft的增压飞机还应配备更多氧气装备。

㉑NCC. IDE. A. 200　补充供氧——非增压飞机

（a）按照（b）要求，在需要氧气供应的飞行高度运行的非增压飞机须配备能够储存和分配所需氧气供给的氧气储存和分配装置。

（b）在客舱压力高度超过 10000ft 的飞行高度运行的非增压飞机应携带足够的可呼吸氧气供应。

㉒NCC. IDE. A. 205　手提式灭火器

（a）飞机应至少配备一个手提式灭火器：

（1）在驾驶舱内。

（2）在与驾驶舱分开的每个客舱中，除非飞行员容易接近该舱。

（b）所需灭火器的灭火剂类型及数量，须适合拟使用灭火器的舱室可能发生的火灾类型，并尽量减少有毒气体集中在有人在的舱室内的危险。

㉓NCC. IDE. A. 206　撞锤和撬棍

（a）最大审定起飞重量超过 5700kg 或最大运营客座量构型超过 9 座的飞机应在机组舱内配备至少一把撞锤或撬棍。

（b）最大运营客座量构型超过 200 座的飞机，应在飞机后部的厨房区域或其附近安装额外的撞锤或撬棍。

（c）乘客不得看到位于乘客舱的撞锤和撬棍。

㉔NCC. IDE. A. 210　进入点标记

如果飞机机身上适合救援人员在紧急情况下进入的区域有标记，这些区域应进行标记。

㉕NCC. IDE. A. 215　应急定位发射机（ELT）

（a）2008 年 7 月 1 日或之前首次颁发单机适航证的飞机应配备任何类型的 ELT。

（b）在 2008 年 7 月 1 日之后首次颁发单机适航证的飞机应配备自动 ELT。

（c）任何类型的 ELT 应能以 121.5MHz 和 406MHz 同时传输。

㉖NCC. IDE. A. 220　水上飞行

（a）下列飞机应为每名机上人员配备救生衣，或为每名 24 个月以下的机上人员配备同等的独立漂浮装置，存放在离提供救生衣的人员的座椅或卧铺容易取到的位置：

（1）距离陆地 50n mile 以上水上飞行的陆上飞机。

（2）水上作业的水上飞机。

（c）水上作业的水上飞机应配备：

（1）海锚和其他便于系泊所必需的设备。

（2）根据《国际海上避碰规则》的规定发出声音信号的设备（如适用）。

㉗NCC. IDE. A. 230　救生设备

（a）在搜索和救援特别困难的地区运行的飞机应配备：

（1）发出遇险信号的信号设备。

（2）至少一个救生 ELT。

（3）考虑到飞机上的人数，为拟飞行的航线提供额外的救生设备。

（b）（3）中规定的额外救生设备在特定情况下不需要携带。

㉘NCC. IDE. A. 240　耳机

（a）飞机应配备一个耳机，该耳机应配备一个吊杆式麦克风或类似的麦克风，供飞行员在驾驶舱内指定的位置使用。

㉙NCC. IDE. A. 245　无线电通信设备

（a）按照仪表飞行规则或夜间运行的飞机，或应适用空域要求运行的飞机，应当配备在正常无线电探测限制条件下应当具备的无线电通信设备。

㉚NCC. IDE. A. 250　导航设备

（a）飞机应配备导航设备，使其能够按照下列要求飞行：

（1）ATS飞行计划（如适用）。

（2）适用的空域要求。

㉛NCC. IDE. A. 255　应答机

飞机应配备气压高度报告二次雷达应答机和飞行航线所需的任何其他二次雷达应答机。

㉜NCC. IDE. A. 260　电子导航数据管理

（a）运营商只能使用支持符合完整性标准的导航应用程序电子导航数据产品，该标准适用于数据的预期用途。

（b）当电子导航数据产品支持第xxx/XXXX号规则（EC）附件五（SPA部）要求批准的操作所需的导航应用时，运营商应向适航管理当局证明所应用的过程和交付的产品符合数据预期用途的完整性标准。

二、第2部分　NCC. IDE. H——直升机

①NCC. IDE. H. 100　仪器和设备——概述

（a）本分部要求的仪器和设备应根据适用的适航要求得到批准，如果它们是：

（1）由机组人员用来控制飞行路线，以符合NCC. IDE. A. 245和NCC. IDE. A. 250。

（2）安装在直升机上。

（b）本分部未要求的仪器和设备，以及其他适用附件未要求但在飞行中携带的任何其他设备，应符合以下要求：

（1）机组人员不得使用这些仪器、设备或附件提供的信息来符合第216/2008号法规（EC）附件一或NCC. IDE. A. 245和NCC. IDE. A. 250。

（2）仪器和设备不应影响飞机的适航性，即使在故障或失灵的情况下。

②NCC. IDE. H. 105　最低飞行设备

当预定飞行所需的任何直升机仪器、设备或功能不工作或失效时，不得开始飞行，除非：

（a）直升机按照运营商的最低设备清单（MEL）运行。

（b）运营商经适航管理当局批准，在主最低设备清单（MMEL）的限制范围内运行直升机。

（c）直升机必须获得根据适用适航要求颁发的飞行许可证。

③NCC. IDE. H. 115　运行灯

夜间运行的直升机应配备：

（a）防撞灯系统。

（b）导航灯/航行灯。

（c）着陆灯。

④NCC. IDE. H. 120　目视飞行规则下的运行——飞行和导航仪器及相关设备

（a）目视飞行规则下昼间运行的直升机应配备测量和显示以下各项的方法：

（1）磁航向。

（2）以时、分和秒为单位的时间。

（3）气压高度。

（4）指示空速。

（5）侧滑。

（b）除（a）外，目视气象条件（VMC）下在水上和看不见陆地的情况下运行，或在 VMC 夜间运行，或能见度小于 1500m 时，或在不参照一个或多个附加仪器而无法保持在所需飞行航线的情况下运行的直升机，还应配备：

（1）测量和显示以下各项的一种方法：

（i）姿态。

（ii）垂直速度。

（iii）航向。

（2）显示陀螺仪何时供电不足的方法。

（3）防止（a）（4）中要求的空速指示系统因冷凝或结冰而出现故障的方法。

（c）每当运行需要两名飞行员时，直升机应配备额外的独立显示装置，以显示以下内容：

（1）气压高度。

（2）指示空速。

（3）滑行。

（4）姿态（如适用）。

（5）垂直速度（如适用）。

（6）航向（如适用）。

⑤NCC. IDE. H. 125　仪器飞行规则下的运行——飞行和导航仪器及相关设备

根据仪表飞行规则运行的直升机应配备：

（a）测量和显示以下内容的方法：

（1）磁航向。

（2）以时、分和秒为单位的时间。

（3）气压高度。

（4）指示空速。

（5）垂直速度。

（6）侧滑。

（7）姿态。

（8）航向。

（9）外部温度。

（b）显示陀螺仪何时供电不足的方法。

（c）每当操作需要两名飞行员时，应配备额外的独立显示装置，以显示以下内容：

（1）气压高度。

（2）指示空速。

（3）垂直速度。

（4）侧滑。

（5）姿态。

（6）航向。

⑥NCC. IDE. H. 130 仪表飞行规则下单一飞行员运行的附加设备

仪表飞行规则下只有一名飞行员运行的直升机应配备至少具有高度保持和航向模式的自动驾驶仪。

⑦NCC. IDE. H. 145 机载气象探测设备

当即时气象预报显示，在预计飞行途中可能存在雷暴或其他潜在危险气象条件（视为可通过机载气象探测设备探测到的），最大运营客座量构型超过9座并且在仪表飞行规则下或夜间运行的直升机应配备机载气象探测设备。

⑧NCC. IDE. H. 150 夜间结冰条件下运行的附加设备

（a）在预计或实际夜间结冰条件下运行的直升机应配备照明或探测结冰形成的装置。

⑨NCC. IDE. H. 155 机组内话系统

由一名以上机组人员运行的直升机应配备机组对讲机系统，包括供所有机组人员使用的耳机和麦克风。

⑩NCC. IDE. H. 160 驾驶舱语音记录器

（a）最大审定起飞重量超过7000kg的直升机。

⑪NCC. IDE. H. 165 飞行数据记录仪

（a）最大审定起飞重量超过3175kg的直升机。

⑫NCC. IDE. H. 170 数据链路记录

（a）2016年1月1日或之后首次发布单机适航证的直升机，其具有运行数据链路通信的能力，并且需要配备CVR，应在适用情况下在记录器上记录。

⑬NCC. IDE. H. 175 飞行数据和驾驶舱语音组合记录器

一个飞行数据和驾驶舱语音组合记录器可以满足CVR和FDR的要求。

⑭NCC. IDE. H. 180 座椅、座椅安全带、约束系统和儿童约束装置

（a）直升机应配备：

（1）飞机上每名年满24个月或以上的人员所需的座椅或卧铺。

（2）每位乘客座椅上的座椅安全带和每个卧铺上的约束安全带。

（3）对于1999年7月31日之后首次发布单机适航证的直升机，应为年龄在24个月或以上的每名乘客提供带有上躯干约束系统的安全带。

（4）为直升机上每名24个月以下的人员配备儿童约束装置（CRD）。

（5）带有上躯干约束系统的安全带，该安全带包含一种在每个驾驶员座椅上在快速减速时自动约束乘客躯干的装置。

⑮NCC. IDE. H. 185 系好安全带和禁止吸烟标志

从机组人员座位上看不到所有乘客座位的直升机，应配备一种向所有乘客和机组人员

指示何时系好安全带以及何时禁止吸烟的装置。

⑯NCC. IDE. H. 190　急救包

（a）直升机应至少配备一套急救包。

（b）急救包应：

（1）易于使用。

（2）随时更新。

⑰NCC. IDE. H. 200　补充供氧——非增压直升机

（a）按照（b）要求，氧气供应时，在需要氧气供应的飞行高度运行的非增压直升机须配备能够储存和分配所需氧气供应的氧气储存和分配装置。

（b）在客舱压力高度超过 10000ft 的飞行高度运行的非增压直升机应携带足够的呼吸氧气供应。

⑱NCC. IDE. H. 205　手提式灭火器

（a）直升机应配备至少一个手提式灭火器：

（1）在驾驶舱内。

（2）在与驾驶舱分开的每个客舱内，除非飞行员易于接近该舱。

⑲NCC. IDE. H. 210　进入点标记

如果直升机机身上适合救援人员在紧急情况下强行进入的区域有标记，这些区域应进行标记。

⑳NCC. IDE. H. 215　应急定位发射机（ELT）

（a）直升机应至少配备一个自动 ELT。

（b）在水上飞行以支持在不利环境和远离陆地的条件下海上作业的直升机。

㉑NCC. IDE. H. 225　救生衣

（a）直升机应为每名机上人员配备救生衣，或为每名 24 个月以下的机上人员配备同等的独立漂浮装置，在下列情况下，应存放在离提供救生衣的人员的座椅或卧铺容易取到的位置：

（1）与陆地相距一定距离的水上飞行时。

（2）在离陆地超过自转高度的水上飞行时，在发动机发生严重故障的情况下，直升机不能维持水平飞行时。

㉒NCC. IDE. H. 226　机组人员救生衣

在下列情况下，每个机组人员都应穿救生衣：

（a）支持远离陆地海上作业的水上飞行。

㉓NCC. IDE. H. 227　延伸跨水飞行中的救生筏、救生应急定位发射机和救生设备

直升机运行：

（a）在离陆地相当于以正常巡航速度飞行时间超过 10min 航程的水上飞行，如在发动机出现严重故障的情况下，直升机能够维持水平飞行。

（b）在离陆地相当于以正常巡航速度飞行时间超过 3min 航程的水上飞行，如在发动机出现严重故障的情况下，直升机不能维持水平飞行，并且如果由机长通过风险评估确定，应配备：

（1）载人不满12人的直升机应配备某些设备。

（2）载有11人以上的直升机应配备某些设备。

（3）每艘所需救生筏至少有一个救生应急定位发射机。

（4）与所进行的飞行相适应的救生设备，包括维持生命的手段。

㉔NCC. IDE. H. 230　救生设备

（a）在搜索和救援特别困难的地区运行的直升机应配备：

（1）发出遇险信号的信号设备。

（2）至少一个救生ELT。

（3）考虑到飞机上的人数，为拟飞行的航线提供额外的救生设备。

㉕NCC. IDE. H. 231　在不利海域进行海上作业的直升机的附加要求

在不利海域进行海上作业，离陆地相当于以正常巡航速度飞行时间超过10min航程的直升机。

㉖NCC. IDE. H. 232　经审定可在水上运行的直升机——其他设备

经审定可在水上运行的直升机应配备：

（a）海锚及其他有助于在水上系泊、锚定或操纵直升机所需的设备，而这些设备须适合直升机的大小、重量及操作特性。

（b）根据《国际海上避碰规则》的规定发出声音信号的设备（如适用）。

㉗NCC. IDE. H. 235　所有水上飞行的直升机——水上迫降

直升机应设计用于水上着陆或根据相关适航性规范审定进行水上迫降，或在不利海域进行海上作业，离陆地相当于以正常巡航速度飞行时间超过10min航程时，应配备应急漂浮设备。

㉘NCC. IDE. H. 240　耳机

当需要无线电通信和/或无线电导航系统时，直升机应配备一个带吊杆式麦克风或等效物的耳机，以及飞行控制器上的传送按钮，供每名所需的飞行员和/或机组成员在他/她指定的位置使用。

㉙NCC. IDE. H. 245　无线电通信设备

（a）在仪表飞行规则下或夜间运行，或按照适用空域要求运行的直升机，应配备无线电通信设备，该设备在正常无线电条件下能够：

（1）以机场管制为目的进行双向通信。

㉚NCC. IDE. H. 250　导航设备

（a）直升机应配备导航设备，使其能够按照下列要求飞行：

（1）ATS飞行计划（如适用）。

（2）适用的空域要求。

㉛NCC. IDE. H. 255　应答机

直升机应配备气压高度报告二次雷达应答机和飞行航线所需的任何其他二次雷达应答机。

9.3.4.6　附件七：NCO 部

9.3.4.6.1　非复杂动力驱动航空器的非商业飞机运行

尽管附件八普遍适用于专业运行：

（a）非复杂动力驱动航空器的非商业专业运行应符合附件七的要求。

（b）下列非复杂动力驱动航空器的运行可根据附件七进行：

（1）竞赛飞行或者飞行表演，条件是此类飞行的取酬或者任何有价值的支付仅限于成本回收、按比例分摊年度费用以及不超过适航管理当局规定价值的奖金。

（2）降落伞跳伞、滑翔机拖曳或特技飞行，由其主要营业地点在一个成员国并根据法规（EU）No 1178/2011 批准的培训机构或由旨在促进体育航空和休闲航空的组织执行，或由旨在促进体育或飞行训练的组织执行。条件是航空器由该组织根据所有权或干租赁运行，飞行不会产生在组织外分配的利润，并且当有非组织成员参加时，此类飞行仅是该组织的边际活动。

附件七　NCO 部 非复杂动力驱动航空器的非商业航空运行
1. A 分部　NCO. GEN——一般要求
2. B 分部　NCO. OP——运行程序
3. C 分部　NCO. POL——性能和使用限制
4. D 分部　NCO. IDE——仪表、数据和设备 第 1 部分　NCO. IDE. A——飞机 第 2 部分　NCO. IDE. H——直升机 第 3 部分　NCO. IDE. S——滑翔机 第 4 部分　NCO. IDE. B——气球

图 9-6　附件七　NCO 部

NCO 部由四个分部（见图 9-6）组成：

（一）A 分部：NCO. GEN——一般要求

本分部规定了机长职责、飞机滑行、旋翼起动、所载应急和救生设备信息、所载文件、手册和信息、保存、危险品运输等方面的要求。

①NCO. GEN. 101　符合性方法

运行方可使用局方采用的符合性替代方法来确定是否符合法规（EC）No 216/2008 及其实施细则。

②NCO. GEN. 102　旅行用动力滑翔机和动力滑翔机

（a）旅行用动力滑翔机应按照以下要求运行：

（1）由发动机驱动的飞机。

（2）在不使用发动机的情况下运行的滑翔机。

（b）除非 D 分部中另有规定，否则应按照适用于飞机的要求配备旅行用动力滑翔机。

（c）动力滑翔机（不包括旅行用动力滑翔机）的运行和装备应符合适用于滑翔机的要求。

③NCO. GEN. 155　最低设备清单

（a）最低设备清单可在考虑以下因素的情况下建立：

（1）该文件须就航空器在特定条件下，飞行开始时特定仪表、设备或者功能不工作的运行作出规定。

（2）应考虑运营人的相关运行条件和维护条件，为每架航空器单独编制文件。

（3）最低设备清单应基于根据欧盟法规（EU）No 748/2012 建立的数据中定义的相关主最低设备清单（MMEL），并且其限制性不得低于 MMEL。

（b）应将最低设备清单及其任何修订通知适航管理当局。

（二）B 分部：NCO. OP——运行程序。

本分部涉及如下要求：

机场和运营场地的使用、机场运行最低标准、起飞和进近程序、降噪程序、燃料和油料供应、飞行准备、燃料和压舱物供应和规划——气球备降机场、乘客运载、气象条件、结冰条件下的地面程序和飞行程序、供氧、机载防撞系统（ACAS）、热气球的进近和着陆条件运行限制。

（三）C 分部：NCO. POL——航空器性能和运行限制

①NCO. POL. 100　运行限制——所有机型

（a）在任何运行阶段，航空器的载荷、质量和重心位置（气球除外）应符合航空器飞行手册或同等文件中规定的任何限制。

（b）应在航空器上展示包含航空器飞行手册规定用于视觉展示的操作限制的标牌、列表、仪表标记或其组合。

②NCO. POL. 105　称重

（a）运营人应确保在最初投入使用前，通过实际称重确定了飞机的质量和重心位置（气球除外）。应考虑改装和修理对质量和平衡的累积影响，并妥善记录。这些信息应提供给机长。如果无法准确知道改装对质量和平衡的影响，飞机应重新称重。

（b）称重应由飞机制造商或经批准的维修单位完成。

（四）D 分部：NCO. IDE——仪表、数据和设备

一、第 1 部分　NCO. IDE. A——飞机

①NCO. IDE. A. 100　仪表和设备

（a）本分部要求的仪表和设备应根据适用的适航性要求进行批准，如果它们：

（1）由飞行机组用于控制飞行路线。

（2）用于符合 NCO. IDE. A. 190。

（3）用于符合 NCO. IDE. A. 195。

（4）安装在飞机上。

（c）本分部未要求的仪表和设备，以及其他适用附件未要求但在飞行中携带的任何其他设备，应符合下列要求：

（1）飞行机组不得使用这些仪表或设备提供的信息用于符合法规（EC）No 216/2008 附件一或 NCO. IDE. A. 190 和 NCO. IDE. A. 195。

（2）仪表和设备不应影响飞机的适航性，即使发生失效或故障。

②NCO. IDE. A. 105 最低飞行设备

当预定飞行所需的任何飞机仪表、设备或功能不工作或失效时，不得开始飞行，除非：

(a) 该飞机是按照最低设备清单（如已确定）运行的。

(b) 飞机须符合根据适用的适航要求签发的飞行许可证。

③NCO. IDE. A. 110 备用熔断器

飞机应配备备用熔断器，其额定值应符合完整电路保护的要求，用于更换飞行中允许更换的熔断器。

④NCO. IDE. A. 115 运行灯

夜间运行的飞机应配备：

(a) 防撞灯系统。

(b) 航行灯。

(c) 着陆灯。

(d) 由飞机电力系统提供的照明，为飞机安全运行所必需的所有仪表和设备提供充足的照明。

(e) 由飞机电力系统提供的照明，为所有客舱提供照明。

(f) 为每个机组成员站提供一个独立的手提灯。

(g) 如果飞机作为水上飞机运行，则灯应符合《国际海上避碰规则》。

⑤NCO. IDE. A. 120 目视飞行规则下的运行——飞行和导航仪表及相关设备

(a) 目视飞行规则下昼间运行的飞机应配备测量和显示以下内容的设备：

(1) 磁航向。

(2) 以时、分和秒为单位的时间。

(3) 气压高度。

(4) 指示空速。

(5) 用马赫数表示速度限制。

(b) 除（a）外，在可视气象条件（VMC）下夜间运行的飞机，或在不参考一个或多个附加仪表而无法保持在所需飞行航线的情况下运行的飞机，应配备：

(1) 测量和显示以下内容的设备：

(i) 转弯侧滑。

(ii) 姿态。

(iii) 垂直速度。

(iv) 航向。

(2) 显示陀螺仪何时电源供应不足的设备。

⑥NCO. IDE. A. 125 仪表飞行规则下的运行——飞行和导航仪表及相关设备

仪表飞行规则下运行的飞机应配备：

(a) 测量和显示以下内容的设备：

(1) 磁航向。

(2) 以时、分、秒为单位的时间。

（3）气压高度。

（4）指示空速。

（5）垂直速度。

（6）转弯侧滑。

（7）姿态。

（8）航向。

（9）外部空气温度。

（10）用马赫数表示的速度限制。

⑦NCO. IDE. A. 130　地形提示和警告系统（TAWS）

经审定的最大乘客座位配置超过9座的涡轮动力飞机应配备符合以下要求的TAWS：

（a）可接受标准中规定的A级设备。

（b）可接受标准中规定的B级设备。

⑧NCO. IDE. A. 135　飞行机组内话系统

由一名以上飞行机组人员运行的飞机应配备飞行机组内话系统，包括供所有机组人员使用的耳机和麦克风。

⑨NCO. IDE. A. 140　座椅、安全带、约束系统和儿童约束装置

（a）飞机应配备：

（1）每名年满24个月或以上的人员所需的座位或铺位。

（2）每个乘客座椅上的安全带和每个铺位的约束安全带。

（3）为每名24个月以下的乘客提供儿童约束装置（CRD）。

（4）在每个机组人员座椅上配备有上身约束系统的安全带，该安全带具有单点释放装置。

⑩NCO. IDE. A. 145　急救箱

（a）飞机应配备急救箱。

（b）急救箱须：

（1）随时可供使用。

（2）及时更新。

⑪NCO. IDE. A. 150　补充氧气——增压飞机

（a）在按照（b）要求氧气供应的飞行高度运行的增压飞机应配备能够储存和分配所需氧气供应的氧气储存和分配装置。

（b）在飞行高度以上飞行的增压飞机，其客舱内的气压高度在10000ft以上时，应携带足够的呼吸氧气以供应。

（c）在25000ft以上飞行高度运行的增压飞机还应配备一个向机组人员提供任何增压损失的警告指示装置。

⑫NCO. IDE. A. 155　补充氧气——非增压飞机

（a）在按照（b）要求氧气供应的飞行高度运行的非增压飞机应配备能够储存和分配所需氧气供应的氧气储存和分配装置。

（b）在飞行高度以上飞行的非增压飞机，其客舱内的气压高度在10000ft以上时，应

携带足够的呼吸氧气以供应。

⑬NCO. IDE. A. 160　手提式灭火器

(a) 除旅行用电动滑翔机 (TMG) 和 ELA1 飞机外，飞机应至少配备一个手提灭火器：

(1) 在机组人员舱内。

(2) 在与机组人员舱分开的每个客舱内，除非机组人员易于接近该舱。

⑭NCO. IDE. A. 165　进入点标记

如果飞机机身上标记了适合救援人员在紧急情况下强行进入的区域，这些区域应进行标记。

⑮NCO. IDE. A. 170　应急定位发射机 (ELT)

(a) 经审定的最大乘客座位配置不超过6座的飞机应配备：机组人员或乘客携带的救生应急定位发射机 (ELT) 或个人定位器信标 (PLB)。

(b) 任何类型的应急定位发射机及个人定位器信标须能以121. 5MHz 和406MHz 同时发送。

⑯NCO. IDE. A. 175　水上飞行

(a) 下列飞机应为每名机上人员配备救生衣，或为每名24个月以下的机上人员配备等效的单独漂浮装置，该救生衣须在以下情况下穿戴或存放在其使用人的座位或卧铺易取的位置：

(1) 当单发动机陆上飞机：

(i) 在水上飞行且离岸超过其滑翔距离时。

(2) 当水上飞机在水上飞行时。

(b) 水上飞行的水上飞机应配备：

(1) 一个锚。

(2) 一个海锚 (浮锚)，当必要时协助操纵。

(3)《国际海上避碰规则》中规定的发出声音信号的设备 (如适用)。

⑰NCO. IDE. A. 180　救生设备

在搜索和救援特别困难的地区运行的飞机应配备适合所飞越地区的信号装置和救生设备，包括维持生命的设备。

⑱NCO. IDE. A. 190　无线电通信设备

(a) 当正在飞行的空域有要求时，飞机应当配备能够与各航空站或者各频率进行双向通信的无线电通信设备，以满足空域要求。

⑲NCO. IDE. A. 195　导航设备

(a) 无法参照可视地标导航的航路上飞行的飞机，应配备任何必要的导航设备，以便按照下列要求进行：

(1) 空中交通服务飞行计划 (如适用)。

(2) 适用的空域要求。

⑳NCO. IDE. A. 200　应答机

当飞行空域有要求时，飞机应配备具有所要求能力的二次雷达 (SSR) 应答机。

二、第 2 部分　NCO. IDE. H——直升机

①NCO. IDE. H. 100　仪表和设备——概述

（a）本分部要求的仪表和设备应根据适用的适航性要求进行批准，如果它们是：

（1）由飞行机组用于控制飞行路线。

（2）用于符合 NCO. IDE. H. 190。

（3）用于符合 NCO. IDE. H. 195。

（4）安装在直升机上。

（c）本分部未要求的仪表和设备，以及其他适用附件未要求但在飞行中携带的任何其他设备，应符合以下要求：

（1）飞行机组不得使用这些仪表或设备提供的信息用于符合法规（EC）No 216/2008 附件一或 NCO. IDE. H. 190 和 NCO. IDE. H. 195 的要求。

（2）仪表设备不得影响直升机的适航性，即使发生失效或者故障。

②NCO. IDE. H. 105　最低飞行设备

当预定飞行所需的任何直升机仪表、设备或功能不工作或失效时，不得开始飞行，除非：

（a）该直升机是按照最低设备清单（如已确定）运行的。

（b）直升机须符合根据适用的适航要求签发的飞行许可证。

③NCO. IDE. H. 115　运行灯

夜间运行的直升机应配备：

（a）防撞灯系统。

（b）航行灯。

（c）着陆灯。

（d）由直升机电力系统提供的照明，为直升机安全运行所必需的所有仪表和设备提供充足的照明。

④NCO. IDE. H. 120　目视飞行规则下的运行——飞行和导航仪表及相关设备

（a）目视飞行规则下昼间运行的直升机应配备测量和显示以下内容的设备：

（1）磁航向。

（2）以时、分和秒为单位的时间。

（3）气压高度。

（4）指示空速。

（5）侧滑。

（b）除（a）外，在可视气象条件（VMC）下夜间运行的直升机，或能见度小于 1500m 的情况下运行的直升机，或在没有参考一个或多个附加仪表而直升机无法保持在所需飞行航线的情况下运行的直升机，应配备：

（1）测量和显示以下内容的设备：

（i）姿态。

（ii）垂直速度。

（iii）航向。

⑤NCO. IDE. H. 125　仪表飞行规则下的运行——飞行和导航仪表及相关设备

仪表飞行规则运行的直升机应配备：

（a）测量和显示以下内容的设备：

（1）磁航向。

（2）以时、分、秒为单位的时间。

（3）气压高度。

（4）指示空速。

（5）垂直速度。

（6）侧滑。

（7）姿态。

（8）航向。

（9）外部空气温度。

⑥NCO. IDE. H. 126　仪表飞行规则下单一驾驶员运行的附加设备

仪表飞行规则下单一驾驶员运行的直升机应配备至少具有高度保持和航向模式的自动驾驶仪。

⑦NCO. IDE. H. 135　飞行机组内话系统

由一名以上飞行机组人员运行的直升机应配备飞行机组内话系统，包括供所有飞行机组人员使用的耳机和麦克风。

⑧NCO. IDE. H. 140　座椅、安全带、约束系统和儿童约束装置

（a）直升机应配备：

（1）每名年满 24 个月或以上的人员所需的座位或铺位。

（2）每个乘客座椅上的安全带和每个铺位的约束安全带。

⑨NCO. IDE. A. 145　急救箱

（a）直升机应配备急救箱。

（b）急救箱须：

（1）随时可供使用。

（2）及时更新。

⑩NCO. IDE. H. 155　补充氧气——非增压飞机

（a）在按照（b）要求氧气供应的飞行高度运行的非增压直升机应配备能够储存和分配所需氧气供应的氧气储存和分配装置。

（b）在飞行高度以上飞行的非增压直升机，其客舱内的气压高度在 10000ft 以上时，应携带足够的呼吸氧气以供应。

⑪NCO. IDE. H. 160　手提式灭火器

（a）除 ELA2 直升机外，直升机应至少配备一个手提式灭火器：

（1）在机组人员舱内。

（2）在与机组人员舱分开的每个客舱内，除非机组人员易于接近该舱。

⑫NCO. IDE. H. 165　进入点标记

如果直升机机身上标记了适合救援人员在紧急情况下强行进入的区域，这些区域应进

行标记。

⑬NCO. IDE. H. 170　应急定位发射机（ELT）

（a）经审定的最大乘客座位配置超过6座的直升机应配备：

（1）自动应急定位发射机。

（2）直升机距离陆地相当于以正常巡航速度飞行时间超过3min的情况下，应配备一个在救生筏或救生衣中的救生型应急定位发射机。

（b）经审定的最大乘客座位配置不超过6座的直升机应配备一个由机组成员或乘客携带的应急定位发射机或个人定位器信标（PLB）。

（c）任何类型的应急定位发射机及个人定位器信标须能以121. 5MHz和406MHz同时发送。

⑭NCO. IDE. H. 175　水上飞行

（a）直升机须为每名机上人员配备救生衣，或为每名24个月以下的机上人员配备等效的单独漂浮装置，该救生衣须在以下情况下穿戴或存放在其使用人的座位或卧铺容易取用的地方：

（1）距离陆地超过自转下滑距离的水上飞行，当关键发动机失效时，直升机不能保持水平飞行。

（2）距离陆地相当于以正常巡航速度飞行时间超过10min的水上飞行，在关键发动机失效的情况下，直升机能够保持水平飞行。

（3）在机场/运营场地起飞或着陆，该机场/运营场地的起飞或进近航道在水上。

⑮NCO. IDE. H. 180　救生设备

在搜索和救援特别困难的地区运行的直升机应配备适合所飞越地区的信号装置和救生设备，包括维持生命的设备。

⑯NCC. IDE. H. 185　水上飞行的所有直升机——水上迫降

在距离陆地50n mile外的不利环境中水上飞行的直升机应：

（a）按照相关适航规范设计用于水上着陆。

（b）按照相关适航规范经审定用于水上迫降。

（c）配备应急漂浮设备。

⑰NCO. IDE. H. 190　无线电通信设备

（a）当正在飞行的空域有要求时，直升机应当配备能够与各航空站或者各频率进行双向通信的无线电通信设备，以满足空域要求。

⑱NCO. IDE. H. 195　导航设备

（a）无法参照可视地标导航的航路上飞行的直升机，应配备任何必要的导航设备，使其能够按照以下要求进行飞行：

（1）空中交通服务飞行计划（如适用）。

（2）适用的空域要求。

⑲NCO. IDE. H. 200　应答机

当飞行空域有要求时，直升机应配备具有所有要求能力的二次雷达（SSR）应答机。

三、第3部分　NCO. IDE. S——滑翔机

①NCO. IDE. S. 100　仪表和设备——概述

（a）本分部要求的仪表和设备应根据适用的适航性要求进行批准，如果它们是：

（1）由飞行机组用于控制飞行路线。

（2）用于符合 NCO. IDE. S. 145。

（3）用于符合 NCO. IDE. S. 150。

（4）安装在滑翔机上。

（c）本分部未要求的仪表和设备，以及其他适用附件未要求但在飞行中携带的任何其他设备，应符合以下要求：

（1）飞行机组不得使用这些仪表或设备提供的信息用于符合法规（EC）No 216/2008 附件一的要求。

（2）仪表设备不得影响滑翔机的适航性，即使发生失效或者故障。

②NCO. IDE. S. 105　最低飞行设备

当预定飞行所需的任何直升机仪表、设备或功能不工作或失效时，不得开始飞行，除非：

（a）该滑翔机是按照最低设备清单（如已确定）运行的。

（b）该滑翔机须符合根据适用的适航要求签发的飞行许可证。

③NCO. IDE. S. 115　目视飞行规则下的运行——飞行和导航仪表及相关设备

（a）目视飞行规则下昼间运行的滑翔机应配备测量和显示以下内容的设备：

（1）对于动力滑翔机，显示磁航向。

（2）以时、分和秒为单位的时间。

（3）气压高度。

（4）指示空速。

（b）除（a）外，在没有参考一个或多个附加仪表而滑翔机无法保持在所需飞行航线的情况下运行的滑翔机，应配备测量和显示以下内容的设备：

（i）垂直速度。

（ii）姿态、转弯侧滑。

（iii）磁航向。

④NCO. IDE. S. 120　云中飞行——飞行和导航仪表

（a）云中飞行运行的飞机应配备测量和显示以下内容的设备：

（1）磁航向。

（2）以时、分和秒为单位的时间。

（3）气压高度。

（4）指示空速。

（5）垂直速度。

（6）姿态、转弯侧滑。

⑤NCO. IDE. S. 125　座椅和约束系统

（a）滑翔机应配备：

（1）每名机上人员所需的座位。

（2）根据航空器飞行手册，每个座位配有上身约束系统的安全带。

（b）有上身约束系统的安全带应具有单点释放装置。

⑥NCO. IDE. S. 130　补充氧气

在10000ft以上的气压高度运行的滑翔机应配备携带足够呼吸用氧气的储存和分配装置。

⑦NCO. IDE. S. 135　水上飞行

水上飞行的滑翔机机长应确定水上迫降时滑翔机乘员的生存风险，并据此决定携带下列物品：

（a）机上每名人员的救生衣或等效的独立漂浮装置，该救生衣或漂浮装置须在以下情况下穿戴或存放在供其使用人的座位或卧铺易取的位置。

（b）由机组人员或乘客携带的、能以121.5MHz及406MHz同时发送的应急定位发射机（ELT）或个人定位器信标（PLB）。

（c）飞机运行时能够发出求救信号的设备：

（1）在水上飞行且离岸超过其滑翔距离时。

（2）起飞或进近航路设置在水上，一旦发生事故，有可能水上迫降。

⑧NCO. IDE. S. 140　救生设备

在搜索和救援特别困难的地区运行的滑翔机应配备适合所飞越地区的信号装置和救生设备。

⑨NCO. IDE. S. 145　无线电通信设备

（a）当正在飞行的空域有要求时，滑翔机应当配备能够与各航空站或者各频率进行双向通信的无线电通信设备，以满足空域要求。

⑩NCO. IDE. S. 150　导航设备

（a）滑翔机应配备任何必要的导航设备，使其能够按照以下要求进行飞行：

（1）空中交通服务飞行计划（如适用）。

（2）适用的空域要求。

⑪NCO. IDE. S. 150　应答机

当飞行空域有要求时，滑翔机应配备具有所有要求能力的二次雷达（SSR）应答机。

四、第4部分　NCO. IDE. B——气球

①NCO. IDE. B. 100　仪表和设备——概述

（a）本分部要求的仪表和设备应根据适用的适航性要求进行批准，如果它们：

（1）由飞行机组用于控制飞行路线。

（2）用于符合NCO. IDE. B. 145。

（3）安装在飞机上。

（c）本分部未要求的仪表和设备，以及其他适用附件未要求但在飞行中携带的任何其他设备，应符合下列要求：

（1）飞行机组不得使用这些仪表或设备提供的信息用于符合法规（EC）No 216/2008附件一。

（2）仪表和设备不应影响气球的适航性，即使发生失效或故障。

②NCO. IDE. B. 105　最低飞行设备

当预定飞行所需的任何气球仪表、设备或功能不工作或失效时，不得开始飞行，除非：

（a）该气球是按照最低设备清单（如已确定）运行的。

（b）该气球须符合根据适用的适航要求签发的飞行许可证。

③NCO. IDE. B. 110　运行灯

夜间运行的气球应配备：

（a）航行灯。

（b）为飞机安全运行所必需的所有仪表和设备提供充足照明的设备。

（c）一个独立的手提灯。

（d）如属热空气飞艇，应配备以下物品：

（1）着陆灯。

（2）防撞灯。

④NCO. IDE. B. 115　目视飞行规则下的运行——飞行和导航仪表及相关设备

（a）一种显示偏航方向的设备。

（b）测量和显示以下内容的设备：

（1）以时、分和秒为单位的时间。

（2）垂直速度（如航空器飞行手册要求）。

（3）气压高度（如航空器飞行手册要求和空域要求，或者需要控制高度以使用氧气时）。

⑤NCO. IDE. B. 120　急救箱

（a）气球应配备急救箱。

（b）急救箱须：

（1）随时可供使用。

（2）及时更新。

⑥NCO. IDE. S. 121　补充氧气

在 10000ft 以上的气压高度运行的气球应配备携带足够呼吸用氧气的储存和分配装置。

⑦NCO. IDE. B. 125　手提式灭火器

（a）如果适用的合格审定标准要求，气球应至少配备一个手提式灭火器。

⑧NCO. IDE. B. 130　水上飞行

水上飞行的气球机长应确定水上迫降时气球乘员的生存风险，并据此决定携带下列物品：

（a）每名机上人员的救生衣，或每名 24 个月以下的机上人员的等效的单独漂浮装置，该救生衣或漂浮装置须在以下情况下穿戴或存放在其使用的人的座位或卧铺易取的位置。

（b）当载客超过 6 人时，能以 121. 5MHz 及 406MHz 同时发送的应急定位发射机（ELT）或个人定位器信标（PLB）。

（c）当载客多达 6 人时，由机组人员或乘客携带的，能以 121.5MHz 及 406MHz 同时发送的应急定位发射机（ELT）或个人定位器信标（PLB）。

（d）能够发出求救信号的设备。

⑨NCO. IDE. B. 135　救生设备

在搜索和救援特别困难的地区运行的气球应配备适合所飞越地区的信号装置和救生设备。

⑩NCO. IDE. B. 140　其他设备

（a）气球应为每名机组人员配备防护手套。

（b）热气球和混合气球应配备：

（1）一套备用的点火源。

（2）测量和指示燃料量的装置。

（3）防火毯或防火罩。

（4）至少 25m 长的下降绳。

（c）气球应配备一把刀。

⑪NCO. IDE. B. 145　无线电通信设备

（a）当飞行空域有要求时，气球应当配备能够与各航空站或者各频率进行双向通信的无线电通信设备，以满足空域要求。

⑫NCO. IDE. B. 150　应答机

当飞行空域有要求时，气球应配备具有所要求能力的二次雷达（SSR）应答机。

9.3.4.7　附件八：SPO 部

9.3.4.7.1　专业运行

本附件适用于飞机用于农业、建筑、摄影、测量、观察和巡逻、空中广告等专业活动的任何专业运行。

作为例外，非复杂动力驱动航空器的非商业专业运营应符合附件七（NCO 部）的要求。

此外，可根据附件七（NCO 部）的规定，非复杂动力驱动航空器可进行以下运营：

（1）竞赛飞行或者飞行表演，条件是此类飞行的取酬或者任何有价值的支付仅限于成本回收、按比例分摊年度费用以及不超过适航管理当局规定价值的奖金。

（2）降落伞跳伞、滑翔机拖曳或特技飞行，由其主要营业地点在一个成员国并根据欧盟法规（EU）No 1178/2011 批准的培训机构或由旨在促进体育航空和休闲航空的组织执行，或由旨在促进体育或飞行训练的组织执行。条件是航空器由该组织根据所有权或干租赁运行，该飞行不会产生在组织外分配的利润，并且当涉及有非组织成员参加时，此类飞行仅是该组织的边际活动。

SPO 部由 5 个分部（见图 9-7）组成：

附件八　SPO部 专业运行
1. A分部　SPO. GEN——一般要求
2. B分部　SPO. OP——运营程序
3. C分部　SPO. POL——性能和操作限制
4. D分部　SPO. IDE——仪表、数据和设备 第一部分　SPO. IDE. A——飞机 第二部分　SPO. IDE. H——直升机 第三部分　SPO. IDE. S——滑翔机 第四部分　SPO. IDE. B——气球
5. E分部　SPO. IDE——特殊要求 第一部分　飞机外挂货物的运行 第二部分　外挂货物 第三部分　跳伞 第四部分　特技飞行

图9-7　附件八　SPO部

（一）A分部：SPO. GEN———一般要求

A分部SPO. GEN提出了各种要求：机组人员、机长和任务专家的职责；飞机滑行、旋翼起动；便携式电子设备；所载应急和救生设备的信息；所载文件、手册和信息；危险品的运输和放行；武器的运输和使用。用于复杂动力驱动航空器的运行，飞行记录器记录的保存、生成和使用。

①SPO. GEN. 102　旅行用动力滑翔机、动力滑翔机和混合气球。

（a）旅行用动力滑翔机应按以下要求运行：

（1）由发动机驱动的飞机。

（2）不使用发动机运行的滑翔机。

（b）旅行用动力滑翔机应符合适用于飞机的要求装备，除非D分部另有规定。

（c）动力滑翔机（不包括旅行用动力滑翔机）的运行和装备应符合适用于滑翔机的要求。

（d）混合气球的运行应符合热气球的要求。

（二）B分部：SPO. OP——运营程序

本分部规定了以下要求：

飞机：独立机场规范；机场最低运行标准；起飞和进近程序。

飞机和直升机：机场最低运营标准；NPA、APV、CAT I级运行；起飞和进近程序；燃料和机油供应；目的地备降机场；起飞条件；进近的开始和持续；进近和着陆条件。

气球：降噪程序；燃料和压舱物的供应和起飞条件的计划。

热气球：操作限制。

复杂动力驱动航空器：起飞备降机场；在预期或实际结冰条件下飞行。

所有机型（如适用）：冰和其他污染物——地面程序；补充氧气的使用；机载近地警告及防撞系统（ACAS）；标准运营程序。

①SPO. OP. 230　标准运营程序

（a）在开始专业运行之前，运营商应进行风险评估，评估活动的复杂性以确定运行中固有的危险和相关风险，并制定降低风险措施。

（b）根据风险评估，运营商应制定适用于专业活动和考虑到E分部的要求使用的飞机的标准运营程序（SOP）。该标准运营程序应作为运行手册或单独文件的一部分。标准运营程序应根据情况定期审查和更新。

（三）C分部：SPO. POL——航空器性能和运行限制

本分部规定了以下要求：

所有机型：运行限制；质量和平衡；质量和平衡数据和文件——减缓；性能——概述。

飞机和直升机：性能和运营标准；质量和平衡系统数据和文件（商业运营）。

复杂动力驱动航空器：着陆；航路上——一台发动机不工作；起飞；起飞重量限制；质量和平衡系统数据和文件（非商业运营）。

（四）D分部：SPO. IDE——仪表、数据和设备

一、第1部分　SPO. IDE. A——飞机

①SPO. IDE. A. 100　仪表和设备——概述

（a）本分部要求的仪表和设备应根据适用的适航要求得到批准，如果它们是：

（1）由飞行机组用于控制飞行路线。

（2）用于符合SPO. IDE. A. 215。

（3）用于符合SPO. IDE. A. 220。

（4）安装在飞机上。

（b）当本分部要求时，下列物品不需要设备批准：

（1）备用熔断器。

（2）独立的手提灯。

（3）精确的时钟。

（4）航图。

（5）急救箱。

（6）救生和信号设备。

（7）用于系泊的海锚和设备。

本分部未要求的仪表和设备，以及其他适用附件未要求但在飞行中携带的任何其他设备，应符合下列要求：

（1）机组人员不得使用这些仪表、设备或附件提供的信息，以符合法规（EC）No 216/2008附件一或SPO. IDE. A. 215和SPO. IDE. A. 220的规定。

（2）仪表和设备不应影响飞机的适航性，即使在故障或失灵的情况下。

仪表和设备应易于操作或靠近需要使用仪表和设备的机组人员所在的位置。

飞行机组人员使用的仪表的布置应使飞行机组人员能够从他/她所在的位置轻松地看

到指示，并假定他/她沿飞行航线向前看时的视线与实际偏差最小。

所有必需的应急设备应易于立即使用。

②SPO. IDE. A. 105　最低飞行设备

当预定飞行所需的任何飞机仪表、设备或功能不工作或失效时，不得开始飞行，除非：

（a）飞机按照最低设备清单（MEL）运行（如已确定）。

（b）对于混合动力飞机和商业运营中使用的任何飞机，运营商经适航管理当局批准，在主最低设备清单（MMEL）的限制范围内运营飞机。

（c）飞机须获得根据适用适航要求颁发的飞行许可证。

③SPO. IDE. A. 110　备用熔断器

飞机应配备备用熔断器，其额定值应符合完整电路保护的要求，用于更换允许在飞行中更换的熔断器。

④SPO. IDE. A. 115　运行灯

夜间运行的飞机应配备：

（a）防撞灯系统。

（b）航行灯。

（c）着陆灯。

（d）由飞机电力系统提供的照明，为飞机安全运行所必需的所有仪表和设备提供充足的照明。

（e）由飞机电力系统提供的照明，为所有客舱提供照明。

（f）为每个机组成员站提供一个独立的手提灯。

（g）如果飞机作为水上飞机运行，则灯应符合《国际海上避碰规则》。

⑤SPO. IDE. A. 120　目视飞行规则下的运行——飞行和导航仪表及相关设备

（a）目视飞行规则下昼间运行的飞机应配备测量和显示以下内容的设备：

（1）磁航向。

（2）以时、分和秒为单位的时间。

（3）气压高度。

（4）指示空速。

（5）用马赫数表示的速度限制。

（6）混合动力飞机的侧滑。

（b）除（a）外，在可视气象条件（VMC）下夜间运行的飞机还应配备：

（1）以下一种测量和显示设备：

（i）转弯和侧滑。

（ii）姿态。

（iii）垂直速度。

（iv）航向。

（2）显示陀螺仪何时供电不足的设备。

（c）除（a）和（b）外，在水上和看不见陆地的可视气象条件（VMC）下运行的复杂动力驱动航空器应配备一种防止空速指示系统因冷凝或结冰出现故障的设备。

（d）除（a）和（b）外，在没有参考一个或多个附加仪表而飞机无法保持在所需飞行航线的情况下运行的飞机，应配备防止（a）（4）中要求的空速指示系统因冷凝或结冰出现故障的装置。

（e）当运行需要两名飞行员时，飞机应配备如下显示相关参数的额外单独设备：

（1）气压高度。

（2）指示空速。

（3）侧滑、转弯侧滑（如适用）。

（4）姿态（如适用）。

（5）垂直速度（如适用）。

（6）航向（如适用）。

（7）用马赫数表示的速度限制（如适用）。

⑥SPO. IDE. A. 125　仪表飞行规则下的运行——飞行和导航仪表及相关设备

仪表飞行规则下运行的飞机应配备：

（a）测量和显示以下内容的设备：

（1）磁航向。

（2）以时、分和秒为单位的时间。

（3）气压高度。

（4）指示空速。

（5）垂直速度。

（6）转弯侧滑。

（7）姿态。

（8）航向。

（9）外部空气温度。

（10）用马赫数表示的速度限制。

（b）显示陀螺仪何时供电不足的设备。

（c）当运行需要两名飞行员时，为第二名飞行员提供一个显示相关参数的额外单独设备：

（1）气压高度。

（2）指示空速。

（3）垂直速度。

（4）转弯侧滑。

（5）姿态。

（6）航向。

（7）用马赫数表示的速度限制（如适用）。

（d）防止（a）（4）及（c）（2）所规定的空速指示系统因冷凝或结冰出现故障的设备。

（e）除（a）、（b）、（c）和（d）外，仪表飞行规则下运行的混合动力飞机应配备：

（1）备用静压源。

（2）位于易于阅读位置的压力卡片筒，可在夜间运行时照明。

（3）另一种独立的测量和显示高度的设备，除非已经安装符合（e）（1）要求的设备。

（4）独立于主发电系统的应急电源，至少可以供姿态指示系统运行和照明最少30min。主发电系统完全故障后，应急电源应自动运行。仪表上应该给出姿态指示器由应急电源运行的清晰指示。

⑦SPO. IDE. A. 126　仪表飞行规则下单一驾驶员运行的附加设备

仪表飞行规则下单一驾驶员运行的混合动力飞机应配备至少具有高度保持和航向模式的自动驾驶仪。

⑧SPO. IDE. A. 130　地形提示和警告系统（TAWS）

最大审定起飞重量（MCTOM）超过5700kg或最大运营客座量构型（MOPSC）超过9座的涡轮动力飞机应配备符合以下要求的地形提示和警告系统：

（a）在2011年1月1日之后首次获颁单机适航证的飞机中，符合可接受标准中规定的A级设备。

（b）在2011年1月1日或之前首次获颁单机适航证的飞机中，符合可接受标准中规定的B级设备。

⑨SPO. IDE. A. 131　机载防撞系统（ACAS II）

除非欧盟法规（EU）No 1332/2011另有规定，否则最大审定起飞重量（MCTOM）超过5700kg的涡轮动力飞机应配备II类机载防撞系统。

⑩SPO. IDE. A. 132　机载气象探测设备——混合动力飞机

在夜间或仪表气象条件（IMC）下，在预计沿线可能存在雷暴或其他潜在危险气象条件的区域内（视为可通过机载气象探测设备探测到的）运行时，下列飞机应配备机载气象探测设备：

（a）增压飞机。

（b）最大审定起飞重量超过5700kg的非增压飞机。

⑪SPO. IDE. A. 133　夜间结冰条件下运行的附加设备——复杂动力驱动航空器

（a）在预计或实际夜间结冰条件下运行的飞机应配备照明或探测结冰形成的设备。

（b）照亮冰形成的设备不得造成眩光或反射，以便于飞行机组人员履行其职责。

⑫SPO. IDE. A. 135　飞行机组人员内话系统

由一名以上机组人员运行的飞机应配备飞行机组内话系统，包括供所有机组人员使用的耳机和麦克风。

⑬SPO. IDE. A. 140　驾驶舱语音记录器

（a）下列飞机应配备驾驶舱语音记录器（CVR）：

（1）最大审定起飞重量超过27000kg，并于2016年1月1日或之后首次获颁单机适航证的飞机。

（2）最大审定起飞重量超过2250kg的飞机：

（i）经审定至少由两名飞行员组成机组人员的运行。

（ii）配备涡轮喷气发动机或一台以上涡轮螺旋桨发动机。

（iii）在2016年1月1日或之后首次获颁型号合格证。

（b）驾驶舱语音记录器应能够保留至少在此前2h内记录的数据。

（c）驾驶舱语音记录器应参考时间表记录。

⑭SPO. IDE. A. 145　飞行数据记录器

（a）最大审定起飞重量超过5700kg，在2016年1月1日或之后首次获颁单机适航证的飞机应配备飞行数据记录器，该飞行数据记录器采用数字方法记录和存储数据，并提供从存储介质中轻松检索数据的方法。

（b）飞行数据记录器应准确记录确定飞机飞行路线、速度、姿态、发动机功率、配置和运行所需的参数，并至少能够保留之前25h内记录的数据。

⑮SPO. IDE. A. 150　数据链记录

（a）2016年1月1日或之后首次获颁单机适航证的飞机，其具有运行数据链通信的能力，并且需要配备驾驶舱语音记录器（CVR），应在适用情况下在记录器上记录。

⑯SPO. IDE. A. 155　飞行数据和驾驶舱语音组合记录器

符合CVR和FDR规定的要求可通过以下方式实现：

（a）如果飞机必须配备一个驾驶舱语音记录器（CVR）或一个飞行数据记录仪（FDR），则需要一台飞行数据和驾驶舱语音组合记录器。

（b）如果飞机必须配备一个驾驶舱语音记录器（CVR）和一个飞行数据记录仪（FDR），则需要两台飞行数据和驾驶舱语音组合记录器。

⑰SPO. IDE. A. 160　座椅、安全带和约束系统

飞机应配备：

（a）每名机上人员或任务专家的座位或卧铺。

（b）每个座位上的安全带和每个站位的约束装置。

（c）对于非复杂动力驱动飞机，在每个机组人员座椅上配备有上躯干约束系统的安全带，该安全带具有单点脱扣装置。

（d）对于复杂动力驱动飞机，带有上躯干约束系统的安全带，该安全带具有单点脱扣装置，并包含一种在快速减速时自动约束乘员躯干的装置：

（1）在每个飞行机组人员的座椅上和飞行员座椅旁边的任何座椅上。

（2）位于飞行机组舱内的每个观察员的座位上。

⑱SPO. IDE. A. 165　急救箱

（a）飞机应配备一个急救箱。

（b）急救箱须：

（1）随时可供使用。

（2）保持更新。

⑲SPO. IDE. A. 170　补充氧气——增压飞机

（a）按照（b）要求，在需要氧气供应的飞行高度运行的增压飞机须配备能够储存和分配所需氧气供给的氧气储存和分配装置。

（b）在超过飞行高度运行的增压飞机，其座舱内的气压高度在3000m（10000ft）以

上时应携带足够的氧气以至少供应给所有机组人员和任务专家：

（1）在座舱气压高度超过 4600m（15000ft）的任何时间段内，在任何情况下至少供应 10min 的氧气。

（c）在飞行高度超过 7600m（25000ft）运行的增压飞机还应配备：

（1）一个向机组人员提供任何增压损失的警告指示装置。

（2）对于复杂动力驱动航空器，应为机组人员配备可快速佩戴的口罩。

⑳SPO. IDE. A. 175　补充氧气——非增压飞机

（a）按照（b）要求，在需要氧气供应的飞行高度运行的非增压飞机须配备能够储存和分配所需氧气供给的氧气储存和分配装置。

（b）在超过飞行高度运行的非增压飞机，其座舱内的气压高度在 3000m（10000ft）以上时，应携带足够的氧气以供应：

（1）在座舱气压高度在 10000~13000ft 之间的任何时间内，时间超过 30min 的所有机组人员。

（2）座舱气压高度超过 13000ft 的任何时间内的所有机上人员。

（c）尽管（b）有规定，但根据 SPO. OP. 195（b），在 13000~16000ft 之间特定时间的飞行可在没有氧气供应的情况下进行。

㉑SPO. IDE. A. 180　手提式灭火器

（a）飞机（除旅行用动力滑翔机（TMG）和欧洲轻型航空器（ELA1）飞机外）应至少配备一个手提式灭火器：

（1）在机组人员舱内。

（2）在与机组人员舱分开的每个座舱内，除非机组人员容易接近该舱。

（b）要求的灭火器内的灭火剂类型及剂量，须适合拟使用灭火器的舱室可能发生的火灾类型，并尽量减少载人舱室内其毒性气体浓度的危害。

㉒SPO. IDE. A. 181　撞锤和撬棍

最大审定起飞重量超过 5700kg 的飞机应在机组人员舱内至少配备一把撞锤或撬棍。

㉓SPO. IDE. A. 185　进入点标记

如果飞机机身上标记了适合救援人员在紧急情况下进入的区域，这些区域应进行标记。

㉔SPO. IDE. A. 190　应急定位发射机（ELT）

（a）飞机应配备：

（1）在 2008 年 7 月 1 日或之前首次获颁单机适航证的飞机应配备一个任何类型的 ELT。

（2）在 2008 年 7 月 1 日之后首次获颁单机适航证的飞机应配备自动 ELT。

（3）经审定的最大座位配置不超过 6 座的飞机应配备由一个机组成员或任务专家携带的救生 ELT（ELT（S））或个人定位器信标（PLB）。

（b）任何类型的 ELT 及 PLB 须能以 121. 5MHz 及 406MHz 同时发送。

㉕SPO. IDE. A. 195　水上飞行

（a）下列飞机应为每名机上人员配备救生衣，该救生衣须在以下情况下穿戴或存放在其使用人的座位或卧铺易取的位置：

（1）单发动机陆上飞机，当：

（i）在水上飞行离岸超过其滑翔距离时。

（ii）在机场或运营场地起飞或降落，而在该机场或运营场地，机长认为起飞或进近航路设置在水上，有可能水上迫降。

（2）水上运行的水上飞机。

（3）飞机在距离陆地一定距离的地方运行，在该地方紧急迫降的可能性大于以正常巡航速度飞行30min或者50n mile，以较小者为准。

（b）每件救生衣均须配备一种电力照明设备，以便于确定人员的位置。

（c）水上运行的水上飞机应配备：

（1）海锚和其他有助于在水上系泊、锚定或操纵飞机的必要设备，而该设备须适合其尺寸、重量和操纵特性。

（2）《国际海上避碰规则》规定的发出声音信号的设备（如适用）。

（d）在距离陆地一定距离的地方运行飞机的机长，在该地方紧急迫降的可能性大于以正常巡航速度飞行30min或者50n mile（以较小者为准），应确定一旦水上迫降，飞机乘员的生存风险。据此，他/她应确定携带以下设备：

（1）发出遇险信号的设备。

（2）足以载运所有机上人员的救生筏，这些救生筏应妥善存放以方便在紧急情况下随时使用。

（3）救生设备，该设备为适用飞行的飞机提供维持生命的设备。

㉖SPO. IDE. A. 200　救生设备

（a）在搜索和救援特别困难的区域内运行的飞机应配备：

（1）发出遇险信号的信号设备。

（2）至少一个救生应急定位发射机（ELT）。

（3）考虑到机上人数，为拟飞行航线提供的附加救生设备。

（b）无须携带（a）（3）中规定的附加救生设备，当飞机：

（1）与搜索和救援并不特别困难的区域保持一定距离，相当于：

（i）能够继续飞往机场，关键发动机在沿线任何位置或计划的改道飞行中失效的飞机，以单发失效（OEI）巡航速度运行120min。

（ii）所有其他飞机以巡航速度飞行30min。

（2）对于符合适用的适航审定标准的飞机，保持在不超过相当于从适合紧急迫降的区域以巡航速度飞行90min的距离。

㉗SPO. IDE. A. 205　个人防护设备

每名机上人员都应穿戴适合正在运行的类型的个人防护设备。

㉘SPO. IDE. A. 210　耳机

（a）飞机应配备一个耳机，该耳机应配备一个吊杆式麦克风或等效装置的麦克风，供每名飞行机组成员在机组人员舱内指定的位置使用。

（b）在仪表飞行规则下或夜间运行的飞机，应为每名所需的飞行机组人员配备一个手动控制俯仰和滚转的发射按钮。

㉙SPO. IDE. A. 215　无线电通信设备

（a）仪表飞行规则下或夜间运行的飞机，或适用空域要求时，应配备无线电通信设备，在正常无线电传播条件下，该设备应能够：

（1）以机场管制为目的进行双向通信。

（2）在飞行过程中的任何时候接收气象信息。

（3）在飞行过程中的任何时间根据适当管理当局规定的频率与各航空站进行双向通信。

（4）提供 121. 5MHz 航空应急频率的通信。

（b）当需要多个通信设备装置时，每个通信设备装置应相互独立，其中任何一个通信设备装置的故障不会导致其他通信设备装置的故障。

㉚SPO. IDE. A. 220　导航设备

（a）飞机应配备导航设备，使其能够按照以下要求运行：

（1）空中交通服务（ATS）飞行计划（如适用）。

（2）适用空域要求。

（b）飞机应配备足够的导航设备，以确保在飞行的任何阶段出现一项设备故障时，其余设备应允许按照（a）规定进行安全导航，或安全完成适当的应急行动。

（c）在仪表气象条件（IMC）下运行拟着陆的飞机应配备适当的设备，该设备能够为飞机进行目视着陆的地点提供引导。该设备应能为在仪表气象条件拟着陆的每个机场和任何指定的备降机场提供此类引导。

㉛SPO. IDE. A. 225　应答机

当飞行空域有要求时，飞机应配备具有所要求能力的二次雷达（SSR）应答机。

二、第 2 部分　SPO. IDE. H——直升机

①SPO. IDE. H. 100　仪表和设备——概述

（a）本分部要求的仪表和设备应根据适用的适航要求得到批准，如果它们是：

（1）由飞行机组用于控制飞行路线。

（2）用于符合 SPO. IDE. H. 215。

（3）用于符合 SPO. IDE. H. 220。

（4）安装在直升机上。

（b）当本分部要求时，下列物品不需要设备批准：

（1）独立的手提灯。

（2）精确的时钟。

（3）文件袋。

（4）急救箱。

（5）救生和信号设备。

（6）用于系泊的海锚和设备。

（c）本分部未要求的仪表和设备，以及其他适用附件未要求但在飞行中携带的任何其他设备，应符合下列要求：

（1）机组人员不得使用这些仪表、设备或附件提供的信息，以符合法规（EC）No 216/2008附件一或SPO. IDE. H. 215和SPO. IDE. H. 220的规定。

（2）仪表和设备不应影响直升机的适航性，即使在失效或故障的情况下。

（d）仪表和设备应易于操作或靠近需要使用仪表和设备的飞行机组人员所在的位置。

（e）一名飞行机组人员使用的仪表，其布置应使飞行机组人员能够从他所在的位置轻松地看到指示，并与他/她沿飞行航线向前看时通常假定的位置和视线有最小的实际偏差。

（f）所有必需的应急设备应易于立即使用。

②SPO. IDE. H. 105　最低飞行设备

当预定飞行所需的任何直升机仪器、设备或功能不工作或失效时，不得开始飞行，除非：

（a）直升机按照最低设备清单（MEL）运行（如已确定）。

（b）对于复杂动力驱动直升机和商业运营中使用的任何直升机，运营商经适航管理当局批准，在主最低设备清单（MMEL）的限制范围内运行直升机。

（c）直升机须获得根据适用的适航要求颁发的飞行许可证。

③SPO. IDE. H. 115　运行灯

夜间运行的直升机应配备：

（a）防撞灯系统。

（b）导航/航行灯。

（c）着陆灯。

（d）由直升机电力系统提供的照明，为直升机安全运行所必需的所有仪表和设备提供充足的照明。

（e）由直升机电力系统提供的照明，为所有客舱提供照明。

（f）为每个机组人员位置提供一个独立的手提灯。

（g）如果直升机是两栖的，则灯应符合《国际海上避碰规则》。

④SPO. IDE. H. 120　目视飞行规则下的运行——飞行和导航仪表及相关设备

（a）目视飞行规则下昼间运行的直升机应配备一种测量和显示以下内容的设备：

（1）磁航向。

（2）以时、分和秒为单位的时间。

（3）气压高度。

（4）指示空速。

（5）侧滑。

（b）除（a）外，在水上和看不见陆地的可视气象条件（VMC）或在夜间可视气象条件（VMC）运行的直升机还应配备：

（1）一种测量和显示以下内容的设备：

（i）姿态。

（ii）垂直速度。

（iii）航向。

（2）一种显示陀螺仪表何时供电不足的设备。

（3）复杂动力驱动直升机应配备防止（a）（4）中要求的空速指示系统因冷凝或结冰出现故障的设备。

（c）除（a）和（b）外，在能见度低于 1500m 的情况下运行的直升机，或在没有参考一个或多个附加仪表而无法保持在所需飞行航线的情况下运行的直升机，应配备防止（a）（4）中要求的空速指示系统因冷凝或结冰出现故障的设备。

（d）当运行需要两名飞行员时，直升机应配备显示如下内容的额外单独显示设备：

（1）气压高度。

（2）指示空速。

（3）侧滑。

（4）姿态（如适用）。

（5）垂直速度（如适用）。

（6）航向（如适用）。

⑤SPO. IDE. H. 125　仪表飞行规则下的运行——飞行和导航仪表及相关设备

仪表飞行规则下运行的直升机应配备：

（a）一种测量和显示以下内容的设备：

（1）磁航向。

（2）以时、分和秒为单位的时间。

（3）气压高度。

（4）指示空速。

（5）垂直速度。

（6）侧滑。

（7）姿态。

（8）航向。

（9）外部空气温度。

（b）一种显示陀螺仪表何时供电不足的设备。

（c）当运行需要两名飞行员时，提供一个显示以下内容的额外单独设备：

（1）气压高度。

（2）指示空速。

（3）垂直速度。

（4）侧滑。

（5）姿态。

（6）航向。

（d）防止（a）（4）及（c）（2）所规定的空速指示系统因冷凝或结冰出现故障的设备。

（e）作为备用仪表测量和显示姿态的附加设备。

（f）复杂动力驱动直升机应配备以下设备：

（1）备用静压源。

（2）位于易于阅读位置的文件袋，可在夜间运行时被照明。

⑥SPO. IDE. H. 126　仪表飞行规则下单一飞行员运行的附加设备

仪表飞行规则下单一飞行员运行的直升机应配备至少具有高度保持和航向模式的自动驾驶仪。

⑦SPO. IDE. H. 132　机载气象探测设备——复杂动力驱动直升机

如果当前气象预报显示沿飞行航路可能存在雷暴或其他潜在危害气象条件（视为可通过机载气象探测设备探测到的），在仪表飞行规则下或夜间运行的直升机应配备机载气象探测设备。

⑧SPO. IDE. H. 133　夜间结冰条件下运行的附加设备——复杂动力驱动直升机

（a）在预计或实际夜间结冰条件下运行的直升机应配备照明或探测结冰形成的设备。

（b）照明结冰形成的设备不得造成眩光或反光，以便于飞行机组人员履行其职责。

⑨SPO. IDE. H. 135　机组人员机内通话系统

由一名以上机组人员运行的直升机应配备机组成员机内通话系统，包括供所有飞行机组人员使用的耳机和麦克风。

⑩SPO. IDE. H. 140　驾驶舱语音记录器

（a）最大审定起飞重量超过7000kg，并于2016年1月1日或之后首次获颁单机适航证的直升机应配备驾驶舱语音记录器（CVR）。

（b）驾驶舱语音记录器应当至少能够保存最后2h运行中所记录的信息。

（c）驾驶舱语音记录器应参考时间表记录：

（1）通过无线电在飞行机组人员舱内发出或收到的语音通信。

（2）使用机内通话系统和公共广播系统进行的飞行机组人员电话通信（如安装）。

（3）驾驶舱的听觉环境，包括不间断地从每个机组人员麦克风接收到的音频信号。

（4）进入耳机或扬声器中的导航或进近设备的通话或音频识别信号。

（d）驾驶舱语音记录器应在直升机以自身动力移动前自动开始记录，并应继续记录，直到直升机飞行终止，此时直升机不再能够以自身动力移动。

（e）除（d）外，根据电力的供应情况，驾驶舱语音记录器应在飞行开始时发动机起动前的驾驶舱检查期间尽早开始记录，直到飞行结束发动机关闭后立即进行驾驶舱检查为止。

（f）驾驶舱语音记录器应有一个助其在水下定位的装置。

⑪SPO. IDE. H. 145　飞行数据记录仪

（a）最大审定起飞重量超过3175kg，并于2016年1月1日或之后首次获颁单机适航证的直升机应配备飞行数据记录仪，该飞行数据记录仪采用数字方法记录和存储数据，并提供从存储介质中轻松检索数据的方法。

⑫SPO. IDE. H. 150　数据链记录

（a）2016年1月1日或之后首次获颁单机适航证的直升机，其具有运行数据链通信的能力，并且需要配备驾驶舱语音记录器，应在适用情况下在记录器上记录（如适用）：

（1）与往返于直升机的空中交通服务（ATS）通信有关的数据通信报文。

⑬SPO. IDE. H. 155　飞行数据和驾驶舱语音组合记录器

一台飞行数据和驾驶舱语音组合记录器可以满足驾驶舱语音记录器（CVR）和飞行数

据记录器（FDR）的要求。

⑭SPO. IDE. H. 160　座椅、安全带和约束系统

（a）直升机应配备：

（1）每名机上人员或任务专家的座位或卧铺。

（2）每个座位上的安全带和每个卧铺的约束装置。

（3）2012年12月31日之后首次获颁单机适航证的直升机，为每个座椅上配备有上身约束系统的安全带。

（4）带有上身约束系统的安全带，该安全带包含一种安装在每名飞行机组人员座位上，在快速减速时自动约束乘员躯干的装置。

（b）带有上身约束系统的安全带应具有单点脱扣装置。

⑮SPO. IDE. H. 165　急救箱

（a）直升机应配备急救箱。

（b）急救箱须：

（1）随时可供使用。

（2）保持更新。

⑯SPO. IDE. H. 175　补充氧气——非增压飞机

（a）按照（b）要求，在需要氧气供应的飞行高度运行的非增压直升机须配备能够储存和分配所需氧气供给的氧气储存和分配装置。

（b）在座舱压力高度超过3000m（10000ft）的飞行高度运行的非增压直升机应携带足够的氧气。

（c）尽管（b）有规定，但根据SPO. OP. 195（b），在13000~16000ft之间的特定时间段的游览可在没有氧气供应的情况下进行。

⑰SPO. IDE. H. 180　手提式灭火瓶

（a）除欧洲轻型航空器（ELA2）直升机外，直升机应至少配备一个手提式灭火瓶：

（1）在机组人员舱内。

（2）在与机组人员舱分开的每个座舱中，除非机组人员容易接近该舱。

（b）所需灭火瓶的灭火剂类型及剂量，须适合拟使用灭火瓶的舱室可能发生的火灾类型，并尽量减少载人舱室有毒气体浓度的危害。

⑱SPO. IDE. H. 185　进入点标记

如果直升机机身上标记了适合救援人员在紧急情况下进入的区域，这些区域应进行标记。

⑲SPO. IDE. H. 190　应急定位发射机（ELT）

（a）经审定最大座位配置超过6座的直升机应配备：

（1）一个自动应急定位发射机（ELT）。

（2）直升机在距离陆地相当于以正常巡航速度飞行时间超过3min的情况下，一个在救生筏或救生衣中的救生ELT。

（b）经审定的最大座位配置不超过6座的直升机应配备由机组成员或任务专家携带的ELT或个人定位器信标（PLB）。

（c）任何类型的应急定位发射机（ELT）及个人定位器信标（PLB）须能以121.5MHz及406MHz同时发送。

⑳SPO. IDE. H. 195　水上飞行

（a）直升机应为每名机上人员配备救生衣，该救生衣须在以下情况下穿戴或存放在其使用人的座位或卧铺易取的位置：

（1）距离陆地超过自转下滑距离的水上飞行，在关键发动机失效的情况下，直升机不能保持水平飞行。

（2）距离陆地相当于以正常巡航速度飞行时间超过10min的水上飞行，在关键发动机失效的情况下，直升机能够保持水平飞行。

（3）在机场/运营场地起飞或着陆，该机场/运营场地的起飞或进近航路在水上。

（b）每件救生衣均须配备电力照明设施，以方便确定人的位置。

（c）距离陆地的水上飞行相当于以正常巡航速度飞行时间超过30min或者50n mile（以较小者为准）运行直升机的机长，应确定一旦水上迫降，直升机乘员的生存风险。据此，他/她应确定携带以下设备：

（1）发出遇险信号的设备。

（2）足以载运所有机上人员的救生筏，这些救生筏应妥善存放以备紧急情况下使用。

（3）救生设备，该设备为适用于拟飞行的飞机提供维持生命的设备。

（d）当决定所有乘员是否应穿着（a）中要求的救生衣时，机长应确定在发生水上迫降时直升机乘员的生存风险。

㉑SPO. IDE. H. 197　救生衣——复杂动力驱动直升机

（a）直升机应为每名机上人员配备救生衣，该救生衣须在以下情况下穿戴或存放在其使用人的座位或卧铺易取的位置：

（1）距离陆地相当于以正常巡航速度飞行时间超过10min的水上飞行，在关键发动机失效的情况下，直升机能够保持水平飞行。

（2）距离陆地超过自转下滑距离的水上飞行，在关键发动机失效的情况下，直升机不能保持水平飞行。

（3）在机场/运营场地起飞或着陆，该机场/运营场地的起飞或进近航道安排在水上，一旦发生事故，有可能水上迫降。

（b）每件救生衣均须配备电力照明设备，以方便确定人的位置。

㉒SPO. IDE. H. 198　救生衣——复杂动力驱动直升机

每名机上人员在运行时都应穿着救生衣：

（a）距离陆地相当于以正常巡航速度飞行时间超过10min，支持海上作业的水上飞行，在关键发动机失效的情况下，直升机能够维持水平飞行，并且当：

（1）向机长提供的气象报告或者预报显示在飞行中海水温度低于+10℃。

（2）预计救援时间超过预计生存时间的。

（b）考虑到以下条件，由机长根据风险评估确定：

（1）距离陆地超过自转下滑距离或安全迫降距离的水上飞行时，在关键发动机失效的情况下，直升机不能维持水平飞行。

（2）向机长提供的气象报告或者预报显示在飞行中的海水温度低于+10℃。

㉓SPO. IDE. H. 199　延伸的水上飞行中的救生筏、救生应急定位发射机和救生设备——复杂动力驱动直升机

直升机运行：

（a）距离陆地相当于以正常巡航速度飞行时间超过 10min 的水上飞行，在关键发动机失效的情况下，直升机能够维持水平飞行。

（b）距离陆地相当于以正常巡航速度飞行时间超过 3min 的水上飞行，在关键发动机失效的情况下，直升机不能维持水平飞行，并且如果由机长通过风险评估确定，应配备：

（1）至少一个额定载客量不少于最大机上人数的救生筏，该救生筏应妥善存放以备紧急情况下使用。

（2）每个所需救生筏至少有一个救生应急定位发射机。

（3）与所进行的飞行相适应的救生设备，包括维持生命的设备。

㉔SPO. IDE. H. 200　救生设备

在搜索和救援特别困难的区域内运行的直升机应配备：

（a）发出遇险信号的信号设备。

（b）至少一个救生应急定位发射机（ELT）。

（c）考虑到机上人数，为拟飞行航线提供的附加救生设备。

㉕SPO. IDE. H. 201　在不利海域进行海上作业的直升机的附加要求——复杂动力驱动直升机

在不利海域进行海上作业，距离陆地相当于以正常巡航速度飞行时间超过 10min 的直升机，应符合下列规定：

（a）当向机长提供的气象报告或者预报显示在飞行中海水温度低于+10℃，或者预计救援时间超过计算的生存时间，或者飞行计划在夜间进行时，机上全体机组人员和任务专家要穿着救生衣。

（b）根据 SPO. IDE. H. 199 规定携带的所有救生筏的安装应能在海况下使用，该海情下对直升机水上迫降、漂浮和配平的特性进行评估，以符合水上迫降的审定要求。

（c）直升机应配备具有独立电源的应急照明系统，以提供方便直升机疏散的普通客舱内照明源。

（d）所有紧急出口，包括机组人员紧急出口和打开紧急出口的方法，都应醒目地标明，以便乘员在白天或黑夜中使用。此类标记应设计成在直升机倾覆且客舱浸没时保持可见。

（e）所有指定为水上迫降紧急出口的不可抛掷门，须有将其固定在开启位置的方法，以便在水上迫降和漂浮所需评估的最大海况下，不会影响乘员的出口。

（f）座舱内所有拟用于水下逃生的门、窗或其他开口，须配备在紧急情况下可操作的设备。

（g）救生衣应始终穿戴，除非提供救生衣供其使用的任务专家或机组人员穿着符合救生服和救生衣组合要求的综合救生衣。

㉖SPO. IDE. H. 202　经审定可在水上运行的直升机——其他设备

经审定可在水上运行的直升机应配备：

（a）海锚和其他有助于在水上系泊、锚定或操纵直升机的必要设备，而该设备须适合其尺寸、重量和操纵特性。

（b）《国际海上避碰规则》规定的发出声音信号的设备（如适用）。

㉗SPO. IDE. H. 203　水上飞行的所有直升机——水上迫降

在距离陆地相当于以正常巡航速度飞行时间超过 10min 的不利环境下进行水上飞行的复杂动力驱动直升机，以及在距离陆地 50n mile 的不利环境下进行水上飞行的非复杂动力驱动直升机应：

（a）按照相关适航标准设计用于水上着陆。

（b）按照相关适航标准进行水上迫降审定。

（c）配备应急漂浮设备。

㉘SPO. IDE. H. 205　个人防护设备

每名机上人员都应穿戴适合拟运行类型的个人防护设备。

㉙SPO. IDE. H. 210　耳机

当需要无线电通信和/或无线电导航系统时，直升机应配备一个带有吊杆式麦克风或类似装置的耳机，以及一个供每名所需的飞行员、机组成员和/或任务专家在其指定位置使用的飞行操纵系统发射按钮。

㉚SPO. IDE. H. 215　无线电通信设备

（a）仪表飞行规则下或夜间运行的直升机，或适用空域要求时，应配备无线电通信设备，在正常无线电传播条件下，该设备应能够：

（1）以机场管制为目的进行双向通信。

（2）接收气象信息。

（3）在飞行过程中的任何时间根据适航管理当局规定的频率与各航空站进行双向通信。

（4）提供 121. 5MHz 航空应急频率的通信。

（b）当需要多个通信设备装置时，每个通信设备装置应相互独立，其中任何一个通信设备装置的故障不会导致其他通信设备装置的故障。

（c）当需要无线电通信系统时，除 SPO. IDE. H. 135 要求的飞行机组人员机内通话系统外，直升机还应配备一个供每名所需的飞行员和机组成员在其指定位置使用的飞机操纵系统的发射按钮。

㉛SPO. IDE. H. 220　导航设备

（a）直升机应配备导航设备，使其能够按照以下要求进行飞行：

（1）空中交通服务（ATS）飞行计划（如适用）。

（2）适用空域要求。

（b）直升机应配备足够的导航设备，以确保在飞行的任何阶段出现一项设备故障时，其余设备应允许按照（a）规定进行安全导航，或安全完成适当的应急行动。

（c）在仪表气象条件下拟着陆的直升机应配备适当的设备，该设备能够为目视着陆点提供引导。该设备应能为仪表气象条件下拟着陆的每个机场和任何指定的备降机场提供此类引导。

㉜SPO. IDE. H. 225　应答机

当正在飞行的空域有要求时，直升机应配备具有所要求能力的二次雷达（SSR）应答机。

三、第3部分　SPO. IDE. S——滑翔机

①SPO. IDE. S. 100　仪表和设备——概述

（a）本分部要求的仪表和设备应根据适用的适航要求得到批准，如果它们是：

（1）由飞行机组用于控制飞行路线。

（2）用于符合 SPO. IDE. S. 145。

（3）用于符合 SPO. IDE. S. 150。

（4）安装在滑翔机上。

（b）当本分部要求时，下列物品不需要设备批准：

（1）独立的手提灯。

（2）精确的时钟。

（3）救生和信号设备。

（c）本分部未要求的仪表和设备，以及其他适用附件未要求但在飞行中携带的任何其他设备，应符合下列要求：

（1）飞行机组人员不得使用这些仪表、设备或附件提供的信息，以符合法规（EC）No 216/2008 附件一的要求。

（2）仪器和设备不应影响滑翔机的适航性，即使在故障或失灵的情况下。

（d）仪器和设备应易于操作或靠近需要使用仪表和设备的飞行机组人员所在的位置。

（e）所有必需的应急设备应易于立即使用。

②SPO. IDE. S. 105　最低飞行设备

当预定飞行所需的任何滑翔机仪表、设备或功能不工作或失效时，不得开始飞行，除非：

（a）滑翔机按照最低设备清单（MEL）运行（如已确定）。

（b）滑翔机须获得根据适用适航要求颁发的飞行许可证。

③SPO. IDE. S. 115　目视飞行规则下的运行——飞行和导航仪表

（a）目视飞行规则下昼间运行的滑翔机应配备一种测量和显示以下内容的装置：

（1）磁航向（如果是动力滑翔机）。

（2）以时、分和秒为单位的时间。

（3）气压高度。

（4）指示空速。

（b）除（a）外，在没有参考一个或多个附加仪表而无法保持在所需姿态的情况下运行的滑翔机，应配备一种测量和显示以下内容的设备：

（1）垂直速度。

（2）姿态、转弯侧滑。

（3）磁航向。

④SPO. IDE. S. 120　云中飞行——飞行和导航仪表

云中飞行的滑翔机应配备一种测量和显示以下内容的设备：

（a）磁航向。

（b）以时、分和秒为单位的时间。

（c）气压高度。

（d）指示空速。

（e）垂直速度。

（f）姿态、转弯侧滑。

⑤SPO. IDE. S. 125　座椅和约束系统

（a）滑翔机应配备：

（1）每名机上人员所需的座椅。

（2）根据航空器飞行手册（AFM），每个座位配有上躯干约束系统的安全带。

（b）有上躯干约束系统的安全带应具有单点脱扣装置。

⑥SPO. IDE. S. 130　补充氧气

在3000m（10000ft）以上的气压高度运行的滑翔机应配备携带足够氧气用于供应的氧气储存和分配装置：

（a）当气压高度在10000~13000ft之间时，在任何阶段向机组人员提供超过30min的氧气。

（b）当气压高度超过13000ft时，在任何阶段向所有机组人员和任务专家提供氧气。

⑦SPO. IDE. S. 135　水上飞行

水上运行的滑翔机机长应确定水上迫降时滑翔机乘员的生存风险，并据此确定携带下列物品：

（a）每名机上人员的救生衣或等效的独立漂浮装置，该救生衣或漂浮装置须穿戴或存放在其使用人的座位或卧铺易取的位置。

（b）由机组人员或任务专家携带的、能以121. 5MHz及406MHz同时发送的应急定位发射机（ELT）或个人定位器信标（PLB）。

（c）飞机运行时能够发出遇险信号的设备：

（1）在水上飞行且离岸超过其滑翔距离时。

（2）起飞或进近航路设置在水上，一旦发生事故，有可能水上迫降。

⑧SPO. IDE. S. 140　救生设备

在搜索和救援特别困难的地区运行的滑翔机应配备适合飞越该地区的信号装置和救生设备。

⑨SPO. IDE. S. 145　无线电通信设备

（a）当正在飞行的空域有要求时，滑翔机应当配备能够与各航空站或各频率进行双向通信的无线电通信设备，以满足空域要求。

（b）如（a）要求，无线电通信设备应提供121. 5MHz航空应急频率的通信。

⑩SPO. IDE. S. 150　导航设备

（a）滑翔机应配备任何必要的导航设备，使其能够按照以下要求进行飞行：

（1）空中交通服务（ATS）飞行计划（如适用）。

（2）适用的空域要求。

⑪SPO. IDE. S. 150　应答机

当飞行空域有要求时，滑翔机应配备具有所要求能力的二次雷达（SSR）应答机。

四、第 4 部分　SPO. IDE. B——气球

①SPO. IDE. B. 100　仪表和设备——概述

（a）本分部要求的仪表和设备应根据适用的适航要求得到批准，如果它们是：

（1）由飞行机组用于控制飞行路线。

（2）用于符合 SPO. IDE. B. 145。

（3）安装在气球中。

（b）当本分部要求时，下列物品不需要设备批准：

（1）独立的手提灯。

（2）精确的时钟。

（3）急救箱。

（4）救生和信号设备。

（c）本分部未要求的仪表和设备，以及其他适用附件未要求但在飞行中携带的任何其他设备，应符合下列要求：

（1）机组人员不得使用这些仪表、设备或附件提供的信息，以符合法规（EC）No216/2008 附件一的规定。

（2）仪表和设备不应影响气球的适航性，即使在故障或失灵的情况下。

（d）仪表和设备应易于操作或靠近需要使用仪器和设备的飞行机组人员所在的位置。

（e）所有必需的应急设备应易于立即使用。

②SPO. IDE. B. 105　最低飞行设备

当预定飞行所需的任何气球仪表、设备或功能不工作或失效时，不得开始飞行，除非：

（a）气球按照最低设备清单（MEL）运行（如已确定）。

（b）气球获得根据适用适航要求颁发的飞行许可证。

③SPO. IDE. B. 110　运行灯

夜间运行的气球应配备：

（a）防撞灯。

（b）为气球安全运行所必需的所有仪表和设备提供充足照明的设备。

（c）一个独立的手提灯。

④SPO. IDE. B. 115　目视飞行规则下的运行——飞行和导航仪表及相关设备

目视飞行规则下昼间运行的气球应配备以下设备：

（a）一种显示偏航方向的设备。

（b）一种测量和显示以下内容的设备：

（1）以时、分和秒为单位的时间。

（2）垂直速度（如航空器飞行手册（AFM）要求）。

（3）气压高度（如航空器飞行手册（AFM）要求、空域要求或者需要控制高度以使用氧气时）。

⑤SPO. IDE. B. 120　急救箱

（a）气球应配备一个急救箱。

（b）急救箱须：

（1）随时可供使用。

（2）保持更新。

⑥SPO. IDE. B. 121　补充氧气

在3000m（10000ft）以上的气压高度运行的气球应配备携带足够氧气用于供应的储存和分配装置：

（a）当气压高度在10000~13000ft之间时，在任何阶段向机组人员提供超过30min的氧气。

（b）当气压高度超过13000ft时，在任何阶段向所有机组人员和任务专家提供氧气。

⑦SPO. IDE. B. 125　手提式灭火瓶

如果适用的合格审定标准要求，热气球应至少配备一个手提式灭火瓶。

⑧SPO. IDE. B. 130　水上飞行

水上飞行的气球机长应确定水上迫降时气球乘员的生存风险，并据此确定携带下列物品：

（a）每名乘员的救生衣，该救生衣须穿戴或存放在其使用人的卧铺易取的位置。

（b）由机组人员或任务专家携带的、能以121.5MHz及406MHz同时发送的应急定位发射机（ELT）或个人定位器信标（PLB）。

（c）能够发出求救信号的设备。

⑨SPO. IDE. B. 135　救生设备

在搜索和救援特别困难的地区运行的气球应配备适合飞越该地区的信号装置和救生设备。

⑩SPO. IDE. B. 140　其他设备

气球应为每名机组人员配备防护手套。

（a）热气球应配备：

（1）一套备用的点火源。

（2）测量和指示燃料量的设备。

（3）防火毯或防火罩。

（4）至少25m长的下降绳。

（b）气体气球应配备：

（1）一把刀。

（2）由天然纤维或静电导电材料制成的至少20m长的下降绳。

⑪SPO. IDE. B. 145　无线电通信设备

（a）当飞行空域有要求时，气球应当配备能够与各航空站或各频率进行双向通信的无线电通信设备，以满足空域要求。

(b) 如 (a) 要求，无线电通信设备应提供 121.5MHz 航空应急频率的通信。

⑫SPO. IDE. B. 150　应答机

当飞行空域有要求时，气球应配备具有所有要求能力的二次雷达（SSR）应答机。

(五) E 分部：SPO. SPEC 特殊要求

一、第 1 部分　带外挂载荷直升机的运行（HESLO）

①SPO. SPEC. HESLO. 100　标准运营程序

HESLO 的标准运营程序应规定：

(a) 拟携带的设备，包括其运行限制和最低设备清单（MEL）中的适当条目（如适用）。

(b) 机组人员和任务专家的人员组成和经验要求。

(c) 对机组人员和任务专家执行其任务而进行的相关培训，以及为机组人员和任务专家提供此类培训的人员的资格及任命。

(d) 机组人员和任务专家的责任及职责。

(e) 进行 HESLO 运行所需满足的性能标准。

(f) 正常、非正常和应急程序。

②SPO. SPEC. HESLO. 105　特定 HESLO 设备

直升机应至少配备：

(a) 一个货物安全镜或其他能看见吊钩/负载的替换设备。

(b) 一个测力计，除非另有方法确定负载的重量。

③SPO. SPEC. HESLO. 110　危险品运输

运输危险品进出无人值守场所或边远地区的运营商，如不符合技术说明书要求，应当向适航管理当局申请免除其技术说明书的规定。

二、第 2 部分　外挂货物运营（HEC）

①SPO. SPEC. HEC. 100　标准运营程序

HEC 的标准运营程序应规定：

(a) 拟携带的设备，包括其运营限制和最低设备清单（MEL）中的适当条目（如适用）。

(b) 机组人员和任务专家的人员组成和经验要求。

(c) 对机组人员和任务专家执行其任务而进行的相关培训，以及为机组人员和任务专家提供此类培训的人员的资格及任命。

(d) 机组人员和任务专家的责任及职责。

(e) 进行 HEC 运行所需满足的性能标准。

(f) 正常、非正常和应急程序。

②SPO. SPEC. HEC. 105　特定 HEC 设备

(a) 直升机应配备：

(1) 起重机运行设备或吊货钩。

(2) 一个货物安全镜或其他能看见吊钩的备用设备。

(3) 一个测力计，除非另有方法确定负载的重量。

（b）所有起重机和吊货钩设备的安装以及任何后续的改装都应具有适合预期功能的适航批准。

三、第3部分　跳伞（PAR）

①SPO. SPEC. PAR. 100　标准运营程序

PAR的标准运营程序应规定：

（a）拟携带的设备，包括其运行限制和最低设备清单（MEL）中的适当条目（如适用）。

（b）机组人员和任务专家的人员组成和经验要求。

（c）对机组人员和任务专家执行其任务而进行的相关培训，以及为机组人员和任务专家提供此类培训的人员的资格及任命。

（d）机组人员和任务专家的责任和职责。

（e）进行跳伞所需满足的性能标准。

（f）正常、非正常和应急程序。

②SPO. SPEC. PAR. 105　机组人员和任务专家的运输

SPO. GEN. 106（c）中规定的任务专家职责的要求不适用于执行跳伞的任务专家。

③SPO. SPEC. PAR. 110　座椅

尽管有SPO. IDE. A. 160（a）和SPO. IDE. H. 160（a）（1）的规定，但飞机地板可以用作座椅，前提是有设备可供任务专家抓住或绑住。

④SPO. SPEC. PAR. 115　补充氧气

尽管有SPO. OP. 195（a）的规定，但使用补充氧气的要求不应适用于除机长以外的机组人员和执行特殊任务必需职责的任务专家，当飞行高度：

（a）超过13000ft，持续时间不超过6min。

（b）超过4600m（15000ft），持续时间不超过3min。

⑤SPO. SPEC. PAR. 120　水上飞行

当载运人数超过6人时，在水上运行的气球的机长应确定水上迫降时气球成员的生存风险，并据此确定携带能够以121. 5MHz及406MHz同时发送的应急定位发射机（ELT）。

⑥SPO. SPEC. PAR. 125　危险品放行

尽管SPO. GEN. 155有规定，但跳伞员可出于在城市、城镇或住宅区的拥挤区域或携带烟雾训练装置在露天进行降落伞展示的目的而离开航空器，前提是这些装置是为此目的而制造的。

四、第4部分　特技飞行（ABF）

①SPO. SPEC. ABF. 100　标准运营程序

ABF的标准运营程序应规定：

（a）拟携带的设备，包括其运行限制和最低设备清单（MEL）中的适当条目（如适用）。

（b）机组人员和任务专家的人员组成和经验要求。

（c）对机组人员和任务专家执行其任务而进行的相关培训，以及为机组人员和任务专家提供此类培训的人员的资格及任命。

（d）机组人员和任务专家的责任与职责。

(e) 进行特技飞行所需满足的性能标准。

(f) 正常、非正常和应急程序。

②SPO. SPEC. ABF. 105　需携带的文件、手册和信息

SPO. GEN. 140 (a) 中列出的以下文件不需要在特技飞行期间携带:

(a) 申报的空中交通服务 (ATS) 飞行计划的详细信息 (如适用)。

(b) 建议航班的航线/区域以及有理由预期航班可能改变的所有航线的现行和适当的航空图。

(c) 供拦截和被拦截飞机使用的程序和视觉信号信息。

(d) 关于预定飞行区域搜寻和救援服务的信息。

③SPO. SPEC. ABF. 115　设备

以下设备要求不适用于特技飞行:

(a) SPO. IDE. A. 165 和 SPO. IDE. H. 165 中规定的急救箱。

(b) SPO. IDE. A. 180 和 SPO. IDE. H. 180 中规定的手提式灭火器。

(c) SPO. IDE. A. 190 和 SPO. IDE. H. 190 中规定的应急定位发射机或个人定位器信标。

9.4　运行的附加适航要求

9.4.1　概述

如第 8 章所示，航空器的运行始于颁发适航证或其他等效文件。

我们已经看到，颁发这种证件，要么是因为航空器被认为符合型号合格证，或是因为它没有满足 (或没有得到证明符合) 适用的审定规范但其已经能够在规定的条件和限制下安全飞行。

由于同一架航空器可用于不同类型的运营，除了基本审定要求 (如 FAR/CS 23、FAR/CS 25)，航空器还必须满足局方针对每种特定运营发布的要求。

例如，小型 FAR/CS 23 飞机只能通过安装空速指示器、高度表和磁罗盘 (作为飞行和导航仪器) 获得型号合格证。但是，为了获得适航证，其他取决于特定运营类型 (如个人使用、高空作业、航空出租 (aerotaxi)) 和飞行条件，如目视飞行规则 (VFR)、仪表飞行规则 (IFR)、夜间飞行等的仪器和设备，必须按照运营规则安装。

为了更好地说明上述观点，图 9-8 对航空器从设计到运行的审定进行了一个非常简单的概述。

从适航性和环境标准 (1) 开始，通过型号合格审定过程 (2)，颁发型号合格证 (3)。为了获得适航证 (6)，有必要考虑运行的附加要求 (4)，并对授权的相关类型运营进行符合性证明 (5) (如果尚未纳入型号合格证)。

图 9-8 还考虑了未满足 (或未得到证明符合) 适用审定规范 (根据 FAR 21/EASA 21 部 H 分部) 的航空器 (7) 在规定条件下能够安全飞行的情况 (8)；必须证明他们符合运行的附加适航要求 (如适用) (5)，以获得适航证或特许飞行证 (9)。

需要说明，图9-8是一个简化示意图。因为通常情况下，飞机进行型号合格审定时也考虑到了某种运营类型，然后将运营要求纳入了合格审定基础。其他运营类型可以通过已经讨论过的TC更改来审定。

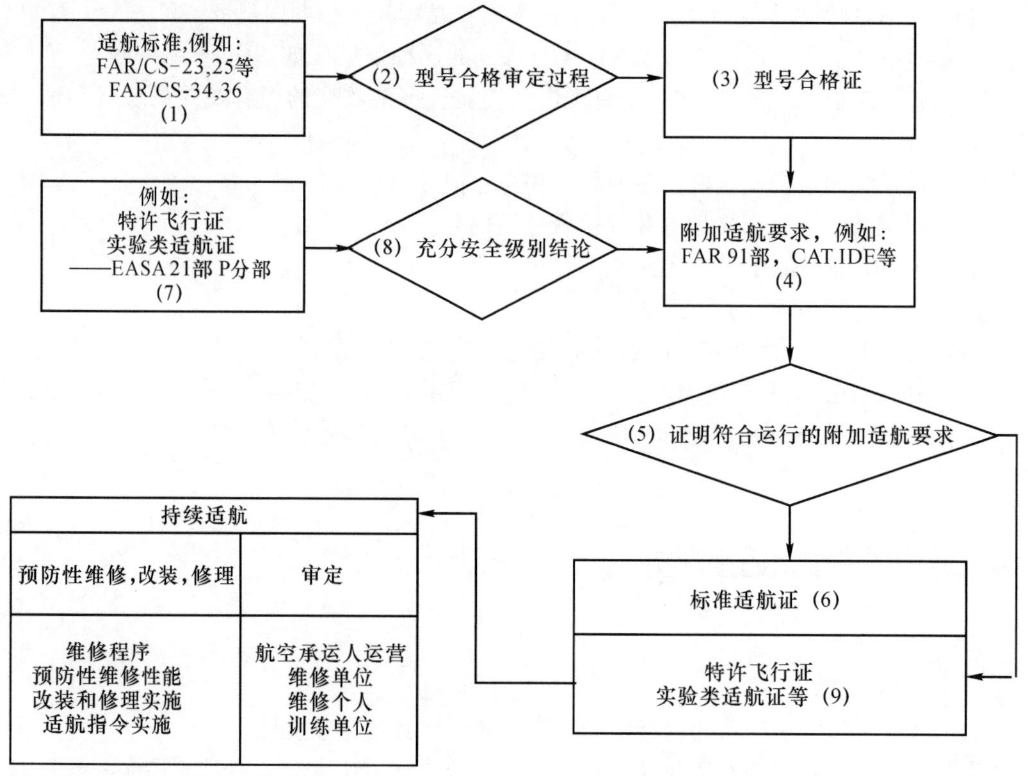

图9-8 对航空器从设计到运行的审定概述

如果看一下运行标准，我们可以看到与其适用性相关的不同类型的需求。综合来看，除了标准的适用性之外，我们还可以看到与以下内容相关的要求：

(a) 航空器的构型（如仪器和设备要求、特殊适航要求等）。

(b) 航空器性能和运行限制。

(c) 运行程序及限制。

(d) 运行噪声限值。

(e) 手册内容。

(f) 维修及持续适航。

(g) 飞行规则及飞行运行。

(h) 飞行员、机组人员及飞行机组人员。

(i) 航空运营人运行合格证。

前6项已经是合格审定型号设计的一部分，我们可以通过FAR/CS 23、FAR/CS 25、FAR/CS 27① 等标准进行确认。因此，为了符合相关运行标准，必要时应更改型号设计，

① 关于第6条，见第5章5.2.1.7“持续适航指令”。

以满足可能的差异。

第 7 项和第 8 项关于运行实施和资格的规则、机组人员职责等方面不在本书的讨论范围之内。

第 10 章将提供有关航空运营人审定和持续适航组织的信息。

9.4.2　FAA 的运行附加适航要求

在 9.1 中，列出了直接适用于飞机运行/适航性的各部规章清单（FARs）：FAR 91 部和 FAR 119 部、FAR 121 部、FAR 125 部、FAR 129 部、FAR 133 部、FAR 135 部、FAR 136 部、FAR 137 部。

FAR 119 部涉及航空承运人和商业运营人的审定，并在第 10 章中介绍。

考虑到 9.3.1 的情况，表 9-2 总结了上述 FAR 的分部，包括附加适航要求。

表 9-2　FAA 运行的附加适航要求

FAA 运行的附加适航要求		
FAR	适用范围	附加要求
91 部	一般运行和飞行规则。 除 FAR 101 部管理的系留气球、风筝、无人火箭和无人自由气球外的航空器，以及按照 FAR 103 部运行的超轻型航空器。 见 § 91.1（a）、（b）、（c）	C 分部 D 分部：牵引滑翔机和无动力超轻型航空器 F 分部：大型涡轮多发飞机和部分所有权计划飞机 G 分部：大型和运输类航空器 H 分部：外国航空器的运行和美国注册的民用航空器在美国境外的运行 I 分部：关于 FAR 36 部农用和消防飞机的运行噪声限值
121 部	国内定期载客运行、国际定期载客运行和补充运行的要求： 1. 持有或需要持有 FAR 119 部规定的航空承运人合格证或运行合格证的每名人员国内定期载客运行、国际定期载客运行和补充运行。 2. 临时批准申请书。 3. 直达商业航空旅行。 4. 等等。 见 § 121.1	G 分部——手册要求 H 分部——航空器要求 I 分部——飞机性能运行限制 J 分部——特殊适航要求 K 分部——仪器和设备要求 X 分部——紧急医疗设备和培训
125 部	载客数量超过 20 人，最大载重量超过 6000lb 的飞机。 其余类别见 § 125.1	C 分部——手册要求 E 分部——特殊适航要求 F 分部——仪器和设备要求
129 部	外国航空承运人和运营人使用美国注册航空器进行公共运输。 见 § 129.1 适用范围和定义	A 分部——概述

表 9-2（续）

FAA运行的附加适航要求		
FAR	适用范围	附加要求
135部	通勤和应需运行要求： 1. 根据邮政服务合同进行航空邮件运输。 2. 用于补偿和租用的直达商业航空旅行航班。 3. 由运行规范持有人进行的商业航空旅行。 4. 直升机空中救护运行。 见§135.1	C分部——航空器和设备 I分部——飞机性能运行限制 H分部——直升机空中救护设备
137部	农用航空器运行。 见§137.1	B分部——审定规则 C分部——运行规则（见§137.42）

9.4.3 欧洲航空安全局运行的附加适航要求

在9.2中，我们概述了欧洲航空安全局的运行标准。考虑到9.3.1所说的情况，表9-3总结了上述欧洲航空安全局运行标准要求，其中包括附加适航要求。

表 9-3 EASA运行的附加适航要求

EASA运行的附加适航要求		
附件	适用范围	附加要求
三 ORO	航空运行的单位要求——商业专业运行。 复杂动力驱动的航空器的非商业运营。 复杂动力驱动的航空器的非商业专业运营	MLR分部：手册、日志和记录。 SEC分部：安全
四 CAT	商业航空运输。 飞机、直升机、滑翔机和气球的商业航空运输的技术要求	A分部CAT. GEN：一般要求 第1部分：电动飞机 第2部分：非电动飞机 C分部CAT. POL：航空器性能和运行限制 第1部分：飞机 第2部分：直升机 第3部分：重量与平衡 第4部分：滑翔机 第5部分：气球 D分部CAT. IDE：仪表、数据和设备 第1部分：飞机 第2部分：直升机 第3部分：滑翔机 第4部分：气球
五 SPA	特殊适航证。 需要特殊适航证的运行	C分部SPA. MPNS：指定最低导航性能的运行 D分部SPA. RVSM：按照缩短垂直间隔最低标准的运行 E分部SPA. LVO：低能见度运行 F分部SPA. ETOPS：双发飞机延程运行 H分部SPA. ENVIS：带有夜视成像系统的直升机运行 I分部SPA. HHO：直升机悬停运行 H分部SPA. HEMS：直升机紧急医疗服务运行

表 9-3（续）

EASA 运行的附加适航要求		
附件	适用范围	附加要求
六 NCC	复杂动力驱动的航空器的非商业航空运营	C 分部 NCC. POL：航空器性能和运行限制 D 分部 NCC. IDE：仪表、数据和设备 第 1 部分：飞机 第 2 部分：直升机
七 NCO	非复杂动力驱动的航空器的非商业航空运营	C 分部 NCO. POL：航空器性能和运行限制 D 分部 NCO. IDE：仪表、数据和设备 第 1 部分：飞机 第 2 部分：直升机
八 SPO	专业运行。 农业、建筑、摄影、测量、观察和巡逻、空中广告等专业活动	C 分部 SPO. POL：航空器性能和运行限制 D 分部 SPO. IDE：仪表、数据和设备 第 1 部分：飞机 第 2 部分：直升机 第 3 部分：滑翔机 第 4 部分：气球 E 分部 SPO. IDE：特殊要求 第 1 部分：带外挂载荷直升机的运行 第 2 部分：外挂货物的运行 第 3 部分：跳伞运行 第 4 部分：特技飞行

9.4.3.1 第 26 部 运行附加适航规范

联合航空局（JAA）于 1998 年 7 月 13 日颁发的 JAR-26“运行附加适航要求”的技术要求，经 2005 年 12 月 1 日第 3 号修正案修正后，由于 JAA 于 2009 年 6 月 30 日不再存在，因此必须在欧盟法中规定。

为确保平稳过渡和避免中断，已规定了适当的过渡措施。

2015 年 4 月 23 日欧盟法规（EU）第 640/2015 号关于特定类型运行的附加适航规范以及修订欧盟法规（EU）965/2012 号，决定制定通用附加适航规范，以支持持续适航和安全改进：

（a）在成员国注册的航空器。

（b）在第三国注册并由一个成员国负责监督的运营人使用的航空器。

成员国确保监督的运营人在运营上述航空器时，应符合以下附件一的规定。

规章为符合依据 JAR-26 审定的航空器制定了过渡性规定。

新规章自 2015 年 5 月 14 日起生效并适用。

但是，附件 1 第 26. 50、26. 105、26. 110、26. 120、26. 150、26. 155、26. 160、26. 200 和 26. 250 条自 2017 年 5 月 14 日起适用。

附件 1：第 26 部，运行附加适航规范

目录

A 分部——一般规定

26.10　适航管理当局
26.20　临时不工作设备
26.30　符合性证明
B 分部——大型飞机
26.50　座椅、卧铺、肩带
26.100　紧急出口位置
26.105　紧急出口通道
26.110　紧急出口标记
26.120　内部应急照明和应急照明运行
26.150　座舱内部设施
26.155　座舱衬垫的易燃性
26.160　厕所防火
26.200　起落架语音警告
26.250　飞行机组舱门操作系统——单点失效

第10章　持续[1]适航和航空器运营人的合格审定

（一）总则

所有的飞行安全必须得到保证，航空器必须始终处于适航状态。这意味着必须执行相关手册和适航指令要求的所有维修操作。

“持续适航”由国际民航组织定义为“航空器、发动机、螺旋桨或其零部件符合适用的适航要求，并在整个运行期间保持安全运行的一系列过程”。

从适航的角度来看，没有“旧”[2]航空器的概念，而是使用术语“使用过”航空器。这意味着航空器的机龄会影响其商业价值，但不会影响其适航状态。

“维修”由国际民航组织定义为“确保航空器持续适航所需任务的执行，包括大修、检查、更换、缺陷纠正以及改装或修理的任何一种或几种组合”，这也是航空器持续适航的基础。

国际民航组织公约附件中关于维修的标准和建议措施如下：

附件6——航空器运行第1部分

国际商业航空运输——飞机

第8章　飞机维修

附件6——航空器运行第2部分

国际通用航空——飞机

第2章第6节　飞机维修

附件6——航空器运行第3部分

国际运行——直升机

第6章　直升机维修

附件8——航空器适航

第2部分　持续适航和合格审定程序

第4章——航空器持续适航

第3A部分　重量超过5700kg的大型飞机（2004年3月2日之前生效）

第10章　持续适航——维修信息

第3B部分　重量超过5700kg的大型飞机（2004年3月2日之后生效）

第7章（7.7节）　持续适航——维修信息

第4B部分　直升机（2007年12月13日之后生效）

---

① 持续即“continuing”或“continued”。

② “老龄飞机”仅与维修程序相关，不会降低安全性（10.3）。

第7章（7.7节）　持续适航——维修信息

第5部分　重量超过750kg而小于5700kg的小飞机（2007年12月13日之后生效）

第7章（7.7节）　持续适航——维修信息

第6部分　发动机

第1章（1.4节）　持续适航——维修信息

第7部分　螺旋桨

第1章（1.3节）　持续适航——维修信息

适航性要求的指南包含在适航手册Doc 9760中。

正如我们在第9章中提到，为维修和持续适航而制定的FAA和EASA规章架构也是很不一样的，尽管都是基于国际民航组织的原则，但也需要单独考虑。

如第5章（5.2.1.7）中所述，设计批准持有人应提供一套根据适用要求编写的完整的持续适航文件（ICA）。因此，这些文件是维修计划的基础。

10.1　FAA维修/持续适航

为了更好地理解FAA关于维修和持续适航的规章要求，就必须考虑规章中使用的一些词语的含义。以下是FAR 1部的一些定义。

“维修”（maintenance）是指检查、大修、修理、保养和更换零件，但不包括预防性维修。

“预防性维修”（preventive maintenance）是指简单或小型的维护操作，以及更换不需要复杂组件操作的小型标准件。

“重要改装”（major alteration）是指没有列入航空器、航空发动机或螺旋桨规范中的改装：

（1）可能会明显地对重量、平衡、结构强度、性能、动力特性、飞行特性或其他适航性因素有明显影响的改装。

（2）是不能按照已经被接受的方法或通过基本的作业就能完成的改装。

“一般改装”（minor alteration）是指除了重要改装的改装。

“重要修理”（major repair）是指这样一种修理：

（1）如果不正确地实施，将可能导致对重量、平衡、结构强度、性能、动力特性、飞行特性或其他适航性因素有明显影响的修理。

（2）不能按照已经被接受的方法或者通过基本的作业就能够完成的改装。

“一般修理”（minor repair）指不是重要修理的修理。

注意：大修（和翻修）的定义见FAR 43.2。

我们可以在下面的FAA文件中找到维修/持续适航的要求：

（1）FAR 91部

E分部：维修、预防性维修和改装

K分部：部分所有权运行

L分部：持续适航和安全改进

（2）FAR 43 部　维修、预防性维修、翻修和改装

（3）FAR 121 部

L 分部：维修、预防性维修和改装

V 分部：记录和报告

AA 分部：持续适航和安全改进

（4）FAR 125 部

C 分部：手册要求

G 分部：维修

L 分部：维修、预防性维修和改装

M 分部：持续适航和安全改进

（5）FAR 129 部

A 分部：总则

B 分部：持续适航和安全改进

（6）FAR 135 部

J 分部：维修、预防性维修和改装

（7）FAR 145 部　维修单位

我们还将提供有关信息：

（8）FAR 65 部　除机组人员以外的航空从业人员的合格审定

（9）FAR 147 部　民用航空器维修培训机构

我们将引用上述与维修/持续适航相关文件中最值得注意的段落标题和一些摘录。

10.1.1　FAR 91 部 一般运行和飞行规则

10.1.1.1　E 分部——维修、预防性维修和改装

①91.401　适用范围

（a）本分部规定了在美国注册的民用航空器在美国国内和国外运行时的维修、预防性维修和改装的管理规则。

（b）本分部 91.405、91.409、91.411、91.417 和 91.419 不适用于依据 FAR 121 部、FAR 129 部、FAR 91.1411① 或 FAR 135.411（a）（2）中规定的持续适航维修方案进行维修的航空器。

（c）本分部的 91.405 和 91.409 不适用于依据 FAR 125 部检查的航空器。

②91.403　总则

（a）航空器的所有人或运营人对保持航空器处于适航状态负主要责任，包括符合 FAR 39② 部适航指令。

（b）任何人对航空器实施维修、预防性维修或改装时，应当符合本分部和其他适用规

---

① FAR 91.1411“部分所有人大纲管理人员使用的持续适航维修方案”。

② FAA 适航指令是适用于航空器、航空发动机、螺旋桨和设备的法律强制规则。详见 FAR 39 部第 4 章 4.3.1.3。

章，包括FAR 43部的规定。

（c）任何人运行航空器，如果制造商发布的航空维修手册或持续适航指导文件包含有适航限制章节（ALS），应当符合该章节规定的强制更换时限、检查周期以及相关的程序，或者依据FAR 121部或FAR 135部经FAA批准的运行规范中的替代检查周期和有关程序，或者依据91.409（e）批准的检查大纲，否则不得运行该航空器。

（d）任何人不得根据补充型号合格证改装飞机，除非飞机的所有人或运营人是补充型号合格证的持有人，或具有持证人的书面许可。

③91.405　要求的维修

航空器的所有人或运营人应当：

（a）按本部E分部的规定进行航空器检查，并且在要求的两次检查期间按FAR 43部的规定修复缺陷，本条（c）除外。

（b）保证修理人员在航空器维修记录中做适当的记录，表明航空器已被批准重新投入使用。

（c）对FAR 91.213（d）（2）① 允许的不工作的任何仪器或设备，在下一次要求的检查时，应当进行维修、更换、拆除或检查。

（d）当所列的缺陷包括不工作的仪表或设备时，应当保证依据FAR 43.11的要求张贴标牌。

④91.407　维修、预防性维修、翻修或改装之后的运行

（a）任何人运行经过维修、预防性维修、翻修或改装之后的航空器，必须符合下列条件：

（1）由依据FAR 43.7授权人员批准航空器重新投入使用。

⑤91.409　检查

（a）除本条（c）外，任何人运行航空器，必须在12个日历月内，符合下列条件：

（1）依据FAR 34部进行年度检查，并且由依据FAR 43.7授权的人员批准航空器重新投入使用。

（2）依据FAR 21部签发的适航证所要求的检查。

（c）本条（a）、（b）不适用于：

（1）使用特许飞行证、现行实验类、轻型运动类或临时适航证的航空器。

（2）依据本章FAR 125部或FAR 135部内容按照被批准的航空器检查大纲进行航空器检查，并由拥有获得批准的检查大纲证书持有人运行规范中的注册编号进行识别确认。

（3）符合本条（d）、（e）要求的航空器。

（4）当运营人根据本条（e）选择检查旋翼航空器时，使用涡轮动力旋翼航空器。

（d）渐进检查（progressive inspection）②。每个希望使用渐进检查大纲的航空器注册所有人或运营人必须向FAA飞行标准地区办公室提交书面申请。

---

① FAR 91.213不工作的仪器和设备。

② 基本上，年度检查分为几个部分。航空器在短周期内进行检查，而不是在运行年度结束时进行一次检查。

（e）大型飞机（FAR 125 部对其不适用）、多发涡轮喷气式飞机、多发涡轮螺旋桨飞机和涡轮动力旋翼航空器。任何人运行大型飞机、多发涡轮喷气式飞机、多发涡轮螺旋桨飞机或涡轮动力旋翼航空器时，应当遵守该航空器规范、型号合格证数据单或其他经 FAA 批准文件中规定的时寿件的更换时限要求，并且飞机或涡轮动力旋翼航空器，包括机体、发动机、螺旋桨、旋翼、机载设备、救生设备和应急设备，均依据本条（f）规定选择的检查大纲进行检查。除此之外，涡轮动力旋翼航空器的所有者或运营人可以选择使用 FAR 91. 409（a）、（b）、（c）或（d）的检查条款代替 FAR 91. 409（f）的检查选项。

（f）依据本条（e）选择的检查大纲。本条（e）所述的每架飞机或涡轮动力旋翼航空器的注册所有人或运营人必须在航空器维修记录中选择和确定。

（g）依据本条（e）批准的检查大纲。航空器或涡轮动力旋翼航空器的运营人，如果希望依据本条（f）（4）制定或修改经批准的检查大纲，必须将该大纲提交当地 FAA 航空器标准地区办公室批准。

⑥91. 411 高度表系统和高度报告设备的测试和检查

⑦91. 413 空中交通管制应答机的测试和检查

⑧91. 415 航空器检查大纲的改变

⑨91. 417 维修记录

⑩91. 419 维修记录的转移

⑪91. 421 翻修发动机维修记录

注：重要的是考虑本分部 FAR 91. 401 的适用性，以及 FAR 91. 409 检查要求不适用的航空器。我们也强调 FAR 91. 403（b）和参考 FAR 43 部。

10. 1. 1. 2 K 分部——部分所有权运行

①91. 1001 适用范围

（a）本分部规定了除本分部外其他分部规定的规则，适用于部分所有人和部分所有权的大纲管理人员（program manager）。

②91. 1109 航空器的维修：检查大纲

每一个大纲管理人员必须为每一个型号和型别的航空器建立航空器的检查大纲，以确保每一架航空器都已按照检查大纲进行检查。

（a）检查大纲必须采用书面的形式。

③91. 1111 维修培训

大纲管理人员必须确保与维修方案中的有关的维修责任人员经过适当的初始培训和年度复训，并有能力履行这些职责。

④91. 1113 维修记录保留

每个部分所有权大纲管理人员必须在 FAR 91. 417（b）规定的期限内保留（使用 FAR 91. 1025 中所要求的手册中规定的系统）FAR 91. 417（a）规定的记录。

⑤91. 1115 不能工作的仪器和设备

（a）任何人不得起飞有不能工作仪器或设备的航空器，除非符合以下条件：

（1）该航空器已获得经批准的最低设备清单。

⑥91. 1411 部分所有权大纲管理人员使用的持续适航维修方案

部分所有权的方案中的航空器可以根据 FAR 91.1413 至 FAR 91.1443 持续适航维修方案（CAMP）进行维修。任何选择使用持续适航维修方案中的航空器的大纲管理人员必须符合 FAR 91.1413 至 FAR 1443 的规定。

⑦91.1413　持续适航维修方案：适航责任

（a）根据持续适航维修方案维修的航空器，每一个大纲管理人员主要负责特定事项。

⑧91.1415　持续适航维修方案：机械可靠性报告

（a）任何依据持续适航维修方案进行航空器维修的大纲管理人员都必须报告飞机有关的失效、故障、缺陷的发生或检测情况。

⑨91.1417　持续适航维修方案：机械故障汇总报告

⑩91.1423　持续适航维修方案：维修单位

每个依据持续适航维修方案执行任何维修（除了所需的检查）、预防性维修或更改维修方案中的飞机大纲管理人员和任何被安排执行该工作的人，必须有适于实施此项工作的机构。

⑪91.1425　持续适航维修方案：维修、预防性维修和改装方案

任何负责 CAMP 中航空器维修方案的管理人员都必须有一个检查大纲或包含其他维修、预防性维修或改装的大纲。

⑫91.1427　持续适航维修方案：手册要求

⑬91.1429　持续适航维修方案：要求的检查人员

⑭91.1431　持续适航维修方案：持续分析和监测

每个依据持续适航维修方案中飞机的大纲管理人员必须建立并保持一个系统，以便对其检查大纲的执行情况和有效性进行持续地分析和监督，大纲涵盖其他维修、预防性维修和改装，纠正任何缺陷的方案也应包含在这些大纲中，无论这些大纲是由大纲管理人员的员工还是由他人执行。

⑮91.1433　持续适航维修方案：维修和预防性维修培训大纲

⑯91.1435　持续适航维修方案：合格审定要求

⑰91.1437　持续适航维修方案：执行和批准维修的权威机构

⑱91.1439　持续适航维修方案：维修记录要求

⑲91.1441　持续适航维修方案：维修记录转移

⑳91.1443　持续适航维修方案：适航放行或航空器维修日志

10.1.1.3　L分部——持续适航和安全改进

注：本分部提供给运营人飞行周期执行时间和某些系列飞机的燃油箱系统检查的说明。

10.1.2　FAR 43 部 维修、预防性维修、翻修和改装

①43.1　适用范围

（a）除本条（b）、（d）外，本部规定了下列有关维修、预防性维修、翻修和改装的管理规则：

（1）持有美国适航证的航空器。

（2）依据本章 121 部或 135 部条款的规定，在国外注册的用于公共运输或邮政运输的民用航空器。

（3）此类航空器的机体、发动机、螺旋桨、设备和部件。

（b）本规章不适用于：

（1）任何 FAA 已经签发了实验类适航证航空器，除非 FAA 此前给该航空器签发了另一种不同的适航证。

（2）任何 FAA 依据 FAR 1.191（i）（3）规定签发了实验类适航证的航空器，以及该航空器以前已经根据 FAR 21.190 规定签发了轻型运动类特殊适航证。

（c）本部规章适用于依据 FAR 43.10 规定从经型号合格审定的产品上拆下、隔离或控制的所有时寿件。

（d）本部分适用于任何签发了轻型运动类特殊适航证的航空器，除了：

（1）对于不是依据 FAA 批准生产的产品，不需要完成 FAR 43.5（b）和 FAR 43.9（d）中规定的修理或改装。

（2）对于不是依据 FAA 批准生产的产品，不需要依据本部附录 B 中规定对重要修理或重要改装记录。

（3）本部附录 A 中（a）和（b）规定的重要改装和重要修理的清单不适用于不是依据 FAA 批准生产的产品。

②43.2　大修（overhaul）和翻修（rebuilding）的记录①

（a）任何人不得在任何所需的维修记录或表格中把航空器、机体、航空发动机、螺旋桨、设备或部件描述为大修，除非：

（1）使用 FAA 可接受的方法、技术要求和实施准则，必要时拆卸、清洁、检查、修理、重新组装。

（2）已按照批准的标准和技术资料进行试验。

（b）任何人不得在任何所需的维修记录或表格中把航空器、机体、航空发动机、螺旋桨、设备或部件描述为翻修，除非其已被拆卸、清洁、检查、修理（必要时）、重新组装和以相同容差和限制作为新项目试验，使用符合零件容差和限制的新零件或旧零件，或使用经批准的过大或过小的尺寸。

③43.3　经授权进行维修、预防性维修、翻修和改装的人员

④43.5　维修、预防性维修、翻修和改装后批准重新投入使用

⑤43.7　有资格批准经过维修、预防性维修、翻修、改装后的航空器、机体、发动机、螺旋桨、设备或部件重新投入使用的人员

⑥43.9　维修、预防性维修、翻修和改装记录的内容、格式和处置（依据 FAR 91 部、FAR 125 部、FAR 135.411（a）（1）和 FAR 135.419 进行的检查除外）

⑦43.10　航空器时寿件的处置

（a）本条使用了以下定义：

（1）时寿件是指在型号设计、持续适航文件或维修手册中有强制更换要求的零部件。

① 本部分包含大修和翻修的定义。

（2）寿命状况是指时寿件的累计周期、小时数或任何其他强制性的更换极限。

（b）型号合格审定产品中零部件的临时拆卸。在符合下列条件的情况下，以为维修的目的临时从型号合格审定产品中拆下并重新安装的时寿件时，不需要根据本条（c）进行处置：

（1）时寿件的寿命状况没有改变。

（2）拆下并重新安装在同一序号的航空产品上。

（3）在时寿件拆下期间，航空产品不再累积使用时间。

（c）处置从型号合格审定产品中拆卸的零件。除本条（b）另有规定外，2002 年 4 月 15 日以后，从型号合格审定产品中拆下时寿件的人员都必须确保使用本款中的方法之一处理该部件。该方法确保到寿的时寿件不会被安装到航空产品上。

⑧43.11　依据 FAR 91 部、FAR 125 部和 FAR 135.411（a）（1）和 FAR 135.419 进行的检查记录的内容、格式和处置。

⑨43.12　维修记录：伪造、仿造和更改

⑩43.13　实施准则（概述）

（a）除 FAR 43.16 的特殊说明外，对航空器、发动机、螺旋桨或设备进行维修、改装或预防性维修，应使用制造商准备的现行制造商维修手册或持续适航文件中规定的方法、技术要求和实施准则，或其他经 FAA 认可的方法、技术要求和实施准则。修理人员应使用必要的工具、设备和测试仪器，以确保按照公认的行业惯例完成工作。如果涉及到制造商推荐使用的特殊设备或测试仪器，修理人员必须使用 FAA 认可的设备、仪器或其等同物。

（c）依据 FAR 121 部或 FAR 135 部以及 FAR 129 部运营人持有运行规范的航空承运人经营合格证和经营合格证持有人的特殊规定。除非 FAA 另有规定，否则维修手册或依据 FAR 121 部或 FAR 135 部以及 FAR 129 部运营人持有运行规范的航空承运人经营合格证或经营合格证持有人手册维修部分中包含的方法、技术和举措（其运行规范要求提供持续适航维修和检查大纲）构成符合本部规定的可接受方法。

⑪43.15　附加的检查工作准则

（a）总则。任何人在实施 FAR 91.125 和 FAR 91.135 要求的检查时，应：

（1）进行检查以确定航空器或其被检查的部分是否符合所有适用的适航要求。

（2）如果是 FAR 125 部、FAR 135 部或 FAR 91.409（e）[①] 中规定的检查，按照制定的检查大纲中规定的指令和程序，对航空器进行检查。

（b）旋翼航空器。每个依据 FAR 91 部对旋翼航空器进行检查的人员应检查特定系统。

（c）年度检查和 100h 检查。

（1）每个进行年度检查或 100h 检查的人员，在进行检查时应使用检查单。

（2）在经过年度检查或 100h 检查后，每个批准往复式发动机动力航空器重新投入使

① FAR 91.409（e）“大型飞机（FAR 125 部不适用）、涡轮喷气式多发飞机，涡轮螺旋桨多发飞机和涡轮旋翼航空器”。

用的人员，在批准之前，应当进行试车，以根据制造商的建议确定其性能符合要求。

(3) 在进行年度检查、100h 检查或渐进检查后，每个批准涡轮发动机动力航空器重新投入使用的人员，在批准之前，应当进行试车，以根据制造商的建议确定其性能符合要求。

(d) 渐进检查。

(1) 每个进行渐进检查的人员，在对航空器进行渐进检查时应当建立渐进检查系统，并对航空器进行全面的检查。首次检查之后，再按照计划进行例行的和详细的检查。

⑫43.16　适航性限制

每个使用制造商维修手册或持续适航文件中适航限制部分规定的检查或其他维修的人员，应依据该适航限制部分，或经 FAA 批准的 FAR 121 部、FAR 135 部或 FAR 91.409 (e) 批准的检查大纲进行检查或其他维修。

⑬43.17　某些加拿大公司对美国航空产品的维修、预防性维修和改装

FAR 43 附录 A——重要改装、重要修理和预防性维修

FAR 43 附录 B——重要修理和重要改装的记录

FAR 43 附录 C——（保留）

FAR 43 附录 D——年度检查和 100h 检查项目的范围和细节（适用于特定航空器）

FAR 43 附录 E——高度表系统测试和检查

FAR 43 附录 F——ATC 应答机测试和检查

10.1.3　FAR 121 部 运行要求：国内、国际和补充运行

10.1.3.1　L 分部——维修、预防性维修和改装

①121.361　适用范围

(a) 除了本条 (b) 提到的，本分部规定了所有合格证持有人维修、预防性维修和改装的要求。

②121.363　适航责任

③121.365　维修、预防性维修和改装单位

每个实施任何维修（不是要求的检查）、预防性维修或改装的合格证持有人以及安排履行该工作的每个人都必须有一个机构以执行工作。

④121.367　维修、预防性维修和改装大纲

合格证持有人应具有检查大纲和包括其他维修、预防性维修和改装的大纲，以保证：

(a) 该合格证持有人或其他人员按照大纲实施的维修、预防性维修和改装工作，符合合格证持有人的手册。

⑤121.369　手册要求

(a) 合格证持有人应在其手册中注明 FAR 121.365 规定的合格证持有人机构的图表或描述，以及安排实施任何所需检查、其他维修、预防性维修或改装的人员列表，包括该工作的一般描述。

(b) 合格证持有人的手册必须包含依据 FAR 121.367 规定的大纲，用于维修、预防性维修和改装合格证持有人航空器，包括机体、航空发动机、螺旋桨、设备、应急设备及

其部件。

⑥121.371　所需的检查人员

⑦121.373　持续分析和监控

⑧121.374　用于双发延程运行的持续适航维修大纲（CAMP）

为了使用双发飞机进行延程运行，对于延程运行中使用的飞机—发动机组合，合格证持有人必须依据合格证持有人运行规范中的授权制定并遵守延程运行持续适航维修方案。合格证持有人必须通过补充制造商维修大纲或当前经批准的合格证持有人持续适航维修方案，来制定该延程运行持续适航性维修大纲①。

⑨121.375　维修和预防性维修培训大纲

⑩121.377　维修和预防性维修人员的工作时间限制

⑪121.378　证书要求

⑫121.379　实施和批准维修、预防性维修和改装的人员资质

⑬121.380　维修记录要求

⑭121.380a　维修记录转移

10.1.3.2　V分部——记录和报告

①121.701　维修日志：航空器

（a）任何对飞行安全至关重要的机体、发动机、螺旋桨或设备的记录或观察到的失效或故障采取措施的人员，均应在飞机的维修日志中做出或已经做出该措施的记录。

（b）每个合格证持有人应具有经批准的程序，用于将本条（a）所要求的记录的合适副本保存到航空器上每个飞行机组人员易于接近的地方，并将该程序纳入到合格证持有人手册中。

②121.703　使用困难报告

任何合格证持有人应报告发生或检查到的任何失效、故障或缺陷。

③121.705　机械原因中断使用汇总报告

④121.707　改装和维修报告

任何合格证持有人应在其完成后，及时准备对其运行的航空器的机体、航空发动机、螺旋桨或设备的任何重要改装或重要修理的报告。

⑤121.709　适航放行或航空器飞行记录本

10.1.3.3　AA分部——持续适航和安全改进

①121.1101　目的和定义

本条款要求依据FAR 119部航空运营人或营运证书持有人，保持每架飞机的持续适航性。这些要求可以包括但不限于修订维修大纲、参与设计更改，并参与修订持续适航文件。

②121.1105　老龄飞机检查和记录审查

（a）适用范围。本条款适用于依据本部规章合格证持有人运营的所有飞机，但在阿拉斯加州任何地方运行和与阿拉斯加州境内任何地方运行的飞机除外。

---

①　延程运行：详见10.5.1。

（b）检查和记录审查后的运行。在本条规定的日期之后，合格证持有人不得依据本部规章运行飞机，除非 FAA 通知合格证持有人已经完成了老龄飞机检查和依据本条要求的记录审查。在检查和记录审查期间，合格证持有人必须向 FAA 表明，对飞机的机龄敏感零部件的维修是适当和定期的，以保证最高程度的安全。

③121. 1107　增压机身的修理评估

④121. 1109　补充结构检查

⑤121. 1111　电气线路互联系统（EWIS）维修大纲

⑥121. 1113　燃油箱系统维修大纲

⑦121. 1115　有效期限

⑧121. 1117　可燃性降低措施

10. 1. 4　FAR 125 部 合格审定和运行：具有 20 个或更多乘客座椅的飞机或至少 6000lb 的承载能力，以及管理这些飞机的人员的规则

10. 1. 4. 1　C 分部——手册要求

①125. 71　准备

合格证持有人应准备并保持当前的手册，手册规定合格证持有人的程序和 FAA 认可的政策。本手册必须由合格证持有人的飞行、地勤和修理人员使用以指导其业务。但是，如果 FAA 发现，由于运行规模限制，手册的全部或部分对飞行、地面或修理人员的指导不是必需的，FAA 可以授权偏离本条款的规定。

10. 1. 4. 2　G 分部——维修

①125. 241　适用范围

本分部规定了依据本部规章运行的航空器、机体、航空发动机、螺旋桨、设备、救生和应急设备及其零部件维修的规则，作为本章其他部分相关规章的补充。

②125. 243　合格证持有人的责任

③125. 245　实施维修、预防性维修和改装所需的单位

④125. 247　检查大纲和维修

（a）任何人依据本部规章运行航空器时，必须满足下列要求：

（1）符合在航空器型号合格证数据单或其他经局方批准的文件规定的时寿件的更换时限。

（2）两次检查期间暴露的或每次检查时发现的缺陷，已经依据 FAR 43 部进行了纠正。

（3）依据经局方批准的检查大纲检查航空器，包括其机体、发动机、螺旋桨、设备、救生和应急设备以及零部件。

⑤125. 249　维修手册要求

（a）作为本章 125. 73 规定项目的补充，FAR 125. 71 要求的合格证持有人手册还应包含以下内容：

（1）当合格证持有人有维修单位时，应当有该单位的说明。

（2）合格证持有人依据本部规章安排进行检查的人员名单。名单应包括人员的姓名和

地址。

（3）依据本部进行检查时应遵循本部规章125.247所要求的检查大纲。

⑥125.251　所需检查人员

10.1.4.3　L分部——记录和报告

①125.407　维修日志：飞机

（a）对于报告或观察到的机体、航空发动机、螺旋桨或设备的失效或故障采取纠正措施或延迟行动的任何人，应按照本章FAR 43部的要求在飞机维修日志中记录所采取的措施。

（b）合格证持有人应制定程序，用于将本条所要求的飞机维修日志的副本保存到飞机上相关人员易于接近的地方，并将该程序纳入到FAR 125.249要求的合格证持有人手册中。

②125.409　使用困难报告

（a）每个合格证持有人应按局方规定的格式和方法，报告发生或检查到的任何失效、故障或缺陷。

③125.411　适航放行或维修记录本

（a）合格证持有人不得在飞机维修、预防性维修或改装后运行飞机，除非进行维修、预防性维修或改装的人员准备进行特定工作。

10.1.4.4　M分部——持续适航和安全改进

①125.501　目的和定义

本分部要求运营人维持飞机的持续适航性。这些要求可以包括但不限于修订检查大纲、参与设计更改、参与修订持续适航文件。

②125.505　增压机身的修理评估

③125.507　燃油箱系统检查大纲

④125.509　可燃性降低措施

FAR 125附录A——附加应急设备

FAR 125附录B——依据FAR 125.189的应急撤离程序演示规范

FAR 125附录C——结冰保护

FAR 125附录D——飞机飞行记录器规范

FAR 125附录E——飞机飞行记录器规范

10.1.5　FAR 129部 外国航空承运人和运营人使用美国注册航空器进行公共运输的运行要求

10.1.5.1　A分部——总则

①129.14　在美国注册航空器的维修大纲和最低设备清单要求

（a）任何外国航空承运人和外国人在美国境内境外运行在美国注册航空器用于公共运输时，应当保证每架航空器按照运行规范中经局方批准的维修大纲进行维修。

（b）任何外国航空承运人或外国人运行在美国注册的具有不工作仪器或设备的航空器时，必须符合以下要求：

（1）该飞机型号存在主最低设备清单。

（2）外国运营人根据主最低设备清单提交飞机最低设备清单，向对运营人负地域责任的 FAA 飞行标准司地区办公室提出审查批准。在获得最低设备清单批准之前，外国运营人必须表明依据维修大纲的维修程序足以支持其最低设备清单的使用。

10.1.5.2　B 分部——持续适航和安全改进

①129.101　目的和定义

（a）本部规章要求外国人或外国航空承运人运行在美国注册的用于公共运输的飞机时，需要维持每架飞机的持续适航性。这些要求可以包括但不限于修订检查大纲、参与设计更改、参与修订持续适航文件。

②129.105　老龄飞机检查和在美国注册的多发航空器的记录审查

（a）检查和记录审查后的运行。在本条规定的日期之后，外国航空承运人或外国人不得依据本部规章运行在美国注册的多发飞机，除非 FAA 通知合格证持有人已经完成了老龄飞机检查和依据本条要求的记录审查。在检查和记录审查期间，外国航空承运人或外国人必须向 FAA 表明，对飞机的年龄敏感零部件的维修是适当和定期的，以保证最高程度的安全。

③129.107　增压机身的修理评估

④129.109　在美国注册航空器的补充检查

（a）适用性。本条适用于美国注册的运输类涡轮动力飞机，具有 1958 年 1 月 1 日之后颁发的型号合格证，由原始型号审定或之后增加到：

（1）最大型号审定乘客座位容量 30 个以上。

（2）最大有效载荷 7500lb 以上。

（b）一般要求。2010 年 12 月 20 日以后，合格证持有人依据本部规章运行飞机。

⑤129.111　电气线路互联系统维修大纲

⑥129.113　燃油箱系统维修大纲

⑦129.115　有效性期限

⑧129.117　降低可燃性措施

10.1.6　FAR 135 部 运行要求：通勤和应需运行（on demand operation）要求及其机上人员的管理规则

10.1.6.1　J 分部——维修、预防性维修和改装

①135.411　适用范围

（a）本分部规定了下列情况的合格证持有人进行维修、预防性维修和改装的规则，作为本章其他部相关规章的补充：

（1）按照客座数进行合格审定的航空器，除驾驶员座位外，座位数为 9 座或 9 座以下的航空器，应依据 FAR 91 部和 FAR 43 部，以及 FAR 135.415、FAR 135.417、FAR 135.421 和 FAR 135.422 的要求进行维修。可以使用依据 FAR 135.419 批准的航空器检查大纲。

（2）按照客座数进行合格审定的航空器，除驾驶员座位外，座位数为 10 座或 10 座以上的航空器，应依据 FAR 135.415、FAR 135.417、FAR 135.423 至 FAR 135.443 的维护大

纲进行维修。

（b）没有被另外要求的合格证持有人可根据本条（a）（2）的规定维修其航空器。

（c）用于载客的单发航空器按仪表飞行规则（IFR）运行时，应当依据 FAR 135.421（c）、（d）和（e）进行维修。

（d）依据 FAR 135.364 运行航空器的合格证持有人，必须依据本条（a）（2）和本部附录 G 附加要求维修其航空器。

②135.413　适航责任

（a）每个合格证持有人主要负责其航空器的适航性，包括机体、航空发动机、螺旋桨、旋翼、设备和零部件，依据本章规定维修其航空器，并应当依据 FAR 43 部在必要的维修间隔内进行缺陷维修。

③135.415　使用困难报告

（a）每个合格证持有人应报告发生或检测到在航空器上的任何失效、故障或缺陷。

④135.417　机械故障汇总报告

⑤135.419　经批准的航空器检查大纲

（a）无论何时，当局方认为依据本章 FAR 91 部要求或允许的航空器检查，无法满足本部要求，或经合格证持有人提出申请时，FAA 可依据 FAR 119.51 修订合格证持有人的运行规范，要求或允许经批准的航空器检查大纲用于任何的航空器制造和型号，合格证持有人必须至少拥有一架专营的航空器（如 FAR 135.25（b）所定义）。

⑥135.421　附加维修要求

（a）任何合格证持有人运行按照客座数进行合格审定的、除驾驶员座位外座位数为 9 座或 9 座以下的航空器，必须遵守制造商推荐的维修大纲，或局方批准的维修大纲，用于维修任何本章要求的航空发动机、螺旋桨、旋翼和应急设备。

（b）就本条而言，制造商的维修大纲是指制造商依据本章要求在维修手册或维修指南中做出的用于航空器、航空发动机、螺旋桨、旋翼或应急设施的规定。

（c）任何用于载客的按仪表飞行规则（IFR）运行的单发航空器，合格证持有人必须将其加入维修大纲。

（d）用于载客的按仪表飞行规则（IFR）运行的单发航空器，需要书面维修说明，其中包含必要的方法、技术和做法，用于维修 FAR 135.105、FAR 135.163（f）和（h）规定的设备。

⑦135.422　按客座数为 9 座或 9 座以下进行合格审定的老龄多发飞机的检查和记录审查

⑧135.423　维修、预防性维修和改装机构

⑨135.425　维修、预防性维修和改装大纲

合格证持有人应具有检查大纲和覆盖其他维修、预防性维修和改装的大纲，以确保：

（a）该合格证持有人或其他人员实施的维修、预防性维修和改装工作，符合合格证持有人的手册。

⑩135.427　手册要求

（a）合格证持有人应在其手册中注明 FAR 135.423 规定的合格证持有人机构的图表或

描述，以及安排实施任何所需检查、其他维修、预防性维修或改装的人员列表，包括该工作的一般描述。

（b）合格证持有人的手册必须包含依据 FAR 135.425 规定的大纲，用于维修、预防性维修和改装合格证持有人的航空器，包括机体、航空发动机、螺旋桨、旋翼、设备、应急设备及零部件。

⑪135.429　所需的检查人员

⑫135.431　持续分析和监控

⑬135.433　维修和预防性维修培训大纲

⑭135.435　合格审定要求

⑮135.437　实施和批准维修、预防性维修和改装的人员资质

⑯135.441　维修记录转移

⑰135.443　适航放行或航空器维修记录本

10.1.7　FAR 145 部 维修单位

10.1.7.1　A 分部——总则

①145.1　适用范围

本部规章描述了如何获得维修单位合格证。本部规章也包含了经合格审定的维修单位，对 FAR 43 部适用的航空器、机体、航空发动机、螺旋桨、设备或零部件的实施维修、预防性维修或改装时，必须遵守的规则，也适用于任何持有或需持有依据本部规章签发维修单位合格证的人员。

②145.3　术语定义

为了使用本规章，给出以下定义：

（a）责任经理，是由经合格审定的维修单位指定的人员，依据 FAR 145 部有权负责维修单位的所有工作，包括保证维修单位遵守规章要求，并作为与 FAA 沟通的主要联系人。

（b）航空器部件，是指航空器、机体、航空发动机、螺旋桨、设备或零部件。

（c）直接负责，是指对经合格审定的维修单位的工作，包括实施的维修、预防性维修、改装或其他影响航空器适航性的措施所负的责任。

（d）航线维修是指：

（1）不可预见的事件造成的任何非定时维修。

（2）定检，指包括不需要专门培训、设备或设施的维修和/或检查。

③145.5　合格审定和运行规范要求

（a）任何不具有或违反依据本部签发的维修单位合格证、等级或运行规范的人员，不得运营经合格审定的维修单位。

④145.12　维修单位记录：伪造、仿造、更改或遗漏

10.1.7.2　B 分部——合格审定

①145.51　合格证的申请

②145.53　合格证的签发

（a）除本条 145.51（e）或本部（b）、（c）或（d）规定的之外，符合本部规章 A 至

E 分部规章的申请人有权获得相应等级的维修单位合格证，从安全角度规定了必要的运行规范和限制。

（b）如果申请人所在国已与美国签订双边航空安全协定，FAA 可根据该国民航当局的合格审定，确认申请人满足本部规章的要求。该合格审定必须依据局方或其委任代表签署的实施程序进行。

③145.55　合格证的期限和更新

④145.57　合格证的修改或转让

⑤145.59　评级

以下评级是依据本分部规章签发的：

（a）机体等级。

（1）1 级：小型航空器复合结构。

（2）2 级：大型航空器复合结构。

（3）3 级：小型航空器全金属结构。

（4）4 级：大型航空器全金属结构。

（b）发动机等级。

（1）1 级：400hp 或以下的活塞式发动机。

（2）2 级：400hp 以上的活塞式发动机。

（3）3 级：涡轮发动机。

（c）螺旋桨等级。

（1）第 1 类：木材、金属或复合结构的固定桨距和地面调距螺旋桨。

（2）第 2 类：其他螺旋桨。

（d）无线电评级。

（e）仪器等级。

（f）配件等级。

⑥145.61　限制等级

（a）FAA 可以向经合格审定的维修单位签发限制等级合格证，该维修单位仅实施维修或改装特定型号的机体、发动机、螺旋桨、无线电、设备、配件或零部件，或实施需要其他等级维修单位不具备的维修设备和技能的特殊维修。这种等级可能限于特定型号的航空器、发动机、零部件，或由特定制造商制造的任何零件。

（b）FAA 签发限制评级合格证用于：

（1）特定制造和型号的机体。

（2）特定制造和型号的发动机。

（3）特定制造和型号的螺旋桨。

（c）用于特殊服务的限制等级合格证，维修单位的操作规范必须包含用于实施特殊服务的规范。规范可以是：

（1）工业部门目前使用的由 FAA 批准的民用或军事规范。

（2）申请人开发并经 FAA 批准的规范。

10.1.7.3　C 分部——厂房、设施、设备、材料和资料

①145.101　总则

经合格审定的维修单位必须提供满足维修单位所持合格证和评级适用要求的厂房、设施、设备、材料和资料。

②145.103　厂房和设施要求

③145.105　位置、厂房或设施的变更

④145.107　辅助维修单位

⑤145.109　设备、材料和资料要求

(a) 除 FAA 另有规定外，经合格审定的维修单位必须具有依据维修单位合格证和 FAR 43 部操作规范进行维修、预防性维修或改装所必需的设备、工具和材料。

(c) 设备、工具和材料必须是制造商推荐的，或至少等同于制造商建议并经 FAA 认可的设备、工具和材料。

(d) 经合格审定的维修单位必须按照 FAA 可接受的格式，依据维修单位合格证和 FAR 43 部操作规范，保留进行维修、预防性维修或改装所需的文件和数据。当正在进行相关工作时，下列文档和数据必须是最新和可访问的：

(1) 适航指令。

(2) 持续适航文件。

(3) 维修手册。

(4) 重要修理手册。

(5) 标准作业手册。

(6) 服务通告。

(7) 其他经 FAA 认可或批准的适用资料。

10.1.7.4　D 分部——人员

①145.151　人员要求

任何经合格审定的维修单位必须：

(a) 指定一个维修单位的员工为责任经理。

(b) 依据维修单位合格证和运行规范，提供有资质的人员进行计划、监督、执行维修、预防性维修或改装，和批准重新投入使用。

②145.153　监督人员要求

(a) 经合格审定的维修单位必须确保有足够数量的监督人员指导这些依据维修单位合格证和运行规范执行的工作。监督人员必须监督任何不熟悉用于执行维修、预防性维修或改装的方法、技术、做法、辅助工具、设备和工具的个人所进行的工作。

③145.155　检查人员要求

④145.157　授权可以批准航空部件重新投入使用的人员

(a) 位于美国境内的经合格审定的维修单位必须确保，任何获得授权依据维修单位合格证和运行规范批准航空器部件重新投入使用的授权人员是依据 FAR 65 部被合适地认证为机务人员或修理人员。

⑤145.159　来自被认证为修理人员的建议

⑥145.160　雇用前FAA员工

⑦145.161　管理、监督和检查人员的记录

⑧145.163　培训要求

10.1.7.5　E分部——运行规则

①145.201　合格证的权利和限制

（a）经合格审定的维修单位可以：

（1）依据FAR 43部对所有符合其等级并处于其运行规范限定内的航空部件实施维修、预防性维修和改装。

（3）依据FAR 43部实施维修、预防性维修和改装后，批准符合其等级的任何航空部件重新投入使用。

②145.203　在另外一个地方工作

③145.205　合格证持有人依据FAR 121部、FAR 125部和FAR 135部实施维修、预防性维修和改装，以及外国航空承运人和运营人依据FAR 129部使用美国注册航空器进行公共运输

（a）依据FAR 121部或FAR 135部规章具有持续适航维修方案的航空承运人或商业运营人，经合格审定的维修单位对其进行维修、预防性维修和改装时，必须遵守航空承运人或商业运营人的大纲及其维修手册的适用部分。

（b）经合格审定的维修单位依据FAR 125部对合格证持有人进行检查时，必须遵守运营人经FAA批准的检验大纲。

（c）外国航空承运人和运营人依据FAR 129部运行在美国注册航空器，经合格审定的维修单位对其进行维修、预防性维修和改装时，必须遵守承运人经FAA批准的维修大纲。

④145.206　危险材料授权通知

⑤145.207　维修单位手册

（a）经合格审定的维修单位必须准备并遵守FAA可接受的维修单位手册。

⑥145.211　质量控制系统

（a）经合格审定的维修单位必须建立并维护FAA可接受的质量控制系统，以确保维修单位或其任何承包商进行维修、预防性维修或改装的航空器部件的适航性。

⑦145.213　维修、预防性维修或改装的检查

（a）在批准该航空器部件重新投入使用前，经合格审定的维修单位需依据本条（b）和（c）所述对实施过维修、预防性维修或改装的任何航空器部件进行检查。

（b）经合格审定的维修单位必须在航空器部件的维修放行上证明，经过维修、预防性维修或改装的航空器部件满足适航要求。

⑧145.215　能力清单

（a）如果航空器部件列在FAA可接受的当前能力清单上或维修单位的操作规范上，则经合格审定的有限制等级的维修单位可以对该部件进行维修、预防性维修或改装。

⑨145.217　合同维修

⑩145.219　记录保存

⑪145.221　使用困难报告

⑫145.223　FAA 检查

（a）经合格审定的维修单位必须允许 FAA 随时检查维修单位，以确定本章的符合性。

10.1.8　FAR 65 部 除机组人员以外的航空人员的合格审定

10.1.8.1　A 分部——总则

①65.1　适用范围

本部规章规定了颁发下列证书和相关等级的要求，以及该合格证和等级持有人的一般运行规则：

（a）空中交通管制塔台的人员。

（b）航空签派员。

（c）机务人员。

（d）修理人员。

（e）叠伞员（parachute riggers）。

10.1.8.2　D 分部——机务人员

①65.73　等级

（a）以下等级根据本分部颁发：

（1）机体。

（2）动力装置。

②65.95　检查授权书：权利和限制

（a）检查授权书持有人可以：

（1）依据新 FAR 43 部和局方批准的技术资料进行大修或大改后，检查并批准任何航空器、相关零部件或机载设备（任何依据 FAR 121 部持续适航方案进行维修的航空器除外）重新投入使用。

（2）依据 FAR 43.13 和 FAR 43.15 规章实施年检或指导实施渐进检查。

10.1.8.3　E 分部——修理人员

①65.103　修理人员证书：权利和限制

（a）与雇用的经考核合格的修理人员的工作相匹配的航空器或航空器部件，可以由经合格审定的修理人员实施或指导维修、预防性维修或改装，但仅适用于被合格证持有人雇用和推荐的修理人员。

②65.107　修理人员证书（轻型运动类航空器）：资格、权利和限制

（a）确定修理人员证书（轻型运动类航空器）的资格和适当的等级。

（b）具有检查等级的修理人员证书（轻型运动类航空器）持有人可对下列轻型运动类航空器进行年检：

（1）持有人拥有的轻型运动类航空器。

（2）依据本章 21.191（i）规定颁发了实验类适航证用于运行轻型运动类航空器。

（3）持有人已完成本条（a）（2）（ii）所规定培训的同类轻型飞机。

（c）拥有维修等级的修理人员证书（轻型运动类航空器）持有人可以：

（1）在实施或检查维修（包括 FAR 91.327 要求的年检和 100h 检查）、预防性维修或

改装（不包括FAA批准生产产品的重大修理或重大改装）后，批准已经依据FAR 21.190规章颁发了特殊适航证的轻型运动类航空器或其零部件重新投入使用。

（2）对已经依据FAR 21.191（i）规章颁发了实验类适航证的轻型运动类航空器进行年检。

（3）持有人已完成本条（a）（3）（ii）所规定轻型运动类航空器的培训，仅可以对与该航空器类型相同的轻型运动类航空器实施维修、预防性维修和改装。在进行重大修理之前，持有人需完成FAA可接受的附加培训，并合理进行维修。

10.1.8.4　F分部——叠伞员

①65.111　证书要求

（a）任何人不得包装、维修或改装与美国民用飞机有关的便携式应急降落伞（包括用于跳伞的双降落伞系统中的备用降落伞），除非持有依据本分部和FAR 65.127至FAR 65.133颁发的适当的证书和类型等级。

10.1.9　FAR 147部 航空维修技校

10.1.9.1　A分部——总则

①147.1　适用范围

本分部规定了颁发航空维修技校合格证和相关等级的要求，以及持有这些合格证和等级持有人的一般运行规则。

10.1.9.2　B分部——合格审定要求

①147.11　等级

根据本部规章颁发下列等级：

（a）机体。

（b）动力装置。

（c）机体和动力装置。

10.1.9.3　C分部——运行规则

FAR 147部附录A——课程要求

FAR 147部附录B——一般课程科目

FAR 147部附录C——机体课程科目

FAR 147部附录D——动力装置课程科目

10.1.10　FAA维修

与EASA 21部不同，FAR 21部没有专门有关维修的分部。

我们在10.1中已经看到了FAR 1部有关维修、预防性维修、重大改装、一般改装、重大修理、一般修理的定义。

10.1.10.1　FAR 43部　维修、预防性维修、翻修和改装

除了一些例外情况①，本部规章规定了如下规则，包括任何具有美国适航证的航空

---

① 轻型运动类航空器除外。

器，依据 FAR 121 部或 FAR 135 部规定用于公共运输或邮政运输的在外国注册的民用航空器，以及这些航空器的机体、航空发动机、螺旋桨，机载设备和零部件（见 10.1.2）。

我们在此摘录 10.1.10.2 中 FAR 43 部附录 A 的要求：重大改装、重大修理和预防性维修。

附录提供了：

（1）机体。

（2）动力装置。

（3）螺旋桨。

（4）机载设备的大改和维修清单（以及预防性维修工作清单）。

机体重大修理。对机体下列部件及类型的修理，包括加强、加固、拼接和主要结构件的制造或更换，当通过铆接或焊接等方式进行更换时，属于机体重大修理：

（i）箱形梁。

（ii）硬壳式或半硬壳式机翼或操纵面。

（iii）机翼桁条构件。

（iv）翼梁。

（v）翼梁缘条。

（vi）桁架式梁构件。

（vii）翼梁腹板。

（viii）船体或浮筒的龙骨梁。

（ix）用作机翼或尾翼后缘的波纹板构件。

（x）机翼主肋和承压构件。

（xi）机翼或尾翼的支柱。

（xii）发动机吊架。

（xiii）机身纵梁。

（xiv）侧桁架，水平桁架或承压框。

（xv）主座支撑杆和支架。

（xvi）起落架支撑。

（xvii）轮轴。

（xviii）轮胎。

（xix）滑橇和滑橇支座。

（xx）控制系统的部件，如操纵杆、踏板、轴、支架或警告。

（xxi）涉及材料替换的修理。

（xxii）采用金属或胶合板修理受损区域，在任何方向上的长度超过 6in。

（xxiii）通过增加缝合，修理蒙皮板的某些部分。

（xxiv）蒙皮板的拼接。

（xxv）修理三个或更多个相邻的机翼或操纵面翼肋，或机翼前缘和这些相邻肋之间的操纵面。

（xxvi）修理织物蒙皮，涉及的区域大于修复两个相邻肋所需的面积。

（xxvii）更换机翼、机身、水平尾翼和操纵面等织物蒙皮零部件上的编织物。

（xxviii）修理移动式或固定式燃油箱和润滑油箱，包括换底（rebottoming）。

动力装置重大修理。发动机的以下部件和以下类型的维修是动力装置的重大修理：

（i）从安装有整体增压器的活塞式发动机上，分离或拆卸曲轴箱或曲轴。

（ii）从配备非正齿式螺旋桨直齿的活塞式发动机上，分离或拆卸曲轴箱或曲轴。

（iii）通过焊接、电镀、金属喷涂或其他方法对发动机结构件进行特殊维修。

螺旋桨的重大修理。以下类型的螺旋桨维修是螺旋桨重大修理：

（i）对钢制桨叶进行任何的维修或加强。

（ii）钢制桨毂的维修或加工。

（iii）缩短桨叶。

（iv）翻新木制螺旋桨。

（v）更换固定螺距木制螺旋桨的外层。

（vi）维修固定螺距木制螺旋桨毂的长螺孔。

（vii）木制桨叶上的镶嵌工作。

（viii）维修组合桨叶。

（ix）更换螺旋桨尖端的织物。

（x）更换塑料蒙皮。

（xi）维修螺旋桨调速器。

（xii）可调桨距螺旋桨的大修。

（xiii）维修深度凹痕、切口、划痕、刻痕等，并矫正铝合金桨叶。

（xiv）维修或更换桨叶的内部构件。

机载设备重大修理。以下类型的机载设备维修是机载设备重大修理：

（i）仪器的校准和维修。

（ii）无线电设备的校准。

（iii）电器配件磁场线圈的重绕。

（iv）完全拆卸复杂液压动力阀。

（v）压力式汽化器和压力型燃油泵，润滑油泵和液压泵的大修。

（c）预防性维修。预防性维修仅限于特定工作，前提是不涉及复杂的装配作业。

10.1.10.2 FAR 145 部——维修单位

在 10.1.6 中，我们看到 FAR 145 部。

回顾适用范围可能是有用的：

①145.1 适用范围

本部规章描述了如何获得维修单位许可证，也包含了经合格审定的修理站对 FAR 43 部适用的航空器、机体、航空发动机、螺旋桨、机载设备或零部件实施维修、预防性维修或改装时必须遵守的规则，也适用于任何持有或需持有依据本部规章颁发维修单位许可证的人员。

表 10-1　FAA 维修/持续适航要求

FAA 维修/持续适航		
FAR	适用范围	要求
91 部	一般运行和飞行规则： 1. 非系留气球、风筝、无人火箭和无人自由气球的航空器，符合 FAR 101 部要求，甚轻型航空器按照 FAR 103 部运行。 FAR 91.1（a）、（b）、（c）	E 分部——维修、预防性维修和改装 K 分部——部分所有权运行 L 分部——持续适航和安全改进
43 部	维修、预防性维修、重新制造翻修和改装： 1. 具有美国适航证的航空器。 2. 根据本章 FAR 121 部或 FAR 135 部的规定，用于公共运输或邮政运输的外国登记民用航空器。 3. 这些航空器的机体、航空发动机、螺旋桨、机载设备和零部件。 FAR 43.1 除外	FAR 43 部
121 部	运行要求：国内定期载客运行、国际定期载客运行和补充运行： 1. 依据 FAR 119 部持有或被要求持有航空承运人合格证或运行合格证的任何人员的国内定期载客运行、国际定期载客运行和补充运行。 2. 临时批准申请。 3. 直达商业航空旅游。 4. 等等。 详见 FAR 121.1	L 分部——维修、预防性维修和改装 V 分部——记录和报告 AA 分部——持续适航和安全改进
125 部	20 座及 20 座以上，或最大有效载荷 6000lb 以上的航空器。 FAR 125.1 除外	C 分部——手册要求 G 分部——维修 L 分布——维修、预防性维修和改装 M 分部——持续适航和安全改进
129 部	外国航空承运人和运营人使用美国注册航空器进行公共运输的运行要求。 详见 FAR 129.1 适用范围和定义	A 分部——总则 B 分部——持续适航和安全改进
135 部	通勤和应需运行要求： 1. 按邮政服务合同进行航空邮政运输。 2. 用于取酬或租用的直达商业航空旅游。 3. 运行规范持有人进行的商业航空旅游。 4. 直升机空中救护运行。 详见 FAR 135.1	J 分部——维修、预防性维修和改装
145 部	维修单位： 维修单位合格审定。 详见 FAR 145.1	FAR 145 部

表 10-1（续）

FAA 维修/持续适航		
FAR	适用范围	要求
65 部	除机组人员以外的航空人员的合格审定。 详见 FAR 65.1	FAR 65 部
147 部	航空维修技校。 详见 FAR 147.1	FAR 147 部

10.2 EASA 维修/持续适航

我们参考了 2014 年 11 月 26 日的第 1321/2014 号欧盟规章（EU），即关于航空器和航空产品、零件和机载设备的持续适航，以及参与这些任务的单位和人员的批准。

下文给出了该规章的摘录，该规章通过 2015 年 7 月 3 日的第 2015/1088 号欧盟规章（EU）进行了修订，其中规定了通用航空航空器维修程序的简化。这项修正案的范围减少了执行规则的复杂性，以便适应与不同类型的航空器和运行类型有关的风险，特别是与通用航空航空器相关的较低风险，以实现维修程序的简化，使其更有灵活性，降低相关航空器所有人的维修费用。

（一）目的和适用范围（第 1 条）

（a）本规章规定了确保航空器及其安装的任何零部件的持续适航性的通用技术要求和管理规定，这些航空器：

（1）在某一成员国注册。

（2）在第三成员国注册，并被成员国监督其运行的运营人使用。

（b）本条款第一条不适用于以下情况：安全监督管理已转让给第三国，并且并非由欧盟运营人使用的航空器，或者采用第 216/2008 号规章（EC）中附件 II 所要求的航空器。

（c）本规章关于商业航空运输的相关条款，适用于欧盟法律所确定的获得执照的航空承运人。

（二）定义（第 2 条）

在第 216/2008 号规章（EC）的适用范围内，可以适用以下定义：

授权放行人员（certifying staff），是指维修后负责放行航空器或部件的人员。

部件，是指任何发动机、螺旋桨、零部件或机载设备。

持续适航，意味着在航空器使用的所有过程中，都确保其在使用寿命的任何时候都符合现行适航要求，并处于安全运行状态。

大型航空器，是指被归类为最大起飞重量超过 5700kg 的飞机，或多发直升机。

维修，是指除飞行前检查外的以下活动中的任何一种或者多种组合：航空器或部件的大修、修理、检查、更换、修正或缺陷纠正。

单位，是指自然人、法人或法人的一部分，无论是否在成员国境内，这样一个单位可以在不止一个地点设立。

飞行前检验，是指在飞行前进行的检查，以确保航空器适合预定飞行。

ELA1 航空器，是指以下欧洲轻型载人航空器：

（i）最大起飞重量（MTOM）为 1200kg 以下的飞机，不属于复杂动力驱动的航空器。

（ii）最大起飞重量 1200kg 以下的滑翔机或动力滑翔机。

（iii）气球拥有最大设计起升气体或者其热风风量不超过 3400m^3 的热气球，气体气球为 1050m^3，系留气球为 300m^3。

（iv）专为不超过四名乘客设计的飞艇，热风飞艇最大设计起升气体或热风量不超过 3400m^3，气体飞艇体积为 1000m^3。

ELA2 航空器，是指以下欧洲轻型载人航空器：

（i）最大起飞重量为 2000kg 或以下的航空器，不属于复杂动力驱动的航空器。

（ii）最大起飞重量 2000kg 或以下的滑翔机或动力滑翔机。

（iii）气球。

（iv）热空气船。

（v）符合以下所有特点的气体飞艇：3%最大静重，非向心推力（反向推力除外），结构、控制系统和气球系统的常规和简单设计，以及非电力辅助控制。

（vi）非常轻的旋翼航空器。

LSA 航空器，是指具有以下特征的轻型飞机：

（i）不超过 600kg 的最大起飞重量。

（ii）在飞机的最大审定起飞重量和最重要的重心上，着陆形态下的最大失速速度不超过 45kn 校准空速（CAS）。

（iii）最大座舱容量最多不超过两人，包括飞行员。

（iv）装有螺旋桨的单一非涡轮发动机。

（v）非增压舱。

主要营业基地，是指拥有主要财务职能以及对本规章中的活动进行运行和控制的总公司或者注册办事机构。

（三）持续适航要求（第 3 条）

（a）航空器及其部件的持续适航性应确保符合附件 I（M 部）的规定。

（b）参与航空器和部件持续适航以及维修的单位和人员，应符合附件 I（M 部）的规定以及第 4 条款和第 5 条款中的适用要求。

（c）如果豁免第 1 条，则持有飞行许可证的航空器应根据其依据的第 748/2012 号欧盟规章（EU）附件 I（21 部）颁发的飞行许可证所规定的具体持续适航安排，确认其持续适航性。

（d）按照 2015 年 7 月 27 日之前的适用要求批准的维修方案，应视为按照本规章规定的要求批准。

（四）维修单位批准书（第 4 条）

（a）对大型航空器或用于商业航空运输的航空器及其部件进行维修的单位，应按照附件 II（145 部）的规定获得批准。

（b）成员国根据 JAA 要求和程序发出或认可的维修许可，并且在第 2042/2003 号规章

（EC）施行之前有效，应被视为已按照本规章要求发放。

（c）授权放行人员根据在第2042/2003号规章（EC）施行之前的成员国所认可的任何标准，对航空器结构和（或）部件进行和（或）控制持续适航无损检测，为他们提供同等水平的资格，可以继续执行和（或）控制这些测试。

（d）根据成员国要求批准的维修单位在第1056/2008号规章（EC）施行之日之前发放的使用放行证书和授权放行证书，应分别视为等同于M.A.801和附件I（M部）的M.A.802。

（五）授权放行人员（第5条）

（a）授权放行人员应当根据附件III（66部）的规定取得合格证，除非其适用于附件I（M部）的M.A.606（h）、M.A.607（b），M.A.801（d）和M.A.803以及145.A.30（j）和附件II（145部）的附录IV。

（b）成员国根据JAA要求和程序发布或认可的任何的航空器维修许可证（如果有）以及与该许可证相关的技术限制，并且在第2042/2003号规章（EC）施行时有效，应视为已按照本规章发行。

（c）根据附件III（66部）在给定类别/子类别中发放的许可证，持有许可证的工作人员被认为具有与该类别/子类别相对应的同一附件66.A.20（a）所述的权利。为了将此类许可证扩展到新的类别/子类别，应视为已满足这些与新资质相对应的基本知识要求。

（d）持有许可证的授权放行人员，包括不需要型号评级的航空器，可以继续行使他/她的权利，直到第一次更新或更改为止，其中许可证应完成从附件III（66部）66.B.125到66.A.45所定义的评级的转变。

（e）符合在第1149/2011号规章（EU）施行之前的适用要求的转换报告和证据检查报告应视为符合本规章。

（f）本规章规定了对授权放行人员的要求：

（i）除飞机和直升机以外的航空器。

（ii）部件。

（六）培训机构要求（第6条）

（a）参与第5条所述人员培训的单位，应按照附件IV（147部）批准，具有以下权利：

（1）开展认证的基础培训课程。

（2）进行认证的型号培训课程。

（3）进行考试。

（4）颁发培训许可证。

（b）成员国根据JAA要求和程序发布或认可的任何维修培训机构批准书，并且在第2042/2003号规章（EC）施行时有效，应视为按照本规章发布。

（c）在根据第748/2012号规章（EU）规定，在相关类型的运行适用性数据中，以及在授权放行人员型号等级培训的最低教学大纲批准前，得到批准的型号培训课程应包括有关运营适用性数据中的强制性部分定义的相关要素，并且这些数据不得迟于2017年12月18日或运营适用性数据后两年内得到批准，其中包括最新数据。

（七）生效（第 8 条）

（a）本条例在“欧盟官方公报”上刊发后第 20 天起开始施行。

（4）附件 I（M 部）按照本规章附件 I 进行修订。

（5）附件 II（145 部）按照本规章附件 II 进行修订。

（6）附件 IV（147 部）按照本规章附件 III 进行修订。

（f）如果豁免第 1 条：

（1）管理当局或者其他适用的单位可以继续颁发许可证，前期按照第 1321/2014 号规章（EU）附件 I（M 部）的附录 III 或附件 IV（147 部）的附录 II 和附录 III 颁发的许可证在 2015 年 7 月 27 日—12 月 31 日有效。

（2）在 2016 年 1 月 1 日之前颁发的许可证在有变更、暂停或撤销之前仍然有效。

（八）局方措施（第 9 条）

（a）局方（EASA）应制定管理当局、单位和人员可接受的符合性方法（以下简称 AMC），以表明遵守本规章附件条款的规定。

（b）局方发布的可接受的符合性方法不得引入新的要求，也不得简化本规章附件的要求。

（c）在不影响第 216/2008 号规章（EC）第 54 条款和第 55 条款的情况下，如果使用局方发布的可接受的符合性方法，本规章附件的相关要求应视为符合条件，无须进一步证明。

本规章完全具有约束力，直接适用于所有成员国。

根据欧盟规章，我们可以在以下 EASA 主要文件中找到维修/持续适航规定：

（a）附件 I（M 部）

（b）附件 II（145 部）

（c）附件 III（66 部）

（d）附件 IV（147 部）

我们将引用与维修/持续适航相关的上述所提标准中最值得注意的部分的标题和摘要。

10.2.1　附件 I（M 部）

一、A 部分——技术要求

（一）A 分部：总则

①M. A. 101　范围

本部分规定了保持航空器持续适航性所采取的措施（包括维修），还规定了持续适航管理所涉及的人员或单位需满足的条件。

（二）B 分部：职责

①M. A. 201　职责

（a）航空器的所有人对其持续适航性负责，并保证在满足如下条件后才能放行：

（1）航空器保持适航状态。

（2）所有配备的运行或应急设备都安装正确并且可以使用，或者明确定义为不能使用。

（3）适航证有效。

（4）航空器按照依据 M. A. 302 批准的维修方案实施维修。

（b）当航空器租赁时，如果发生以下情况，所有人的责任转移给承租人：

（1）承租人在航空器注册文件上进行保证。

（2）在租赁合同中详细说明。

（c）进行维修的任何人员或单位应对执行的任务负责。

（d）在商业航空运输的情况下，机长或运营人应对航前检查的完成满意度负责。该检查必须由飞行员或其他有资格的人员进行，但不得由经批准的维修单位或 66 部授权放行人员进行。

（e）为了满足（a）的责任：

（i）航空器所有人可就保证持续适航性的任务，与依照本附件（M 部）中的 A 部分 G 分部批准的持续适航负责单位签订合同。在这种情况下，持续适航负责单位承担适当责任以完成这些任务。可以使用附录 I 所示的合同。

（ii）航空器所有人如果没有按照附录 I 的合同，决定自行负责管理航空器的持续适航性，可制定有限的维修方案开发合同，并且按照 M. A. 302 和本附件（M 部）A 部分 G 分部条款，批准持续适航负责单位处理。这针对不参与商业运行的、不在 145 部中，或不适用于 M. A. 的 F 分部中维修单位的 ELA2 航空器。

（f）如果是大型航空器，为了满足（a）规定的职责，航空器所有人应确保与持续适航性相关的任务，由经认可的持续适航负责单位执行，应当按照附录 I 的规定签订书面合同。在这种情况下，持续适航负责单位负责妥善完成这些任务。

（g）维修大型航空器以及用于商业航空运输的航空器及其部件，应由 FAR 145 部批准的维修单位进行。

（h）在商业航空运输的情况下，运营人应负责其运营的飞机的持续适航性。持续适航作为根据本附件（M 部）A 部分 G 分部就其运营的航空器颁发的航空运营人运行合格证的一部分，应得到管理当局批准，或按照附件 II（145 部）或与此类单位签订协议获得批准，并确保（a）得到满足。

（i）成员国要求运营人持有商业运行许可证，除商业航空运输外，应做到以下几点：

• 根据本附件（M 部）A 部分 G 分部为管理其运营飞机的持续适航性取得适当批准，或与该类单位签订协议获得批准。

• 根据本附件（M 部）A 部分 F 分部、附件 II（145 部）或者与这些单位签订协议获得适当批准。

• 确保（a）得到满足。

（j）航空器所有人/运营人应允许管理当局进入单位或者航空器，以确定是否继续遵循本部规章规定。

②M. A. 202　事件报告（occurrence reporting）

（三）C 分部：持续适航

①M. A. 301　持续适航任务

航空器的持续适航性以及运行和应急设备的适用性应通过以下方式得到保证：

（a）完成飞行前检查。

（b）对于所有大型航空器或用于商业航空运输的航空器，如果有影响安全运行的任何缺陷和损害，应按照 M. A. 304 或 M. A. 401 指定的数据进行修正，或采用航空器型号适用的最低设备清单和构型缺损清单。

（c）按照 M. A. 302 航空器维修方案完成所有维修。

（d）对于所有大型航空器或用于商业航空运输的航空器，分析依据 M. A. 302 批准的维修方案的有效性。

（e）完成任何适用的：

（i）适航指令。

（ii）影响持续适航的运行指令。

（iii）局方确定的持续适航要求。

（iv）管理当局要求立即对安全问题作出反应而采取的措施。

（f）按照 M. A. 304 的要求完成改装和修理。

（g）对于所有大型航空器或用于商业航空运输的航空器进行非强制性更改或检查，建立实施政策。

（h）必要时维修检查航班。

②M. A. 302　航空器维修方案

（a）每架航空器的维修应按照航空器维修方案进行组织。

（b）航空器维修方案及其后的修改应经管理当局批准。

（c）航空器的持续适航性由依照本附件（M 部）A 部分 G 分部批准的持续适航管理单位管理，或者当航空器所有人与该单位按照 M. A. 201（e）（ii）签订有限的协议，航空器维修方案及其修改可以通过间接批准程序批准。

（i）在这种情况下，间接批准程序由持续适航负责单位确定，该程序作为持续适航管理手册的一部分，由对持续适航负责单位负责的管理当局批准。

（ii）除非根据 M. 1（4）（ii）或（4）（iii）的规定存在协议，否则持续适航负责单位不得在其不在注册成员国的监督下使用间接批准程序。在适用的情况下，将批准航空器维修方案的责任转交给负责持续适航单位的管理当局。

（d）航空器维修方案必须确定遵守：

（i）管理当局发出的指令。

（ii）持续适航文件：

• 由第 748/2012 号规章（EU）和其附件 I（21 部）颁发的型号合格证、限用类型号合格证、补充型号合格证、重大修理设计批准，ETSO 授权或者持有人颁发的其他相关批准。

• 包括在适用的第 748/2012 号规章（EU）附件 I（21 部）中的 21A. 90B 或 21A. 431B 所述的审定规范中。

（iii）如果航空器所有人或持续适航负责单位提出附加或替代指令，可根据 M. A. 302 予以批准。但是（e）所述的安全相关任务的间隔时间可能会延长，应按照（g）进行充分的评估，并且只有在符合 M. A. 302（b）的情况下才能直接批准。

（e）航空器维修方案应包含所有维修工作的细节，包括维修频次以及与运行型号和运行特征有关的任何具体任务。

（f）对于大型航空器，当维护大纲基于维修指导小组评定或状态监控时，航空器维修方案应包括可靠性方案。

（g）航空器维修方案应定期审查，必要时作相应修改。这些审查应根据管理当局的运行经验和指示，以继续确保该大纲的有效性，同时也需考虑到型号合格证和补充型号合格证持有人以及任何其他出版符合第748/2012号规章（EU）附件I（21部）数据的组织所发布的新的和/或经修正的维修说明。

（h）对于不参与商业运营的ELA1航空器，（b）、（c）、（d）、（e）和（g）要求的符合性可以被以下要求的符合性所代替：

（1）航空器维修方案应明确识别所涉及的航空器所有人和具体航空器，包括任何已安装的发动机和螺旋桨。

（2）航空器维修方案应：

（i）符合（i）中对应于特定航空器的“最低检查计划”。

（ii）符合（d）和（e）。

（3）航空器维修方案应包括所有强制性的持续适航要求，如重复适航指令、持续适航文件（ICA）中的适航限制部分（ALS）或包括在型号合格证数据单（TCDS）中的特定维修要求。

此外，航空器维修方案根据具体航空器类型、航空器构型、运行类型和特殊性而确定要执行的任何附加维修任务。应至少考虑以下要素：

（i）专门安装的设备和航空器的更改。

（ii）航空器维修。

（iii）时寿件和飞行安全关键部件。

（iv）维修建议：例如，大修间隔时间（TBO），通过服务通告、服务信函和其他非强制性的服务信息推荐的维修建议。

（v）与某些设备的定期检查有关的可适用的运行指令/要求。

（vi）特殊运行许可。

（vii）航空器使用和运行环境。

（viii）飞行员自己的飞机（pilot-owner）维护（如适用）。

（4）如果维修方案未经管理当局（直接地或通过间接批准程序由M.A.的G分部单位）批准，则航空器维修方案应包含签字声明，其中航空器所有人声明是对特定的注册航空器所设定航空器维修方案，声明对其内容全面负责，特别要对于设计批准书持有人建议引入的任何偏差进行考虑。

（5）航空器维修方案应至少每年审查一次，维修方案的审查应被以下个人或单位执行：

（i）按照M.A.710（ga）条款执行航空器适航审查的人员。

（ii）在维修方案审查不适用于适航审查的情况下，通过管理航空器持续适航性的M.A.的G分部的单位来执行。

（i）对于不参与商业运营的除飞艇以外的ELA1航空器，（h）提到的“最低检查大纲”应符合以下条件：

（1）它应包含以下检查间隔：

（i）对于 ELA1 飞机和 ELA1 旅行用动力滑翔机（TMG），每年或 100h 间隔，以先到者为准，只要从最初计划的日期或小时开始计算下一个时间间隔，可以对该间隔应用 1 个月或 10h 的时间容限。

（ii）对于除了 TMG 和 ELA1 气球之外的 ELA1 动力滑翔机，在每年的时间间隔内，只要下一个时间间隔从最初计划的日期计算，可以对该间隔应用 1 个月的容限。

（2）应包含以下内容：

（i）根据设计批准书持有人的要求提供服务。

（ii）标记检查。

③M. A. 303　适航指令

任何适用的适航指令必须按适航指令的要求进行，除非局方另有规定。

④M. A. 304　改装和维修数据

应对损害进行评估，并酌情进行更改和维修：

（a）局方核准的数据。

（b）21 部设计单位批准的数据。

（c）第 748/2012 号规章（EU）附件 I（21 部）21A. 90B 或 21A. 431B 所述审定规范中的数据。

⑤M. A. 305　飞机持续适航记录系统

⑥M. A. 306　运营人技术日志系统

⑦M. A. 307　转让航空器持续适航记录

⑧M. A. 401　维修数据

⑨M. A. 402　维修性能

⑩M. A. 403　航空器缺陷

（四）E 分部：零部件

①M. A. 501　安装

（a）零部件用于安装，必须满足合适的条件，应根据 EASA 表格或其他等效文件放行投入使用，并按照附件 I（21 部）Q 分部标示部件，除非第 748/2012 号规章（EU）附件 I（21 部）、附件 II（145 部）或 F 分部，或者本规章附件 I 的 A 部分等有特殊规定。

②M. A. 502　部件维修

③M. A. 504　不工作部件的控制

（五）F 分部：维修单位

①M. A. 601　范围

本分部确定了维修单位要满足的要求，为了颁发和保持那些没有在 M. A. 201（g）中列出的航空器和部件的维修批准。

②M. A. 602　申请

③M. A. 603　批准范围

④M. A. 604　维修单位手册

⑤M. A. 605　设施

⑥M. A. 606　人员要求

（a）维修单位应指定一名具有企业授权的责任经理，以确保客户所要求的所有维修工作能够被执行，并且按照本部规章要求的标准执行工作。

（b）任何一人或一组人员均应被提名，负责确保该单位始终符合本分部规章。该个人或团队对责任经理应负最终责任。

（i）如果单位对不涉及 M. A. 901（1）中商业运营的 ELA1 航空器执行适航审查，并发布相应的适航审查证，该单位应拥有按照 M. A. 901（l）1 的要求授权了的合格的适航审查人员。

（j）如果单位参与了不涉及 M. A. 201（e）（ii）的商业运营的 ELA2 飞机的维修方案批准的制定和处理过程，则该单位应有能够表明具有相关知识和经验的合格工作人员。

⑦M. A. 607　授权放行人员和审查员

⑧M. A. 608　部件、设备和工具

⑨M. A. 609　维修数据

⑩M. A. 610　维修工作指令

⑪M. A. 611　维修标准

所有维修工作应按照本附件（M 部）A 部分 D 分部的要求进行。

⑫M. A. 612　航空器使用放行证书

所有按照本分部要求的航空器维修工作完成的情况下，应按照 M. A. 801 的规定发放航空器使用放行证书。

⑬M. A. 613　部件放行证书

⑭M. A. 614　维修和适航审查记录

⑮M. A. 615　维修单位的权利

符合本附件（M 部）A 部分 F 分部批准的维修单位可以：

（a）在批准书和维修单位手册指定的地点维修经批准的航空器和/或部件。

（b）安排在维修单位控制的情况下，由具有合适资格的其他组织进行专业化服务，但须把管理当局直接批准的维修单位手册的一部分作为适当程序。

（c）由航空器的失效或必要的辅助间歇性维护需要引起的此类维修工作可以在任何维修的地点维修任何航空器和（或）部件，但需服从维修单位手册中规定的条件。

（d）按照 M. A. 612 和 M. A. 613 要求，在维修完成后颁发使用放行证书

（e）对于不参与商业运营的 ELA1 航空器，可以做出以下特殊批准：

（1）执行适航审查，并在 M. A. 901（l）规定的条件下颁发相应的适航审查证。

（2）在 M. A. 901（l）和 M. A. 904（a）（2）和（b）中规定的条件下，进行适航审查并发布相应的建议。

（f）制定维护大纲，对于 M. A. 302 中不参与商业运营的 ELA2 航空器，按照 M. A. 201（e）（ii）指定的条件进行批准，并且限于批准书中列出的航空器等级。

所有必要的设施、设备、工具、材料、维护数据和合格审定人员有效时，单位应仅维修经过批准的航空器或部件。

⑯M. A. 616 单位审查

⑰M. A. 617 对经批准的维修单位的更改

⑱M. A. 618 批准的有效期

⑲M. A. 619 结论

（六）G 分部：持续适航负责单位

①M. A. 701 划定本分部范围来确定单位的要求，以符合颁发或保持对航空器持续适航性管理的批准

②M. A. 702 申请

③M. A. 703 批准范围

④M. A. 704 持续适航管理手册

⑤M. A. 705 设施

⑥M. A. 706 人员要求

⑦M. A. 707 适航审查人员

（a）经批准进行适航审查（如适用）并颁发飞行许可证，经批准的持续适航负责单位应有合适的适航审查人员，以根据 A 部分 I 分部颁发适航审查证或提出建议，或根据 M. A. 711（c）发放飞行许可（如适用）。

（b）经批准的持续适航单位提名的适航审查人员，只有在管理当局的监督下，或在符合管理当局批准程序的单位中的适航审查人员的监督下，完成符合要求的适航审查之后，经管理当局正式接受后，才能由受批准的持续适航单位颁发授权书。

⑧M. A. 708 持续适航管理

所有持续适航管理活动应按照 M. A 分部 C 的规定进行。

⑨M. A. 709 文件

⑩M. A. 710 适航审查

⑪M. A. 711 单位的权利

（a）根据本附件（M 部）A 部分 G 分部批准的持续适航负责单位可以：

（1）管理批准书中所列的非商业航空运输的航空器。

（2）管理航空器批准书和航空运营人合格证（AOC）上所列出的商业航空运输航空器的持续适航。

（3）在批准的限制条件下，与运行在其质量体系中的其他单位，安排进行持续适航的所有任务。

（4）在 M. A. 901（f）条件下，延长由管理当局或其他持续适航负责单位根据本附件（M 部）G 分部批准的适航审查证。

（b）在其中一个成员国登记的经批准的持续适航负责单位，可根据 M. A. 710 和以下所述条款被批准进行适航审查：

（1）发布相关的适航审查证，并在适当时候根据 M. A. 901（c）（2）或 M. A. 901（e）（2）的要求予以延期。

（2）向注册成员国管理当局发出适航审查建议。

（c）一个根据 M. A. 711（b）要求获得权利批准并已经被准许发放适航审查证的持续

适航负责单位，当该单位经过在 M. A. 704 手册充分证明的程序，以证明符合经批准的飞行条件时，可另外被准许根据第 748/2012 号规章（EU）附件 I（21 部）21. A. 711（d）对特殊类型的航空器颁发特许飞行证。

⑫M. A. 712　质量体系

（a）为确保经批准的持续适航负责单位持续符合本分部的要求，应建立质量体系并指定质量主管进行监督，使其遵守并满足保证航空器适航所要求的程序。符合性监督应包括面向责任经理的反馈系统，以确保实施必要的纠正措施。

（b）质量体系应监控在本附件（M 部）A 部分 G 分部下所开展的活动。

（e）在商业航空运输的情况下，本附件（M 部）A 部分 G 分部规定的质量体系应是运营人质量体系的一个组成部分。

（f）如果一个小型单位没有管理用于商业航空运输航空器的持续适航性，则质量体系可以由经管理当局批准的单位定期审查取代，除非该单位向上述除气球之外的最大审定起飞重量大于 2730kg 的航空器颁发适航审查证。在没有质量体系的情况下，单位不得将持续适航管理任务签署给其他各方。

⑬M. A. 713　经批准的持续适航单位的变更

⑭M. A. 714　记录保存

⑮M. A. 715　批准书有效性延期

⑯M. A. 716　结论

（七）H 分部：使用放行证书（CRS）

①M. A. 801　航空器使用放行证书

（a）除由附件 II（145 部）批准的维修单位批准投入使用的航空器外，应根据本分部颁发使用放行证书。

（b）使用放行证书应当在所有维修完成后并且在执行任务之前颁发，当所有的维修得到正确实施后，应当由下列人员颁发放行证明：

（1）根据本附件（M 部）A 部分 F 分部批准的维修单位的适当的审定人员。

（2）除第 1 条适用的本附件附录 VII 所列的复杂维修任务以外，符合附件 III（66 部）中规定要求的审定人员。

（3）符合 M. A. 803 要求的驾驶员-所有人。

（c）通过豁免针对不用于商业航空运输的 ELA1 航空器 M. A. 801（b）（2），本附件附录 VII 所列的航空器复杂维修任务可由符合 M. A. 801（b）（2）要求的审定人员颁发。

②M. A. 802　部件使用放行证书

③M. A. 803　驾驶员-所有人授权

（八）I 分部：适航审查证

①M. A. 901　航空器适航审查

为确保飞机适航证书有效性，应定期进行航空器及其持续适航性记录的适航审查。

（a）完成适航审查后，依照附录 III（EASA 15a、15b 或 15c 的表格）的规定，颁发适航审查证，其有效期为一年。

（1）对于不参与商业运营的 ELA1 飞机，145 部或 M. A. F 的维修单位执行维修方案中的年度检查，根据下列情况，如果经过适当批准，可以进行适航审查，并颁发相应的适航证：

(i) 单位提名符合要求的适航审查人员。

(ii) 适航审查与包含在维修方案中的年度检查同时进行，并由同一人进行年度检查，可以使用 M. A. 710 (d) 规定中包含的 90 天的预备期 (anticipation provision)。

(iii) 适航审查包括根据 M. A. 710 (a) 规定进行的全面文件审查。

(iv) 适航审查包括根据 M. A. 710 (b) 和 (c) 对航空器进行实物调查。

(v) 当满足条件时，适航审查证 EASA 表格 15c 由代表维修单位的执行适航审查的人员颁发。

②M. A. 902　适航审查证的有效性

③M. A. 903　在欧盟范围内转让航空器注册

④M. A. 904　欧盟航空器进口适航审查

⑤M. A. 905　结论

二、B 部分：管理当局的管理程序

(一) A 分部：总则

①M. B. 101　范围

本部分确定了负责本部 A 部分申请和执行的管理当局要遵循的管理要求。

②M. B. 102　管理当局

(a) 总则

成员国应指定某个主管部门负责合格证书颁发、延期、变更、暂停或吊销工作，并监督持续适航。该管理当局应建立文件程序和组织结构。

①M. B. 104　记录保存

②M. B. 105　信息交流

(二) B 分部：责任

①M. B. 201　责任

M. 1 中规定的管理当局应负责进行检查和调查，以确认符合本分部的要求。

(三) C 分部：持续适航

①M. B. 301　维修方案

(a) 除了航空器所有人根据 M. A. 302 (h) 发出维修方案声明的情况外，管理当局应检查维修方案是否符合 M. A. 302。

②M. B. 302　豁免

③M. B. 303　航空器持续适航监控

(a) 管理当局应制订一个调查方案，以便监控在其处注册的航空器机队的适航状态。

④M. B. 304　撤销、暂停和限制

(四) D 分部：维修标准

(待编制)

(五) E 分部：部件

(待编制)

（六）F分部：维修单位

①M. B. 601　申请

②M. B. 602　初始批准书

③M. B. 603　批准书的颁发

（a）维修单位符合本分部要求时，管理当局应当向申请人发出EASA表3（附录V）批准书，其中包括批准范围。

④M. B. 604　持续监督

（a）管理当局应保存和更新每个方案清单。

⑤M. B. 605　结论

⑥M. B. 606　更改

⑦M. B. 607　批准的撤销、暂停和限制

（七）G分部：持续适航负责单位

①M. B. 701　申请

（a）对于商业航空运输，管理当局应接收航空器运营人合格审定的初始申请批准、适用的情况下变更的批准，以及即将运营的航空器型号的批准。

②M. B. 702　初始批准书

③M. B. 703　批准书的颁发

（a）管理当局在持续适航负责单位符合本附件（M部）A部分G分部的情况下，向申请人发出EASA表14批准书（附录VI），其中包括批准范围。

④M. B. 704　持续监督

（a）管理当局应保存和更新方案清单，对于根据本附件（M部）A部分G分部批准的每个持续适航单位，对其进行监督，并应记录现场审查开始和完成的日期。

（b）每个单位应在不超过24个月的时间内接受全面审查。

（c）由本附件B部分（G分部）批准的单位，其管理的航空器的相关样本应每24个月进行一次调查。

⑤M. B. 705　结论

⑥M. B. 706　更改

⑦M. B. 707　许可证的撤销、暂停和限制

（八）H分部：使用放行证书（CRS）

（酌情制定）

（九）I分部：适航审查证

①M. B. 901　建议评估

一旦收到申请和相关的符合M. A. 901规定的适航审查证建议：

管理当局合适的有资格的人员应核实该建议书中包含的符合性声明，以证明充分完成了M. A. 710适航审查。

②M. B. 902　管理当局的适航审查

（a）当主管机关进行适航审查并发布适航审查证EASA表15a（附录III）时，管理当局应按照M. A. 710进行适航审查。

③M. B. 903　结论

附录 I——持续适航安排

附录 II——授权放行证书（EASA 表 1）

附录 III——适航性审查证（EASA 表 15）

附录 IV——用于批准附件 I（M 部）F 分部和附件 II（145 部）中维修单位的类别和评级系统

附录 V——按照附件 I（M 部）F 分部规定批准的维修单位

附录 VI——按照附件 I（M 部）G 分部批准的持续适航负责单位

附录 VII——复杂维修任务

附录 VIII——有限制的飞行员自己的维修（limited pilot owner maintenance）

10. 2. 2　附件 II（145 部）

一、A 部分：技术要求

①145. A. 10　范围

本条规定维修单位要满足的要求，使其能够颁发或保持维修航空器和部件的批准。

②145. A. 15　申请

颁发或更改批准书的申请，应以该单位设立的形式和方式向管理当局提出。

③145. A. 20　批准条款

维修单位应在其手册中具体说明构成批准书的工作范围（见附件 I（M 部分）的附录 IV 包含所有类别和等级的表格）。

④145. A. 25　设施要求

⑤145. A. 30　人员要求

（a）单位应指定一名具有公司授权的责任经理，以确保可以向客户所需的所有维修提供经费并且能够按照符合本部规章的标准执行。

（b）单位应任命一个人或一组人，其责任为确保单位符合本部规章的规定。这样的人最终将对责任经理负责。

（k）如单位进行适航评审并针对不属于 M. A. 901（1）中商业运行的 ELA1 飞机颁发相应的适航审查证时，应当按照 M. A. 901（1）（i）的要求，对适航审查人员进行资格审定和授权。

（l）如果单位参与制定和处理不属于 M. A. 201（e）（ii）中商业运行的 ELA2 飞机的维修方案的批准许可，则该单位应具有相关知识和经验的有资格的人员。

⑥145. A. 35　授权放行人员和支持人员

⑦145. A. 36　适航审查人员的记录

⑧145. A. 40　设备、工具和材料

（a）单位应提供并使用必要的设备、工具和材料来执行许可的工作范围。

⑨145. A. 42　部件接收

⑩145. A. 45　维修数据

（a）单位应持有并使用适用的现行维修数据进行维修，包括更改和修理。“适用”是

指与单位的批准书的等级评分表和任何相关能力清单中规定的有关的任何航空器、部件或程序。

⑪145. A. 47　生产计划

⑫145. A. 50　维修审定

（a）经核实所有维修订单已经按照 145. A. 70 规定的程序正确执行，由代理单位的适当授权的适航人员颁发使用放行证书。考虑到在 145. A. 45 中规定的维修数据的有效性和使用情况，并没有危及飞行安全的不符合规定的情况。

⑬145. A. 55　维修和适航审查记录

⑭145. A. 60　事件报告

⑮145. A. 65　安全和质量政策，维修程序和质量体系

（a）单位应为该组织制定安全和质量政策，并将其纳入 145. A. 70 的说明。

⑯145. A. 70　维修单位手册

（a）“维修单位手册”是指包含指定的受批准的工作范围的材料的文件或记录，并显示单位是如何遵守本附件（145 部）。单位应向主管部门提供维修单位手册。

⑰145. A. 75　单位的权利

按照手册的规定，单位有权执行以下任务：

（a）在批准书和手册确定的地点维修其批准的飞机和/或部件。

（b）安排在该单位质量体系下工作的另一个单位批准的任何航空器或部件的维修。这是指由本单位自身没有受到适当批准，进行本部分规章规定的维修工作，其范围仅限于在 145. A. 65（b）规定的程序内工作。本工作范围不得包括对航空器的基本维修检查、整个车间维修检查、发动机或发动机模块的大修。

（c）当航空器无法使用而产生的任何维修需要或需要临时的航线维修，可在任何地点维修任何航空器或任何部件，但需根据手册规定的条件。

（d）在被认定为能够提供一般维修的航线维修地点，只有单位手册同时允许此类活动并列出此类地点时，才可维修其获得批准的航空器和/或部件。

（e）根据 145. A. 50，维修完成后颁发使用放行证书。

（f）对于不参与商业运行的 ELA1 航空器需要特别做出以下批准：

（1）在 M. A. 901（l）指定的条件下，进行适航审查并发布相应的适航审查书。

（2）在 M. A. 901（l）和 M. A. 904（a）（2）和（b）中规定的条件下，进行适航审查并发布相应的建议。

（g）按照 M. A. 201（e）（ii）中规定的条件，制定维修方案并按照 M. A. 302 的要求处理未参与商业运营的 ELA2 航空器的批准，并限于列在批准书的航空器等级。

⑱145. A. 80　对单位的限制

所有必要的设施、设备、工具、材料、维修数据和审定人员可以使用时，单位应仅维修经过批准的航空器或部件。

⑲145. A. 85　本单位的变化

⑳145. A. 90　有效期

㉑145. A. 95　结论

二、B 部分：管理当局程序

①145. B. 01　范围

本条规定了管理当局在履行本附件（145 部）规定的维修单位的颁发、保持、更改、暂停或撤销批准书的任务和职责时应遵循的管理程序。

②145. B. 10　管理当局

③145. B. 15　位于数个成员国的单位

在维修设施位于多个成员国的情况下，必须与其维修设施位于其领土内的成员国的管理当局联合进行调查和持续的监督批准。

④145. B. 20　初始批准

⑤145. B. 25　批准书的颁发

（1）管理当局应正式批准维修手册并颁发给申请人表 3 批准书，其中包括批准等级。管理当局仅在单位符合本附录（145 部）的情况下才颁发证书。

（2）管理当局应当在表 3 批准书上注明批准条件。

（3）参考编号应以局方规定的方式列入表 3 批准书。

⑥145. B. 30　批准书延期

⑦145. B. 35　更改

⑧145. B. 40　维修单位手册更改

⑨145. B. 45　撤销、暂停和限制批准

⑩145. B. 50　结论

⑪145. B. 55　记录保存

⑫145. B. 60　豁免

附录 I——授权放行证书 EASA 表 1

附录 II——用于批准附件 II（M 部）F 分部和附件 II（145 部）中提及的维修单位的类别和评级系统

附录 III——附件 II（145 部）中提及的维修单位批准书

附录 IV——不符合附件 III（66 部）所述资格的人员应参考 145. A. 30（j）（1）和（2）的条件

10. 2. 3　附件 III（66 部）

一、A 部分：技术要求

（一）A 分部：航空器维修执照

①66. A. 1　适用范围

本条款定义飞机维修执照，并确定其有效性的申请、颁发和延期的要求。

②66. A. 3　执照类别

（a）飞机维修执照包括以下类别：

（1）A 类

（2）B1 类

（3）B2 类

（4）B3类

（5）C类

（b）A和B1类航空器被细分为有关飞机、直升机、涡轮发动机和活塞式发动机等子类别，这些子类别是：

（1）A1和B1.1涡轮式飞机

（2）A2和B1.2活塞式飞机

（3）A3和B1.3涡轮式直升机

（4）A4和B1.4活塞式直升机

（c）B3类适用于最大起飞重量2000kg及以下的活塞式非增压飞机。

③66.A.5　航空器分类

为了航空器维修执照的分级，航空器应分为以下几类：

（1）第1组：复杂动力驱动的航空器、多发直升机、最高审定运行高度超过FL290的飞机、飞机装备有电传操纵系统和其他由局方定义的需要型号等级的航空器。

（2）第2组：除第1组以外的属于以下子分组的：

（i）2a小组：单发涡轮螺旋桨发动机飞机。

（ii）2b小组：单发涡轮式直升机。

（iii）2c小组：单发活塞式直升机。

（3）第3组：除第1组以外的活塞式发动机飞机。

④66.A.10　申请

（a）申请飞机维修执照或更改此类执照的，应以管理当局确定的方式提交EASA表19（见附录V）。

⑤66.A.1　资格

⑥66.A.20　权利

（a）以下权利适用于：

（1）A类飞机维修执照允许持有人在附件II（145部）145.A.35特定审定授权的任务范围内对一般定期航线维修和简单的缺陷纠正颁发证书，审定权利应限于证书持有者在颁发审定授权的维修单位中亲自执行工作。

（2）A类B1航空器维修执照应允许持有人颁发证书，并按照B1支持人员执行以下工作：

（i）对航空器结构、动力装置、机械和电力系统进行的维修。

（ii）在航空电子系统上工作，只需要简单的测试来证明其可用性，并且不需要故障排除。

B1类别包括相应的A子类别。

（3）B2类航空器维修执照应允许持有人：

（i）颁发放行证书，并按照B2支持人员执行以下工作：

- 在航空电子和电气系统上执行的维修。
- 在动力装置和机械系统中的电气和航空电子任务，只需要简单的测试来证明其适用性。

（ii）在附件 II（145 部）145. A. 35 所述的审定授权特别批准的任务范围内，在一般定期维修和简单的缺陷纠正后颁发的发放证书。这种审定权利应限于执照持有者在颁发审定授权的维修单位中亲自执行工作，并限于 B2 执照中已经认可的等级。

B2 类别执照不包括任何 A 的子类别。

（4）B3 类别的航空器维修执照应允许持有人颁发使用放行证书，并作为 B3 支持人员执行以下操作：

（i）对飞机结构、动力装置、机械和电气系统进行维修。

（ii）在航空电子系统上工作，只需要简单的测试来证明其可用性，而不需要故障排除。

（5）C 类别维修执照应允许持有人在完成航空器的基本维修后颁发使用放行证书。其权利适用于所有航空器。

（b）航空器维修执照持有人不得行使其权利，除非：

（1）符合附件 I（M 部分）和附件 II（145 部）的适用要求。

（2）在获得执照的前两年的时间里，持有人必须有 6 个月的维修经验，符合按照航空器维修执照授予的权利，或符合颁发适当权利的规定。

（3）持有人有足够的能力完成相应航空器的维修。

（4）持有人能够进行阅读、书写和沟通，其中包括能够写出支持颁发使用放行证书所需的技术文件和程序。

⑦66. A. 25　基本知识要求

⑧66. A. 30　基本经验要求

⑨66. A. 40　航空器维修执照的持续有效期

⑩66. A. 45　航空器等级批注

⑪66. A. 50　限制

⑫66. A. 55　资格证明

⑬66. A. 70　转换条款

二、B 部分：管理当局程序

（一）A 分部：总则

①66. B. 1　范围

根据本附件 A（66 部）规定的执行要求和执行管理当局规定的管理程序，本条按其要求建立了程序。

②66. 8. 10　管理当局

③66. B. 20　记录保存

④66. B. 25　信息交流

⑤66. B. 30　豁免

（二）B 分部：颁发飞机维修执照

本分部提供管理当局颁发、更改或保持飞机维修执照的程序。

①66. B. 100　管理当局颁发飞机维修执照的程序

（a）在收到 EASA 表 19 和任何支持性文件后，管理当局应核实 EASA 表 19 是否完整，并确保所声明的工作经验符合本附则（66部）的要求。

（b）管理当局应核实申请人的考试状态和/或确认任何证据的有效性，以确保附录I所要求的模块符合本附件（66部）的要求。

②66.8.110　更改航空器维修执照以包括其他基本类别或子类别的程序

③66.B.115　更改航空器维修执照以包括航空器等级或移除限制的程序

④66.B.120　更新航空器维修执照有效性的程序

⑤66.B.125　包括团体等级的执照转换程序

⑥66.B.130　航空器型号训练直接批准书的程序

（三）C分部：考试

本分部规定了管理当局进行考试的程序。

（四）D分部：审定人员资格转换

本分部提供了将66.A.70提及的授权放行人员资格转换为飞机维修执照的程序。

（五）E分部：考试成绩

本分部提供了66.A.25（c）提及的授予考核成绩的程序。

（六）F分部：持续监督

本分部给出了持续监督航空器维修执照的程序，特别是撤销、暂停或限制航空器维修执照的程序。

（七）附录

附录I——基础知识要求

附录II——基本考试标准

附录III——航空器型号训练和考试标准，在职培训

附录IV——延长航空器维修执照的经验要求

附录V——EASA表19——申请表格

附录VI——EASA表26——附件三（66部）中提及的航空器维修执照

10.2.4　附件IV（147部）

一、A部分：技术要求

（一）A分部：总则

①147.A.05　范围

本条规定局方批准进行附件III（66部）中规定的培训和考试的要求。

②147.A.10　总则

培训单位为注册的合法单位的下属单位或其部门。

③147.A.15　申请

（a）申请批准或更改现有批准，应以管理当局确定的形式和方式进行。

（二）B分部：单位要求

①147.A.100　设施要求

（a）设施的大小和结构应确保不受任何气候因素的影响，并在任何特定的时间能够进行有计划的训练和考试。

（b）提供与其他设施分开的完全封闭的适当空间，用于理论指导和组织知识测试。

②47. A. 105　人员要求

（a）维修培训单位应指定一名具有公司授权的责任经理，以确保所有培训工作能够有资金保障，并按照本部要求的标准执行。

（b）应当任命一名负责人或一个工作小组，其职责是确保维修培训单位符合本部的要求。这些人员必须对责任经理负责。该小组的高级人员或某位成员也可能是责任经理，但须符合（a）规定的责任经理的要求。

③147. A. 110　教员、考官和评审员的记录

④147. A. 115　教学设备

⑤147. A. 120　维修培训材料

⑥147. A. 125　培训程序和质量体系

（a）维修培训单位应制定管理当局可接受的程序，以确保符合适当的培训标准并能遵守本部分规章的所有相关要求。

（b）维修培训单位应建立质量体系。

⑦147. A. 135　考试

⑧147. A. 140　维修培训单位手册

（a）该维修培训单位应提供一个手册，供单位使用，描述该单位及其程序，并包含以下信息：

（1）由责任经理签署的声明，确认维修培训单位手册和任何相关的手册明确了维修培训单位符合本部分规章的要求，并应随时遵守。

⑨147. A. 145　维修培训单位的权利

（a）维修培训单位可以按照维修培训单位手册的规定，并执行符合其要求的以下操作：

（1）附件 III（66 部）教学大纲或其部分的基础培训课程。

（2）附件 III（66 部）中的航空器型号/任务培训课程。

（3）代表管理当局进行的考试，包括对未在维修培训单位参加基础或航空器型号培训课程的学员进行的考试。

（4）在成功完成（a）（1）、（a）（2）和（a）（3）适用条款规定的经批准的基本培训或航空器型号培训课程的学员考试后，按照附录 III 颁发合格证。

⑩147. A. 150　维修培训单位更改

⑪147. A. 155　持续有效性

⑫147. A. 160　结论

（三）C 分部：批准的基础培训课程

①147. A. 200　批准的基础培训课程

②147. A. 205　基础知识考试

③147. A. 210　基础实操评估

（四）D 分部：航空器型号/任务培训

①147. A. 300　航空器型号/任务培训

维修培训单位应获得批准，以执行附件 III（66 部）航空器型号和/或任务培训，但须符合 66. A. 45 中规定的标准。

②147. A. 305　航空器型号考试和任务评估

二、B 部分：管理当局管理程序

（一）A 分部：总则

①147. B. 05　适用范围

本条规定了负责本部条款中 A 部分的申请和执行的管理当局要遵循的管理要求。

②147. B. 10　管理当局

③147. B. 20　记录保存

④147. B. 25　豁免

（二）B 分部：合格证的颁发

本分部提供了颁发或更改维修培训单位合格证时应满足的要求。

①147. 8. 110　批准和更改合格证的程序

②147. 8. 120　持续有效性的程序

③147. B. 125　维修培训单位合格证书

维修培训单位合格证书格式见附录 II。

④147. B. 130　结论

C 分部：维修培训单位合格证的撤销、暂停和限制

①147. B. 200　维修培训单位合格证的撤销、暂停和限制

附录 I——基础培训课程时间

附录 II——符合附件 IV（147 部）——EASA 表 11 要求的维修培训单位合格证

附录 III——附件 IV（147 部）——EASA 表 148 和表 149 中的认可书

10. 2. 5　EASA 修理

10. 2. 5. 1　总则

航空器损伤后必须进行修理，“修理”是指在任何产品、零部件或机载设备的制造商初始投入使用后，使其消除损伤并恢复到适航状态的过程。

根据 EASA 规章 21 部 M 分部的规定，在不需要设计活动的情况下更换零部件或机载设备来消除航空器损伤，不需要得到授权。

因为修理通常涉及构型的更改，所以它被认为是对型号设计的改变，因此必须被批准。

21 部 M 分部（维修）规章规定了对产品、零部件和机载设备进行已被批准维修的程序要求，以下给出了这些要求的摘要。

10. 2. 5. 2　标准修理

根据 21. A. 431B 的要求进行修理。

标准修理是属于以下类型的修理：

（1）关于：

(i) 最大起飞重量5700kg或以下的航空器。

(ii) 最大起飞重量3175kg或以下的旋翼航空器。

(iii) ELA1或ELA2中定义的滑翔机、动力滑翔机、气球和飞艇。

(2) 遵循局方发布的审定规范中包含的设计数据，其中包括执行接受的方法、技术和实际操作，以及确定标准修理，包括与持续适航相关的指令。

(3) 与型号合格证（TC）持有人数据不冲突。

对于可以预测的损伤类型，可以提前研究对这种损伤的修理。手册和其他有关持续适航的指令（如制造商结构修理手册），由型号合格证持有人提供给航空器运营人，并将可用信息帮助进行修理工作的制定和批准。

当这些数据被明确地识别和批准时，它们可以由运营人使用，而无须进一步的批准，对于投入运营时引起的可以预测的问题，只要它们被严格地用于被制定的目的，并且不可预期的损伤必须依具体情况进行批准。

①21. A. 433 修理设计

(a) 修理设计批准书的申请应：

(1) 表明在适用的型号合格证、补充型号合格证或辅助动力装置（APU）欧洲技术标准规定项目批准书中，或者对于在申请之日起生效的修理方案批准，证明修理方案符合型号审定基础和环境保护要求，以及局方认为必须根据型号合格证、补充型号合格证或辅助动力装置（APU）欧洲技术标准规定的要求，建立一个与其同等的型号审定基础的安全等级，并对审定规范或专用条件进行任何修订。

(2) 局方要求的提交所有必要的证明材料。

(3) 要求符合（a）(1) 中的审定规范和环保要求。

(b) 如果申请人不是型号合格证或补充型号合格证或APU ETSO授权持有人（如适用），申请人可以通过使用自己的资源或通过使用本协议关于型号合格证、补充型号合格证或APU ETSO授权持有人（如适用）安排来符合（a）的要求。

10.2.5.3 修理分类

修理可以分为“重大修理”和“一般修理”，并且这个分类必须按照适用于型号设计更改的标准进行（参见第5章5.1.5中的“型号设计更改”）。

特别是根据GM 21A.435（a）的规定，如果被批准的型号设计的结果对结构性能、重量、平衡、系统、操纵特性或对产品、零部件、机载设备的适航性有明显影响，则新增的修理工作被归类为“重大”修理类型。特别地，如果修理需要大量的静力、疲劳和损伤容限强度证明或试验，或者如果它需要非常规的方法、技术或操作（即非寻常材料选择、热处理、材料加工、夹具图等），此类修理将被归类成“重大修理”。

如果修理的影响比较小，并且对最初的符合性证据的资料进行较少的评估或不做评估，以确保航空器仍然符合所有相关的要求，这类修理被认为是“一般修理”。

10.2.5.4 能力证明

根据21. A. 432B要求：

（a）重大修理方案批准的申请人应通过持有局方根据J分部颁发的设计单位批准书的方式证明其能力。

（b）除了（a）所述要求，本条款作为证明其可行性的替代程序，申请人可以获得局方批准，规定使用具体的设计做法、资源和有序的活动来获得审定程序的批准，并且符合M分部的要求。

（c）除了（a）和（b）的方式，申请人可以征求局方的同意，批准审定计划，列出具体的设计做法、资源和必须遵守的活动顺序，并且符合21部中21. A. 14（c）[①] 对规定产品进行修理的要求。

10. 2. 5. 5 修理设计批准书的颁发

根据21. A. 437要求：

当已经声明并证明修理方案符合21. A. 433（a）（1）的适用的审定规范和环境保护要求，应予批准。

（a）应经由局方颁发。

（b）由适当的被批准的单位颁发，该单位也同时是型号合格证、补充型号合格证或APU ETSO授权持有人。

（c）仅针对由获适当批准的设计单位根据局方批准的程序进行一般维修。

10. 2. 5. 6 修理实施

根据21. A. 441要求：

（a）修理实施应按照M部或45部的规定视情况制定，或由按照G分部21. A. 163（d）的规定的权利得到适当批准的生产单位进行修理方案的实施[②]。

（b）设计单位应将进行维修的所有必要的安装说明发送给维修单位。

10. 2. 5. 7 持续适航文件

修理批准书的持有人应对修理方案所产生的“持续适航文件”提供至少包括一整套更改，其中包括根据适用要求编写的描述性资料指令，提供给修理的航空器的每个运营人。

我们可能会怀疑为什么重大修理需要将持续适航文件添加到相关产品的文件中，答案是：重大修理可以改变现有的维修方法或检查间隔。例如，重大结构修理可能需要更频繁的检查。

持有检查授权书或者批准放行权利的人员负责确定现有产品是否需要因重大修理对产品的持续适航文件进行任何更改。

注：从21部的EASA AMC和GM中提取的表10-2，虽然看起来很复杂，但是明确了对设计国是欧盟成员国和设计国不是欧盟成员国情况下完成相关产品维修的批准。

---

① 21. A. 14（c）：如果选择豁免条款（a），并且申请人的产品属于以下之一时：ELA1航空器、在ELA1航空器上安装的发动机或螺旋桨，申请人可选择按照21. A. 20（b）的要求向局方提供审定大纲以证明其能力。

② 维修一架制造完成的新飞机时，应对其颁发放行证书（EASA表53）。

表 10-2　EASA 维修/续航适航要求

EASA 维修/续航适航要求		
规章	适用范围	注释
M 部	持续适航要求： 1. 航空器和部件的持续适航性应根据附件 I（M 部）的规定予以确保。 2. 参与航空器和部件持续适航的单位和人员，包括维修工作应符合附件 I（M 部）的规定，并适用第 4 条和第 5 条的规定。 3. 除了第 1 条所作要求，持有特许飞行证的航空器的持续适航性应根据欧盟规章（EU）附件 I（21 部）No748/2012 所颁发的特许飞行证所规定的具体持续适航安排予以确保	欧盟规章（EU）条款 3 NO. 1321/2014 于 2014 年 11 月 26 日修订。NO. 2015/1088 欧盟规章（EU）于 2015 年 7 月 3 日修订
145 部	维修单位批准书： 1. 参与用于商业航空运输的大型航空器的维修单位以及用于装备的部件应按照附件 II（145 部）的规定予以批准。 2. 由成员国颁发或认可的符合 JAA 要求和程序并且在（EC）第 2042/2003 号条例生效之前有效的维修批准书，应视为按照本规定颁发。 3. 根据（EC）第 2042/2003 号条例生效之前成员国承认的任何标准，对于有资格对飞机结构或部件执行或控制持续适航无损检测的人员，为其提供同等程度的资格，可以继续执行或控制这些检测。 4. 根据成员国要求批准的维修单位，其在（EC）第 1056/2008 号条例生效之前颁发的使用放行证书和授权放行证书，应被视为分别与附件 I（M 部）M. A. 801 与 M. A. 802 具有相同标准	条款 4 （同上）
66 部	授权放行人员： 1. 适航人员按照附件 III（66 部）的条款被授予资格，但不适用于附件 I（M 部）的 M. A. 606（h）、M. A. 607（b）、M. A. 801（d）、M. A. 803 和附件 II 附录 IV（145 部）的 145. A. 30（j）。 2. 如果获得任何航空器维修执照，与该执照相关的技术限制，由符合 JAA 要求和程序的成员国颁发或认可，并在（EC）第 2042/2003 号条例施行前生效，应视为已按照本规定发行。 3. 根据附件 III（66 部）依照类别/子类别予以颁发授予执照的审定人员，被认为具有与其相对应的同一附件中的类别/子类别 66. A. 20（a）所述的权利，为了将此类执照扩展到新的类别/子类别，应认为已满足与这些新权利相对应的基本知识要求。 4. 对于持有执照的授权放行人员，其执照范围包括不需要单独的型号等级，可以继续行使他/她的权利，直到第一次更新或更改，并且执照应按照附件 III（66 部）66. B. 125 与同一附件 66. A. 45 所规定的要求进行转变。 5. 符合（EU）第 1149/2011 号规章的适用要求的转换报告和检验证据报告应视为符合本规定。 6. 对于以下航空产品，本条款规定了对授权放行人员的要求： （i）对于除飞机和直升机以外的航空器。 （ii）部件。 对于相关成员国的有效要求应继续适用，对于除欧盟范围以外的维修单位应经局方批准	条款 5 （同上）
147 部	培训单位要求（第 6 条款）： 1. 参与第 5 条款所述人员培训的单位应按照附件 IV（147 部）的规定获得批准： （a）开展被认可的基础培训课程。	条款 6 （同上）

表 10-2（续）

EASA 维修/续航适航要求		
规章	适用范围	注释
147 部	（b）进行被认可的型号培训课程。 （c）进行考试。 （d）颁发培训证书。 2. 符合 JAA 要求和程序的成员国颁发或认可的任何维修培训单位批准，并且在（EC）第 2042/2003 号条例施行时有效，应视为已按照本条例颁发。 3. 在符合（EU）第 748/2012 号规章规定的相关型号的运行适用性数据的授权放行人员型号等级培训的最低教学大纲得到批准之前，被批准的型号培训课程应包括运行适用性数据中强制性部分定义的相关内容，并且该数据不得迟于 2017 年 12 月 18 日或运行适用性数据批准后两年内（以最新者为准）	条款 6 （同上）

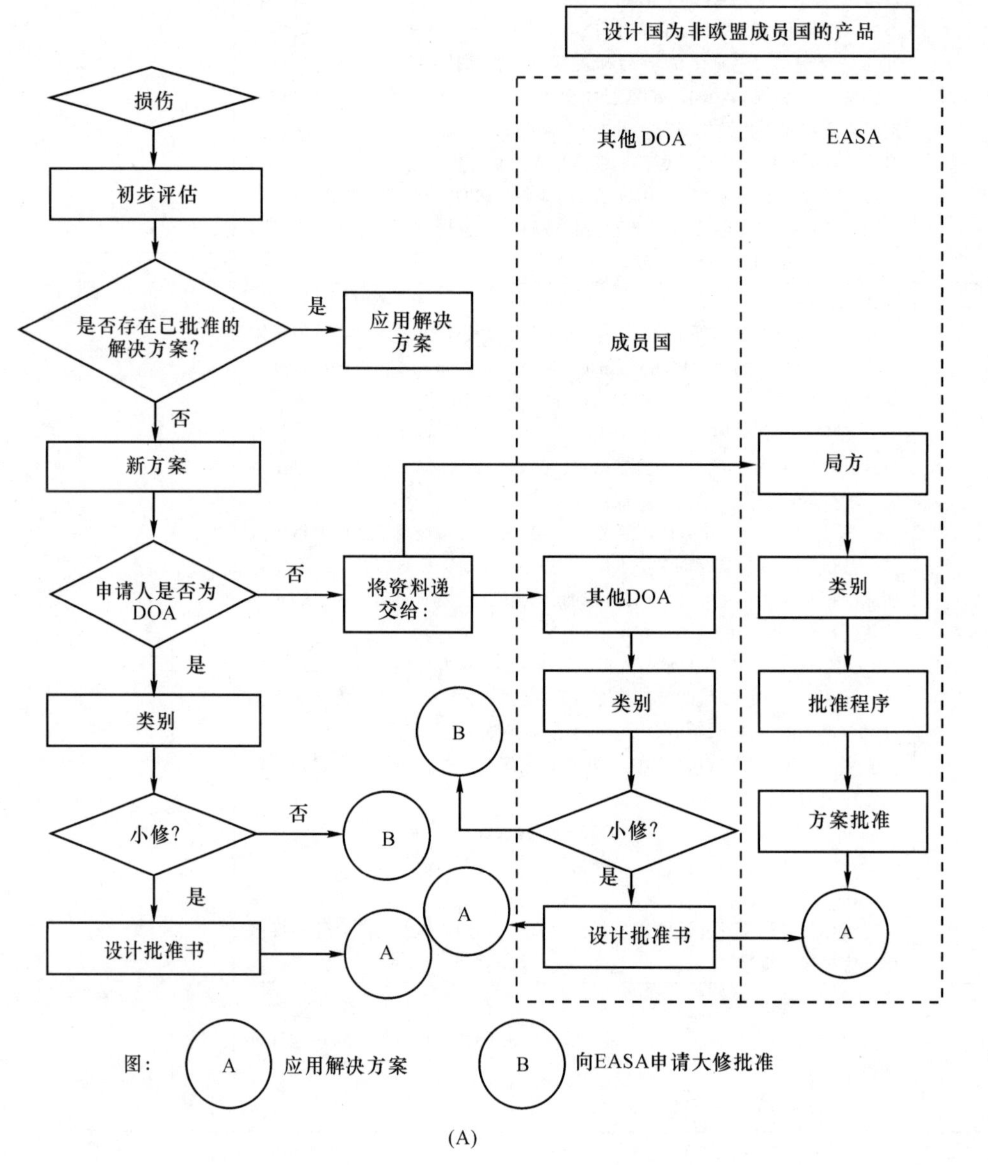

(A)

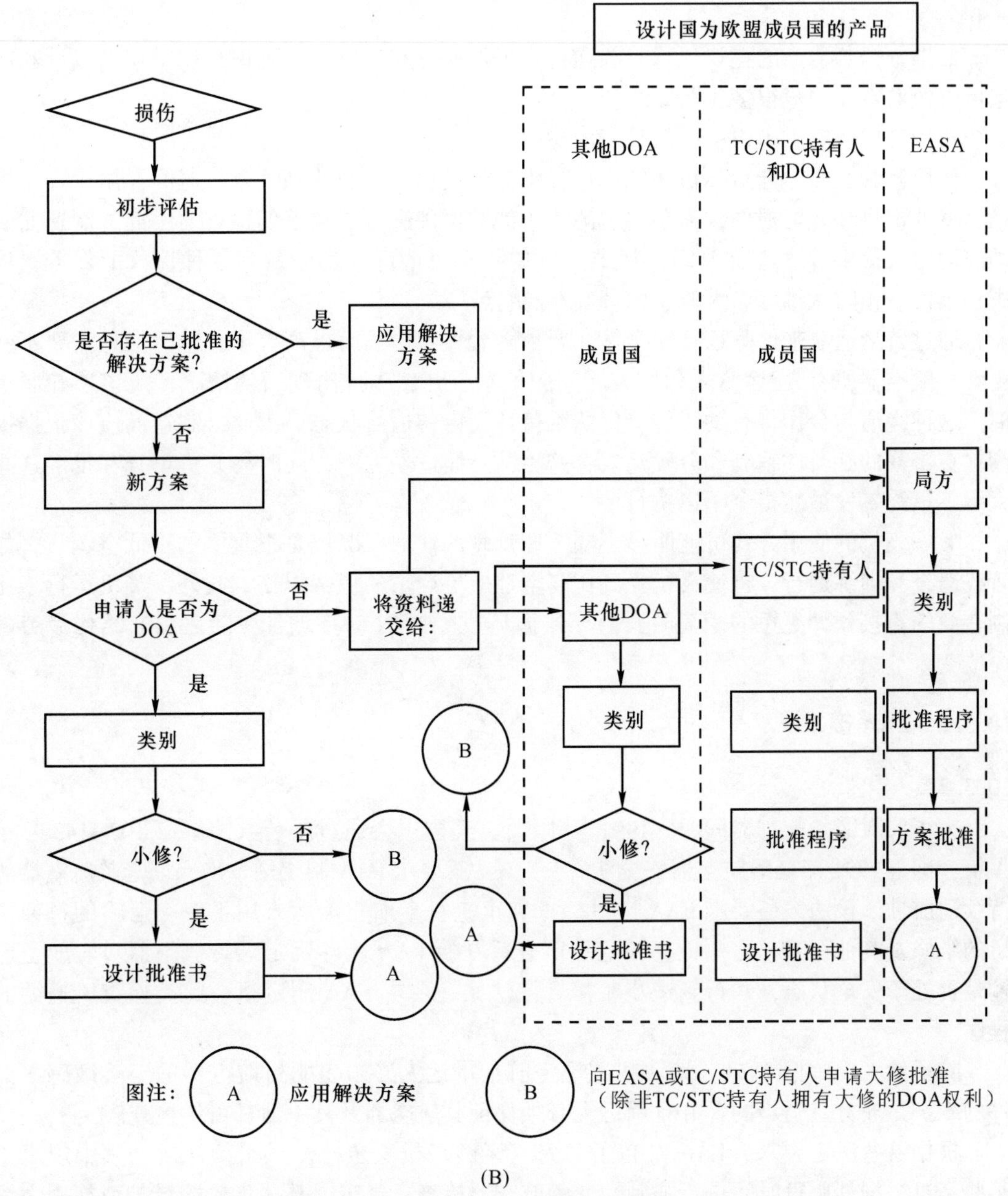

(B)

图 10-1　设计国为非欧盟成员国（A）和欧盟成员国（B）的修理过程批准

10.3　老龄航空器

10.3.1　总则

老龄航空器，在英国称为 ageing aircraft，美国称 aging aircraft，也可以称为 older aircraft。

如果依据制造商的建议运行，并通过合理地检查和维修进行维护，航空器的设计和制造可以使航空器服役很多年。

我们考虑运输类飞机——最长寿的飞机。

使用经验表明，老龄飞机在维修过程中需要更加谨慎和特别注意。有时，由于环境损伤、意外损伤和疲劳损伤，需要对老龄飞机的结构件进行更频繁的检查。因此，制造商必须向运营人提供持续适航大纲，其中飞机的几乎每个部件都涉及到某种形式的保养、检查、维修、预防性维修、大修、修理和/或更换活动。

通过持续适航来保障运行安全性，要求随着机龄增长而提高警惕，维修信息需要不断更新。航空器所有人/运营人和局方之间应信息公开，一旦出现新的情况，应该通知制造商。这种沟通与合作将有助于整个机队维持在稳定的适航状态。因此，制造商应该根据提高检查警戒的必要性编制和分发建议，并更新持续适航大纲，同时局方将审查和批准这些大纲，最终签发适航指令予以执行。

考虑飞机的使用方式可能明显不同于原计划的任务概况也是很重要的。低空运行，如管线巡查和训练运行，将使飞机受到比高空巡航更严重的疲劳损伤。此外，飞机运行于比制造商的直接预计更短的距离时，会导致循环数/飞行小时率增加，随之引起结构疲劳寿命改变。

10.3.2 FAA 要求

10.3.2.1 背景

为了应对老龄航空器问题，1991年10月，美国国会通过了公共法案第102-143号第Ⅳ篇，即《1991年老龄航空器安全法案》。该法案要求FAA制定规章来保证老龄航空器的持续适航性。该法案还要求FAA进行检查和审查每个航空承运人用于航空运输的每架飞机的维修及其他记录。这些检查和记录审查旨在使FAA能够确定老龄航空器对于航空运输是否处于安全状态，并得到适当维修。该法案还要求FAA制定执行此类检查所遵循的程序。

除了给FAA的责任外，该法案还规定航空承运人必须表明对航空器的年龄敏感零部件的维护是充分且适当的，并且承运人必须保证其航空器及其手册都可供检查。

根据这些法定要求，FAA发布了名为《老龄飞机安全性》的最终法规，其中规定了某些飞机根据其服役时间进行强制性老龄航空器检查，规定了某些飞机的维护或检查大纲中应包括基于损伤容限的检查要求和程序。该法规还禁止某些飞机在规定的期限后运行，除非飞机的维修或检查大纲中包含了基于损伤容限的检查程序，并且飞机依此大纲进行维修。实施这一要求是为了通过评估老龄飞机结构的损伤容限以保证航空运输中运行的老龄飞机的持续适航性。

《老龄飞机安全性》要求所有依据FAR 129部在美国注册的并按照FAR 121部运行的多发飞机，以及所有依据FAR 135部定期运行的多发飞机，服役14年后都必须经过FAA的记录审查和检查，以保证对飞机机龄敏感零部件的维护是充分且适当的。

随后，FAA发布了咨询通告AC 91-56A《大型运输类飞机持续结构完整性大纲》，适用于总重超过 75000lb，并且依据 FAR 25 部的 25-45 号修正案之前的破损安全和疲劳要求进行合格审定的飞机。

10.3.2.2　咨询通告 AC 91-56B“飞机持续结构完整性大纲”①

本咨询通告取代了 AC 91-56A，为设计批准书持有人和运营人提供了指导材料，用于制定老龄飞机的基于损伤容限的补充结构检查计划（SSIP）。本咨询通告还简要介绍了持续结构完整性大纲的其他要素，以支持运输类飞机在其使用寿命周期内的安全运行。

本咨询通告适用于运输类飞机的设计批准书持有人和运营人，也可用于正常类、实用类、特技类和通勤类飞机的设计批准书持有人和运营人。

本咨询通告的早期版本（AC 91-56A）为依据民用航空条例（CAR）4b 或 FAR 25 部 25-45 号修正案之前的破损安全和疲劳要求进行合格审定的大型运输类飞机制定基于损伤容限的补充结构检查计划提供指导。

此类飞机的最大起飞总重大于 75000lb。

这份指导材料已成功用于制定最大起飞总重小于 75000lb 飞机的 SSIP。由于本指导已确定为适用于小型飞机，所以本咨询通告修订版标题删除了术语“大型运输类”。

经 FAA 批准的依据本咨询通告指导制订的补充结构检查计划（SSIP）是一种符合 SSIP 所述领域的《老龄飞机安全规章》（AASFR）（2005 年 2 月 2 日）的可接受方式。SSIP 通常适用于原制造商（OEM）原始设计的基准结构。

除了 SSIP 外，本咨询通告还讨论了持续结构完整性大纲的以下附加要素：

（1）修理、改装和更改。

（2）强制性改装大纲。

（3）腐蚀防护与控制大纲。

（4）修理评估大纲。

（a）补充结构检查计划

制造商与运营人合作，为每个飞机机型制定补充结构检查计划（SSIP）。在分析、试验和/或机务维修表明显著增加的检查和/或改装对保持飞机结构完整性是必要的之前，应该实施此计划。

推荐的 SSIP 以及所使用的标准和标准的基础，应提交给 FAA 航空器合格审定办公室审查和批准。FAA 对 SSID 的审查将包括工程和维修方面的建议。由于 SSID 适用于所有运营人，并针对老龄飞机的安全考虑，如果 FAA 认为存在不安全状况，则需依据现行适航指令（AD）系统强制执行该大纲。当额外的信息显示需要时，设计批准书持有人应当修订 SSID。

该咨询通告的附录 1 是《制定补充结构检查文件的指南》。

10.3.2.3　相关的 FAR

对老龄飞机的要求可以在以下部分找到：

（1）FAR 121.1105 老龄飞机检查和记录审查。

（2）FAR 129.105 对美国注册的多发航空器进行检查和记录审查。

---

①　此处提供本咨询通告的摘录。

（3）FAR 135.422 按客座数为9座或9座以下进行合格审定的老龄多发飞机的检查和记录审查。

10.3.3 EASA 要求

10.3.3.1 AMC 20-20“持续结构完整性大纲”

本 AMC（2007年12月26日生效）为型号合格证持有人、STC 持有人、修理批准书持有人、维修单位、运营人和管理当局制定持续结构完整性大纲提供指导，以保证整个运行期间老龄飞机的安全运行，包括避免出现广布疲劳损伤。

AMC 主要针对在商业航空运输或依据 M 部运行的大型飞机。但是，该材料也适用于其他类型航空器。

10.3.3.2 2013年4月23日的 NPA 2013-07（发布日期：2013年10月23日）

摘要。

本“建议修正案通告”（NPA）涉及与大型老龄飞机结构有关的安全问题。

本 NPA 提出修订“实施条例”“合格审定标准”“可接受的符合性方法”及“指导材料”，以保证与“老龄飞机”相关的安全隐患得到解决。

随着老龄飞机的使用和使用寿命的增加，长期以来一直需要一个方案来保证高水平的结构完整性，并可以保持下去。

“老龄飞机结构大纲编制”最初规定了三个不同的任务。NPA 只涉及大型飞机，随后的任务将确定是否需要为其他类型的航空器制定持续结构完整性大纲，并解决对运行使用变化的担忧。

为了考虑现有的大型飞机机队，并保护未来的大型飞机机队，本文件提出实施以下修订：

（1）修订21部“飞机及相关产品、零部件、设备设计生产的合格审定”。

（2）修订26部“运行附加适航要求”和相应的“合格审定规范 CS-26”。

（3）修订 CS-25“大型飞机的合格审定规范与相应的 AMC”。

（4）修订 AMC 20-20“持续结构完整性大纲”。

（5）修订 M 部的 AMC“持续适航要求”。

注：在本版本发布的时候，EASA 没有专门为老龄飞机制定法规。

10.4 航空器运营人合格审定

在第9章中，我们总结了 FAA 和 EASA 运行规章，并提出了国际民航组织公约附件6是这些规章的来源。

本书的主旨是讨论航空器的适航性，我们在这些标准中找到了适用于基本的合格审定标准（FAR/CS 23、FAR/CS 25、FAR/CS 27等）（9.4）运行的附加适航要求。

在第10章（10.1）中，对于 FAA 维修和持续适航性，我们考虑了：

（1）FAR 91部、FAR 121部、FAR 125部、FAR 135部和 FAR 137部的关于运行标准的相关分部。

(2) FAR 43 部为所有在美国注册①的民用航空器的维修、预防性维修、翻修和改装，提供了维修标准。

(3) FAR 145 部维修单位包含经过合格审定的维修单位必须遵守的规则，涉及依据 FAR 43 部实施的航空器、机身、航空发动机、螺旋桨、设备或零部件的维修、预防性维修或改装，也适用于任何持有或被要求持有 FAA 签发的维修单位许可证的人员。

(4) 此外，我们还提供了有关除机组人员以外的航空人员的合格审定（FAR 65 部）以及航空维修技术学校合格审定（FAR 147 部）的信息。

在第 10 章（10.2）中，对于 EASA 维修和持续适航性，我们已经考虑了 2014 年 11 月 2 日，欧盟法规（EU）第 1321/2014 号"关于航空器及航空产品、零件和设备的持续适航性，以及参与这些任务的单位和人员的批准"的四个附件：

(1) 附件 I（M 部）包含对参与航空器及其部件的持续适航（包括维修）的单位和人员的规定②。

(2) 附件 II（FAR 145 部）规定了参与维修大型航空器或用于商业航空运输的航空器及拟安装的零部件的单位所要满足的要求。

(3) 此外，我们提供了有关授权放行人员资质的信息于附件 III（FAR 66 部）。

(4) 涉及附件 III 所述人员培训的单位的合格审定，应按照附件 IV（FAR 147 部）批准。

接下来我们将提供有关航空运营人合格审定的信息。

10.4.1　国际民航组织航空运营人合格审定

正如我们在第 3 章中提到的那样，国际民航组织的《国际民用航空公约》缔约国有义务根据国际民航组织公约附件中概述的国际民航组织标准和建议措施（SARPs）颁布规章和标准。

国际民航组织公约附件 6 提供了关于各缔约国在运营人合格审定要求方面所必须行动的指导。

国际民航组织已经于 2014 年 5 月发布了"航空器运营人合格审定和监督手册"的第一版。

该手册概述了美国对航空运营人进行商业航空运输业务相关的安全问题的合格审定、监督和解决的政策和程序。

10.4.2　FAA 航空承运人和商业运营人的合格审定

第 9 章显示了 FAR 119 部与 FAR 91 部、FAR 121 部、FAR 125 部和 FAR 135 部的联系。

附录 10.4.2 是 FAA Order 8900.1 CHG 0 第 2 卷"运营人和航空机构合格审定及申请过程"的摘录，这是一份理解此类复杂问题的宝贵指南。

---

① 免责条款列于 FAR 3.1（b）。

② 针对持有飞行许可证的飞机免责条款。

对于航空承运人和商业运营人来说，FAR 119 部规定了适用于其飞机运行的运行规则。FAR 119 部参考乘客座椅配置和最大有效载荷来确定适用的运行规则。

依据 FAR 121 部和 FAR 135 部①的运行方式为：国内、国际、补充、通勤和应需运行。

通常，根据 FAR 135 部运行的应需运行的飞机，其客座数为 30 座（不包括机组成员座位）或 30 座以下，载重为 7500lb 或 7500lb 以下。根据 FAR 121 部运行的应需运行的多发飞机，其客座数为 30 座以上，承载能力超过 7500lb。

FAR 125 部规定了不涉及公共运输，客座数为 20 座或 20 座以上，最大载重为 6000lb 或 6000lb 以上的在美国注册的飞机的运行规则。

非公共运输运行要求颁发运营许可证。航空器运行依据 FAR 125 部或 FAR 135 部，具体取决于飞机的类型、座椅配置和最大载重。

为了更好地了解这些规定，我们参考第 9 章 9. 2. 1 的定义，如下：

运行规范（OpSpecs）的定义。FAR 121 部、FAR 125 部、FAR 135 部和 FAR 145 部的标准部分被称为运行规范。

管理规范（MSpecs）的定义。FAR 91 部 K 分部②的标准部分称为管理规范。

授权委托书（LOAs）的定义。FAR 91 部和 FAR 125 部 M 分部的标准部分称为授权委托书。

依据 FAR 19 部的运营人合格证类型。有两种基本类型的航空运营人合格证（AOC）颁发给用于进行公共运输的美国申请人。

航空承运人合格证。该合格证颁发给计划进行州际、国外或海外运输或邮件运输的申请人。

运行合格证。该合格证颁发给计划进行国内运输的申请人③。

我们现在给出其中的基本内容，并摘录 FAR 119 部的一些相关段落内容。

10. 4. 2. 1 FAR 119 部 航空承运人和商业运营人的合格审定

（一）A 分部：总则

①119. 1 适用范围

（a）本分部适用于运营或计划运营民用航空器的任何人：

（1）作为航空承运人或商业运营人，或两者都是，从事航空贸易。

（2）当不涉及公共运输时，运营在美国登记的客座数为 20 座或 20 座以上，或最大载重为 6000lb 或 6000lb 以上的航空器。

（b）本分部规定了：

（1）FAA 签发的航空运营人合格证类型，包括航空承运人合格证和运营合格证。

（2）运营人必须满足的合格审定要求，以便获得并持有依据 FAR 121 部、FAR 125 部

---

① 定义见第 9 章（9. 1. 1. 2 运行类型）

② K 分部——部分所有权的运行

③ 未经批准进行直接航空承运人运行，但经局方批准在不涉及公共运输时，作为客座数为 20 座或 20 座以上，或最大载重为 6000lb 或 6000lb 以上，在美国登记的民用飞机的运营人，将获得运营合格证。

或 FAR 135 部授权从事运营的合格证，以及依据 FAR 121 部或 FAR 135 部以任何运行类型运行任何类型和大小航空器的运行规范。

（3）运营人必须满足的要求，以便依据 FAR 121 部、FAR 125 部或 FAR 135 部从事运营，以及运营其运行规范授权的任何类型和大小的航空器。

（4）影响飞机湿租以及其他航空运输安排的要求。

（5）获得偏离许可的要求，以便按照军方合同实施运行和实施应急运行。

（6）依据 FAR 121 部或 FAR 135 部实施运行的管理人员的要求。

（c）遵守本部规章要求的人员必须符合本章的其他要求，依据 FAR 119 部、FAR 121 部、FAR 125 部或 FAR 135 部修改的或附加的要求除外。

（d）本部规章不管理依据 FAR 91 部 K 分部（不涉及公共运输时）进行的运营，也不管理依据 FAR 129 部、FAR 133 部、FAR 137 部或 FAR 139 部进行的运营。

（e）除了不涉及公共运输的、除机组人员座位外客座数为 20 座或 20 座以上，载重为 6000lb 或 6000lb 以上的飞机进行的运行之外，本部不适用于：

（1）学员教学。

（2）2007 年 9 月 11 日之后，用除机组人员座位外客座数为 30 座或 30 座以下，载重为 7500lb 或 7500lb 以下的飞机或直升机进行的直达商业航空旅游，在同一机场起降，飞行半径在机场 25mile 范围内，符合本章 FAR 91. 147 签发的授权书。

（3）转场或训练飞行。

（4）高空作业，包括：

（i）作物除尘、播种、喷洒和驱鸟。

（ii）条幅广告。

（iii）航空摄影或测量。

（iv）消防。

（v）在建筑或维修工作中的直升机运行（但确实适用于往返运行地点的运输）。

（vi）电力线或管线巡查。

（5）热气球观光飞行。

（6）搭载人员或物体在起飞机场 25mile 半径范围内进行有意使用降落伞运行的直达飞行。

（7）在起飞机场 25mile 半径范围内进行的直升机飞行，如果：

（i）除了所需的飞行机组外，直升机不得超过两名乘客。

（ii）每次飞行都是在日间目视飞行规则条件下进行的。

（iii）使用的直升机是依据标准类别进行合格审定的，且符合本章 FAR 91 部的 100h 检查要求。

（iv）运营人在每次飞行前至少 72h 通知有关地理区域的 FAA 飞行标准区域办公室，并提供办公室要求的基本信息。

（v）任何一个日历年的飞行次数不得超过六次。

（vi）每次飞行经由 FAA 批准。

（vii）直升机内或直升机上没有装载货物。

（8）依据 FAR 133 部或 FAR 375 部实施的运营。

（9）依据 49 U. S. C. 41906 进行的紧急邮件服务。

（10）依据 FAR 91. 321 的规定实施的运营。

②119. 5　合格证，授权书和禁则

（a）经局方授权作为直接航空承运人从事运行的人员，将获得航空承运人合格证。

（b）未经授权进行直接航空承运人运行，但经局方授权作为美国商业运营人进行运营的人员，将获得运行合格证。

（c）未经授权进行直接航空承运人运行，但经局方授权在不涉及公共运输时，作为客座数为 20 座或 20 座以上，或最大载重为 6000lb 或 6000lb 以上，在美国登记的民用飞机的运营人，将获得运行合格证。

（d）依据 FAR 121 部、FAR 135 部或两者皆被授权从事公共运输的营运人，不论其运行类型、运行航空器类型或大小，均会获得一份授权从事此类公共运输的合格证。

（e）依据 FAR 125 部、FAR 135 部或两者皆有被授权从事非公共运输或私人运输的运营人，不论其运行类型、运行航空器类型或大小，均会获得一份授权从事此类运输的合格证。

（f）依据 FAR 119. 21、FAR 119. 23 或 FAR 119. 25 的多个条款从事运行的人员，应当按照以下规定从事这些运行：

（1）上述各段规定的对于根据该段要求实施的运行的要求。

（h）持有授权从事非公共运输或私人运输运营合格证的运营人，不得从事任何公共运输。持有授权从事公共运输航空承运人合格证或运营合格证的运营人，不得从事任何非公共运输。

③119. 7　运行规范

（a）每个合格证持有人的运行规范必须包含：

（1）依据授权书、限制和某些程序从事各类运营，如果适用。

（2）依据某些其他程序运营各种类型和大小航空器。

（b）除了运行规范条款定义经授权的运营类型外，运行规范不是合格证的一部分。

④119. 8　安全管理系统①

（a）依据本章 FAR 121 部被授权从事运营的合格证持有人必须具备 FAR 5 部②要求的安全管理系统，并在 2018 年 3 月 9 日前获得局方认可。

⑤119. 9　商业名称的使用

（二）B 分部：依据 FAR 121 部、FAR 125 部和 FAR 135 部不同运行类型的运行要求的适用范围

①119. 21　从事国内公共运输的商业运营人和直接航空承运人

（a）每一个从事取酬或租赁的国内公共运输的商业运营人或作为直接航空承运人，都应符合本部 C 分部的合格审定和运行规范要求，并应进行以下事宜：

---

① 见 10. 9。

② FAR 5 部《安全管理系统》（见 10. 9. 3. 1）。

（1）依据 FAR 121 部的适用要求进行国内运行，并依据该要求签发该类运行的运行规范。

（2）依据 FAR 121 部的适用要求进行国际运行，并依据该要求签发该类运行的运行规范。

（3）依据 FAR 121 部的适用要求进行补充运行，并依据该要求签发该类运行的运行规范。但是，根据商业航空的安全规定，局方可以授权或要求根据本条（a）（1）或（a）（2）的规定执行这些运行。

（4）依据 FAR 135 部的适用要求进行通勤运行，并依据该要求签发通勤运行的运行规范。

（5）依据 FAR 135 部的适用要求进行应需运行，并依据该要求签发应需运行的运行规范。

（b）符合本条（a）（4）要求、获得局方授权的人员，可以依据本条（a）（1）或（a）（2）规定从事运行。

（c）符合本条（a）（5）要求、获得局方授权的人员，可以依据本条（a）（3）规定从事运行。

②119.23　使用飞机从事非公共运输的客运或/和货运的运营人

（a）除非获得偏离许可，当不涉及公共运输时，任何运行除机组人员座位外，客座数为 20 座或 20 座以上，或最大载重为 6000lb 或 6000lb 以上飞机的人员，应当满足：

（1）符合 FAR 125 部的合格审定和运行规范要求。

（2）依据 FAR 125 部的要求运行这些飞机。

（3）依据这些要求发布运行规范。

（b）任何运行除机组人员座位外，客座数为 20 座以下，或最大载重为 6000lb 以下飞机从事非公共运输（FAR 91. 501（b）除外）或用于补偿或租赁的私人运输的运营人，应当满足：

（1）符合本部 C 分部的合格审定和运行规范要求。

（2）除仅适用于通勤运行的要求外，依据本章 FAR 135 部的要求从事运营。

（3）依据这些要求发布运行规范。

③119.25　旋翼航空器运行：直接航空承运人和商业运营人

任何使用旋翼航空器收费或租赁的人员，必须符合 C 分部的合格审定和运行规范要求，并执行：

（a）依据 FAR 135 部的适用要求进行通勤运行，并依据该要求签发该类运行的运行规范。

（b）依据 FAR 135 部的适用要求进行应需运行，并依据该要求签发该类运行的运行规范。

（三）C 分部：依据 FAR 121 部或 FAR 135 部进行的合格审定、运行规范和某些其他要求

①119.31　适用性

本分部制定了合格审定要求，并依据本章 FAR 121 部或 FAR 135 部规定了用于运行的

运行规范和某些其他要求。

②119.33　一般要求

（a）任何从事运行的直接航空承运人，应满足：

（1）是美国公民。

（2）获得航空承运人合格证。

（3）获得规定了授权书、限制和程序，用于从事各种运行类型的运行规范。

（b）任何依据 FAR 121 部或 FAR 135 部从事用于补偿或租赁的商业客运或货运的非直接航空承运人，应该满足：

（1）是美国公民。

（2）获得运行合格证。

（3）获得规定了授权书、限制和程序，用于从事各种运行类型的运行规范。

③119.35　所有运营人合格证的申请要求

④119.36　商业运营人合格证申请的附加要求

⑤119.37　航空承运人合格证或运行合格证的内容

⑥119.39　合格证的颁发或拒绝

（a）申请人经调查后满足下列要求，可签发航空承运人合格证或运行合格证：

（1）符合本部的适用要求。

⑦119.41　合格证的修订

⑧119.43　合格证持有人维持运行规范的责任

（a）每个合格证持有人应在其主运营基地维持一套完整和独立的运行规范。

⑨119.47　主运营基地、重要运营基地和主维修基地维护及地址变更

（a）每个合格证持有人必须保持主运营基地（principal base of operations）。每个合格证持有人也应建立一个重要运营基地（main operations base）和一个主维修基地（main maintenance base），该基地可以和主运营基地位于相同的地址或在不同的地址。

⑩119.49　运行规范的内容

（a）任何进行国内、国际或通勤运行的合格证持有人必须获得包含特定内容的运行规范。

（4）任何经授权使用的航空器的类型、注册标记和序列号，任何在预定运行中使用的常规和备用机场，除了通勤运行外，任何临时和加油机场。

（5）经授权的运行类型。

（6）航线和运行区域的授权和限制。

（7）机场限制。

（8）大修、检查和机身检查、发动机、螺旋桨、旋翼、设备和应急设备的时间限制或决定时间限制的标准。

（9）飞机重量和平衡控制方法的授权。

⑪119.51　运行规范的修订

⑫119.53　航空器湿租和航空器运输的其他安排

⑬119.55　获得按照美国军方合同实施运行的偏离许可

⑭119.57　获取实施应急运行的偏离许可

⑮119.59　实施试验和检查

⑯119.61　合格证和运行规范的有效期和撤销

⑰119.63　近期运行经历

⑱119.65　依据 FAR 121 部实施运行所要求的管理人员

⑲119.67　管理人员：依据本章 FAR 121 部实施运行的资格

⑳119.69　依据本章 FAR 135 部实施运行所要求的管理人员

㉑119.71　管理人员：依据本章 FAR 135 部实施运行的资格

㉒119.73　雇用前 FAA 员工

10.4.2.2　部分产权

部分产权（fractional ownership）是一种将航空器的价值按比例分为若干份，以出售给个人所有者的做法，其拥有在特定时期（小时、天或星期）使用航空器的权利。拥有者还可从航空器一般使用中获得的收入分红来获利。

除了航线检查和航路检查之外，部分产权项目受 FAA 类似于向航空承运人提供的监督方案的约束。FAA 航空安全检查员定期或不定期对人员、航空器、记录和其他文件进行检查和监督，以确保符合规章。

FAR 91 部 K 分部，对部分产权项目及其项目经理和所有者制定了监管要求。本规章界定了计划和计划要素，为所有者和项目经理分配了运行控制的责任和权限，并为部分产权项目提供了更多的运行和维修安全要求。

部分产权项目不签发合格证，而是依据 FAR 91 部 K 分部的管理规范。

咨询通告 AC 91-84① 提供了背景信息，并给出了部分产权项目和获得管理规范（MSpecs）的申请程序，以便在 FAR 91 部 K 分部下运行。附加要求见 FAR 91 部 F 分部②。

AC 提供计划的规定和适当运行管理条例的确定，并依据 FAR 91 部 K 分部定义部分产权项目。还规定了其他航空承运人或所有人的选择权，例如，项目经理有权依据 FAR 91 部 K 分部和 FAR 121 部或 FAR 135 部实施运行的可能性。

部分产权项目。部分产权项目是依据 FAR 91 部的要求进行共享航空器所有权的计划。依据 FAR 91 部 K 分部的定义，部分产权项目必须包含以下所有内容：

（1）提供航空专业知识和管理服务的单一项目经理。

（2）两架以上适航的航空器。

（3）每个项目航空器一个或多个航空器代管人。

（4）每个航空器代管人至少拥有一个或多个项目航空器的部分产权权益（飞机的 1/16，直升机的 1/32）。

（5）所有者之间的干租交易协议。

① 此处提供一个简短的概述。

② F 分部——大型涡轮动力多发飞机和部分所有权计划航空器。

（6）管理服务和航空器干租交易的年度合同或计划协议①。

AC考虑了部分产权和固有项目的各种选择，申请过程概述，需要提供的文档，如程序操作手册（POM）。

AC共有八个附录，其中包含大量信息。

10.4.2.3 不涉及公共运输的运行

正如我们在第9章的定义中所看到的那样：

公共运输。申请人如果公开表明（通过广告或其他方式）从事用于取酬或租赁的客运或货运，则该申请人属于从事公共运输。

非公共运输。申请人不符合上述规定的，不得从事公共运输。不涉及公共运输的运行包括以下定义或豁免。这些定义或豁免包含在FAR 119部和FAR 91部的章节中。

非公共运输涉及用于取酬或租赁的客运或货运，但没有公开表明。非公共运输运行要求签发运行合格证。依据FAR 125部或FAR 135部实施的运行取决于飞机的类型、座位配置和有效载重。

私人运输也是如此，涉及用于取酬或租赁的客运或货运，不过有合同数量上的限制。

非取酬或租赁的客运或货运是依据FAR 91部进行的，并且不需要合格证。

FAR 119.1（e）列出了不需要航空承运人合格证或商业运营人合格证的运行。包括以下例子：

（1）学员教学。

（2）某些飞行半径在机场25mile范围内的直达商业航空旅游。

（3）转场或训练飞行。

（4）高空作业。

（5）热气球观光飞行。

（6）在起飞机场25mile半径范围内有意使用降落伞进行的直达飞行。

（7）在起飞机场25mile半径范围内进行的直升机飞行。

（8）FAR 133部（旋翼航空器外挂装载运行）。

（一）依据FAR 125部实施的运行

运行类型。FAR 125部规定了不进行公共运输的大型飞机的运行。

（1）允许用于租赁运营的非公共运输，但必须通过仔细审查，以确认该运营不是公共运输。运营人不得直接或间接地公开表明。

（2）运送人员或货物而不支付租金的私人运输业，例如，运送公司人员、财产和旅客或公司运营人，包括依据FAR 91.501（d）或历史（博物馆或收藏）飞行运营的费用分摊。

（3）不涉及客运或货运的运营。

（二）运营人合格证示例

对依据FAR 137部“农业航空器运行”和FAR 133部“旋翼航空器机外载荷运行”

---

① 干租航空器交换。根据书面计划协议记录的安排，可以根据需要提供计划飞机，而无须每个部分所有人的机组人员。

进行的特定航空器运行签发运营人合格证。

依据 FAR 137. 19 合格审定要求，申请人应申请私人或商业运营人合格证。

FAR 133 部旋翼航空器机外载荷运行的合格证持有人可以进行农业航空器运行，但在不符合 FAR 137 部合格审定要求的情况下，仅能通过旋翼航空器机外载荷方式进行洒水浇灭森林火灾。

依据 FAR 91. 313（c）规定，限制类航空器可用于农业经营。在某些情况下，依据 FAR 91. 319 规定，具有试验类（自制）合格证的航空器也可用于私人农业经营。

FAR 91. 147 提供了运营人为获取报酬或租金，利用飞机或直升机进行直达载客飞行的另一个例子。航空器在同一机场起降，飞行半径在该机场 25mile 范围内。飞行应依据 FAR 119. 1（e）（2）、FAR 135. 1（a）（5）或 FAR 121. 1（d）进行。

附录 10. 4. 2：为 FAR 119 部确定适当运行规则和运行类型。

附录 10. 4. 2 是 FAA Order 8900. 1 CHG 0 第 2 卷“航空运营人和航空代办处合格审定及申请程序”的摘录。

在第 2 节“航空承运人和商业运营人合格证确定、合格证类型和适用规则”中我们可以找到附录 10. 4. 2 的如下内容：

①第一步。一旦确定合格证的类型，下一步是确定适当的运行规则和运行类型。

有两种适用于航空承运人和商业运营人的运行规则。申请人将依据 FAR 135 部、FAR 121 部或两者实施运行，这取决于运行是否提前安排以及所用航空器的大小和类型。

有五种运行类型：国内、国际、补充运行（适用于依据 FAR 121 部实施的运行）和通勤以及应需运行（依据 FAR 135 部规定的运行）。

要确定适当的运行规则和运行类型，首先要确定申请人是否进行定期或不定期的运行。

（a）定期运行包括运营人事先提供出发地点、时间及到达地点的载客运行。定期运行也可以运载货物。

然而，全货运运行被定义为不定期的。

注：定期运行不包括依据 14 CFR 第 380 部公共包机进行的运行。

（b）不定期运行包括：

（1）载客运行的出发时间、出发地点、到达地点是与客户或客户代表具体协商的。

（2）全货运运行。

（3）依据发布的飞行计划，以每星期不超五次往返飞行的频率，在两点或多点之间的至少一条航线间运行客座数为 9 座或 9 座以下，有效载荷为 7500lb 或 7500lb 以下的航空器（涡轮喷气发动机的飞机除外）进行定期载客运行。

（4）依据第 380 部公共包机进行的载客运行。

②第二步。一旦确定运行是定期或不定期的，下一步是确定适当的运行规则和运行类型。运营人可以依据 FAR 121 部、FAR 135 部或两者实施运行，但只会签发一份合格证给申请人。运行规范将详细说明运行规则和运行类型。运行类型定义包含在 FAR 119. 1 中。表 10-3 总结了基于航空器类型、大小、座椅配置和有效载重以及运行区域的适当运行规则和运行类型。

（a）定期运行类型：

（1）FAR 121 部国际。获得国际运行授权的运营人也将获得国内和补充运行的授权。

（2）FAR 121 部国内。获得国内运行授权的运营人也将获得补充运行的授权。

（3）FAR 135 部通勤。获得通勤运行授权的运营人也将获得应需运行的授权。

（b）运行类型：

（1）FAR 121 部补充。

（2）FAR 135 部应需。

表 10-3　合格审定

合格证类型	客座数、有效载荷	14 CFR 运行规章	运行类型
航空承运人合格证	定期运行（公共载人运行；运营人提前提供出发地点、时间和到达地点）		
公共运输（公开声明为获取报酬或租金进行客运或货运）： 1. 国内。 2. 国外。 3. 海外。 4. 邮政运输	1. 涡轮喷气发动机。 2. 客座数为 10 座或 10 座以上，有效载荷为 7500lb 以上的多发飞机。 3. 在美国 48 个州之内或之间，完全处于州、领域、领地或特别授权地方之内	121 部	国内
	1. 涡轮喷气发动机。 2. 客座数为 10 座或 10 座以上，有效载荷为 7500lb 以上的多发飞机。 3. 完全在美国境外，起飞或着陆在 48 个毗邻的州之外，或在阿拉斯加、夏威夷和美国领土之间	121 部	国际
	依据发布的飞行计划，以每星期不少于五次往返飞行的频率，在两点或多点之间的至少一条航线间运行除机组人员座位外，客座数为 9 座或 9 座以下，有效载荷为 7500lb 或 7500lb 以下的飞机（涡轮喷气发动机的飞机除外）或旋翼航空器进行定期载客运行	135 部	通勤
	依据发布的飞行计划，以每星期不超过五次往返飞行的频率，在两点或多点之间的至少一条航线间运行客座数为 9 座或 9 座以下，有效载荷为 7500lb 或 7500lb 以下的旋翼航空器（涡轮喷气发动机的飞机除外）进行定期载客运行	135 部	应需
合格证类型（续）	不定期运行（议定的出发时间、出发地点和到达地点，全货运或 14 CFR 部 380 公共章节）		

表 10-3（续）

合格证类型	客座数、有效载荷	14 CFR 运行规章	运行类型
	客座数为 30 座以上，有效载荷为 7500lb 以上的多发飞机的载客运行。 注：对于 FAR 121 部国内或国际运行，具有 10~30 个座椅的多发飞机或运行规范列出的涡轮喷气式飞机必须依据 FAR 121 部补充的应需运行实施运行	121 部	补充
	客座数为 30 座或 30 座以下，有效载荷为 7500lb 或 7500lb 以下的飞机或任何旋翼航空器的载客运行。 注：对于 FAR 121 部国内或标签运行，具有 10~30 个座椅的多发飞机或运行规范列出的涡轮喷气式飞机不能依据 FAR 135 部应需运行实施运行，但是该特定飞机必须依据 FAR 121 部不定期运行的补充规则实施运行	135 部	应需
	有效载荷大于 7500lb 的飞机的全货运运行	121 部	补充
	有效载荷为 7500lb 或 7500lb 以下的飞机或旋翼航空器的全货运运行	130 部	应需
运行合格证	定期运行（公共载人运行，运营人提前提供出发地点、时间和到达地点）		
国内公共运输（公开声明为获取报酬或租金进行客运或货运）	1. 涡轮喷气发动机。 2. 客座数为 10 座或 10 座以上，有效载荷为 7500lb 以上的多发飞机。 3. 在美国 48 个州之内或之间，完全处于州、领域、领地或特别授权地方之内	121 部	国内
	客座数为 9 座或 9 座以下，有效载荷为 7500lb 或 7500lb 以下的飞机或任何旋翼航空器	135 部	通勤
	不定期运行（议定的出发时间、出发地点和到达地点，全货运或 14 CFR 部 380 公共章节）		
	客座数为 30 座以上，有效载荷为 7500lb 以上的多发飞机。 注：对于 FAR 121 部国内或标签运行，具有 10~30 个座椅的多发飞机或运行规范列出的涡轮喷气式飞机必须依据 FAR 121 部补充的应需运行实施运行	121 部	补充

表 10-3（续）

合格证类型	客座数、有效载荷	14 CFR 运行规章	运行类型
	客座数为30座或30座以下，有效载荷为7500lb或7500lb以下的飞机或任何旋翼航空器。 注：对于FAR 121部国内或标签运行，具有10-30个座椅的多发飞机或运行规范列出的涡轮喷气式飞机不能依据FAR 135部应需运行实施运行，但是该特定飞机必须依据FAR 121部不定期运行的补充规则实施运行	135部	应需
运行合格证（续）			
不涉及公共运输的运行（非公共运输或私人运输，详见FAR 119部定义）	客座数为20座或20座以上，有效载荷为6000lb或6000lb以上的飞机	125部	N/A
	客座数为20座以下，有效载荷为6000lb以下的飞机或任何旋翼航空器	135	应需

注：最大有效载重意味着：

（1）对于FAA技术规范中规定了最大无燃油重量①的飞机，最大有效载荷=最大无燃油重量-空重-飞机设备-运行负载。

（2）对于其他飞机，最大有效载荷=最大合格审定起飞重量-空重-飞机设备-运行负载。

10.4.3 EASA航空运营人合格审定

10.4.3.1 总则

根据2012年10月5日（EU）No 965/2012规章第2条：

商业航空运输（CAT）是指用于运输旅客、货物或邮件以获取报酬或其他与受益价值相等的回报的航空器运营。

（一）（EU）No 965/2012规章第5条 飞机运行

（a）运营人只能依据附件III和附件IV的规定运营航空器进行商业航空运输。

（b）商业航空运输运营人在运营时应当遵守附件V的有关规定：

（1）飞机和直升机用于：

（i）依据基于性能的导航运行（PBN）。

（ii）依据指定最低导航性能的运行（MNPS）。

（iii）按照缩短垂直间隔最低标准的运行（RVSM）。

（iv）低能见度运行（LVO）。

（2）用于运输危险货物（DG）的飞机和直升机。

---

① 最大无燃油重量是指没有一次性燃料或燃油的飞机的最大允许重量。无燃油重量可以在飞机型号合格证数据单、经批准的飞机飞行手册，或两者中找到。

（3）用于商用航空运输的双发飞机延程运行（ETOPS）。

（4）用于商用航空运输的带夜视成像系统直升机的运行（NVIS）。

（5）用于商业航空运输的直升机悬停运行（HHO）。

（6）用于商业航空运输的直升机紧急医疗服务（HEMS）。

10.4.3.2 航空运营人合格证

附件 III ORO 部 AOC 分部涉及航空运营人合格证（AOC）的颁发程序、AOC 持有人的运行规范和权利、代码共享协议、客舱乘务人员培训、设备要求等。

①ORO. AOC. 100 航空运营人合格证的申请

（a）在不违反欧洲议会和理事会（EC）No. 1008/2008 规章的前提下，运营人在开展商业航空运营前，应申请并获得局方颁发的航空运营人合格证（AOC）。

（b）运营人应向局方提供以下信息：

（1）申请人的正式名称、商号、地址和邮寄地址。

（2）拟运营的描述，包括运营航空器的类型和数量。

（3）管理系统的描述，包括组织结构。

（4）责任经理的姓名。

（5）ORO. AOC. 135（a）要求被任命人姓名及其资格和经验。

（6）ORO. MLR. 100 要求的运行手册的副本。

（7）发给局方的所有文件经申请人验证并符合适用要求的声明。

（c）申请人应向局方表明：

（1）它们符合（EC）No. 216/2008 规章的附件 IV、本附件、附件 IV（CAT 部）和附件 V（SPA 部），以及（EU）No. 2015/640 规章①的附件 I（26 部）的所有适用要求。

（2）根据（EC）No. 1702/2003 规章，所有运营的飞机均具有适航证。

（3）其组织管理与运营规模和范围相适应。

②ORO. AOC. 105 AOC 持有人的运行规范和权利

运营人的权利，包括根据附件 V（SPA 部）授予的权利，应在合格证的运行规范中详细说明。

③ORO. AOC. 110 租赁协议

注：AMC 和 1GM 为处理不同情况的湿租和干租提供咨询材料②。

④ORO. AOC. 115 代码共享③协议

（a）在不违反适用于第三国运营人和航空器适用的 EU 安全要求的情况下，经本部审定的运营人仅应在与第三国运营人签订代码共享协议后执行。

注：AMC 为此提供咨询材料。

---

① 2015 年 4 月 23 日颁布的关于某种运营类型的适航规范，第 2015/640 号委员会条例（EU），以及第 965/2012 号修订条例（EU）。

② 湿租协议是指根据出租人的 AOC 运营航空器的承诺协议。干租协议是指根据承租人的 AOC 运营航空器的承诺协议。

③ 代码共享是指运营人将其代码放置在由另一运营人运营的航班中的安排，并出售该航班的机票。

⑤ORO. AOC. 120　提供乘务人员培训和颁发乘务人员合格证的批准

⑥ORO. AOC. 125　AOC 持有人在运行规范中列出的航空器的非商业运营

AOC 持有人可以使用 AOC 运营规范中列出的用于其他商业航空运输的航空器进行非商业航空运营。

⑦ORO. AOC. 130　飞机的飞行数据监测

(a) 对于最大审定起飞重量超过 27000kg 的飞机，运营人应建立和维护数据监测系统，并将其整合到管理体系中。

(b) 飞行数据监测系统应是非惩罚性（non-punitive）的，并包含足够的数据来源保护措施。

注：依据 ORO. AOC. 130 的 AMC1，飞行数据监测（FDM）程序应允许运营人：

(1) 确定运行风险区域，量化当前的安全裕度。

(2) 通过突出非标准、不寻常或不安全情况的不确定性来确定和量化运行风险。

(3) 使用该情况发生频率的 FDM 信息，结合对严重程度的评估，来评定安全风险，并确定如果发现的趋势继续存在，哪些风险可能会变得不可接受。

(4) 一旦确定存在或预测到不可接受的风险，需实施适当的补救措施程序。

(5) 持续监测任何补救措施的有效性。

AMC 继续使用《FDM 分析技术》和有大量信息——同样在 GM1 ORO. AOC. 130，AMC1 ORO. AOC. 130 附件 1，以及 GM2 ORO. AOC. 130——本章（10.9）讨论的安全管理概念。

⑧ORO. AOC. 135　人员要求

(a) 依据 ORO. GEN. 210 (b)，运营人应任命负责管理和监督以下领域的人员：

(1) 飞行运行。

(2) 机组训练。

(3) 地面运行。

(4) 依据（EC）No. 2042/2003 规章的持续适航。

注：ORO. AOC. 135 (a) 的 AMC/GM 提供有关人员的职能、职责和能力要求的信息。在此可以找到 AOC 组织对人员的要求。

⑨ORO. GEN. 210　人员要求

(a) 运营人应任命一名责任经理，该经理有权确保所有活动都能依据适用的要求得到资金保障和执行。责任经理负责建立和维护有效的管理体系。

(b) 运营人应任命一个人或一组人员，以负责确保运营人遵守适用的要求。该人员最终对责任经理负责。

(c) 运营人应具有足够的授权放行人员，以依据适用的要求进行计划的任务和活动。

(d) 运营人应保留适当的经验、资格证明和培训记录，以表明符合 (c) 的要求。

(e) 运营人应确保所有人员都了解与履行职责有关的规则和程序。

EASA 对于商业运营人组织的新安全方法是根据 ICAO 的要求引入的管理体系概念，而不是通过叠加到现有规则上的附加要求来实现的①。

---

① 详见本章 10.9.4.3。

⑩ORO. GEN. 200　管理体系

(a) 运营人应建立、实施和维护一个管理体系，其中包括：

(1) 明确定义运营人的责任和义务，包括责任经理的直接安全责任。

(2) 对运营人在安全方面的总体理念和原则的描述，也被称为安全政策。

(3) 确定运营人活动所引起的航空安全隐患，相关风险的评估和管理，包括采取措施降低风险并验证其有效性。

(4) 经过培训并有能力完成任务的机务人员。

(5) 所有管理体系关键流程的文件，包括使人员了解其责任的程序和修改本文件的程序。

(6) 监控运营人符合相关要求的功能。符合性监控应包括向责任经理反馈调查结果的系统，以确保必要时有效执行纠正措施。

(7) 本附件相关分部或其他适用附件规定的任何附加要求。

(b) 考虑到这些活动所固有的危害和相关风险，管理体系应与运营人的规模及其活动的性质和复杂性相一致。

ORO. GEN. 200 的 AMC/GM 为执行此要求的每一点提供了一套重要的咨询材料。

重点强调安全经理和安全审查委员会的角色和责任。例如：

AMC1 ORO. GEN. 200 (a) (1)。运营人的管理体系应通过在组织结构中设立一名安全经理和安全审查委员会来处理安全问题。

(a) 安全经理①

(1) 安全经理作为协调核心，负责开发、管理和维护有效的安全管理体系。

(b) 安全审查委员会

(1) 安全审查委员会应为考虑战略安全事项的高级别委员会，以支持责任经理的安全责任。

⑪GM1 ORO. GEN. 200 (a) (2)　安全政策

安全政策是运营人表明其意图保持和在可行的情况下提高其所有活动的安全水平并尽可能在合理可行的情况下减少飞机事故风险的手段。

安全政策应表明安全报告和内部调查的目的是提高安全性，而不是将责任归咎于个人。

GM2 ORO. GEN. 200 (a) (3) 是考虑到《具有已知或预测火山灰污染的飞行运行》的风险管理的例子。

另一个关键点是监控运营人符合 ORO. GEN. 200 (a) (6) 的相关要求的功能，此在 ORO. GEN (a) (6) 的 AMC/GM 中有大量信息。

10. 4. 3. 3　*局方要求*

ARO 部的附件 II 规定了 EASA 和成员国管理当局实施和执行 (EC) No. 216/2008 规章及其关于民用航空飞机运行的实施细则的管理和管理体系的要求。

依据 ARO. GEN. 300 监督。

---

① 该人员可能是运营人的责任经理或具有运营角色的人员。

（a）管理当局应核实：

（1）在颁发机构合格证或批准书之前，如适用，符合适用于机构的各项要求。

（2）经合格审定的机构持续符合其适用的要求。

（3）执行局方规定的适当安全措施，见 ARO. GEN. 135（c）和（d）[①]。

注：附件 II（ARO 部）的 AMC/GM 提供了大量有关监督的信息，同时考虑了运行安全风险评估的标准。

ARO 部的第二部分致力于满足局方任务所需的管理。AMC/GM 也为本条提供支持。

10.5 延程运行

10.5.1 FAR 121 部 ETOPS

此前已经介绍了附加的适航运行要求，即符合获得允许进行某类运行的适航证的要求。这些要求往往会在原始型号合格审定之后更改型号设计。

因为飞机是为这种特殊类型的运行而设计，所以现在应在设计之初就考虑这一情况。

不同型号飞机有两个以上的发动机是很正常的，而且双发飞机常用于如穿越太平洋或大西洋进行远程运行。

从统计学上来说，两台或更多台发动机比一台好，但是在远程飞行期间出现紧急情况如何呢？

此问题是基于“延程运行”（ETOPS）要求提出的。

本书将仅介绍相关的基本概念。

10.5.1.1 总则

首先考虑 FAR 121.161（a）。

①121.161 飞机限制：航路类型

（a）除了本条（e）[②] 规定外，只有根据本部规章附件 P 获得局方批准，并在合格证持有人运行规范中予以批准后，合格证持有人方可在包含以下航路上使用以涡轮发动机为动力的飞机进行运行：

（1）对于双发飞机距依据运行规范批准的机场[③]的（以单发失效时静态大气标准条件下的巡航速度计算）飞行时间大于 60min，而对于双发以上载客飞机飞行时间大于 180min 的航程。

（2）在北极地区内。

（3）在南极地区内。

②延程运行

自 1985 年以来，ETOPS 定义为“双发飞机延程运行”的缩写，并限定为符合 FAR

① ARO. GEN. 135“对安全问题的即时反馈”。

② 于 2008 年 2 月到期的临时规定。

③ 依据运行规范批复的机场：见 FAR 121.7 和 AC 120-42B 附录 1 中的定义。

121 部的双发飞机。现行规章将其延伸应用到所有根据 FAR 121 部和 FAR 135 部运行的载客飞机，现在该缩略语被重新定义为“延程运行”。这意味着承认目前所有飞机进行的远程载客运行的相似性，以及影响此类运行的一些常见问题。

咨询通告 AC 120-42B 向合格证持有人提供获得依据 FAR 121.161 进行 ETOPS 运行批准的指导。FAA 可以允许双发飞机在以标准条件下静止大气中经批准的单发失效时的巡航速度，距依据运行规范批复的机场的飞行时间超过 60min 的航路上进行 ETOPS。

FAA 还可以允许双发以上载客飞机在以标准条件下静止大气中经批准的单发失效时的巡航速度，距依据运行规范批复的机场的飞行时间超过 180min 的航路上进行 ETOPS。

咨询通告还提供了获准依据 FAR 121 部在极地地区运行的指导。

咨询通告 AC 120-42B 文件内容复杂，以下将介绍一些重要概念。

10.5.1.2　适用规章

要求依据 FAR 121 部运行的所有双发飞机和三发、四发载客飞机均符合 FAR 121.161。

特定飞机—发动机组合必须通过按运输类飞机适航标准进行的合格审定，并经批准可以进行 ETOPS。

飞机 ETOPS 合格审定指导包含在以下文件中。

FAR 21 部：21.4。

FAR 25 部：25.3，25.1535 和附件 K。

FAR 121 部：121.7，121.97，121.99，121.106，121.135，121.161，121.162，121.191，121.197，121.374，121.410，121.415，121.565，121.624，121.625，121.631，121.633，121.646，121.687，121.689，121.703，121.704，121.705 和附件 P。

FAR 33 部：33.71，33.201 和附件 A。

10.5.1.3　关于 ETOPS 的背景

1985 年发布的咨询通告 AC 120-42 和 1988 年发布的 AC 120-42A，认可了涡轮发动机可靠性的提高，并协助建立双发飞机进行安全可靠的远程运行的型号设计和运行实践。很大程度上由于这些文件的要求，双发飞机的技术和可靠性不断提高，此类运行与三发和四发飞机有关的远程运行变得相互兼容。与此同时，这项技术推动了双发飞机远程运行的实施，支持此类运行的基础设施正在发展变化。

政治和资金原因迫使许多偏远地区军用和民用机场关闭或削减基本服务，这些地方曾被用作海洋和/或荒漠地区航路的备降机场。极地飞行的增加在创造经济效益的同时，也带来新的运行挑战。风险在于这些地区地势偏远，气候和地形恶劣，需要处理其独有的运行问题以保持运行具有等效安全水平。

这些问题严重影响了所有远程双发飞机依现行规章运行的可行性，此外还削弱了远程运行的三发和四发飞机所依赖的基本安全保障。由于这些压力以及所有远程运行越来越普遍，数据开始显示，ETOPS 的要求和流程广泛适用于所有包括三发和四发飞机进行的远程载客运行，并将改善此类运行的安全性和可行性。所有远程载客飞机，无论发动机数量多少都需要备降机场，以应对机上火灾、紧急医疗或灾难性释压。确保这些机场有足够的消防能力和考虑释压的燃油计划，对于包括三发和四发的所有飞机而言是个合理的运行方式。同样地，最大允许改航和最坏情况的计划应当考虑到飞机上所有与时间密切相关的系统。

与向双发飞机提供的ETOPS指导不同，还没有管理三发和四发飞机远程运行的规章。因此，FAA发现所有距依据运行规范批复的机场超过180min以上航程的载客运行，均需要采用很多基于合理安全性原则和多年运行的成功验证过的ETOPS要求。FAA相应修改了FAR 121.161以包括这些双发以上载客飞机的远程运行。

10.5.1.4 规避和保护

ETOPS的整个前提是避免改航，而如果将要发生改航，则有程序保护这种改航。根据这一概念，推进系统需设计并试验以确保空中停车（IFSD）在可接受水平，其他飞机系统需设计并试验以确保其可靠性。加强双发飞机维修工作，以更好地维护和监控对ETOPS具有重要意义的发动机和系统的状态。这些加强的维修工作设计作为FAA和工业方联合发展的重要因素，两者已采取积极举措解决飞机系统和发动机问题，以减小程序和人为差错的可能性，从而避免改航。

然而尽管有最好的设计、试验和维修工作，需要飞机改航的情况还是会发生。不管改航是由于技术（飞机系统或发动机相关的）还是非技术原因，合格证持有人必须拥有保护改航的飞行运行计划。例如，该计划必须包括确保飞行员了解备降改航机场和天气情况（FAR 121.631），有能力与合格证持有人签派人员和空中交通管制员进行通信（FAR 121.99和FAR 121.122），并有足够燃油改航到备降机场（FAR 121.646）。根据“规避和保护”的概念，需要考虑多种故障情况。例如，在飞机设计时，考虑一些有时间限制的系统，如货舱火灾扑救/抑制能力。燃油计划必须考虑飞行中结冰情况下释压或发动机失效的可能性。飞行前或飞行中须向飞行员提供这些情况下的最佳选择。

10.5.1.5 ETOPS的运行区域

FAR 121.7中定义ETOPS运行区域为，以标准条件下静态大气中，飞机单发失效的巡航速度衡量，距离依据运行规范批复的机场超过一定距离的区域。由于这些距离会对飞机改航时间有影响，因此已为此类运行的计划、运行和装备要求建立了规章指导。合格证持有人必须向FAA申请批准使用本咨询通告的方法，或FAA批准的其他方法在ETOPS区域运行。获得批准后，合格证持有人运行规范中要注明具体ETOPS运行区域的ETOPS权限。

注：咨询通告为此问题提供了大量的指导。

10.5.1.6 ETOPS的服役经历要求

1985年第一次发布咨询通告AC 120-42时，双发ETOPS还是新概念，已经投入使用的飞机—发动机组合（AEC）需获得ETOPS的批准。因此建立基于服役经历的批准标准顺理成章。与此同时，FAA认识到，在没有服役经历的情况下，也有可能开发其他批准的方法，并相应提供认可这些方案的声明。

现行咨询通告的附件3中保留并说明了双发服役的基本要求。达到这些经验水平，结合发动机可靠性的水平要求，是双发飞机运营人获得ETOPS批准的一种可接受的方法。

在起草咨询通告AC 120-42A时，FAA认识到，减少双发服役经历要求，或其他飞机服役经历作为替代也是可能的。所有的缩减都应基于对合格证持有人能力的评估，和ETOPS中特定AEC达到必要可靠性的能力。例如，合格证持有人能够说明在另一架飞机上的相关发动机具有大量的服役经历并达到可接受的可靠性，将会考虑服役经历的缩减。最终，FAA 制定的具体指导材料（AC 120-42A 附件 7 “早期 ETOPS 运行批准”）允许 ETOPS 不积累飞机—发动机组合服役经历。接下来大多数 ETOPS 批准将根据这些指导和附件 3 保留的方法进行。

10.5.1.7　运行可靠性和系统适用性要求

远程运行（如 ETOPS）的安全性取决于包括推进系统在内的所有飞机系统的可靠性。必须考虑有时间限制的系统，例如，货舱火灾扑救/抑制的能力（FAR 121.633）。合格证持有人还必须建立程序监控对 ETOPS 有重要影响的系统的可靠性（FAR 121.374）。

为获得和保持所需的发动机可靠性标准，用双发飞机运行 ETOPS 的合格证持有人应当评估维修方案和可靠性方案，判断保持特定飞机—发动机组合的飞机系统可靠性水平的能力。

所需的 ETOPS 维修工作必须将不利于运行安全的程序和人为差错的可能性降至最低。燃油计划必须考虑飞行中结冰情况下释压和/或发动机失效的可能（FAR 121.646）。

延程运行时发生的系统失效或故障会影响机组人员工作量和程序。尽管可能会增加对机组成员的要求，但遵守 ETOPS 型号设计批准的制造商，必须考虑机组人员在申请批准的最长改航时间内失效影响下持续运行时的工作量、运行影响以及机组人员和乘客的生理需要。

制造商还必须进行飞行试验以确认飞机有合适的飞行品质和性能，以及机组成员在预计的系统失效和故障情况下安全进行 ETOPS 改航的能力。ETOPS 运营人在对飞机设备或运行程序进行更改之前，应仔细考虑这些更改对批准该飞机进行 ETOPS 时的最初评估可能造成的不利影响。

10.5.1.8　ETOPS 的授权要求

FAA 可以根据 FAR 121 部附件 P 中规定的要求和限制，批准不同区域的 ETOPS 运行。必须在合格证持有人运行规范中授权 ETOPS，并根据适用于 ETOPS 的 FAR 121 部条款进行。

10.5.1.9　双发 ETOPS 授权的维修要求

进行双发飞机 ETOPS 的合格证持有人必须遵守 FAR 121.374 规定的 ETOPS 维修要求。考虑进行 ETOPS 飞机的基本维修方案称为持续适航维修方案（CAMP），CAMP 现在可以被批准用于非 ETOPS 合格证持有人批准特定制造商和型号的飞机—发动机组合。

基本 CAMP 包含基于制造商维修方案的持续适航文件（ICA）或包含合格证持有人运行规范中批准的维修手册的维修和检查大纲。合格证持有人必须审查 CAMP 以确保其提供了足够的制定 ETOPS 维修方案的基础。

合格证持有人的 ETOPS CAMP 必须包括作为附加要求合并进基本 CAMP 的特定 ETOPS 要求。附加要求包括加强维修和培训过程，确保 ETOPS 飞机达到并保持 ETOPS 运行需要的性能和可靠性水平。

合格证持有人必须为涉及 ETOPS 的人员制定清晰的 ETOPS 维修文件。合格证持有人还必须制定 ETOPS 离场前服务检查，以核实飞机及重要部分是适航的并可进行 ETOPS。

10.5.1.10　ETOPS 维修培训要求

合格证持有人负责确保所有在 ETOPS 飞机上进行维修的机务人员，包括维修单位、供应商和合同维修单位，都接受了充分的、针对 ETOPS 的特定飞机—发动机组合的技术培训。

10.5.1.11　ETOPS 飞行运行要求

飞机性能数据。只有当飞行机组成员和支持包括改航在内的所有 ETOPS 运行阶段的签派员可以使用性能数据后，合格证持有人方可遣派飞机进行 ETOPS 飞行。

航路机场信息。依据 FAR 121.97，合格证持有人必须保持指定用作 ETOPS 备降机场运行能力的当前状态信息。

其他指导。咨询通告提供相关指导，包括如何派遣飞机进行 ETOPS、飞行计划限制、备降机场需要的特征和最低标准、必要的燃油供给、通信、签派/飞行放行等。

10.5.1.12　飞行培训要求

合格证持有人批准的 ETOPS 培训计划应当使飞行机组成员评估可能的推进系统和飞机系统的故障和失效，为改航决策做好准备。本训练的目标是培养飞行机组成员解决最可能发生的运行意外的能力。

注：咨询通告提供了培训计划特定 ETOPS 要求的列表。FAA 审查培训和运行手册用于核实手册提供信息的充分性。

10.5.2　FAR 121 部 ETOPS 的申请和批准

10.5.2.1　ETOPS 资格

为获得进行 ETOPS 的批准，合格证持有人必须满足以下条件：

（a）飞机。列在合格证持有人申请书内特定的飞机—发动机组合必须通过运输类飞机适航标准合格审定，并获得 ETOPS 批准。

（1）双发。已经根据以前的 FAA 指导批准的飞机—发动机组合可继续用于符合 FAR 121 部的 ETOPS 运行，不需要依据 FAR 25.1535 重新进行合格审定。在 2007 年 2 月 15 日已有型号合格证的双发飞机，可以批准进行 180min 的 ETOPS，无须满足 FAR 25.1535 中包含的燃油系统压力和流量、低燃油油量报警和发动机滑油箱设计要求。

（2）两台以上发动机。用于 ETOPS 并且制造时间早于 2015 年 2 月 17 日的双发以上飞机，无须根据修订的 FAR 25.1535 进行型号设计批准即可进行 ETOPS 运行。2015 年 2 月 17 日或以后制造的双发以上飞机必须符合 ETOPS 型号设计要求。

（b）飞机运行和维修要求。合格证持有人必须表明符合本咨询通告讨论的飞机运行要求和维修要求。

（c）培训要求。合格证持有人应当表明其已训练的人员达到 ETOPS 的能力，并且必须表明符合本咨询通告中讨论的飞行和维修培训要求。

（d）ETOPS 批准要求。FAA 批准申请人进行双发 ETOPS 运行之前，合格证持有人必须能够证明 ETOPS 批准使用的飞机—发动机组合可以达到和保持推进系统所需的可靠性水平（FAR 121 部附件 P）。合格证持有人还必须证明其能够以与其预期运行相应的可靠性水平运行特定机体和其他飞机系统。可以直接参照成功的服役运行历史，或根据本咨询通告附件 3 的早期的 ETOPS 申请方法成功验证所有 ETOPS 需要的流程来实现。

（e）早期的 ETOPS 申请。根据早期的 ETOPS 申请方法申请 ETOPS 授权的首次运行合格证申请人，必须符合与本咨询通告概述的合格证持有人相同的要求。应当理解，批准一个没有过往运行经验的申请人，比批准一个有运行经验的合格证持有人要更加慎重。

10.5.2.2　ETOPS 批准书的申请和颁发

10.5.2.2.1　双发飞机

（a）180min 以内的 ETOPS。

申请 180min 以内 ETOPS 的双发飞机申请人，可以在下列两个申请方法中选择一个最适合他们预期运行的方法（见附件 3）：

（1）服役经历的方法。

（2）早期的 ETOPS 方法。

（b）180~240min 的 ETOPS。只有当合格证持有人申请运行的飞机—发动机组合已经有 180min 的 ETOPS 运行授权，FAA 才可批准 180min 以外的 ETOPS。

（c）超过 240min 的 ETOPS。局方仅授权具体城市间的双发飞机运营人。合格证持有人必须至少连续 24 个月获得 180min 或以上授权运行，其中至少连续 12 个月获得 240min 的 ETOPS 授权，且申请中包括飞机—发动机组合。

10.5.2.2.2　双发以上载客飞机

申请双发以上飞机进行 180min 以外 ETOPS 运行的合格证申请人没有最低服役经验标准。此类申请人将根据早期的 ETOPS 方法申请批准。

10.5.2.3　验证飞行

在批准合格证持有人在授权运行区域，运行特定飞机—发动机组合的 ETOPS 之前，FAA 将要求合格证持有人在运营人批准申请中指定的 ETOPS 运行区域内的打算运营的预期航路上进行实际验证飞行。

根据合格证持有人进行 ETOPS 的经验水平和拟用于运营的航路，FAA 将决定需要的验证飞行次数，以及验证飞行进行的方式。

10.5.2.4　ETOPS 运行规范

成功完成验证飞行后，飞行标准司将授权为运行 ETOPS 合格证持有人批准颁发运行规范，其中至少包括涵盖以下授权和限制：

（a）经批准的飞机—发动机组合。

（b）当前批准的 ETOPS 所需 CMP（构型、维修和程序）标准，如适用。

（c）授权运营的地理区域。

（d）ETOPS 运行区域。

（e）获准使用的机场，包括备降机场和相关仪表进近以及最低运行条件。

（f）经批准的 ETOPS 维修和可靠性方案，包括经型号设计批准的 CMP 标准中规定的项目，如适用。

（g）用型号、型别、系列号和注册号对 ETOPS 进行授权的飞机标识。

10.5.2.5　获得 ETOPS 授权后的流程

FAA 一直监测全球已授权进行 ETOPS 的双发飞机—发动机组合的平均空中停车（IF-

SD）率，以确保ETOPS达到的可靠性水平保持在需要的水平，在无法维持可接受可靠性水平的情况下，或者在型号设计或进行ETOPS运行时发现重大缺陷，则将采取适当的行动。

10.5.3 极地运行

10.5.3.1 定义

定义北纬78°以北的整个区域为北极地区，定义南纬60°以南的整个区域为南极地区。

10.5.3.2 适用范围

运营飞机的合格证持有人的航路包括以上定义的北极或南极地区中任何一点，必须符合FAR 121部附件P第III节的要求。

10.5.3.3 极地要求

申请过极地地区飞行的合格证持有人，必须按适用情况为北极/南极地区的所有极地飞行制订适当的准备计划。

咨询通告记载了附加要求，确定了设备和飞机构型要求，作为ETOPS授权所讨论要求的补充。

10.5.4 AC 120-42B附件

附件1：定义。

附件2：ETOPS批准。FAR 121部附件P允许合格证持有人申请不同级别的ETOPS批准（75min、90min、120min等）。本附件概述了每个批准级别的细节，并拟提供符合FAR 121部附件P要求的进一步指导。

附件3：ETOPS批准的方法。本附件描述了两种不同的批准方法供合格证持有人使用。

（1）服役经历的方法（双发飞机180min以内ETOPS）。

（2）早期的ETOPS法（双发飞机180min以内ETOPS，以及双发以上载客飞机所有ETOPS）。

10.5.5 FAR 135部的ETOPS

10.5.5.1 总则

FAA在2007年1月16日发布了ETOPS最终法规，强制执行生效日期为2008年8月13日。

FAR 135.364规定，“在2008年8月13日以后，只有当FAA根据本部规章附件G延程运行（ETOPS）批准运行，合格证持有人方可在美国本土外依据运行规范批复的机场的飞行时间（以标准条件下静止大气中单发失效的巡航速度计算）超过180min的计划航路上运行飞机，不包括双发以上全货运飞机”。

FAA在2008年6月颁发了咨询通告AC 135-42“北极地区延程运行（ETOPS）和运营”，向合格证持有人提供获得根据FAR 135部进行ETOPS运行批准的指导。FAA可以授权在以标准条件下静止大气中经批准的单发失效时的巡航速度，距依据运行规范批复的机场的飞行时间超过 180min 的航路运行。此咨询通告还提供了在北极地区根据 FAR 135 部获得授权进行运行的指导。

注：咨询通告的基本准则和 10.5 中已经讨论的内容相似。接下来将仅叙述 FAR 135 部特有的概念。

10.5.5.2　ETOPS 规章要求

特定的飞机—发动机组合必须经过按运输类飞机适航标准进行的合格审定，并得到批准才能进行 ETOPS。但是 FAR 135 部附件 G 允许 2015 年 2 月 16 日前制造的飞机，不受 ETOPS 型号合格审定要求的限制。另外，合格证持有人必须根据 FAR 135 部获得 ETOPS 批准。

10.5.5.3　适用于 FAR 135 部远程运行的 ETOPS

FAA 和工业方对根据 FAR 135 部运行的涉及远程运行的失事和事故的分析，表明此类运行在没有航程规章限制的情况下，以高安全性水平进行了很多年。2007 年 2 月 15 日以前没有公布任何附加规章。最近几年一些制造商生产出航程完全超出距离机场 180min 的新型飞机。

因此，此类飞机运行与以 FAR 121 部批准三发和四发大型飞机为代表的远程运行相同。因为其最大商载和客座数较少，尽管具有远航能力，但这些飞机还是要根据 FAR 135 部授权运行。

10.5.5.4　ETOPS 的运行区域

ETOPS 运行区域是指所批准进行的运行中，经授权 ETOPS 最大改航时间内的区域。对于根据 FAR 135 部运行的多发飞机的描述为，以标准条件下静止大气中经批准的单发失效时的巡航速度，距离依据运行规范批复的机场的飞行时间在 180~240min 的区域。因为这样的距离会对飞机改航时间产生影响，所以为此类运行的飞行计划、运行和设备（equipage）要求建立了规章指导。

合格证持有人必须使用本咨询通告中的方法向局方申请获得在 ETOPS 区域运行的批准，并在获得其运行规范中具体的 ETOPS 运行区域内的 ETOPS 授权。

合格证持有人一般会根据预期航路的分析，以及足以支持 ETOPS 规章运行要求的机场的可用性，申请特定的 ETOPS 运行区域。

10.5.5.5　说明

咨询通告的第 2 章还提供了以下信息：

- ETOPS 风险管理和安全性水平
- ETOPS 可靠性和系统适用性要求
- 规避和保护
- ETOPS 备降机场要求
- ETOPS 服役经历

还可以在以下章节中找到 FAR 121 部 ETOPS 的基本理念：

- 第 3 章　ETOPS 授权要求
- 第 4 章　ETOPS 飞行计划
- 第 5 章　ETOPS 实施申请

- 第6章　FAA批准

10.5.5.6　附件

- 附件1：定义
- 附件2：ETOPS申请检查单
- 附件3：根据FAR 135部的极地运行

10.5.6　EASA的ETOPS

10.5.6.1　总则

根据EASA局长2003年11月5日关于No. 2003/12/RM的决定，颁布了“符合产品、零部件和机载设备适航性的一般可接受的方法（AMC 20）”。

本文件包含AMC 20-6“双发飞机延程运行ETOPS的合格审定和运行”。

根据2010年12月16日ED 2010/012/R发布的附件I，AMC 20-6第2修订版“双发飞机延程运行ETOPS合格审定和运行”取代了AMC 20-6。

10.5.6.2　ETOPS规章要求

EASA（SPA部）包含详细的批准要求，特别是SPA部F分部ETOPS双发飞机延程运行（ETOPS）和SPA. ETOPS. 105 ETOPS运行批准。

2012年10月24日n°2012/019/R号决定的附件“SPA部的可接受的符合性方法（AMC）和指导材料（GM），包含GM 1 SPA. ETOPS. 105 ETOPS运行批准”，认为AMC 20-6作为SPA部F分部双发飞机延程运行（ETOPS）的一种可接受的符合性方法和指导材料。

（一）F分部：SPA. ETOPS

①SPA. ETOPS. 100　ETOPS

在商业航空运输中，如果运营人已获得局方的ETOPS运行批准，双发飞机只能在超出根据CAT. OP. MPA. 140① 确定的阈值距离运行。

②SPA. ETOPS. 105　ETOPS运行批准

为获得局方的ETOPS运行批准，运营人应提供以下证据：

（a）飞机—发动机组合持有用于预期运行的ETOPS型号设计和可靠性批准。

（b）已经建立了涉及这些运行的飞行机组人员和所有其他运行人员的培训大纲，所涉及的飞行机组人员和所有其他运行人员都有资格进行预期的运行。

（c）运营人的组织和经验适合支持预期的运行。

（d）已经建立了运行程序。

③SPA. ETOPS. 110　ETOPS航路备降机场

（a）如果在预期的使用时间，机场可用并配备必要的辅助服务，例如，空中交通服务（ATS）、充足的照明、通信、天气报告、导航设备和应急服务，并且至少有一种仪表进近程序可用，则ETOPS航路备降机场应被视为是合适的。

（b）在进行ETOPS飞行之前，运营人应确保ETOPS航路上的备用机场是可用的，无

① CAT. OP. MPA. 140（c）没有经过ETOPS批准的双发飞机飞到适用机场的最大距离。

论是在运营人经批准的改航时间内，还是在基于 MEL 生成的飞机正常状态（serviceability status）的改航时间，以时间较短者为准。

（c）运营人应在运行飞行计划和 ATS 飞行计划中指定任何所需的 ETOPS 航路备降机场。

④SPA. ETOPS. 115　ETOPS 最低航路备降机场计划

（a）仅当适当的天气报告或预报或其任何组合表明在预计的着陆时间到最晚预计着陆时间之后 1h 之间的时间范围，运营人应选择一个机场作为 ETOPS 航路备降机场。

10. 5. 6. 3　咨询材料

GM 1 SPA. ETOPS. 105“ETOPS 运行批准”直接引用 AMC 20－6① 双发延程运行 ETOPS 合格审定和运行。

本书提供此文件的一些摘录，而不再重复 FAA ETOPS 已提及的一般概念。此处提供了文件的摘要，其中包含有关任何实际应用的完整文件的阅读建议。

（一）第 I 章　总则

目的。AMC 指出了可接受的方法，但不是获得批准双发飞机延程运行和执行此类运行的唯一方法。

该 AMC 分为三个章节，其中包含以下信息：

AMC 第一章提供了与延程运行相关的一般指导和定义。

AMC 第二章为补充型号合格证（STC）持有人申请发动机或特定飞机—发动机组合的 ETOPS 型号设计批准提供指导。这些飞机可用于延程运行。

AMC 第三章为依据适用的运营规章要求进行延程运行的运营人申请 ETOPS 运行批准提供指导。

AMC 20-6 第 2 修订版的目的是制定改航时间超过 180min 的指导。

①术语

（a）经批准的单发失效的巡航速度

（1）经批准的单发失效巡航速度是指运营人选定且经局方批准的用于在预期运行区域内的飞机使用限制范围内的一个速度。

（c）ETOPS 构型、维修和程序（CMP）

ETOPS CMP 文件包含特定飞机—发动机组合构型的最低要求，包括任何特殊检查、硬件寿命限制、主最低设备清单（MMEL）限制、局方认为必要的运行和维修程序，以确定飞机—发动机组合适用于延程运行。

（d）ETOPS 关键系统

ETOPS 关键系统是指飞机推进系统和任何其他飞机系统，其失效可能会对 ETOPS 飞行的安全性产生不利影响，或其功能对于在飞机改航期间持续安全飞行和着陆十分关键。

每个 ETOPS 关键系统都是基于以下标准的一类或二类系统：

（1）一类 ETOPS 系统：

一类系统是 ETOPS 关键系统，其与飞机上的发动机数量或发动机失效的后果有关，

---

① 现在为第 2 修订版。

系统的能力对于ETOPS飞行十分关键。

（2）二类ETOPS系统：

二类系统是ETOPS关键系统，其与飞机上的发动机数量无关，但对ETOPS飞行中飞机的安全运行十分关键。

（e）延程区域进入点

延程区域进入点是飞机航路上的第一点，即：

（1）对于最大客座数为19座或以下，最大起飞重量小于45360kg的双发飞机，从依据运行规范批复的机场以经批准的单发失效巡航速度（在静止大气中）飞行180min。

（2）对于最大客座数为20座或20座以上，最大起飞重量为45360kg或以上的双发飞机，从依据运行规范批复的机场以经批准的单发失效巡航速度（在静止大气中）飞行60min。

（f）空中停车

空中停车（IFSD）是指发动机因其自身原因诱发、飞行机组引起或外部因素导致的失去推力并停车。对于ETOPS，所有从起飞决断速度直到着陆发生的IFSD都应计算在内。

（h）运营人经批准的改航时间

运营人经批准的改航时间是由局方批准，运营人可以从运行区域的依据运行规范批复的机场以经批准的单发失效巡航速度（标准条件下静止大气中）运行飞机的最长时间。

（二）第Ⅱ章　型号设计批准书注意事项

颁发ETOPS型号设计批准书的管理当局是EASA当局。

总则。当双发飞机用于延程运行时，应确定其设计特征适用于预期运行。特定飞机—发动机组合的ETOPS关键系统应设计为符合故障安全的标准，并且应确定其可达到适用于预期运行的可靠性水平。在某些情况下，可能需要更改系统以达到所预期的可靠性。

适用范围。获得型号设计ETOPS批准书的过程要求申请人按照本第Ⅱ章和附件1和附件2中建立的标准表明：

（1）特定机体—发动机组合的设计特征适用于预期运行。

（2）符合ETOPS标准的特定机体—发动机组合可以实现足够高的可靠性。

机体—发动机组合的可靠性要求可以通过以下方法验证：

（1）方法1：本AMC的6.1节、附件1和附件2中定义的ETOPS型号设计批准书的服役经验法。

（2）方法2：本AMC附件1和附件2中定义的早期ETOPS型号设计批准书有关的申请人与局方商定的设计、试验和分析程序（即批准方案）。

可靠性水平的验证方法。应遵循本章与本AMC的附件1和附件2，以评估ETOPS型号设计批准书推进系统和机体系统所要求的可靠性水平。附件1和附件2规定了服役经验方法和早期ETOPS方法。

方法1：ETOPS型号设计批准的服役经验的方法。

方法2：早期ETOPS的方法。

ETOPS型号设计的评估标准。申请人应根据工程和运行考虑以及可接受的故障安全的方法，对故障和故障组合进行评估。评估应考虑使用单发运行的影响，包括允许可能由第一推进系统失效引起的附加应力。除非能够证明提供了等效的安全水平或故障的影响很小，否则应使用故障和可靠性分析作为指导以验证提供了适当水平的防故障安全设计等级。

（1）失效影响和可靠性分析。

（2）失效状态评估。

ETOPS 型号设计批准书的颁发。通过局方型号合格审定程序的工程检验和测试程序，以及足够的服役经验数据（见附件 1 和附件 2），圆满完成飞机评估后：

（1）经批准的 AFM 或 AFM（补充资料），以及直接包含或通过参考以下适用相关信息的飞机和发动机型号合格数据单或补充型号合格证，均可反映的型号设计批准、最大允许改航时间和任何时间限制的系统的证明能力。

（2）发动机 ETOPS 型号设计批准和最大允许改航时间将反映在发动机型号合格数据单或补充型号合格证中。

ETOPS 型号设计批准书的持续适航。

（1）局方将在其正常的监控和设计变更批准职能中纳入延程运行考虑。

（三）第 III 章　运行审批注意事项

（a）管理当局

向运营人发出 ETOPS 运行批准的管理当局是颁发其航空运营人合格证的机构。

获取 ETOPS 运行批准的方法。根据申请人机体—发动机组合先前服役经历的有效性和数量，获得 ETOPS 批准有两种方法：

（1）“早期 ETOPS 批准”，不需要申请人具有机体—发动机组合服役经验。

（2）“服役经验 ETOPS 批准”，根据申请人机体—发动机组合先前使用经验的数量，“早期 ETOPS 批准”方法的要素可用于减少先前服役经验的数量。

早期 ETOPS 批准。当运营人确定成功的 ETOPS 所必需的程序到位并被证明是可靠时，本条中定义的标准允许批准 180min 以内的 ETOPS 运行。早期批准的基础是运营人将达到等效安全水平，并满足本 AMC 的目标。

服役经验 ETOPS 批准。基于特定机体—发动机组合服役经验的批准。

运营人经验。通过运营中的航线申请批准的任何运营人应向局方提供报告，表明运营人维修和运行预期延程运行的特定机身—发动机组合的能力。该报告应包括发动机型号或相关发动机型号的经验，飞机系统或相关飞机系统的经验，或在非延程区域航线上特定机体—发动机组合的经验。将基于对这些信息的审查进行批准。

每个申请批准 180min 以上 ETOPS 的运营人应该已经具有 ETOPS 经验，并持有 180min 的 ETOPS 批准。

ETOPS 批准类别。包括以下四个批准类别：

（1）90min 或更少改航时间的批准。

（2）改航时间为 90~180min 的批准。

（3）改航时间超过 180min 的批准。

（4）改航时间超过 180min，最大客座数为 19 座或以下，最大起飞重量小于 45360kg 的双发飞机的批准。

在以上类别之一中申请 ETOPS 批准的运营人应符合所有类别的通用要求以及申请批准的特定类别的具体要求。

（b）飞行准备和飞行中的程序

运营人应为 ETOPS 制订飞行前计划和运控程序，并应列入运行手册。

（c）持续监控

根据附件 1、附件 2 和附件 8 持续监控特定机体—发动机组合的机队平均空中停车率（IFSD）。与所有其他运行一样，局方还应监测经授权延程运行的所有方面，以确保延程运行的可靠性水平保持在附件 1 中规定的必要水平，并且运行得以继续安全进行。

要遵循的程序的详细信息由以下附件提供：

附件 1：推进系统可靠性评估

附件 2：推进系统可靠性评估

附件 3：运行限制

附件 4：飞行准备和飞行中的程序

附件 5：ETOPS 航线备降机场

附件 6：ETOPS 培训计划

附件 7：典型的 ETOPS 运行手册补充材料

附件 8：持续适航注意事项

10.6 适航指令

10.6.1 总则

为了保持产品的持续适航状态，除了常规工作外，有时还必须执行一些非常规措施。

如果局方发现某航空器的不安全状态，例如，发动机、螺旋桨、零部件或安装的机载设备的故障，或可能发展到类似型号的航空器中，局方将发布适航指令（AD）。

适航指令是强制要求对某航空器采取行动以恢复可接受的安全水平的文件。

型号合格证持有人有责任收集和审查有关型号设计安全的所有信息，以确保在影响相同设计产品之前纠正任何潜在的不安全问题。

10.6.1.1 ICAO 成员国在持续适航方面的责任

国际民航组织（ICAO）附件 8 第 2 部分第 4 章中包含飞机持续适航和安全运行所必需的设计国、制造国和注册国之间进行信息交换的标准（以下称为强制性持续适航信息）。

注："强制性持续适航信息"一词旨在包含改装、更换部件或飞机检查，以及修订运行限制和程序的强制性要求。这些信息是成员国以适航指令的形式发布的。

特别地，注册国应：

（1）在收到设计国强制性持续适航信息后，直接采用强制性措施，或评估收到的信息并采取适当行动（4.2.3（d））。

（2）作为注册国，确保向设计国转交关于该航空器的产品或修改的所有强制性持续适航信息（4.2.3（e））。

10.6.2　FAA 适航指令

10.6.2.1　FAR 39 部

适航指令（AD）是 FAA 根据 FAR 39 部发布的法律强制性规章，旨在纠正产品（飞机、发动机、螺旋桨或机载设备）中的不安全状态。

以下是 FAR 39 部的概述：

当发现下列情形时，FAA 发布用于指导产品的适航指令：

（a）产品中存在不安全状态。

（b）该不安全的状态很可能存在，或存在于相同型号设计的其他产品中。

任何运营不符合适用的适航指令要求的产品，均属于违反本规定。

适航指令规定了要进行的检查、要遵守的条件和限制，以及为解决不安全状态而采取的任何措施。

如果能够提供可接受的安全水平，任何人都可以向 FAA 提出替代的符合性方法或更改符合性的时间。

每个适航指令都指定了负责批准替代的符合性方法的办公室。该办公室可以提供有关已批准的备选方案的信息。

适航指令给出了维修设施的说明，以进行适航指令要求的工作。

10.6.2.2　适航指令手册

本手册提供了适航指令起草、颁发和分配的政策和指导，旨在说明适用于适航指令的法律、编写适航指令的程序以及适航指令相关的关键问题的政策。

以下是这份重要的 FAA 手册中的一些摘录。

何时签发适航指令。当发现下列情形时，发布适航指令：

（1）产品（即航空器、航空发动机、螺旋桨或机载设备）中存在不安全状态时。

（2）不安全的状态很可能存在，或存在于相同型号设计的其他产品中。签发适航指令后，任何运营不符合适航指令要求的产品的人都属于违反 FAR 39.7 规定。如果不安全状态仅存在于一种产品上，并且没有其他现有的相同型号设计的产品，则通过适航指令以外的方式实现纠正措施。

立法建议（ANPRM）。在决定颁布立法通告（NPRM）之前，FAA 发布 ANPRM 就发布新法规的可能性征询公众意见。ANPRM 是有价值的，因为公众可以是该信息的最佳来源。ANPRM 可以是拟议规则的形式，也可以是获得用于制定 NPRM 的附加信息的问题列表。

立法通告。

（a）NPRM 是最常见的适航指令活动类型。在发现某不安全状态后，会以 NPRM 的形式发布建议的解决方案，公示以征集意见。征求意见期结束后，重新开放征求意见期，撤销 NPRM，或在综合考虑到征集到的所有意见的情况下签发最终法规（final rule），根据意见改变批准的法规。

（b）在联邦注册报（OFR）出版 NPRM 且征求意见期结束后，发布“最终法规”（即 NPRM 之后的最终规则）或“立法建议，撤销”。征求意见期结束 16 个月后，NPRM 变得

“过时”。根据导致NPRM“过时”的情况，可能会发布补充NPRM。

NPRM之后的最终法规。征求意见期结束后，如果所做的任何更改都不超出拟议的适航指令范围，FAA将会制定最终法规。

紧急适航指令。当存在不安全状态对飞行安全造成直接危险，需要所有人/运营人立即采取行动，并且不能等待在联邦公报上公布以解决不安全状况时，FAA将发出紧急适航指令。

受影响的成员。紧急适航指令只适用于接受“实际通知”的人员。那些没有通过美国邮件或传真亲自接收到适航指令的人，即使他们知道相关内容，也不需要遵守该紧急适航指令。

更改紧急适航指令。一般而言，通过具体程序对当前已签发的紧急适航指令进行部分修改后，认为该适航指令被新的适航指令替代而不再生效。新的适航识别出原适航指令不再生效。被取代的适航指令没有符合性要求。

最终法规，征求意见。必要时，为了安全起见，FAA可以立即签发最终法规而无须先发布NPRM。“行政法案”（APA）授权在FAA有“正当理由”去这样做时，可以无视“通知和征求意见”的要求。

10.6.3 EASA适航指令

10.6.3.1 EASA 21部A.3B适航指令

（a）适航指令是局方发布或通过的文件。当有证据表明航空器的安全性水平可能会受到影响时，该文件授权在航空器上采取行动以恢复该航空器可接受的安全性水平。

（b）局方应在下列情况下发布适航指令：

（1）局方已经确定的由于航空器、发动机、螺旋桨、零部件或机载设备的缺陷导致的不安全状态。

（2）不安全的状态很可能存在或扩展于其他航空器中。

（c）当局方必须发布适航指令，以纠正（b）所述的不安全状态或要求进行的检查时，型号合格证、限制型号合格证、补充型号合格证、重大修理设计批准书、ETSO批准书或其他依据本规章的相关批准书持有人，应：

（1）提出适当的纠正措施或必要的检查，或两者皆是，并将这些建议的细节提交给局方批准。

（2）依据经局方批准的第（1）点提及的建议书，向所有已知的产品、零部件或机载设备的运营人或所有人，以及根据要求任何需要遵守适航指令的人员提供适当的描述数据和实施说明。

（d）适航指令应至少包含以下信息：

（1）不安全状态的识别。

（2）受影响航空器的识别。

（3）所需采取的行动。

（4）所需采取行动的符合性时间。

（5）生效日期。

21. A. 3A 明确了型号设计批准书持有人在监控持续适航性和向局方提交报告方面的作用和责任。

(一) 21. A. 3A　失效、故障和缺陷

(a) 数据收集、调查和分析系统

型号合格证、限制类型号合格证、补充型号合格证、欧洲技术标准规定（ETSO）批准书、大修设计批准书或其他依据本规章被视为已签发的任何相关批准书持有人，应建立一套系统，用于收集、调查和分析有关失效、故障和缺陷或其他导致或可能对产品的持续适航性造成不利影响的事件的相关报告和信息。

(b) 向局方报告

型号合格证持有人，应向局方报告与该型号合格证所涵盖的产品、零部件或机载设备有关的任何导致或可能导致不安全状态的失效、故障、缺陷或其他情况。

当发生（b）下的事件是由于设计或制造缺陷造成的，型号合格证持有人或制造商应酌情调查缺陷的原因，并向局方报告其调查结果，以及正在采取或建议采取的纠正这一缺陷的措施。

如果局方认为需要采取措施纠正缺陷，则型号合格证、限制类型号合格证持有人或制造商应酌情向局方提交相关数据。

10. 6. 3. 2　咨询材料

下面提供有关适航指令的可接受的符合性方法（AMC）和指导材料（GM）的摘录：

①AMC 21. A. 3B（b）　不安全状态

如果有事实证据（从服役经验、分析或试验）表明存在不安全的状况：

(a) 可能发生导致死亡的事件，通常是航空器损坏，或航空器性能或机组人员应对不利运行状况能力的降低，其严重程度是：

(i) 大幅降低安全裕度或功能能力。

(ii) 生理不适或过度工作负荷，致使不能依靠飞行机组准确或完全地执行任务。

(iii) 对一个或多个乘员造成严重或致命的伤害。

除非表明这种事件的可能性在适用的合格审定标准所定义的限度之内。

(b) 对乘员以外的人员造成严重或致命伤害的风险不可接受。

(c) 旨在最大程度减少可生存事故的影响的设计功能未能达到预期的效果。

注：上述定义涵盖了局方认为存在不安全状态的大多数情况。在其他情况下，首要的安全考虑可能会导致局方发布适航指令。

GM 21. A. 3B（b）确定不安全状态的目的是提供适用于大多数情况的准则和示例，同时考虑到适用的合格审定要求。该指南提供了确定状态是否不安全的准则。

GM 21. A. 3B（d）（4）为纠正措施的缺陷校正提供指导方针，以协助展开改进工作，纠正发现的缺陷。

10. 6. 3. 3　EASA 适航指令政策

EASA 根据 EASA 的适航指令政策（PO. CAP. 00016）发布或批准适航指令。

适航指令由 EASA 代表欧盟和成员国、以及根据该规章第 66 条参与 EASA 活动的欧洲第三国，依据（EASA）基本规章发布。

根据M. A. 301，通过符合任何适用的适航指令确保航空器的持续适航性。因此，任何人员都应该依据适航指令的要求运营适航指令适用的飞机，除非获得局方（M. A. 303）特殊批准或注册国授权。

适用于EASA批准的型号合格证的适航指令是由EASA发布或批准的。

适航指令由EASA通过EASA的决定（agency decisions）发布。

向航空器所有人发布适航指令是注册国的责任，不属于EASA。

EASA适航指令出版工具（AD tool）提供了自2003年8月28日起由EASA发布或批准的适航指令的完整列表。该工具还包含所有建议适航指令（PAD），并允许用户在征求意见期间提交意见。

一种替代的符合性方法（AMOC to ADs）是经过EASA批准的偏离AD的方法。这是AD中规定的方式外的解决产品、零部件和机载设备上的不安全状态的方法。AMOC必须提供与原适航指令安全性水平等同的可接受的安全性水平。

非欧盟成员国适航指令。对于局方仅履行注册国设计责任的产品、零部件和机载设备，其政策是自动批准设计国发布的适航指令，除非EASA在设计国的适航指令生效之前签发了不同的适航指令。

10.7 主最低设备清单/最低设备清单

10.7.1 总则

主最低设备清单（MMEL）是（由局方批准）适用于航空器型号的主清单。当保持适用标准所规定的安全性水平时，基于内在的设计裕度和/或规定的运行和维修程序、条件与限制，按照持续适航的适用程序，利用该清单可以确定那些可以暂时不工作的仪表、设备产品及功能。

这意味着所有与航空器适航性相关但不包括在列表中的系统都自动被要求运行，诸如厨房设备以及乘员便利设施之类的非安全相关的设备无须列出。

MMEL包含了航空器审定所需要的运行类型。

某些MMEL项目需要得到运行和维修程序的支持，这些程序必须在MMEL审批过程中向局方确定。

与第4章提到的安全评估标准紧密相关的主清单，必须由型号合格证持有人（TCH）制定。

最低设备清单（MEL）的概念不是直接来自产品型号合格审定标准，而是来自运营标准。

国际民航组织对最低设备清单（MEL）的定义见附件6第1章“定义”：

最低设备清单（MEL）。在航空器特定设备无法工作的条件下，保证航空器运行的清单，由航空器运营人根据MMEL按其标准或更严格地为航空器型号建立的。

国际民航组织公约附件6的第6章“飞机仪表、设备和飞行文件”要求：

6.1.3 运营人应在运行手册中包括由运营人所在国批准的最低设备清单（MEL），该清单将使机长能够在任何仪器、设备或系统失效时，决定是否可以从任意中间停机点开始或继续飞行。如果运营人所在国不是航空器注册登记国，运营人所在国应确保 MEL 不影响航空器符合其注册登记国适用的适航性要求。

附件 6 的附件 F 包含有关最低设备清单的指导。

10.7.2　EASA MMEL 和 MEL

10.7.2.1　审定规范（CS）MMEL

我们参考了 2014 年 1 月 31 日的 EASA 局长发布的第 2014/004/R 号决定，该决定的附件是“主最低设备清单审定规范和指导材料”。

本文件由两册组成：

第 1 册：审定规范。

第 2 册：指导材料。

我们将从这些复杂而重要的书中提供一些摘录。

①CS MMEL. 050　范围

这些审定规范为型号合格证、变更批准或补充型号合格证的申请人建立了规范，并提供主最低设备清单（MMEL）作为 21 部中定义的运行适用性数据（OSD）的一部分①。

②CS MMEL. 100　适用性

这些审定规范适用于复杂动力驱动的航空器，并包含建立 MMEL 的审定规范。

③CS MMEL. 110　MMEL 目的

对于特定的航空器型号或型别，MMEL 列出了特殊运行条件、限制或程序相关联的可能暂时不起作用的项目。

GM2 MMEL. 110　MMEL 目的是解释：

（a）所有未列入清单的项目都必须工作，除非它们被认为是非安全性相关项目。

（b）对于非安全性相关项目，其中包括与乘客相关的便利、舒适或娱乐等项目设施与仅在地面上适用的用于维修的设备。乘客的便利、舒适或娱乐等项目可能包括厨房设备、电影设备、立体声设备和头顶阅读灯等物品。

（c）非安全性相关项目不需要包括在 MMEL 中，除非申请人希望列入其中。

④CS MMEL. 115　运行类型

MMEL 涵盖已审定的航空器型号的所有类型的运行。

C 分部考虑了 MMEL 项目的安全等级和理由。

⑤CS MMEL. 140　安全水平

MMEL 项目是准备在考虑到以下因素的情况下，确保达到适用要求规定的可接受的安全水平：

（a）降低飞机的功能能力和/或安全裕度。

（b）机组工作量的变化和/或机组效率的下降。

---

① 根据修订的 21 部 21. A 分部第 62 款，向用户提供的运行适用性数据（OSD）要求由 TC 持有人提供。

（c）当航空器偏离构型签派时，对航空器的起飞、持续飞行和着陆产生最严重的安全影响的下一个失效对航空器及其乘员的影响。

（d）项目设计（如果适用）以防止出现下一个外部事件对航空器及其乘员的影响。

GM2 MMEL. 140　安全水平解释了如何维持这一水平。

通过以下方式之一或组合，可以为 MMEL 项目维持可接受的安全水平：

（1）调整运营限制。

（2）在保证机组工作量的变化和/或机组培训可接受的前提下，功能/信息转移到执行所需功能或提供所需的信息的运行系统/零件。

（3）在保证机组工作量的变化和/或机组培训可接受的前提下，制定运行程序（例如，替代程序和额外的航前检查）。

（4）制定维修程序（如停用和保护需关注的系统/零件、附加的验证任务）。

CS-MMEL 第 2 册指导材料代表 CS-MMEL 的真实“运行”部分，为 MMEL 汇编的格式和内容提供实用指导。

注：MMEL 是航空器运营人结合其特定航空器设备构型和运行条件制定自己的 MEL 的基础。运营人的 MEL 格式可能与 MMEL 不同，但是其限制不得低于 MMEL。单个运营人的 MEL 经批准后，允许航空器在有失效设备的情况下运行一段时间，直至故障排除。

CS MMEL. 145 要求通过局方认可的方式对每个 MMEL 项目进行论证。

C 分部提供了定性的安全性评估的指导，同时也提供了基于第 4 章中所看到的“安全评估”原则的定量的安全性评估的指导。

10.7.2.2　飞机运行规章

最低设备清单（MEL）是指根据欧洲委员会（EC）第 216/2008 号条例附件 IV 8.a.3① 规定的文件，并且经局方批准，满足以下条款的要求：

①ARO. OPS. 205　最低设备清单的批准

（a）局方在收到运营人的 MEL 或其修正案的初步批准申请时，应当在发布批准前，对受影响的每一个项目进行评估，以核实是否符合适用要求。

（b）在 ORM. MLR. 105（f）规定的条件由运营人证明并由局方核实的情况下，局方应批准运营人延长适用的 B 类、C 类和 D 类维修间隔的程序。

（c）在 ORO. MLR. 105 由运营人证明并由局方核实的情况下，局方应根据具体情况，批准在超出 MEL 限制但在 MMEL 的限制内的航空器的运行。

②ORO. MLR. 105　最低设备清单

（a）按照 8.a.3 的规定建立 MEL。

（b）MEL 及其任何修改应由局方批准。

---

①　运营人在建立 MEL 或等效文件时，必须考虑以下因素：

（i）该文件必须规定在航空器带有不工作的特殊仪器、设备或功能条件下，在航班开始时如何运行航空器。

（ii）必须为每架飞机准备 MEL，同时要考虑运营人的相关运行和维护条件。

（iii）最低设备清单必须基于“主最低设备清单”（如果有），并且必须比主最低设备清单更严格。

（c）在 MMEL 进行任何适用性变更后，运营人应在可接受的时间范围内修改 MEL。

（d）除项目清单外，MEL 还应包含：

（1）序言，包括给使用 MEL 的航空器机组人员和维修人员的指导和定义。

（e）航空器运营人应：

（1）为 MEL 列出的每个失效的仪器、设备或功能制定维修间隔（rectification intervals）①。MEL 中的维修间隔应比 MMEL 中相应的维修间隔更严格。

（2）制订有效的维修方案。

（3）仅在以下情况下，在 MEL 指定的维修间隔期满后仍能运营飞机：

（i）故障已被排除。

（ii）维修间隔已按照（f）进行了延期。

（f）经局方批准，航空器运营人可以通过相应的程序 B 类、C 类和 D 类维修间隔进行一次延期。

（g）航空器运营人应参考 MMEL 中的运行和维修程序建立 MEL 中的运行和维修程序，这些程序应为运营人手册或 MEL 的一部分。

（h）在 MMEL 中的运行和维修程序修改后，航空器运营人应对 MEL 中引用的运行和维修程序进行修改。

（i）除非 MEL 另有规定，航空器运营人应完成：

（1）在计划和/或运行的列出的项目不工作时，MEL 中引用的运行程序。

（2）在列出的项目失效之前，MEL 中引用的维修程序。

（j）根据局方的具体个别情况批准，航空器运营人可以超出 MEL 的限制范围，但在 MMEL 的限制范围内运行携带不工作的仪器、设备或功能的航空器。

③CAT. IDE. A. 105　最低飞行设备（minimum equipment for flight）

当飞机的预期航班所需的任何仪器、设备或功能失效或缺失，航班不得运行，除非：

（a）飞机按照运营人的 MEL 运行。

（b）运营人经局方批准，可以在 MMEL 的限制内运行航空器。

④CAT. IDE. H. 105　最低飞行设备

当直升机的预期航班所需的任何仪器、设备或功能失效或缺失时，航班不得运行，除非：

（a）直升机按照运营人的 MEL 运行。

（b）运营人经局方批准在 MMEL 的限制范围内运行直升机。

⑤NCC. IDE. A. 105　最低飞行设备

当飞机的预期航班所需的任何仪表、设备或功能失效或缺失时，航班不得运行，除非：

（a）飞机按照运营人的 MEL 运行。

（b）运营人经局方批准，在 MMEL 的限制内运行飞机。

（c）飞机根据可接受的适航要求签发飞行许可证。

---

① 维修间隔允许航空器带有不工作的仪器运行，直到故障排除。

⑥NCC. IDE. H. 105　最低飞行设备

当直升机的预期航班所需的任何仪器、设备或功能项目失效或缺失时，航班不得运行，除非：

（a）直升机按照运营人的MEL运行。

（b）运营人经局方批准，在MMEL的限制内运行直升机。

（c）直升机根据可接受的适航要求签发飞行许可证。

10. 7. 3　FAA MMEL/MEL

我们之前提到过MMEL和MEL的含义。现在简要总结一下这两个概念：

主最低设备清单（MMEL）：MMEL是指在特定型号的航空器上可能失效的设备和仪器的项目列表，这是制定运营人MEL的基础。

最低设备清单（MEL）：MEL是对于有序列号和注册号的特定型号和型别飞机的具体的失效设备文件。

10. 7. 3. 1　航空运行规章

我们从（a）、（b）和（c）开始：

①FAR 91. 213　不工作的仪器和设备

（a）除本条（d）另有规定外，一架装有不工作的仪器或设备的航空器起飞，应当满足以下条件：

（1）该航空器有一份经批准的MEL。

（2）该航空器有对运营人所在地区拥有管辖权的FAA飞行标准办公室颁发的授权书，授权按照最低设备清单运行航空器。授权书可以通过适航证持有人的书面申请获得。最低设备清单和授权书构成该航空器的补充型号合格证（STC）。

（3）批准的最低设备清单必须：

（i）按照本条（b）规定的限制进行准备。

（ii）规定带有处于不工作状态的仪器和设备的航空器如何运行。

（4）飞行员用的航空器记录必须包括不工作的仪器和设备的记录。

（5）航空器在MEL和授权书所列的所有适用条件和限制下运行。

（b）以下仪器和设备可不包括在MEL中：

（1）根据飞机型号合格审定以及在所有运行条件下安全运行必不可少的适航要求以特定或其他方式要求的仪器和设备。

（2）适航指令要求处于可运行状态的仪器和设备，除非适航指令另有规定。

（3）本部分条款规定的特定运行所需的仪器和设备。

（c）获授权使用根据本部规章的K分部、FAR 121部、FAR 125部或FAR 135部颁发的特定航空器的经批准的MEL的人员，必须使用该MEL以符合本条的要求。

注：有必要强调，必须发布授权书（LOA）以授权按照MEL的规定运营，以便与MEL构成STC（（a）（2））。

这里，（c）引用了K分部（部分所有权运营），指出MEL授权必须参照相关标准（见后文）。

91.213（d）规定了在没有经批准的 MEL 的情况下，携带不工作的仪器或设备的运行，我们引用它的关键部分：

（d）除根据本节（a）或（c）的运行外，任何人不得在没有经批准的 MEL 的情况下，运行携带不工作的仪器和设备的航空器。

（1）飞行运行的航空器是：

（i）旋翼航空器，非涡轮动力的航空器、滑翔机、轻型飞机、动力降落伞或重量控制飞机，对以上航空器尚未制定 MMEL。

（ii）制定了 MMEL 的小型旋翼航空器、非涡轮动力小型航空器、滑翔机或轻型飞机。

（2）不工作的仪器和设备不是：

（i）该航空器取得型号合证格所依据的适用适航条例中规定的用于昼间目视飞行规则合格审定的仪表和设备部分。

（ii）在航空器设备清单上或在为执行某种飞行所规定的该种飞行的设备清单上所要求的。

（iii）由 § 91.205 或本部的任何其他规则针对特定类型的飞行运行所要求的。

（iv）通过适航指令要求的。

（3）不工作的仪器和设备，应当：

（i）从航空器上拆下，在驾驶舱的有关操作上标明，并按照 FAR 43.9 的规定作维修记录。

（ii）被设置成不能工作并用标牌标明“不工作”，如果停用的不工作的仪器或设备涉及到维修，则必须按照 FAR 43 完成维修并记录。

（4）由经 FAR 61 部认证并具有适当评级的飞行员，或由经认证并具有适当评级的航空器维修人员可决定不工作的仪器或设备对航空器不构成威胁。

携带本条（d）规定的不工作的仪器或设备的航空器被认为处于适航当局可接受的适当更改状态。

（e）带有不工作的仪器和设备的航空器可以根据 FAR 21.197 和 FAR 21.199 颁发的特殊飞行证运行，被设置成不能工作并用标牌标明“不工作”。

AC 91-67：根据 FAR 91 部通用航空运行的最低设备要求，描述了 FAR 91 部在航空器带有的不工作的仪器和设备不是安全飞行所必需的情况下的可接受运行。

该 AC 还解释了 MEL 获得 FAA 批准的过程。

FAA Order 8900.1 CHG 0 涉及《FAR 91 部运营人的最低设备清单》的航空器设备和运行授权（第 4 卷，第 4 章，第 2 节）。

本文件比 1991 年发布的 AC 91-67 更新，这是对 FAR 91.213 和相关问题的（有和没有 MEL）两种情况的明确和全面的咨询材料。

我们现在考虑 FAR 91 部 K 分部、FAR 121 部、FAR 129 部和 FAR 135 部下运行的 MMEL/MEL，参考 FAA Order 8900.1 CHG 167 第 4 章第 1 节的最低设备清单（MEL）和构

型缺损清单（CDL）[①]。

上述FAR的相关要求可以在以下部分中找到：

（1）91部K分部91.1115（a）（2）。

（2）121部121.628（a）（2）。

（3）129部129.14。

（4）135部135.179（a）（2）。

所有这些章节都有一个共同的声明如下：根据运行规范授权的经认可的最低设备清单构成了对型号设计的批准更改，而不需要重新审定。

这个FAA Order是咨询材料的另一个来源。

对于在FAR 125部下运行的MMEL/MEL，我们参考FAA Order 8900.1 CHG 0，第4章，第3节“最低设备清单和构型缺损清单”。

FAR 125.201授权在特定条件下，带有不工作的设备的航班运行。

本书中的基本概念和定义与上述Order中提及的相同。

当然，这里有与这个FAR的运行有关的细节。例如：

多用途运行的航空器。91.213（c）允许具有FAR 125部批准的MEL的人员使用在FAR 91部下运行的MEL。FAR 125 MEL必须明确规定授权的FAR 91部运营人符合批准的MEL中建立的更严格的条款。

10.8 国外航空器的安全评估

10.8.1 总则

《芝加哥公约》第6条，定期航班服务规定：

除非经缔约国特别许可或其他授权，并按照该许可或授权的条件，任何定期国际航班不得在该国领土上空飞行或进入该国领土。

通过国家法规的规定，各国有望实施和执行公约附件规定的国际民航组织标准和建议做法。

《芝加哥公约》第12条明确规定：

各缔约国承允采取措施，在其领土上空飞行或在其领土内运行的每一航空器及每一具有其国籍标志的航空器，无论其在何处，都应该遵守当地关于航空器飞行和运行的现行规则与规章。缔约各国承允本国相关规章，在最大可能范围内，与根据本公约随时制定的规章相一致。外国航空器安全性评估计划始于1996年，旨在评估在欧洲机场运营的航空公司对国际民航组织标准的遵守程度，通过要求更正和预防来提高航空公司的总体安全水平

---

① 构型缺损清单（CDL）：根据CAR 4b、FAR 23部或FAR 25部规定取证并打算在FAR 121部或FAR 135部下运行的航空器，可能会被批准在缺少次级机身和发动机零件的情况下运行。用于此类运行的航空器原始文件为CDL。航空器合格审定办公室（ACO）根据对型号合格证（TC）的修订授予CDL批准。对于经美国审定的航空器，CDL作为附录纳入了经批准的飞行手册的限制部分。

并确定与国际民航组织标准的差异。

外国航空器安全性评估计划（SAFA 计划）的法律基础是《芝加哥公约》，其第 16 条规定：缔约国有关当局有权对其他缔约国的航空器在降停或飞离时进行检查，并检查《芝加哥公约》规定的证书和其他文件，但应避免不合理的延误。因此，SAFA 计划使其参与国能够遵守国际民航组织的这一要求。

直到 2006 年，在欧洲，SAFA 计划的运营要素由联合航空当局（CJAA）实施。2006 年底，包括中央数据库在内的 SAFA 协调活动，已从 CJAA 转移到 EASA。

在美国，一个名为“国际航空安全评估”（IASA）的类似计划始于 1991 年，以制定出解决国外航空运输安全问题的办法。

因此，IASA 计划于 1992 年在联邦登记册上正式成立，其目的是确保所有进出美国的外国航空承运人或与美国航空承运人的代码共享都得到适当的审定，并受到由主管民航局（CAA）提供的符合国际民航组织标准的安全监督。

10.8.2　EASA 停机坪检查计划（SAFA/SACA）

10.8.2.1　No 965/2012 规章

欧盟特别考虑到：

第 216/2008 号规章（EC）要求成员国除了监督他们签发的证书外，还需进行调查，包括停机坪检查，并采取包括飞机接地在内的任何措施，以防止继续侵权。

这里采用了该规章（以下为部分摘录）：

本规章对于商业航空运输运营的飞机和直升机设立了详细的规定，包括当航空器降落在属于条约中条款范围内的领土上，并且该航空器的运营人受其他国家的安全监督，需对此航空器进行停机坪检查。

本规章同时也对签发、维修、修订、限制、暂停或根据第 216/2008 号规章（EC）条款 4（1）（b）和（c）① 要求撤销航空器运营人的合格证，合格证持有人的权利和责任以及为安全起见禁止、限制或者受某些条件限制的详细规定。

航空器运营人处在另一个成员国或第三国的安全监督之下，对运营人进行的停机坪检查应按照 RAMP 的附件 2 的要求执行②。

10.8.2.2　停机坪检查计划（SAFA/SACA）

欧盟停机坪检查计划是一个欧洲计划，涉及在第三国运营人使用的飞机上进行停机坪检查（SAFA），或在欧盟成员国的监督下由运营人使用的飞机的停机坪检查（SACA）。

该计划依据第 965/2012 号欧盟法规，并规定对可疑的飞机进行检查（根据参与国收

---

① 航空器，包括任何被安装上的产品、零部件和设备。（b）在成员国注册的，除非他们的安全监督管理被委派给第三国，且不被成员国运营人使用的航空器。（c）当运营人在成员国范围内建立或属于成员国，航空器在第三国注册并被此运营人使用时，成员国应确保监督其在成员国范围内外的运营或使用。

② RAMP 分部根据管理当局或局方的要求为以下情况制定了相关条款：当航空器降落在缔约国的领土范围内的机场，并且停机坪检查的任务由第三国运营人或在另一成员国监督管理下的运营人执行时，管理当局或局方需要执行任务并履行权利。

集的安全相关信息，或基于EASA运行的集中式数据库的定期分析）不符合适用要求（国际安全标准或欧盟标准）的情况，也可以在没有任何怀疑的情况下进行停机坪检查，在这种情况下，将使用抽查程序。

欧盟停机坪检查计划已经取代了欧盟SAFA计划，并有两个主要组成部分：

（1）SAFA停机坪检查（对于第三国运营人）。

（2）SACA停机坪检查（针对共同体运营人（community operators）——根据欧盟标准进行检查）。

有47个参与欧盟停机坪检查的参与国、32个成员国和15个与EASA有工作安排的国家。

EASA负责协调停机坪检查计划。

在每个参与国，在另一个成员国或第三国的安全监督下的运营人的飞机可以进行停机坪检查，主要涉及航空器文件和手册、飞行机组人员执照、飞机的外观状况和强制性的客舱安全设备的有无和状况。

如果发生重大违规行为，则应与运营人和相应的航空管理局（运营人所在国或注册国）联系，以便采取纠正措施，同时不仅要考虑到被检查的航空器，而且还要考虑到一般违规的其他航空器。来自报告的所有数据以及补充信息都进行共享并集中在由EASA设置和管理的计算机化数据库中。

注：停机坪检查限于现场评估，不能取代适当的监管监督，因此不能保证特定航空器的适航性。

如果违规行为对安全产生直接影响，检查员可以要求采取纠正措施，然后才允许航空器离开。授权检查员在进行停机坪检查期间使用的清单包括53个检查项目。检查可能包括飞行员的飞行员执照、驾驶舱内的程序和手册、飞行和乘务员遵守这些程序的情况、驾驶舱和机舱内的安全设备、携带的货物以及航空器的技术条件。

由于到达和离开之间的时间（周转时间）可能不足以进行完整的清单检查，不是所有的53个项目都可以检查到。除安全方面的原因外，该计划的政策是不得延误飞机。

参与欧盟停机坪检查计划的参与国的监督机构进行随机检查，而其他一些监督机构则重点关注可能不符合适用标准的航空器或航空公司。

考虑调查结果的严重程度很重要。为此，已经确定了三类调查结果。

（1）第1类是轻微问题（minor）。

（2）第2类是严重问题（significant finding）。

（3）第3类是重大问题（major finding）。

以上词语轻微、严重和重大与影响安全的程度相关。

检查和调查结果类别记录在集中数据库中。

在考虑停机坪检查期间确定的调查结果时，第2类（严重）和第3类（重大）调查结果在整改时需给予高度重视。根据调查结果的类别、数量和性质，可以采取若干行动。

如果调查结果表明航空器及其乘客的安全受到损害，则需要采取纠正措施。通常，会要求机长解决引起注意的严重缺陷。在极少数情况下，如果检查人员有理由相信机长不打算对他报告的缺陷采取必要措施，他们将正式停飞航空器。检查国采取的行动意味着航空器被正式停飞，直到采取适当的纠正措施为止。

另一种类型的运行称为在飞行授权前的纠正措施。在飞机被允许恢复飞行之前，需要采取纠正措施纠正任何已经发现的缺陷。在其他情况下，飞机可能会在运行限制下起飞。

按照标准惯例，刚刚接受检查的航空器机长应听取有关调查结果的汇报，此外，第 2 类和第 3 类调查结果将发送给负责的航空管理局以供参考，并通知运营人的总部，让其采取适当行动防止再次发生。

在某些情况下，当飞机上的调查结果被认为很重要时，个别参与国可以决定撤销该航空器的入境许可证。这意味着特定的航空器不再被允许在该国机场降落或在该国领空飞行。如果飞机的运营人证明问题得到妥善解决和纠正，可以解除这种禁令。

关于这种禁令及其随后的解除，属于欧盟的参与国应按照第 2111/2005 号条例（EC）关于在欧盟内建立一个受运营禁令约束的航空承运人共同体名单的规定行事。

所有参与国的管理当局都任命了国家协调员，国家协调员的主要作用是确保日常国家级协调方案的工作，以促进方案的适当执行。

第 965/2012 号欧盟条例（EC）规定，EASA 有义务每年为欧盟准备一份关于外国航空器安全评估参与国收集信息的公开汇总信息报告的提案。

停机坪检查计划的建立是基于：

（1）2012 年 10 月 5 日欧盟条例 No 965/2012（EU）。

（2）可接受的符合性方法（AMC）和指导材料（GM）到局方对航空运行的要求（ARO）部分，合并版，第三版，2014 年 7 月 28 日。

（3）2014 年 9 月 17 日批准的“停机坪检查分类检验指南”（SAFA/SACA）调查结果-INST. RI. 01001。

10.8.3　FAA 国际航空安全评估（IASA）计划

10.8.3.1　总则

根据国际航空安全评估（IASA）计划，美国联邦航空局决定，由另一个国家对其运营或试图进入美国运营的航空承运人，或与美国航空承运人进行代码共享的航空公司进行监督，确认是否符合国际民航组织（ICAO）制定的安全标准。

IASA 计划侧重于一个国家的能力，而不是个别航空承运人的能力，遵守国际民用航空公约《芝加哥公约》所载的国际航空安全标准和建议措施中的附件 1（人员许可）、附件 6（飞机运行）和附件 8（航空器适航性）。

10.8.3.2　IASA 计划

IASA 评估通过关注国际民航组织 9734 号文件“安全监督手册”中规定的有效航空安全监督机构的八个关键要素（CE），确定是否符合国际标准。这八个关键要素包括：

（1）（CE-1）主要航空法规。

（2）（CE-2）具体运行规章。

（3）（CE-3）国家民用航空系统和安全监督职能。

（4）（CE-4）技术人员资格和培训。

（5）（CE-5）技术指导、工具和提供安全关键信息。

（6）（CE-6）许可、认证、授权和批准责任。

（7）（CE-7）监督责任。

（8）（CE-8）解决安全问题。

根据《芝加哥公约》和适用的国际航空运输协定规定进行的IASA项目，计划由美国飞行标准司（AFS）、国际计划和政策司（AFS-50）管理。

IASA计划在1992年8月24日的《联邦注册报》上正式发布，其目的是确保所有往返美国的国外航空承运人，或与美国承运人进行代码共享的外国航空承运人都经过适当的审定，并由民航局（CAA）根据国际民航组织的标准进行安全监督。

根据《联邦公报》的规定，IASA类国家的外国航空承运人具有以下经授权的技术许可：

（1）根据运输部（DOT）的授权，来自第1类国家的承运人可以进入美国和/或与美国航空承运人代码共享一起在美国运营。

（2）来自第2类国家的在美国运营的和/或与美国航空承运人代码共享的承运人的服务范围限于评估时的水平。

（3）来自第2类国家寻求向美国发起商业服务和/或寻求与美国航空承运人代码共享的承运人不得启动此类服务。

AFS-50维护并公布其IASA确定结果的国家的类别摘要清单。这类国家被列为第1类：FAA发现该国符合国际民航组织的民用航空安全监督标准。或者第2类：FAA发现该国不符合这些标准。

根据《联邦注册报》，关于安全监督类别的IASA计划的结果将向公众提供，由美国和外国政府、航空业和乘坐国际航班旅行的美国公民使用。

国际计划和政策司可能会定期重新审查在美国运营的航空承运人国家的民航局，以保持对该国继续遵守国际民航组织规定方法的充分了解。如果有理由相信未达到国际民航组织的最低标准，国际计划和政策司也可能随时重新评估这个国家。

10.8.3.3 IASA进程

一个主权国家的外国航空承运人，希望进入美国从事外国航空运输业务，或与美国航空公司进行代码共享，就需要向美国运输部（DOT）提交外国航空运输许可证的申请。

根据国际法，对于进入美国运营的某些安全要求由FAR 129部规定，其中规定承运人必须符合国际民用航空《芝加哥公约》附件6（航空器运行）第1部分（国际商业航空运输）中所载的安全标准。

在运输部签发外国航空承运人许可证之前，它会将申请通知FAA，并要求FAA评估各自的民航局为其国际航空承运人提供安全审定和持续监督的能力。

国际计划和政策司通常使用该国民航局的国内评估期间收集的信息，来确定一个国家适用的IASA类别评级。国际计划和政策司在根据IASA计划确定安全监督时，还可以考虑其他可靠信息来源来了解民航局是否符合国际标准。国际计划和政策司可以使用这些其他来源制定的信息来补充民航局评估期间的信息，或者在进行IASA分类时完全替代评估。

在开展IASA评估时，美国飞行标准司使用标准化清单，将国际标准分为国际民航组织建立的八个安全监督CE问题。

一旦国内 IASA 完成，评估组返回美国，汇编调查结果，并提供详细的书面报告。随后，FAA 通过报告向美国其他政府官员和民航局提供评估结果，详细介绍 IASA 的最新进展，并要求开展适当的后续活动。

当民航局的安全监督评估的初步结果表明，一个国家不符合国际民航组织的标准时，FAA 正式要求进行最后的 IASA 讨论，以提供机会让民航局提出必要的行动来纠正不符合国际民航组织要求的调查结果。最后的讨论也可能是为评估过程中确定的可能需调整的部分提供指导的机会。

为了实现 IASA 第 1 类评级，一个国家必须证明它符合国际民航组织的八个 CE 标准。第 2 类意味着一个国家的民航局提供的安全监督至少一个 CE 的标准没有满足。

当 IASA 结果显示一个国家获得 IASA 第 1 类评级时，国际计划和政策司将向 DOT 提出积极的建议。

自从 IASA 计划成立以来，美国飞行标准司已经通过全球的民航局，使民用航空安全监督水平方面得到了明显的改善。通过应用 IASA 计划，美国飞行标准司继续促进国际标准的遵守，确保各国对每个进入美国运营的航空承运人进行适当监督，或与美国航空承运人进行代码共享，满足国会对航空安全的法定要求，并满足旅游的期望。因此，IASA 计划仍然是 FAA 提供世界上最安全、最高效的航空系统的持续使命的组成部分。

10.9　安全管理系统

10.9.1　总则

国际民航组织定义：安全管理的系统性方法，包括必要的组织结构、职责责任、政策和程序。

FAA 定义：一个系统的、持续的管理过程，基于对危害的主动识别和风险分析。

EASA 定义：一系列明确的、组织范围内的过程，该流程提供与公司日常业务相关的有效的基于风险的决策。

在本书第 2 版中，经国际民航组织许可，我们引用了“安全管理手册”（SMM）（Doc. 9859）的内容。

继国际民航组织这份重要文件的第 3 版（2013 年）之后，本文对这些引文进行了更新，但仅适用于第 2 章，这是一份关于安全管理基本原则和安全概念的重要文件。

我们必须考虑到，新的国际民航组织公约附件 19 在 2013 年 11 月 14 日开始适用。

所以我们会直接考虑这份新文件。

如其他部分所建议的那样，本书目的是提供有关事项的概要参考和一般指导，但是我们始终推荐阅读原始材料以获得任何实际应用的良好做法。

SMM 手册旨在为各国提供关于制订和实施国家安全计划（SSP）的指导，参考以下“国际标准和建议措施”（SARPs）：

附件 1 人员执照，附件 6 飞机运行，附件 8 航空器适航性，附件 11 空中交通服务，附件 13“航空器事故和事故征候事件调查”和附件 14 机场。

本手册的目的是向各国、产品和服务提供商提供：

（1）安全管理基础概述。

（2）附件1、附件6、附件8、附件11、附件13和附件14所包含的国际民航组织安全管理标准和建议措施摘要。

（3）关于如何根据国际民航组织有关标准和建议措施制定和实施一个SSP的指导，包括监督产品和服务提供者安全管理系统（SMS）的协调管理框架。

（4）关于安全管理系统的开发、实施和维修的指导。

10.9.2 安全管理基础

10.9.2.1 安全的概念

在航空领域的范围内，安全是指通过持续的危害识别和安全风险管理过程，将人身伤害或财产损失的可能性降至最低，并维持在可接受水平的状态及以下。

虽然消除飞行事故和/或严重事故仍然是最终目标，但是航空系统不能完全消除危险和相关的风险。

人类活动或人造系统不能保证绝对免于操作错误及其造成的后果。

只要安全风险保持在适当的控制水平之下，一个开放和动态的航空系统仍然可以通过管理以维持生产和保护之间的适当平衡。

10.9.2.2 安全的演变

20世纪50年代以前，安全工作的重点放在技术因素的研究和改进上。到20世纪50年代末，技术改进导致事故发生频率逐渐下降，安全流程扩大到涵盖法规遵守和监督。

20世纪70年代初，由于重大技术进步和安全法规的加强，航空事故发生率明显减少。飞机成为更安全的交通工具，安全工作的重点扩大到包括人/机交互在内的人为因素问题。

为了减少资源投入的误差，人员表现仍被认为是导致事故的重要因素。人为因素的科学应用往往侧重于个人，没有充分考虑到运营和组织环境。

组织管理的时代从20世纪90年代中期一直延续到现在，开始从系统的角度来看安全性，除了受到组织因素的影响也需考虑人为和技术因素。因此，考虑到组织文化和政策对安全风险控制的有效性的影响，引入了“组织事故”的概念。

此外，传统的数据收集和分析工作，仅限于使用通过调查事故和严重事件收集的数据，并辅以一种新的主动安全措施。这种新方法基于使用主动和被动方法的数据的日常收集和分析，以监控已知的安全风险并检测新出现的安全问题。这些改进为安全管理方法奠定了基础。

10.9.2.3 事故原因

由詹姆斯·里森（James Reason）教授建立的“瑞士奶酪”模型，说明了事故涉及多个系统防御的连续失效。这些失效可以通过诸如设备故障或操作错误等许多因素来触发。

失效在安全防范中可能是系统最高级别做出的决定的延迟后果，这些决策会保持休眠状态，直到特定的运行环境激活其影响或潜在的破坏性为止。

在这种特殊情况下，人为失误或操作层面的主动失误会破坏系统固有的安全防护。里森模型提出，所有事故都包括主动和隐蔽条件的组合。

主动失误是行为或不作为，包括错误和违规行为，立即产生不利影响。普遍认为，事后看来这是不安全的行为。

主动失误通常与一线人员（飞行员、空中交通管制员、航空器机务工程师等）有关，并可能导致有害的后果。

错误和违规之间的区别是动机因素，一个试图尽可能完成任务的人，按照受到的训练并遵循规则和程序执行任务，但未能达到目前任务的目标，就会出错。

在完成任务的同时，有意地偏离规则、程序或者培训的人是违规的。因此，错误和违规之间的基本差异是意图。

隐蔽条件是在经历破坏性结果之前航空系统中存在的条件。隐蔽条件的后果可能长时间保持休眠状态。

最初，这些隐蔽条件并没有被认为是有害的，但一旦系统的防御被破坏，这些隐蔽条件将会变得明显。系统的隐蔽条件可能由于缺乏安全文化、设备或程序设计不良、相互矛盾的组织目标、组织制度有缺陷或管理决策造成。

组织事故的基本观点是在整个系统的基础上，识别和缓解这些隐蔽条件，而不是通过由局部努力来最大限度地减少个人的主动失误。隐蔽条件有可能破坏航空系统的防御能力。通常，航空防御可分为三大主题：技术、培训和规章制度。

防御通常是包含隐蔽条件，以及人员行为失误的后果的最后一个保障措施。大多数（如果不是全部的话）针对一连串危险的安全风险的缓解战略是基于加强现有防御或开发新的防御措施。

主动失误可以被认为是错误或违规。错误和违规之间的差异是我们上文所提到的动机因素。

从组织事故的角度来看，安全工作应该监督组织过程，以确定隐蔽条件，从而加强防御。安全工作也应该改善工作环境，以控制主动失误，因为所有这些因素组合才产生安全故障。

错误和违规如前文所述，错误被定义为：由运行人员采取的行为或不作为导致偏离组织或运行人员的意图或期望。在 SMS 文件中，国家和产品或服务提供者都必须理解、预计到，无论人员所使用何种水平的技术、培训或存在何种法规、流程和程序，他们都可能会犯下错误。

那么一个重要的目标就是设定和维护防御措施，以减少错误的可能性，同样重要的是，减少错误发生时的后果。为了有效地完成这项任务，必须识别、报告和分析错误，以便采取适当的补救措施。

违规被定义为故意的不当行为或疏忽导致偏离既定的法规、程序、规范的行为。尽管如此，不符合不一定是违规的结果，因为违反规章要求或运行程序可能是错误的结果。使问题复杂化的是，当违规行为是故意行为时，并不总是恶意的行为。

个人可能会故意违反规定，他们认为违规行为有助于完成任务，而不会造成不良后果。这种违规行为是判断上的错误，根据现行政策可能不会自动引起纪律处分。

10.9.2.4　安全文化

促进安全运行的有效途径是确保一个组织或单位创造出一个所有员工都对安全负责的

环境。当工作人员考虑到他们所做的一切事情对安全的影响，报告所有危害、错误和威胁，并支持识别和管理所有相关风险时，这一点变得很明显。

此外，管理层必须创造一个令全体人员可以意识到安全隐患的环境，给予足够的系统以保护自身，并在他们通过安全报告系统泄露安全信息时获得保护。有效的安全文化是在组织范围内实现不同的国家和专业文化和谐的一种方法。

健康的报告文化旨在区分有意和无意的偏差，并确定整个组织和直接参与的相关人员的最佳行动方案。

绝对的无责罚文化是不合理的，甚至是不可行的。虽然管理层获得安全信息，但是如果系统被适当的惩罚行为干扰，系统就会失效。相反，一种不能区分无意的错误/失误与故意不当行为的文化将阻碍报告过程。如果人员因为担心受到处罚而不报告，管理层不会获得重要的安全信息。

总的来说，全体人员必须相信，在为了安全利益而做出的任何决定中，他们将得到支持，但也必须理解，故意违反安全政策的行为是不能容忍的。因此，自愿报告制度应该按照适当的政策保密和运行。

10.9.2.5 安全管理

安全管理流程能够识别有可能对安全性产生不利影响的危害。这些过程还提供有效客观的机制来评估危害带来的风险，并采取措施消除这些危害或减轻与之相关的风险。

安全空间。与任何从事提供服务、生产和安全风险的组织相关联。组织必须通过平衡产出与可接受的安全风险来确定其生产和安全目标。此外，在确定其生产目标时，组织需要定义防御措施，以控制安全风险。

对于产品或服务提供商，基本的安全防范是技术、培训以及内部流程和程序。

对于国家来说，基本防御措施是相似的，即人员培训、适当使用技术、有效监督以及支持监督的内部流程和程序。

安全空间是组织平衡所需生产的区域，同时通过安全风险控制来维护所需的安全保护。

分配过多资源以用来保护或风险控制，可能会导致产品或服务变得无利可图，从而危及组织的生存。

另一方面，以牺牲保护为代价分配过多的生产资源可能会对产品或服务的安全性能产生影响，最终导致事故。

10.9.2.6 安全报告和调查

准确及时地报告与危险、事故征候或事故有关的相关信息是安全管理的基础活动。

事故征候和事故的调查。当事故或严重事故征候发生时，将启动事故调查程序。在航空系统中发现任何可能发生的故障及其原因，并为此采取必要的对策，防止再次发生。

因此，在安全管理环境中，事故调查过程具有明显的作用，是当系统中的安全防御、障碍、检查和平衡失效时，开展安全管理的重要过程。

事故调查作为SMS和SSP框架中所载要素的重要反应性组成部分，通过提供事故/事故征候的根本原因以及从事件分析中吸取经验教训，有助于航空系统的不断改进。

强制性国家层面的调查通常仅限于事故和重大事故征候，但成熟的安全管理环境也可能对后果较小的事件提供调查。

除了确定事故/事故征候的发现和根本原因之外，大多数调查还发现了危害/威胁。一个有效和全面的调查过程包括确定和区分造成事故/事故征候的最终后果、不安全事件和危险/威胁。

在今天的主动安全管理环境中，事故/事故征候调查过程与组织的危险报告/识别过程之间存在重要且必要的整合。

一些调查报告通常将其结论和采取的行动归结为直接的原因。因此，任何次要或间接的危害/威胁往往被忽视，除非可以通过将事故/事故征候调查与危害识别过程联系起来以弥合这个差距。

10.9.2.7　*危险*

危险源识别是安全风险管理过程的先决条件。危险和安全风险之间的任何不正确的区别可能是混乱的根源。明确了解危险及其相关后果对于实施可靠的安全风险管理至关重要。

了解危险和后果。安全工作者通常将危险定义为可能导致死亡、人员受伤、设备或结构损坏、材料损失或执行指定功能的能力降低的情况。为了达到航空安全风险管理的目的，危险一词应集中于可能导致或造成航空器或航空安全相关设备、产品和服务处于不安全运行的状况。

例如，考虑当处于 15kn 的风速下，虽然这不一定是危险的情况，但事实上，在跑道方向上有 15kn 的风时，改善了飞机的起飞和着陆性能。然而，一个 15kn 风在预定起飞或降落的跑道上以 90°的方向吹过，会产生侧风，这可能是危险的，因为它可能会对航空器的运行造成危害，如出现横向偏移等情况。

危险是航空活动的必然部分。然而，它们的表现和可能的后果可通过各种缓解策略来解决，包括对于潜在的可能导致航空器处于不安全状态或影响航空设备运行的危险加以遏制。

在上面的侧风示例中，危险的直接结果可能是失去横向控制，随之而来的是冲出跑道。最终的后果可能是事故，隐蔽危害的破坏通过一个或多个后果显现出来。因此，安全评估对于所有可能的后果进行综合考虑是非常重要的，并要进行准确和实际的描述。

最极端的后果是造成人员生命的损失，应该与那些可能产生较小影响的后果区别开来，例如，飞行机组的工作量增加、乘客不适或安全裕度的减少。根据其合理的结果对后果的描述，并通过适当优先排列和分配有限的资源，将有助于制定和实施有效的缓解措施。

适当的危险源识别导致对其隐蔽结果的适当评估。

危害存在于组织的各个级别，可通过使用报告系统、检查或审核来检测。当危险与某些触发因素相互作用时，可能发生意外事故。

因此，在导致事故、事故征候或其他安全相关事件之前，应识别危险。

主动识别危险的一个重要机制是自愿的危险/事故征候报告系统。

危险识别方法。识别危险的三种方法是：

（a）反应性：这种方法包括分析过去的结果或事件，通过调查安全事件来识别危险。事故征候和事故是系统缺陷的明确指标，因此可用于确定导致出现事件或隐蔽事件的危害。

（b）主动性：这种方法包括分析现有或实时情况，这是安全保障功能的主要工作，其工作内容包括审计、评估、员工报告以及相关分析和评估过程。这涉及到积极寻找现有过程中的危险。

（c）可预测性：这种方法涉及数据收集，以便识别出可能将会出现的负面结果或事件，并分析系统过程和环境，以识别将会出现的隐蔽危机并采取减轻危险的行动。

10.9.2.8 安全风险

安全风险管理是安全管理体系的另一个重要组成部分，安全风险管理一词旨在将这一功能与财务风险、法律风险、经济风险等管理进行区分。本节介绍安全风险的基本原理，并包括以下主题：

（a）安全风险的定义。

（b）安全风险概率。

（c）安全风险严重程度。

（d）安全风险容限。

（e）安全风险管理。

安全风险定义：安全风险是对现有危险或情况造成的后果或结果的可能性和严重性的预测。虽然结果可能是意外事故，但中间不安全事件/后果可能被确定为最可信的结果，这种分层结果的识别通常与更复杂的风险缓解软件相关。

安全风险概率：控制安全风险的过程首先是评估在组织进行的航空活动中发生危害后果的可能性，安全风险概率被定义为发生安全风险后果或结果的可能性或频率。

图10-2（a）显示了一个典型的安全风险概率表。该表包括五个类别，以表示与不安全事件或条件相关的概率、每个类别的描述，以及每个类别的分配值。

必须强调的是，这只是一个例子，表和矩阵的细节和复杂程度应适应不同组织的特殊需要和复杂情况。

安全风险严重程度：安全风险概率评估一旦完成，下一步是评估安全风险严重程度，同时考虑到与危害有关的潜在后果。安全风险严重程度定义为可能合理发生的危害程度，作为确定危害的结果或后果。严重性评估可以基于：

（a）死亡/伤害。有多少生命损失（员工、乘客、旁观者和普通公众）？

（b）损坏。飞机、财产或设备损坏程度可能是多少？

考虑到最可能预见的最坏的情况，严重性评估应考虑与不安全状况或财产相关的所有可能后果。

可能性	类别描述	分配值
频繁的	可能会发生许多次（已经频繁发生过）	5
偶尔的	可能会发生几次（不经常地发生过）	4
微小的	不可能会发生（几乎很少发生）	3
不可能的	极不可能会发生（不知其发生过）	2
极不可能的	此类事件发生是难以置信的	1

（a）安全风险概率表

严重性	类别描述	分配值
灾难性的	–设备破坏。 –多人死亡	A
危险的	–安全裕度大幅度下降、身体不适或工作载荷等因素使无法依靠运行人员来准确完整地执行任务。 –严重伤亡。 –主要设备损伤	B
重大的	–安全裕度明显下降，由于工作载荷的增加或由于某些使效率降低的条件，运行人员处理不利运行条件的能力降低。 –严重的事故征候。 –人员伤害	C
轻微的	–干扰。 –运行限制。 –使用紧急程序。 –微小的事故征候	D
可以忽略的	–产生轻微后果	E

(b) 安全风险严重性表

风险可能性	风险严重性				
	灾难性的（A）	危险的（B）	重大的（C）	轻微的（D）	可以忽略的（E）
频繁的（5）	5A	5B	5C	5D	5E
偶尔的（4）	4A	4B	4C	4D	4E
微小的（3）	3A	3B	3C	3D	3E
不可能的（2）	2A	2B	2C	2D	2E
极不可能（1）	1A	1B	1C	1D	1E

(c) 安全风险评估矩阵

容忍度描述	风险评估指标	建议标准
不可容忍的区域	5A，5B，5C，4A，4B，4C	当处于风险存在的环境中不可接受
可容忍的区域	5D，5E，5C，4D，4E，3B，3C，3D，2A，2B，2C，1A	当风险消除时可以接受，这可能需要做出管理方面的决定
可接受区域	3E，2D，2E，1B，1C，1D，1E	可以接受的

(d) 安全风险容限矩阵

风险评估指标	描述	建议措施
5A，5B，5C，4A，4B，3A	高风险	必要时终止或减少操作，优先执行减轻危险的行动以保证附加的或提高预防性的控制措施到位，从而把风险指标降低到合适的或更低的范围
5D，5E，4C，4D，4E，3B，3C，3D，2A，2B，2C，1A	中风险	在可行时计划安全性评估的绩效以降低风险指标到更低的范围
3E，2D，2E，1B，1C，1D，1E	低风险	当处于此范围内可以接受，并且不要求进一步减轻风险

（e）备用的安全风险容限矩阵

图 10-2　与安全风险相关的图表

图 10-2（b）提供了典型的安全风险严重性表。它包括五个类别，分别表示严重性、每个类别的描述、以及每个类别分配值。与安全风险概率表一样，这个表只是一个例子。

安全风险容限：安全风险概率和严重性评估过程可用于得出安全风险指数，通过前面描述的方法创建索引，包括字母数字指示符、指示概率和严重性评估的组合结果，相应的严重性/概率组合在图 10-2（c）的安全风险评估矩阵中给出。

该过程的第三步是确定安全风险的容限。首先，有必要在安全风险评估矩阵中获得指标，例如，考虑到安全风险概率被评估为偶然（4），以及安全风险严重程度已被评估为危险的情况（B）。概率和严重性（4B）的组合是产生后果的安全风险指数。

从安全风险评估矩阵获得的指标必须导出到描述特定组织的容限标准的安全风险容限矩阵中（见图 10-2（d）），使用上述示例，安全风险评估为 4B 的标准属于现有情况下不可接受的类别。在这种情况下，后果的安全风险指数是不可接受的。因此，必须：

（a）采取措施减少组织面临的特定风险，即降低风险指数的可能性。

（b）采取措施，降低与危害有关的后果的严重性，即降低风险指数的严重性组成部分。

（c）如果不能减轻，则取消运行。

注：图 10-2（d）中的倒金字塔反映了为了将风险指数推动到金字塔底部顶点的风险指数的持续努力；图 10-2（e）提供了另一种替代的安全风险容限矩阵的示例。

10.9.2.9　安全风险管理

安全风险管理包括评估和减轻安全风险。安全风险管理的目标是评估和确定与危害相关的风险，并制定和实施有效和适当的缓解措施。因此，安全风险管理是国家和产品/服务提供商层面的安全管理流程的关键组成部分。

概念上将安全风险评估为可接受的、可容忍的和不能容忍的风险。

在任何情况下，被最初评估为不能容忍区域的风险是无法接受的，危害后果的可能性和严重性较大，危害的潜在危险对安全构成威胁，即应立即采取所需的减轻风险的行动。

评估后在可容忍区域的安全风险是可以接受的，只需组织实施适当的缓解策略。最初被评估为不能容忍的安全风险可以被缓解，然后进入可容忍的区域，前提是这些风险由适当的缓解策略控制。在这两种情况下，可以认为适当的补充性成本—效益分析是可行的。

评估最初落在可接受区域的安全风险是可以接受的，目前不需要采取行动来将危险的可能性和/或严重性置于组织的控制之下。

10.9.3 国际民航组织公约附件19

10.9.3.1 介绍

本附件的标准和建议措施（SARPs）旨在协助各国管理航空安全风险，鉴于全球航空运输系统的复杂性日益增加，以及为了确保航空器安全运行所需的相互关联的航空活动，本附件支持提高安全绩效的主动战略的持续发展。这一主动安全战略的基础是系统地处理安全风险的国家安全计划（SSP）的实施。

10.9.3.2 国家安全管理责任（第3章）

3.1 国家安全计划

3.1.1 各国应制订SSP以进行国家安全管理，以达到可接受的民用航空安全绩效水平。SSP应包括以下部分：

（a）国家安全政策和目标。

（b）国家安全风险管理。

（c）国家安全保障。

（d）国家安全促进。

3.1.2 要达到的可接受的安全绩效水平应由国家确定

注：安全管理手册（SMM）（Doc 9859号文件）中载有关于定义可接受水平的安全绩效的指导。

3.1.3 作为其SSP的一部分，每个国家应要求其下属的服务提供商在其授权下实施SMS：

（a）通过附件1认可的培训机构，在提供服务期间面临与航空器运行有关的安全风险。

（b）分别按照附件6第I部分或第III部分第II节授权国际商业航空运输的飞机或直升机运营人。

（c）对于按照附件6第I部分或第III部分第II节向经营国际商业航空运输飞机或直升机的运营人提供服务的经批准的维修单位。

（d）按照附件8要求负责航空器型号设计或制造的组织。

3.1.4 作为SSP的一部分，每个国家应要求根据附件6第II部分第3节的大型或涡轮喷气式飞机的国际通用航空运营人实施SMS。

注：国际通用航空运营人在本附件中不被视为服务提供者。

3.2 国家安全监督

各国应按照附录1建立和实施安全监督制度。

10.9.3.3 安全管理体系（SMS）（第4章）

注1："安全管理手册"中包含有关实施SMS的指导（SMM）（Doc 9859号文件）。

注2："服务提供者"指的是第3章3.1.3中所列组织。

4.1 总则

4.1.1 除4.2中要求外，服务提供者的SMS应：

（a）根据附录2所载的框架要素设立。

（b）与服务提供商的规模及其航空产品或服务的复杂性相匹配。

4.1.2 根据附件I的规定，经批准的培训单位，在提供服务期间面临与航空器运行相关的安全风险的，其SMS应由负责组织批准的国家接受。

4.1.3 分别根据附件6第I部分或第III部分第II节，被授权进行国际商务航空运输的飞机或直升机经审定的运营人，SMS应由运营人所在国接受。

4.1.4 根据附件6第I部分或第III部分第II节，从事国际商业航空运输的航空器直升机运营人提供服务的核准维修组织的SMS，应被负责国家的组织批准。

4.1.5 符合附件8要求的负责航空器型号设计的单位的SMS应被设计的国家接受。

4.1.6 符合附件8要求的负责制造航空器的单位的SMS，应被制造国接受。

4.2 国际通用航空——飞机

注：关于通用航空SMS的实施指导记载于安全管理手册（SMM）（Doc 9859号文件）和行业行为守则当中。

4.2.1 根据附件6第II部分第III节开展大型或涡轮增压飞机的国际通用航空运营人的SMS应与运营的规模和复杂程度相称。

4.2.2 建议SMS应至少包括：

（a）确定实际和潜在安全隐患并评估相关风险的过程。

（b）制定和实施必要的补救措施以维持可接受的安全水平的过程。

（c）规定持续监测和定期评估安全管理活动的适当性和有效性。

10.9.3.4 安全数据收集、分析和交换（第5章）

注：作为SSP的一部分，这些规范的目标是通过对安全数据的收集和分析以及安全信息的及时安全交换来支持安全管理活动。

5.1 安全数据收集

5.2 安全数据分析

5.3 安全数据保护

5.4 安全信息交换

10.9.3.5 附录和附件

附录1 国家安全监督系统

（1）主要航空法规

（2）具体运行规定

（3）国家制度和职能

（4）合格的技术人员

（5）技术指导、工具和安全关键信息的提供

（6）许可、认证、授权和/或批准的义务

（7）监督义务

（8）解决安全问题

附录2 安全管理体系框架（SMS）

（1）安全政策和目标

（2）安全风险管理

（3）安全保证

（4）安全提升

附件 A　国家安全计划框架（SSP）

（1）国家安全政策和目标

（2）国家安全风险管理

（3）国家安全保障

（4）国家安全促进

附件 B　关于保护信息安全数据收集和处理系统的法律指导

（1）介绍

（2）一般原则

（3）保护原则

（4）例外原则

（5）公开

（6）保管人对安全信息的责任

（7）记录资料的保护

10.9.4　FAA SMS

（a）安全管理体系（SMS）

“因此，FAA 与工业界开始实施安全管理体系，这一体系用来识别危害、评估这些危害中的风险，并采取措施来降低这些风险，这就是我们采取基于风险的决策创新的核心。”

——此为迈克尔·休尔塔（Michael Huerta）于 2015 年 10 月 6 日在华盛顿举办的飞行安全基础媒体早餐活动上发表的以“在我们安全发展的另一个起点”为题演讲中的一段话。

10.9.4.1　FAR 5　安全管理体系

FAA 于 2015 年 1 月发布了 FAR 5 部的最终法规，确定了执行时间。

FAR 5 部符合国际民航组织（ICAO）的政策，ICAO 根据《芝加哥公约》附件 6 对于参与国际运输的国际民航组织成员国航空承运人制定了安全管理体系（SMS）标准。

以下是此规章的一些摘录。

（一）A 分部：总则

①5.1　适用范围

（a）根据 FAR 119 部授权进行运行的合格证持有人若要按照 FAR 121 部的要求进行运行，必须在 2018 年 3 月 9 日前拥有符合本部规章要求并能被局方接受的安全管理体系。

（b）合格证持有人必须在 2015 年 9 月 9 日之前向局方提交实施计划以供审查。实施计划必须不迟于 2011 年 3 月 9 日获得批准。

（c）实施计划可能包括任何合格证持有人现有的、旨在满足本部规章的要求，包括现有 SMS 的组成部分、计划、政策或程序。

②5.3　一般要求

（a）根据本部分要求任何拥有安全管理体系的合格证持有人必须提交能够被局方认可的安全管理体系。SMS必须与合格证持有人的运营规模、范围和复杂程度相对应，并至少包括以下部分：

（1）按照本部分规章B分部要求制定的安全政策。

（2）按照本部分规章C分部的要求进行安全风险管理。

（3）按照本部分规章D分部的要求进行安全保证。

（4）按照本部分规章E分部的要求进行安全升级。

（b）安全管理体系必须按照本部分规章F分部的记录保存要求进行维护。

（二）C分部：安全风险管理

①5.51　适用性

合格证持有人必须对以下情况进行安全风险管理：

（a）新系统的实施。

（b）对现有系统的修订。

（c）运营程序的开发。

（d）通过本部分D分部规定的安全保证程序识别危险或无效的风险控制。

②5.53　体系分析和危险识别

③5.55　安全风险的评估与控制

（三）D分部：安全保证

①5.71　安全性能监控与测量

（a）合格证持有人必须开发和维护的流程和体系，来获得与运营、产品和服务相关的数据，以监控组织的安全性能。

②5.73　安全性能评估

③5.75　持续改进

合格证持有人必须建立和实施流程，用来纠正根据§5.73规定要求进行的评估中确定的安全性能缺陷。

（四）E分部：安全升级

（五）F分部：SMS文件和记录保存

10.9.4.2　AC 120-92B——航空服务供应商的安全管理体系

此咨询通告（AC）为FAR 121部航空承运人提供了基于FAR 5部要求实施安全管理体系（SMS）所需的信息。具体来说，该文件介绍了规章要求、指导以及开发和实施SMS的方法。其他航空服务供应商也可以基于FAR 5部的要求，使用该咨询通告（AC）来自主开发安全管理体系（SMS）。

FAR 5部提出了一个有效的SMS的一套基本步骤，但并没有指定实现这些过程的特定方法。换句话说，这个条例定义了必须完成“什么”，而不是必须“如何”完成它。

此AC为如何开发SMS以实现组织制定的安全性能目标提供了指导。正如此AC所指出的那样，没有一个统一适用的方法来满足FAR 5部的要求。这种设计是有意为之的，因为美国联邦航空局期望每个航空承运人开发一个仅对其独有的运营起到作用的SMS。因此，此AC为设计和实施符合FAR 5部要求的可接受的符合性方法提供指导。

尽管如此，这些方法不是唯一的符合性方法。

10.9.4.3 8900.281 安全管理体系（SMS）——批准121部合格证持有人的SMS实施计划①

本通知根据FAR 5.1（b）和（c）的要求，为美国联邦航空局飞行标准司（AFS）人员提供批准FAR 121部合格证持有人的安全管理体系（SMS）实施计划的指导。

10.9.5 EASA SMS

（a）安全管理体系（SMS）

航空安全要求所有的参与者主动管理。安全管理有利于整个航空系统，体现在加强传统的风险控制措施，并确保安全风险得到系统性的管理。安全管理为创新性和灵活性提供空间：它不是描述“做什么”而是更注重如何“实现安全”。

——帕特里克·基（EASA执行局长）

10.9.5.1 总则

（a）成员国的安全管理

在制定这些原则时，国际民航组织（ICAO）授权所有缔约国（同时也是EASA成员国）执行国家安全计划（SSP），同时要求成员国的组织建立安全管理体系（SMS）。这两个要素是相互补充的。

（b）欧盟的安全管理

欧洲商用航空安全组（ECAST）以及欧洲战略安全倡议机构（ESSI）的商业航空运输部门已经出版了组织实施安全管理体系（SMS）需要的材料，其目标是推广能够支撑行业实施欧洲和国际监管规定的最佳做法。

（c）欧洲商用航空安全组（ECAST）

ECAST针对大型固定翼航空器运行，旨在进一步加强欧洲商用航空安全，并在全球范围内保障欧洲公民安全。ECAST成立于2006年10月，是EASA、其他欧洲监管机构和航空业的合作伙伴。ECAST基于以下原则：行业可以通过自愿承担成本效益高的安全措施来完善监管行为。

（d）欧洲战略安全创新机构（ESSI）

ESSI是EASA、其他监管机构和行业的航空安全合作伙伴。ESSI的目标是通过安全分析、实施成本效益高的行动计划以及与全球其他安全机构进行协调，进一步增强欧洲和全球公民的安全。ESSI是由EASA于2006年推出的一个10年计划项目，它具有三大核心：欧洲商用航空安全组（ECAST）、欧洲直升机安全组（EHEST）和欧洲通用航空安全组（EGAST）。

此外，EASA、成员国、欧委会、性能审查机构和欧洲航空安全组织采取了更积极的方法，合作开发欧洲航空安全计划（EASP）。EASP帮助成员国履行法律义务，进一步提高安全性。

EASA基本条例中描述了EU与成员国之间的角色分工，成员国与EASA共同努力以

① 实施计划只是一个简单的路线图，介绍了合格证持有人应当怎样实施程序以达到FAR 5部规章中的要求。因此，实施计划应该成为实现SMS的实际策略。

全面实施 SSP 成为可能。与 EU 等同的 SSP（即 EASP）的产生是履行这项义务的一种更有效的办法，将支持欧盟成员国及有关国家开发自己的 SSP。

10.9.5.2 EASP 的主要内容

拟议的欧洲航空安全方法基于三个要素：

（1）政府的一套政策和目标（战略）。

（2）旨在改善安全的一整套条例和行动（大纲）。

（3）高水平的安全问题评估和相关行动计划（安全计划）。

安全计划每年更新一次，其中安全计划 2014-17 第 4 版包含以下内容：

（1）附件 A：提供了有关 2013 年整个安全计划进展情况的状况报告。在本附件中，为每个行动项目提供了以下信息：已完成工作的总结、行动的领导人、对行动进展是否符合计划的评估，可能存在的偏离计划的情况，确定关键性可交付成果。

（2）附件 B：侧重于成员国采取的行动，以及年内提供的反馈意见的总结。

（3）附件 C：SSP 阶段实施的调查结果，此调查旨在强调在哪些国家实施 SSP。

EASP 的实施现在扩展到 45 个国家：32 个 EASA 成员国以及作为 ECAC 成员的 EASA 成员国以外的 13 个国家。

为了更好地了解这些过程的含义，我们从安全计划 2014-17 选取了一些内容。

欧洲已经开始实施安全管理体系，更加积极主动地识别危害，其最终目标是进一步减少目前我们已有的良好安全记录。这一体系服从并补充了现行制定安全规章的体系，并在发生事故和严重事故征候时进行调查。

SMS 的关键要素之一是管理安全风险，这意味着识别危害、评估风险并作出最佳行动决策以减轻风险。行业组织和国家也被要求必须在其管理的活动范围内进行这项活动。

在欧洲，这一过程是与各国和工业界协调进行的，因为它们是航空体系的一部分，现在已经存在于安全计划中。该文件就是欧洲航空安全计划（EASP）。这个计划首先确定协调行动在哪些领域在避免事故和严重事故征候方面发挥作用，其最终目标是将所有活动结合在一起。

计划的后续行动是报告，该活动对行动进展情况进行评估并记录在案。这个反馈循环确保管理风险过程的不断改进。

安全计划涵盖三个领域：系统性、运行性和新兴问题。成员国、欧洲航空安全组织、欧盟委员会、行业和局方等范围内所采取的安全行动，降低了这些领域中出现的风险。所有合作伙伴共同努力，精简活动并加大力度以进一步降低事故发生率。

（1）运行问题与运营期间报告的事件密切相关，数据可以支撑这种类型的问题与最终结果或结束状态之间的关系。EASP 的主要目标在于商用航空运输业务，特别是飞机运行业务。此外，已经努力寻找解决其他类型的运行活动，从而确定欧洲现有的机构，后期将在未来的 EASP 版本中进一步发展。

（2）系统性问题是影响整个航空的全系统问题。他们与特定安全事件或情况的联系并不总是很明显。在大多数情况下，它们通过触发因素变得明显，在安全事件的发展中发挥着重要作用，并经常涉及组织过程和程序的缺陷。系统性问题源于对基于性能的更安全方法的优势的认可，其中行业组织和当局的安全能力能够提前显现出来，而不是等到事故征候和事故的发生。

（3）新兴问题考虑到一些安全问题，这些问题由未被有效利用的以及数据不总是可用的运行或规章引起。本章中确定的问题的性质有两个方面：一方面是涉及影响航空的安全方面的变化和趋势；另一方面，当引入新产品、系统、技术和运营时，可能需要更新安全规章。

人为因素和人的表现影响到所有的安全领域。重要的是要认识到，解决人为因素方面的问题将为所有这些问题带来安全性方面的改善。由于它们对所有领域都有影响，并且难以将其与上述领域中的一部分相关联，因此在安全计划中设立专门部分来解决这些问题。

10.9.5.3　要求

为了反映国际民航组织（ICAO）的发展情况，并符合普遍接受的整体系统方法的EASA原则，EASA正在以一种改进的形式实施国际民航组织的条款，并在规章（EC）216/2008（基本规定）范围内对于所有航空领域进行安全管理。

局方认为，SMS不应通过在现有规则上增加附加要求来实施：将安全管理体系作为单独的要素可以被解释为又一个规定性要求，存在这样一种风险，即组织设法通过表明他们在其中增加了所有必要的规定要求，来满足其管理当局要求，而并没有将安全管理有效地融入到所有流程中。

局方认识到其改善安全的潜力，已认可了安全管理的概念，并正积极在所有航空领域推行该概念。相关行动被纳入欧洲航空安全计划（EASP），以支持成员国实施其SSP并促进行业实施SMS。

国际民航组织（ICAO）的安全管理概念包括两个主要组成部分，一是有缔约国安全管理责任的国家安全计划（SSP），二是由特定航空服务或产品供应商为支持飞机的安全运行而实施的安全管理体系（SMS）。

根据国际民航组织（ICAO）公约附件19，作为其SSP的一部分，每个成员国应要求其下属的服务供应商实施SMS：

（1）根据附件1规定被批准的，在提供服务期间面临与航空器运行相关的安全风险的培训机构。

（2）根据附件6第I部分或第III部分第II节规定分别授权进行国际商用航空运输的飞机或直升机的运营人。

（3）根据附件6第I部分或第III部分第II节规定被批准的，分别为从事国际商用航空运输的飞机或直升机运营人提供服务的维修单位。

（4）根据附件8规定负责航空器型号设计或制造的单位。

（5）根据附件11规定的空中交通服务（ATS）提供者。

（6）根据附件14规定的经过审定的机场运营人。

10.9.5.3.1　机组人员

2012年3月30日发布的委员会条例（EU）第290/2012号文件：

（1）附件V：涉及商业航空运输运营的客舱机组人员资格。

（2）附件VI：局方对机组人员的要求（ARA部）。

（3）附件VII：组织对机组人员的要求（ORA部）①。

对于附件VI，SSP的规定包含在第I节（总则），第II节（管理）和第III节（监督）。

关于附件VII，SMS的规定包含在第I节（总则）和第II节（管理）。

咨询材料：

ARA部的AMC和GM：GEN分部，第I部分、第II部分和第III部分。

ORA部的AMC和GM：GEN分部，第I部分和第II部分。

10.9.5.3.2 航空运营

2012年10月5日发布的委员会条例（EU）第965/2012号文件：

（1）附件I：附件II至附件V所用术语的定义。

（2）附件II：局方对航空运营的要求（ARO部）。

（3）附件III：组织对航空运营的要求（ORO部）。

（4）附件IV：商业航空运输业务（CAT部）②。

（5）附件V：特殊批准（SPA部）。

对于附件II，SSP的规定包含在第I节（总则）、第II节（管理）和第III节（监督，审定和执行）。

关于附件III，SMS的规定包含在第I节（总则）和第II节（管理）。

咨询材料：

ARO部的AMC和GM：GEN分部，第I部分、第II部分和第III部分。

ORO部的AMC和GM：GEN分部，第I部分和第II部分。

注：包含SMS要素的组织要求将适用于：

（1）被要求根据新的欧盟航空运营规则持有AOC/组织许可证的所有运营人。

（2）被要求根据新的欧盟混合动力飞机（CMPA）的非商业运营规则进行活动的所有运营人。

10.9.5.3.3 持续适航

为执行国际民航组织（ICAO）的SMS框架并支持SSP/EASP的实施，NPA2013-01分三部分发布，用以修订第2042/2003号委员会条例（EC）的附件I“M部”和附件II“145部”。

同样地，NPA2013-19建议修改第2042/2003号“委员会条例”（EC）附件III“66部”和附件IV“147部”。

10.9.5.3.4 初始适航

2015-03号修正案建议“审查介入程度”提出了航空器及相关产品、零部件或设备在

---

① 2012年3月30日颁布的第290/2012号“欧盟委员会条例”（EU）的附件，不得与“航空运营条例”的附件混淆。

② 规章已经通过了有关商业航空运输的（CAT）第800/2013号条例（EU）的修订，包括飞机和直升机，通常被称为“商业航空”的非商业运营的混合动力航空器（NCC）和非商业运营的非混合动力航空器（NCO）。

审定过程及其更改和维修中的风险。

EASA 21 部合格审定规定，是基于确保被审定产品、零部件或设备符合适用要求的原则。申请人表明符合性，局方确认申请人的符合性证据并不是面面俱到。这一提案并没有改变符合性保证的原则，而是在程序中引入了基于风险的符合性验证方法，以便更好地降低此过程中无法列举的风险。

局方符合性验证的介入等级（LOI）的概念将有助于使用已有标准来识别审定范围，在这些范围中的非符合性可能比其他区域的对产品安全造成更高风险，因此这样的范围应得到局方的彻底调查。LOI 的概念将有助于局方确定其审定项目中每个技术专业的介入程度。更多地参与符合性验证过程中的大多数安全相关领域有可能带来安全收益。

如果申请人的设计单位评估表现令人满意，并且确保了安全风险评估较低的领域的符合性，则可以允许批准其设计。当此类设计单位或设计机构批准（DOA）持有者证明其在之前更改时审定程序中的能力，并在局方的参与下得到批准，则能被授予新的权利，使他们能够批准将来进行型号合格证的某些重大变更或者颁发补充型号合格证。

必须强调的是，这一提议绝不试图降低局方在审定项目中的总体介入程度，而应将重点放在其参与的为安全带来最大的附加值的审定项目的领域。

10. 9. 5. 3. 5　ATM/ANS（空中交通管理/空中导航服务）

将 SMS 和 SSP 应用于 ATM/ANS，我们将引用：

（1）2011 年 10 月 17 日颁布的规定了提供空中导航服务规章通用要求的第 1035/2011 号委员会实施条例（EU），以及第 482/2008 号修订条例（EC）和第 691/2010 号修订条例（EU）。

（2）2011 年 10 月 17 日颁布的关于空中交通管理和空中导航服务的安全监督的第 1034/2011 号委员会实施条例（EU），以及第 691/2010 号修订条例（EU）。

（3）2010 年 7 月 29 日颁布的规定了空中导航服务和网络功能的性能方案的第 691/2010 号委员会条例（EU），以及规定了提供空中导航服务条款的通用要求的第 2096/2005 号修订条例（EC）。

10. 9. 5. 3. 6　机场

欧盟关于“对机场的当局、组织和运营要求”的规章已经与第 139/2014 号规章（EC）一起发布。该规章预计对需要审定的机场运营人应实施和维护与安全管理体系相结合的管理体系。这些规定与组织对机组人员和航空运营制定的要求紧密联系。过渡措施将全面符合 2017 年底发布的规定。

第 11 章　无人机系统（UAS）的适航性

11.1　概述

无人驾驶飞行器，无人飞行器，远程驾驶飞行器，或者远程驾驶航空器，都是这一类航空器的名称。

国际民航组织（ICAO）选择的术语是无人机系统（UAS），明确表明该飞行器是作为系统的一部分运行的航空器（aircraft）。

为了将自动（内部）控制航空器与人工远程驾驶航空器区分开来，将后一个系统（即人工远程驾驶航空器）称为遥控航空器系统（RPAS），它是无人机系统的子集。

“无人机”（drone）这个术语是通用表述，特别是被媒体用来描述所有类型的无人机。

无人机系统被世界武装部队用于战场观察的这种作战方法已经有 60 多年的历史。目前，作为战时工具仍活跃在战场上。因此，我们可以认为，无人机系统的技术已经成熟，而且会像任何其他类型的航空器一样继续发展。然而，到现在为止，无人机系统的任务通常局限于民用航空器开放区域之外的限制飞行区域。

既然这种装备的巨大潜力已经得到认可，全球工业要求在民用空域中将其进行商业化使用。这种可能性甚至引起国防工业和军事相关方的注意。例如，它们可以在转机时获得更好的运行灵活性，或者它们可以用于准军事行动以确保城市地区的监视及安全。

我们已经提到无人机系统在民用应用中的潜力，现在考虑一下这些可能的应用是什么样的。

作为第一个例子，成千上万的旋翼无人机系统已经在日本用于农业（农作物喷洒农药和化肥）。这些机器全部在日本制造，有效载荷为 25～150kg。自 1990 年以来，日本一直在利用类似无人机系统的技术种植农作物。

已经初步给出了一些分类，下面是从众多可能的无人机系统用途中摘录了一些示例：

（1）林业服务——消防和其他类型的监控。

（2）国家气象服务——大气采样，气象学。

（3）农业和野生动物——农业监测，河流和河口调查，非法废弃物处置调查，农作物喷洒，测图和捕鱼执法。

（4）电力部门——核设施监测与电力线路核查。

（5）邮政服务——偏远地区紧急包裹运送。

（6）海岸警卫队——执行缉毒，侦测非法入境，管制非法捕鱼及搜寻和救援任务。

（7）民航——用于飞机合格审定目的的噪声测量。

（8）通信——通信继电器（取代卫星），本地电视新闻报道。

（9）消防——在城市地区的搜救和警察监视。

从这些例子可以看出，在许多情况下，无人机系统的应用范围是执行“恶劣的工作”，即危险的任务或者对于机组人员来说太过繁琐的任务。

无人机系统可以合法定义为航空器吗？

在国际民航组织公约附件 2 中，航空器定义明确适用于无人驾驶的飞行器。

此外，《芝加哥公约》第 8 条无人驾驶航空器也明确了这一问题：

“任何无人驾驶飞行的航空器，未经缔约国特许并遵照此项特许的条件，不得无人驾驶在该国领土上空飞行。各缔约国承允对此无人驾驶的航空器在向民用航空器开放的地区内的飞行加以管制，以免危及民用航空器。”

因此，现在真正的问题是开发无人机系统在国家空域系统中安全集成的问题，有必要制定与现行的航空管制规章相协调的规定。

上述有关规定可以很容易归类，对于“载人”（manned）航空器，分为三个基本部分：

（1）人员执照。

（2）空中交通管理（ATM）。

（3）适航性。

因此，我们又回到第 1 章讨论的主要安全因素：人，环境和机器。

上述专题的研究和会议已经进行许多年了，在欧洲，还有处理这些问题的机构和协会，一个是欧洲国际无人机系统协会（以前的 EURO UVS），类似于美国的国际无人机系统协会（AUVSI），欧洲航空安全组织（EURO-CONTROL）也做出了很大的贡献，特别是在空中交通管制问题上。世界其他地方也在开展相关工作。

11.2　适航标准

我们不应该被标题所误导：在撰写本书时（2015 年底），没有针对无人机系统的官方适航标准。

在 20 世纪 90 年代，在国内工业方的要求下，意大利的 RAI-ENAC 发布了一份无人航空器（UAV）适航标准草案，这份文件是在 1999 年 6 月的欧洲无人机系统协会会议（EURO UVS conference）上提出的，引发了相关问题的激烈辩论。这可能是第一次尝试为民用无人机系统制定某种适航性标准。这并非试图重新开发所有的东西，而是选择 JAR-VLA 标准作为重量在 750kg 以下的固定翼无人航空器所适用的基本标准。

有人认为，要将载人航空器（manned aircraft）的标准转换成遥控航空器系统（RPAS）标准，只要删除乘员固有的所有要求就足够了，如驾驶舱和客舱要求，但并不是这么简单，因为我们在前几章所考虑的适航性理念将不会被充分利用。

因此，有必要在尝试将其转化为新标准之前，为无人机系统制定具体的新理念。

在第 2 章开头给出的“适航性”的定义完全适用于无人机系统（这些装备也应该存在“要求”和“许用限制”），只要我们阐明“安全状态”的含义即可。

换句话说，无人机系统的“安全”是什么？这是一个需要辩论和确认的话题。由于无人机系统是一架航空器，任何无人机的要求应尽可能符合国际民航组织公约附件8的规定，在其前言中即有规定：“国际适航标准的目的是为供国家主管部门规定的最低适航水平，该水平构成在公约第33条下为其他国家航空器进入或飞越其领土，为各国承认适航证所依据的国际基础。此外，它还要求能够保护其他航空器、第三方和财产。”

如果我们考虑各种适航性标准，就会清楚地知道，这些标准旨在考虑乘员的保护。对地面上的人员和财产的保护是一个附加安全目标，通过遵循相关标准实现。对于某些类型的飞机（特技飞机、滑翔机和动力滑翔机），在紧急情况下甚至也会考虑放弃飞机（在某些情况下，一名飞行员的存在可以避免或限制对于地面的损害，但这并不能保证，正如各种事故报告所证明的那样）。

另一方面，在考虑航空事故时，确切地确定如何避免对地面造成损害是非常困难的：解决此问题的最合理的方法是努力防止事故的发生。

基于上述考虑，可以在逻辑上假定我们需要从一个完全不同的角度，来考虑没有乘员的无人机系统标准。

如果我们从一个通用但基本的、保护人类安全的原则出发，我们可以声明无人机系统的标准应该是为了避免在无人机系统的行动范围内对人员（和财产）造成任何损害。这仅意味着一件事：避免出现空中碰撞和不受控制的地面撞击。

这可以通过应用我们在本书中已经提到的系统安全评估概念，以及飞行标准、结构强度等来实现，这些标准可以从现行的载人航空器的标准中获得。

这也导致出现另外一个参数，即任务效能，同样适用于无人机和载人航空器。

这可以通过基于一个世纪的经验，从目前的标准中获得所有可能适用于无人机系统的标准来实现。

在对无人机系统进行安全评估时，很明显，与载人航空器相比，故障的严重程度将会非常不同。

例如，对于载人航空器，一个灾难性的故障情况将影响继续安全飞行和着陆。对于一个遥控航空器系统（RPAS）来说，如果这架飞机具有能够安全地返回地面的“飞行终止系统”（FTS）（如使用降落伞），这种情况将不会是灾难性的。FTS失效可能反而会变成灾难性的，还有其他许多例子支持这个论点。

这只是一个例子，因为在未来的需求中，不确定这样描述的飞行终止系统对于安全性是否可以接受。目前，在“无风险”（no hazard）[①] 基础上，对小型载人航空器或超轻型飞机的降落伞回收通常被认为是可以接受的。

这样一来，尽管基于降落伞的飞行终止系统（FTS）仅对于非常轻的无人机系统来说是可接受的（也出于经济原因），但是对于其他更复杂的无人机系统，需要更为复杂的飞行终止系统（FTS）为正常着陆提供自动飞行指导。

我们可以推断，必须从第XX.1309款中制定一套新标准，以确定严重故障的条件和

① 无风险：参见5.3.2.4。

发生概率。但是在 CS-VLA 中，我们已经看到，1309 条款仅有少量的适用要求①。因此，我们必须为基于 CS-VLA 的无人机系统标准提出不同的要求。

此外，防撞系统或者甚轻型飞机（VLA）上未配备的类似设备的安装，可能会成为强制性的要求。

避免空中碰撞的风险（目前被称为感知和避免（sense and avoid））是将无人机系统集成到民用（非隔离）空域的所需解决的最具挑战性的问题之一。

无人机系统标准的另一个特点应该是纳入了对“航空器基站”（AVS），即地面指挥站的要求，这些要求必须被视为飞行材料（flying material）的组成部分，并应与之保持一致。

总之，我们可以从目前的分析中得出结论，要制定“无人机系统”适航标准，必须克服许多困难。这些困难不仅与已经存在并且还在不断发展的无人机技术有关，而且还与相关的适航性理念的建立以及将它们正确地转换为不同的无人机系统类别和运行类型（也要被定义）的标准有关。

11.2.1　适航性标准的基本要求

在前面的段落中，我们已经指出，无人机系统（UAS）标准可以从现有的载人航空器标准制定出来。

正如我们在第 9 章（9.3.1）中所看到的，一个航空器的型号合格证的获得可以独立于其运行类型。

事实上，FAR/CS 23、FAR/CS 25、FAR/CS 27 等基本适航标准与航空器的飞行目标并不直接相关。这意味着具体航空器必须满足某一种特定运行的附加适航要求。

民用航空器通常会发生这种情况。

通常用于军用航空器的另一个理念是，为每种特定类型的航空器制定合格审定依据以确定其特性、性能、任务类型等不同的标准。

考虑到它们具有相同的特定飞行安全（SOF）系统要求，MIL-HDBK-516B 建立了适用于所有载人和无人航空器的适航合格审定标准。

因此，这些类型的系统包含了特定标准，以确保为安全运行和维护建立最低级别的设计。

对于无人机系统，该文件仅规定，作为无人机系统，与机组人员损失有关的飞行安全风险可不适用。当然，就像载人飞行器一样，与人员有关的飞行安全风险，包括对设备、财产和/或环境的损害必须考虑在内。

然而，虽然民用飞行器必须满足准确的、已经制定的标准（尽管必要时需要考虑专用条件），但对军用飞行器，如上所述，可以量身定制合格审定基础，以满足特定类型的运行任务，并且可以参考 FARs 和许多其他军用规范。

这种“安全目标分析方法”，正如它通常所定义的那样，可以用在军用航空器上，因

---

① CS-VLA 处理一个简单飞机和两名乘员的安全。同样重量的 RPAS 是一个复杂的机械系统，而我们还要考虑可能被击落的大型飞机内的数百条生命。

为国家既是客户，同时也需为相对有限类型的航空器安全负责。

对于民用航空器来说，这样一种方法显然是不可行的，对于不具有国家和国际公认的适航性基础，即使为同一类型的飞机进行不同类型的运营也需要制定不同的适航标准。此外，这些标准可能最终不符合国际民航组织公约附件8的规定。

总而言之，民用无人机系统适航标准将采用类似于载人航空器采用的“常规分析方法”理念，这是合乎逻辑的。

当然，如果这些标准是从现有的载人航空器开发出来的，那么必须首先为无人机系统分类确定合适的标准，以便与载人航空器不同类别和标准进行比较。

在EASA A-NPA 16-2005中，根据JAA/EUROCONTROL无人机系统工作组的联合报告，讨论了常规分析方法与安全目标分析方法的合格审定标准，作为该文件的附录。

此A-NPA是制定无人机系统合格审定政策的第一步，可以被认为是朝着正确方向迈出的一步。

在不同的专题，如无人机系统分类、设计机构批准、环境、安全分析、适航证等，A-NPA对“感知和避免”问题起着重要的作用，这被认为是由负责空中导航服务的当局所确定的运行事项。因此，这些考虑将导致附加要求的产生，作为相关设备合格审定的运营规章。

其实，与防撞相关的感知和避免问题是最难解决的，使这个问题变得困难的根本原因是无人机系统在飞行中碰撞的风险不应高于相应的载人航空器的风险的（正确的）声明。因此，监管标准的要求不应低于目前适用于可载人航空器的标准。

此外，空中交通管制应确保无人机系统不会出现与载人航空器不同的管理规定。

这些限制技术的实现时间大约是10~15年，正因为这个原因，A-NPA对载人航空器建立“基本”适航条例的方向是正确的选择。

根据基于案例的审定标准，许多适航当局已经为无人机系统颁发了特殊适航证。然而，发展“无人机系统”的应用需要一套在国际水平上协调一致的基本的适航规章，就像载人航空器一样。

回到EASA A-NPA，意见反馈文件（CRD-16-2005）于2007年12月发布，收到适航当局、组织和个人的许多意见，并对A-NPA中描述的主要选项达成一致。

因此，2009年8月，EASA发布了“政策声明：无人机系统（UAS）适航审定”。

该政策代表了发展全面的民用无人机系统规章的第一步。这可被视为一个临时解决方案，以促进无人机系统合格审定规定的认可和标准化。

这项政策的总体目标是促进接受民用无人机系统适航申请，同时维护局方在欧洲建立和维持高度统一的民用航空安全水平的基本目标。

没有人在航空器上，适航的目标将主要针对保护地面和其他空域的人身和财产安全。

与同等类别的载人航空器相比，民用无人机系统不得增加对地面和其他空域使用者的人身或财产的风险。

对其他依赖ATC/ATM分离程序和定义的“检测和避免（detect and avoid）”标准的空域用户的保护不适用于适航性。然而，将会有适航性功能来验证设计符合此类标准的设备以及无人航空器的性能是否令人满意。

11.3　发展现状

11.3.1　国际民航组织（ICAO）

正如在载人航空器上所发生的那样，国际民航组织承担了协调的任务以及推动无人机系统标准和建议措施（SARPs）发展的任务，以促进其他机构制定技术规范。

无人机系统研究组（UASSG）成立于 2007 年 4 月，由来自许多国家和国际组织的成员组成。

2006 年 5 月，国际民航组织首次在蒙特利尔举行了无人机探索性会议，目的是确定国际民航组织在无人机监管发展工作中的潜在作用。之后，ICAO 与欧洲民用航空设备组织（EUROCAE）联合召开了会议，2007 年 1 月又举行了一个国际民航组织非正式的会议，决定成立国际民航组织研究组。

该无人机系统研究组（UASSG）的作用是协助秘书处制定监管发展框架，指导国际民航组织内的标准和建议措施发展进程，并协助将无人机系统安全、可靠和有效地纳入非分离空域和机场。

16 个缔约国和 8 个国际组织向研究组提名专家。

我们必须记住，国际民航组织在协调全世界所有民用航空的程序和术语方面具有国际作用。主要的任务是发布无人机系统的规则，像对待其他飞机一样。

对于优先考虑的事项，其中首要的是可以普遍有效的术语，作为对现有用于载人航空器术语的修订。

11.3.1.1　国际民航组织通告 328：无人机系统

由无人机系统研究组编写的这份重要文件于 2011 年 3 月 10 日发布。

我们在此提供一个简短的摘要，来自国际民航组织无人机系统研究组（詹姆斯·科因（James Coyne）主席）秘书莱斯利·卡里（Leslie Cary）在 2011 年 6 月举行的年度无人飞行器系统国际会议上发布的文件的一些重要摘录①。

国际民航组织通告 328：无人机系统于 2011 年 3 月 10 日发布。该文件是无人机系统研究组（UASSG）经过三年紧张工作的结果。

通告的目的有三个：首先，向各国通报国际民航组织提出的将无人机系统纳入非分离空域和机场的观点。其次，考虑与这种一体化有关的载人航空的根本区别。第三，鼓励各成员国根据自身经验提供信息，协助国际民航组织研究关于无人机系统的政策。

多年来，无人机已经成为通用词汇。无人机系统研究组认为，由于无人机是一种航空器，因此需要被当作航空器来对待。因此，该研究小组一致认为，“无人航空器”（unmanned aircraft）将是在没有飞行员的情况下进行飞行的任何航空器的统称。在大多数情况下，无人航空器只能作为系统的一部分进行运行，因此有了“无人机系统”（unmanned aircraft system）或 UAS 这个术语。UAS 由一架无人航空器（UA）、一个地面遥控站

① 2011-12 UAS 年鉴-UAS：全球视角第 9 版（2011 年 6 月）。

（remote pilot station）和连接它们的指挥、控制和通信连接部分组成。

遥控航空器（RPA）是无人航空器的一部分。在整个文件中，“无人航空器”或“无人机系统”被用作包罗一切的术语，而遥控航空器或相关飞行器仅指无人航空器中的受控制部分。

该文件的结构是为了反映与载人航空器有关的三个传统航空领域：运行，设备和人员。

整合无人机系统。无人机系统研究组的职责范围是对无人机系统安全、可靠、高效地整合到非分离空域和机场提供支持。制定一个将为这种整合提供同等安全水平的监管框架，其第一步是识别载人航空器和无人航空器之间的共同点和差异。

运营。无人航空器属于航空器，因此必须符合目前国际民航组织对载人的民用航空器的标准，以及针对载人和无人航空器运行之间的运行、法律和安全差异的任何特殊和具体的标准。

为此，为了更好地反映这些飞机的驾驶情况，在通告中使用“遥控航空器系统”（RPAS）、“远程驾驶航空器”（RPA）、“地面遥控站”和“驾驶员”（remote pilot）这几个术语。此外，关于驾驶员，计划将以类似于载人航空器飞行员的方式获得执照。

空中交通服务。无论这架航空器是由飞行员驾驶还是由远程遥控，提供的空中交通服务（ATS）规定应相同。遥控航空器的引入不得增加其他航空器或第三方的风险，也不应妨碍或限制进入空域。

通告涉及以下问题：

（1）空中交通服务/驾驶员通信。

（2）机场。

（3）气象服务。

（4）安全。

（5）危险物品的安全运输。

（6）航空器事故和事故调查。

（7）搜寻及救援。

11.3.1.1.1　设备

总则从适航性和运行角度出发，载人航空器上的大多数标准设备将会为RPAS服务，区别在于设备会分布在RPA和地面遥控站之间。此外，将需要额外的设备允许RPAS作为系统运行。这将包括但不限于：

（a）检测和回避（detect and avoid）技术。

（b）指令和控制（C^2）系统，以提供RPA和地面遥控站之间的连接。

这种新设备提出了自己的挑战，因为在某些情况下，它还没有开发出来。

适航和合格审定。所有航空器，无论是载人还是无人，在适航和合格审定方面都有很大的共同性。大部分现有载人航空器的标准和建议措施（SARPs）适用于遥控航空器系统，而其他的可能需要一些解释性甚至创新性的解决方案。适航是基于完善的适航设计标准之上的，然而，目前用于载人航空的性能标准解决遥控航空器系统（RPAS）配置可能不适用或不令人满意。载人航空器的合格审定是经过充分的测试和验证，而遥控航空器系统（RPAS）的合格审定将带来一些挑战。

注：本通告包含在“遥控航空器系统手册”（见 11.3.1.2）中进一步扩展的其他注意事项和选项。地面遥控站、无线电导航设备和机载导航设备、人员执照和法律事务等项目也一样。

结论。制定完善的远程驾驶航空器监管框架将是一个漫长的过程，将持续很多年。随着个别项目和技术的成熟，相关的标准和建议措施将得到采纳。随着标准和建议措施逐渐增加，预计这将是一个演变过程。通常在标准和建议措施之前会提供不具约束力的指导材料，以便在短期内需要遥控航空器运行的国家使用。

328 号通告是无人机系统研究组为国际民航组织开展的一系列工作中的第一项。它是一份提供指导材料的高级别文件，而不是指导材料。目前正在进行的下一个阶段是采用文件并在此基础上编制一个指导手册，供各国在制定自己的指导材料和/或法规时使用。

11.3.1.2　遥控航空器系统手册

为了推进无人机系统研究组（UASSG）开展的工作，无人机系统研究组和 2014 年 5 月成立的遥控航空器系统小组（RPASP）于 2015 年 3 月发布了“遥控航空器系统手册”这一重要成果。

该手册是遥控航空器系统开发的基础文件，这里给出了最重要的部分，尤其以适航性的角度。正如本书其他部分所提出的，目的是提供有关事项的简要参考和一般信息，阅读原文将是推荐的更好的方式。

一些有用的定义和缩略语如下：

RPA：遥控航空器。

RPAS：遥控航空器系统。

RPS：地面遥控站，遥控航空器系统的组成部分包含用于遥控航空器飞行的设备。地面遥控站可以从手持设备到多控制台。它可能位于内部或外部，可以是固定的或移动的(安装在一架飞行器、飞船或航空器中)。

指令和控制（C^2）链接：遥控航空器和地面遥控站之间的数据链接用于管理飞行。C^2 链接连接地面遥控站和遥控航空器以管理飞行。该链接可以是单工或双工。它可能工作在直接无线电距离（RLOS）或超无线电距离（BRLOS）。

该手册的内容是在三年时间内制定的，得到了来自遥控航空器系统检查员、运营人和制造商的许多专家、飞行员代表、空中导航服务提供商（ANSPs）、空中交通管制代表、事故调查局、人为表现专家、监视和通信专家等的技术支持。

该手册将遥控航空器系统（RPAS）作为无人机系统（UAS）的一个子集，遥控航空器系统被设想为民航系统中的平等伙伴，能够与空中交通管制（ATC）和其他航空器进行实时交互。国际民航组织规定在今后 5~10 年内的工作范围是促进在管制空域和管制机场按照仪表飞行规则（IFR）运行的遥控航空器系统的整合。虽然不考虑视距内运行，但在国际航班的全球协调方面，这些被视为较低的优先级。

本文提供的指南适用于除娱乐以外的用途的任何遥控航空器系统。

该指南与现有的航空监管框架一致，将有助于制定未来遥控航空器系统具有特定功能特征的标准和建议措施。

为了使遥控航空器系统得到广泛接受，它们必须被纳入现有的航空系统，而不会对载人航空产生不利影响（如安全或容量减少）。如果这不能实现（例如，由于遥控航空器系统设计的内在限制），遥控航空器可以被限制在特定条件或区域（如视距内（VLOS）、隔离空域或远离重要场合和人口稠密地区）。

遥控航空器的分类：可能对于安全风险管理、合格审定、运行和许可要求的均衡的应用是有用的。遥控航空器可以根据诸如最大起飞重量、动能、各种性能标准、运行类型/区域和能力等标准进行分类。许多工作正在开展，以制订分类方案。

运营类型：附件6（航空器的运行）定义了载人航空不同类型的运行：

（a）商业航空运输运行。

（b）通用航空运行，包括企业航空和空中作业。

然而，对于遥控航空器系统运行，该区别被认为是不相关的。

监管区别将以运行的规模和复杂性为基础，而不是基于传统的运行类型或航空器的类别。这对遥控航空器系统运营商的职责有影响，如第6章所述。应该指出的是，在最初的监管框架中，在遥控航空器上的载运人员将不会被考虑。

飞行规则：仪表飞行规则和目视飞行规则的应用同载人航空器（例如，设备、运行和责任的要求），然而以下情况可能更难解决①：

运行范围：在任何空域预计运行的遥控航空器，必须符合该空域的要求，例如，合格审定、批准和设备。无论要求如何，如民用航空局确定，遥控航空器可能被禁止在某些地区运行，如人口稠密地区。

视距内（VLOS）和超视距（BVLOS）运行②。

第4章是型号合格证和适航批准。

总则："适航手册"（Doc 9760号文件）适用于遥控航空器系统在遥控航空器型号设计和适航批准的大多数方面。然而，考虑到独特的特性，遥控航空器系统被认为对适航批准制度提出了一些挑战。这些特性主要源于遥控航空器系统的分布式性质，包括遥控航空器和通过使用C^2数据链连接的一个或多个远程引航站和可能的其他部分。这些差异将在本章进行解释说明。

遥控航空器必须而地面遥控站可能，需要具有国际运行的型号设计批准。预计遥控航空器将被要求以型号合格证（TC）的形式进行型号设计审批，该型号合格证将在证明后签发给遥控航空器型号合格证持有人，并且设计状态已经证实符合适当的相应型号合格审定基础。合格审定基础将包括在所有适当的设计和制造领域，例如，结构和材料、电气和机械系统、推进和燃油系统以及飞行试验中，采用或修订的传统载人航空器的适用要求。遥控航空器系统的分布式特性还要求设计批准范围从遥控航空器本身扩展到包括地面遥控站（可能包含各种类型），C^2数据链（视情况而定）以及系统的任何其他组件，以确保从起飞到着陆的安全飞行。型号设计批准必须包括持续适航文件（ICA）和运行文件（如飞行手册）的说明。与影响遥控航空器系统功能和运营的型号设计相关的任何限制可能需要

① 本手册提供了遵守这些法规的指示。

② 本手册提供标准。

具体限制、运行限制和补充运行控制或规定，以达到国际空域运营可接受的安全水平。

遥控航空器是遥控航空器系统的航空器部分，并且应有适航证。与航空器相关（因此属于遥控航空器的注册管理机构），适航证证明遥控航空器作为一个完整的系统符合遥控航空器型号设计，处于安全运行的条件。

型号设计：在载人航空中，航空器是所有航空器部件相结合的单一实体，因此，载人航空的适航集中在航空器上。在考虑一个遥控航空器系统时，遥控航空器是这个系统的组成部分。但是，按照实际可行的原则，将遥控航空器系统与载人航空框架相一致，将遥控航空器指定为接受型号设计批准的组成部分。意味着遥控航空器型号合格证持有人也负责安全地整合所有组件，例如，地面遥控站和其他支持遥控航空器安全运行的系统，这与《芝加哥公约》有关的合格证是一致的。

型号合格审定：由设计国首次颁发航空器型号合格证，能够令人满意地证明这种航空器型号设计和细节已经被审查，并符合适用的适航标准。同样的原则也适用于遥控航空器系统，也就是遥控航空器、地面遥控站、C^2 数据链路和遥控航空器系统的其他组件。

主要部件，如发动机或螺旋桨，有时在载人航空的范围内，也可以持有型号合格证。然而，这并不是必需的，因为遥控航空器型号合格证持有人负责完全集成所有组件。类似地，适用于遥控航空器的型号合格证应整合所有可用于遥控航空器的各种类型的发动机、螺旋桨、地面遥控站和可以与遥控航空器一起使用的组件，这为注册国颁发适航证提供了依据。

遥控航空器将通过发行一个型号合格证进行审定，这将包括控制飞行所需的所有相关部件。RPS，如发动机和螺旋桨，可以通过型号合格证或类似的过程审定。

C^2 数据链不是“产品”，因此它不会被进行独立的型号审定①。

飞行手册：遥控航空器飞行手册应解决遥控航空器批准型号设计中列出的 RPS 型号的所有组合。在与同一遥控航空器使用的不同地面遥控站之间可能存在实质性差异。在编制遥控航空器飞行手册时，应特别考虑到人员的表现方面，包括机组人员通信，例如，驾驶员与驾驶员的通信，驾驶员与遥控航空器观察员或其他支持人员的通信，以及驾驶员与空中交通管制人员的通信。

持续适航：遥控航空器系统的每个组件都需要持续适航文件（ICA），以使设计国颁发遥控航空器型号合格证。持续适航文件应由型号合格证持有人在遥控航空器系统设计阶段准备，以覆盖整个系统，并在型号合格证过程中获得批准。

通过定期维护和检查以及强制性纠正措施（如适航指令），来保持符合型号设计并确保持续适航的过程，同样适用于遥控航空器系统的各个部件。

适航证：遥控航空器是遥控航空器系统的组成部分，根据《芝加哥公约》第 31 条，航空器在进行国际运营时必须拥有适航证。注册国有令人满意的证据证明遥控航空器、地面遥控站和其他组成部分符合型号设计并处于安全运行条件时，将向遥控航空器发放适航证。

未来的考虑：由于缺乏对遥控航空器系统足够的运营服务历史和合格审定经验，本章

① 本手册提供 C^2 数据链的说明。

还没有提供型号设计和适航合格审定程序的具体指导。鼓励各国制定可由国际民航组织在今后的合格审定指导、标准和建议措施中反映的程序，以便获得此类经验和服务历史。可以预见，基于对航空器的构型管理，分布式遥控航空器系统的复杂性将使运行和监管要求难以管理。因此，随着行业成熟和对灵活性的要求越来越高，需要根据国际原则和标准在多个国家实施遥控航空器系统的构型管理和维护管理。

该手册其他内容概述如下：

（1）第5章　遥控航空器注册

（2）第6章　遥控航空器系统运营人的职责

（3）第7章　安全管理

（4）第8章　许可和能力

（5）第9章　遥控航空器系统运营

（6）第10章　检测和避免（DAA）①

概述。DAA在附件2中被定义为“观察、感觉或检测（see，sense or detect）交通冲突或其他危险并采取适当措施的能力”。该能力旨在确保遥控航空器飞行的安全执行，并使所有空域类型与所有空域用户能够充分整合。

对于遥控航空器，可能需要适当的技术和/或程序来为载人航空器飞行员提供使用一种或多种感觉（例如，视觉、听觉和触觉）以及相关的认知过程。适当的措施是避免危险（如潜在的交通冲突），以确保满足特定空域或运行的安全目标。

（7）第11章　指令与控制（C^2）数据链

概述。本章讨论C^2数据链：信息流和性能要求，包括地面遥控站和遥控航空器之间的数据和信息传输相关的服务质量。

（8）第13章　远程导航站（RPS）②

概述。遥控航空器被定义为“遥控航空器系统的组成部分，包含用于飞行遥控航空器的设备”。作为一般原则，遥控航空器的作用与载人航空器的驾驶舱/飞行操作台的方式相同，因此应该为驾驶员提供等效的指挥/管理飞行的能力。

（9）第14章　将遥控航空器系统运行集成到ATM和ATM程序中

（10）第15章　机场的使用

（11）附录A　请求授权表

（12）附录B　C^2数据链信息流

11.3.2　美国联邦航空局

11.3.2.1　概述

（a）现状：无人机系统（2015年2月15日）③

无人机系统具有各种形状和尺寸，以及各种不同的用途。它们可能具有与喷气式客机

---

① 本章包含有关RPAS这一基本功能的大量信息和标准。

② 针对DAA，本章包含有关RPAS这一基本系统的大量信息和标准。

③ 来自www.faa.gov。

相似的翼展，也可能比无线电控制的模型航空器小。

因为它们与载人航空器在本质上是不同的，将无人机系统引入国家领空，对于美国联邦航空局和航空界而言都是具有挑战性的。无人机系统必须融入到世界上最繁忙、最复杂的空域——从地面导航辅助系统（ground-based navigation aids）发展到下一代基于 GPS 的系统。此外，由于无人机系统技术也在不断发展，局方的法规和政策必须足够灵活以适应这一趋势。

无人机系统的整合必须安全、高效、及时。安全是美国联邦航空局的主要任务，美国联邦航空局致力于减少延误和提高系统可靠性，这项新技术具有重大的潜在安全性和经济效益，有助于实现这些目标。

随着对培训需求、运行规范和技术考虑等运行问题有更好的理解，美国联邦航空局正在逐渐采取实现无人机系统的安全整合。

11.3.2.1.1　安全第一

美国联邦航空局维护/运行着世界上最安全的航空系统。作为空中交通管制服务的提供者，局方还必须确保全国空域的安全性和高效性。

1990 年以来，局方允许将 UAS 有限应用于重要的公共任务，例如，消防、救灾、搜救、执法、边防巡逻、科学研究和检测评估。最近，美国联邦航空局已经在可控的低风险情况下授权了一些非娱乐性的无人机系统运营。

根据具体的航空器型号，无人机系统的运营潜力范围包括从地面到 50000ft 以上。然而，目前在载人航空器密度最高的主要城市区域上空没有授权任何 UAS 运行。

飞行模型航空器（flying model aircraft）/无人机系统，如果作为爱好或娱乐目的，不需要美国联邦航空局批准，但所有模型航空器的运营人必须依法进行飞行。

美国联邦航空局根据具体情况授权非娱乐性无人机系统运营，并且有几种方法可以获得 FAA 的批准。

11.3.2.2　FAA 批准

民用 UAS 无法在国家空域系统内从事航空商业活动，除非为该无人机系统颁发了适当并且有效的适航证。UAS 在美国注册是颁发适航证的前提条件。

可以通过不同的方式获得 FAA 的批准：

（1）特殊适航证，用于研发、机组人员培训和市场调查（FAR 21.191）。

（2）特许飞行证，用于生产飞行试验新航空器（FAR 21.197）。

其他的可能是：

（1）特殊航空器型号合格证（FAR 21.17（b））和特殊航空器标准适航证（FAR 21.183）。

（2）限用类航空器型号合格证（FAR 21.25）和限用类特殊适航证（FAR 21.185）。

对于公共运行（政府）想要在民用空域飞行的无人机系统的政府机构，提供了放行或授权证书（COA）。常见的用途包括执法、消防、边防巡逻、救灾、搜救、军事训练和其他政府行动任务。

AC 00-1.1A：公共航空器运营人提供信息，以根据《美国法典》的定义，帮助确定在美国境内进行的政府或政府采购的飞机运营是公共飞机还是民用飞机，参阅《美国法典》第49章（49 U. S. C.）§40102（a）（41）和40125（法规）。

Order 8000. 372A是制定与无人机系统（UAS）试验场所相关的委任适航代表（DAR）的选择、任命、指导、培训、监督、暂停和终止的政策和程序的综合出版物①。具体来说，该指令提供了指定授权UAS DARs②获得特殊适航证的过程，以进行研发、市场调查以及在UAS测试地点进行机组人员培训。此指令中包含的信息是不断努力的结果，旨在为UAS进入更多国家空域系统提供权限。

Order 8130. 34C规定了向无人机系统（UAS）、可选驾驶飞机（OPA）③和拟以UAS或OPA飞行，以“OPA/UAS”为标志，颁发实验类特殊适航证或特许飞行证的程序。此指令中的程序适用于联邦航空局（FAA）制造航空安全检查员（ASI）、FAA适航性以及授权私人或单位为新生产飞机的飞行试验签发特许飞行证。

以下是这些程序的一些特殊要求。

飞行试验区域和运行区域。

（1）所有限制空域以外飞行试验和运行区域必须经FAA批准。飞行试验和运行区域需要与AFS-80的空管部门进行协调。

（2）所有飞行试验运行必须限于指定的飞行试验区域，直到飞机在其正常的速度和机动范围内显示为可控制，并且表明没有任何危险的运行特性或设计特征。FAA还可以指定飞机从飞行试验区域过渡到运行区域之前必须完成的最少飞行小时数。通常，与运行区域相比，飞行试验区域较小，在高度上受到限制，并且与运营人更接近。对于某些程序，飞行试验区域和运行区域可能相同。飞行试验区域和运行区域必须在开阔的水域或人烟稀少的地区，并且有通畅的空中交通环境。美国联邦航空局需要对每个申请进行评估，以确定提出的飞行区域不超过完成该计划合理需要的飞行区域。

（a）OPA审定。所使用的过程类似于载人航空器，除了以下例外：

（1）FAA小组将根据本章11. 1中规定的程序进行安全评估。

（2）除了FAA Order 8130. 2第4章要求之外，运营限制将包括附录B，可选择驾驶航空器的运营限制范围，以及必要的规定。

（b）OPA/UAS审定。为了符合此项规定，打算作为OPA或UAS飞行的航空器将被指定为OPA/UAS。OPA/UAS航空器将通过FAA Order 8130. 2和本指令中的程序的组合进行审定。

（1）OPA和UAS之间的互换性通过一个维修程序或运行程序来实现。

附录A、附录B和附录C包含UAS和OPA的样本运营限制。

附录C定义了航空器要获得审定的大纲（UAS、OPA、OPA/UAS），具体如下：

（1）项目概况（overview of project）。

---

① 美国联邦航空局在全国选择了六个无人机（UAS）研究和试验场运营商。在选择六个试验场运营商时，美国联邦航空局考虑了地理、气候、地面基础设施的位置、研究需求、空域使用、安全、航空经验和风险。这六个测试实现了跨国地理和气候的多样性，并帮助FAA满足其UAS研究需求。

② 委任适航代表（DAR），用于UAS测试现场的UAS认证。

③ 可选驾驶飞机（OPA）。载人飞机，可以由遥控飞行员从某一地点飞行，而不是在飞机上飞行。

（2）飞行区域的定义（definition of flight areas）。

（3）飞机和支援设备配置（aircraft and support equipment configuration）。

（4）ATC 应答器、高度报告设备和使用（ATC transponder and altitude reporting equipment and use）。

（5）标识和注册标志（identification and registration marking）。

（6）控制站系统配置（control station system configuration）。

（7）看见及避让的方法（method for see-and-avoid）。

（8）飞行恢复和失联的程序（flight recovery and lost link procedures）。

（9）飞行员资格（pilot qualification）。

（10）检查和维护（inspection and maintenance）。

11.3.2.3　小型无人机系统（sUAS）的新规则

2015 年 2 月，美国交通部联邦航空局发布了一份“小型无人机系统建议立法通告”（NPRM），该规定将为 55lb 以下的小型无人机系统进入美国民用航空的主流铺平道路。该法规将允许在今天的航空系统中常规使用小型无人机，并且具有足够的空间来适应未来的技术创新。

FAA 提案为进行非娱乐活动的小型 UAS（不超过 55lb）提供安全条例，该条例将把飞行限制在白天和视线范围内运行。它还提供了高度限制、运营人合格审定、目视观察员的可选使用、飞机注册和标记，以及运营限制。

2015 年 4 月 24 日，“小型无人机系统建议立法通告”60 天公众征求意见期结束。

美国联邦航空局收到了关于这一提案的 4500 多条意见。

为了应对在国家空域中运营并可能在不久的将来出售的大量小型无人机，以及大量关于可能不安全的无人机业务的报告，FAA 已签发小型无人机的暂行最终法案（IFR）。该法案自 2015 年 12 月 21 日起生效，但最终法案将在审查公众意见后发布。

此项措施提供了一种替代的、简化的、简单的基于网络的飞机注册程序，用于登记小型无人机，包括作为示范运行的小型无人机，以促进所有注册的飞机在投入运营之前遵守法定要求。

广泛综合各方意见，该 IFR 将 FAR 48 部添加到 CFR 14，以允许基于网络的注册过程和适用于小型无人机的标识。对于这些飞机，FAR 48 部可用于代替 FAR 47 部中的纸质注册流程和 FAR 45 部中要求的标识要求。

该 IFR 也带来了质量上的收益，注册人必须在注册过程中阅读并确认一些基本的安全信息，注册过程中提供的电子邮件和邮寄地址为未来开展针对性的安全教育和信息提供了更多的机会。

对于 sUAS 的娱乐型用户和运营人，这个法规通过使他们意识到影响其活动的监管和安全要求，来提高他们的认知水平。同时，它将无保留地为大批新一代和现役飞行员提供必要的教育，以便他们可以安全地使用无人机。

在 2015 年 12 月 21 日的“美国联邦航空局新闻与更新”中，还有进一步的注册说明，尤其是：根据法律规定，所有包括摄像机等有效载荷在内的重量超过 0.55lb（250g）和小于 55lb（约 25kg）的飞机必须注册。

飞行时记住这些规则：

（1）飞行低于400ft高度。

（2）随时保持无人机在视线里。

（3）不得在载人航空器附近飞行，特别是在机场附近。

（4）不要在人群、体育场或体育赛事上空飞行。

（5）不要接近紧急响应工作飞行。

11.3.2.3.1　修正案

考虑到上述情况，美国联邦航空局修改了“联邦规章”第14集第一章①。

一、FAR 1　定义和缩写

①§1.1　一般定义

模型航空器是指无人机，即：

（1）能够在大气中持续飞行。

（2）在航空器操作人的视线范围内飞行。

（3）出于爱好或娱乐目的的飞行。

小型无人机是指起飞时重量小于55lb的无人机，包括飞机上的所有物品或其他附件。

小型无人机系统（小型UAS）是指在国家空域系统中安全有效地运行的小型无人机及其相关部件（包括通信链路和控制小型无人机的部件）。

无人机是指在飞机内部或飞机上无人直接干预的航空器。

二、FAR 45　标识和注册标志

①§45　适用性②

（b）根据47部的规定，在美国注册的航空器的国籍和注册标志。

三、FAR 47　航空器注册

①§47.2　定义

四、（新）FAR 48　小型无人机的注册和标记要求

（一）A分部：总则

①§48.1　适用性

（a）本部规章为小型无人机提供注册和标识要求，小型无人机是11.1.1节定义的小型无人机系统的一部分。

（b）在美国注册的小型无人机必须按照以下要求进行登记和标识：

（1）本部规章的注册和标识要求。

（2）47部的注册要求和45部A部分和C部分的标志和注册标识要求。

②§48.25　申请人

根据本部规章，在美国注册一架小型无人机，任何人必须按照局方规定的形式和方式，将§48.100所要求的信息提供并登记。在提交这些信息后，美国联邦航空局将颁发飞行注册证书。

---

① 我们报告了一些重要的摘录。

② 之前的（b）是：（b）美国注册飞机的国籍和注册标志。

（二）B 分部：小型无人机航空器注册证书

① § 48.100　申请

（a）所需要的信息：那些有意使用小型无人机的人，而不是一架模型航空器。

根据本规章签发的航空器注册合格证的申请人必须将下列信息提交给注册中心。

（b）需要的信息：那些有意把小型无人机作为模型航空器的个人。

（c）提供的信息。本条款（a）和（b）中所确定的信息必须通过基于网络的小型无人机注册系统以局方规定的形式和方式提交到注册中心。

（d）签发航空器注册合格证。完成本条（a）或（b）规定的申请要求后，FAA 将颁发航空器注册合格证。

② § 48.110　注册：有意使用小型无人机的人，除了作为模型航空器以外的其他用途

（a）航空器注册合格证。根据 48.100 签发的用于模型航空器以外用途的航空器注册合格证，其所签发的航空器注册合格证仅为在该应用程序中识别的小型无人机。

③ § 48.115　注册：使用小型无人机作为模型航空器的人

（a）航空器注册证书。根据 § 48.100 专用于模型航空器的小型无人机签发的航空器注册证书，构成了对所有申请中被识别的个人拥有的专用于模型航空器的小型无人机的注册。

11.3.2.4　模型航空器

2014 年 6 月 23 日，FAA 发布了“公共法”112-95 的解释，为模型运营人提供了依照该法令安全飞行准则的明确指导。

在文件中，FAA 重申法律对“模型航空器”的定义，包括不得干扰载人飞机、在操作人员视线内飞行、仅供业余爱好或娱乐目的使用。该机构还解释说，在距离机场 5mile 内飞行的模型航空器运营人必须通知机场运营人和空中交通管制塔台。

美国联邦航空局重申，该法律规定的模型航空器仅适用于爱好或娱乐活动，并且不授权将模型航空器用于非娱乐活动。

2015 年 9 月 2 日的咨询通告 AC 91-57A，为那些出于爱好或娱乐为目的而操作无人机的人员提供了指导，这些人符合“模型航空器”使用者的定义。该咨询通告给出了在国家空域系统（NAS）中可以安全地操作模型航空器的方法。

11.3.3　EASA

11.3.3.1　概述

根据基本规章（EC）216/2008 第 4.4 条和附件 II，运行质量不超过 150kg 的无人机不需要遵守这一规章。

“基本规章”授权 EASA 管理无人机系统（UAS），特别是遥控航空器系统（RPAS），用于民用和 150kg 或以上运行质量的，不用于：军事、海关、警察、搜救、消防、海岸警卫队或类似的活动或服务（第二条基本规定）。

实验性或业余自制 RPAS、军用和非政府 RPAS、150kg 以下的民用 RPAS 以及模型航空器，由欧盟的成员国（MS）管理。

对被“基本规章”排除在外的无人机系统的安全监督是欧盟各成员国的责任。

EASA 正在支持欧洲委员会推进 2013 年 6 月 20 日欧洲遥控航空器系统指导小组（ERSG）提交的路线图，包括未来 15 年民用遥控航空器系统非隔离空域的发展和整合。路线图分为三大支柱：研究开发；安全规范和技术标准化；补充措施，包括隐私、数据保护，保险和责任①。

局方还支持国际民航组织无人机系统研究组的工作。

EASA 是无人机系统规章制定联合机构（JARUS）的成员，目前正在制定建议要求。

这些合作对于实现无人机的国际协调至关重要，全球约有 60 个国家正在设计和生产无人机，相比之下，设计和生产载人航空器的国家数量要少得多。

特别地，JARUS 是全球 40 家民用航空局的合作伙伴，其目的是为无人机制定统一的规则。JARUS 被欧盟委员会和欧洲议会认可为无人机制定必要法规的“工作引擎”。这将确保全球协调一致，预计 JARUS 将有助于国际民航组织的工作。因此，局方充分参与 JARUS 的工作，并提供了大量资源。

11.3.3.2 “建议修正案预告”2015-10

遥控航空器系统（有些人称之为民用“无人机”）越来越多地在欧洲被使用，但是处于一个零散的监管框架之下。基本的国家安全条例都已实施，但欧盟各国的条例不尽相同，一些关键的安全保障措施不能以一致的方式解决。在遥控航空器系统这个术语下，包括非常大型的航空器，从尺寸和复杂程度上类似于载人航空器，到非常小的消费电子航空器。

作为背景，欧盟委员会提出制定新的标准来规范遥控航空器系统的运营。新标准将涵盖安全、安保、隐私、数据保护、保险和责任，目的是让欧洲工业成为这一新兴技术市场的全球领导者，同时确保所有必要的保障措施到位。

在 2015 年 7 月 31 日，欧洲航空安全局启动了关于无人机的新监管框架的磋商进程。该文件（A-NPA）为安全运营遥控航空器提出了新的监管手段。这种灵活的方法（基于“运营概念”）提供了一套按比例和风险为基础的法规。换句话说，安全要求与活动对运营人和第三方（如公众）造成的风险有关。风险越大，要求越高。这样做是为了确保在安全性方面没有让步，但为这个有前途的行业提供了一个灵活的发展环境。

在 2015 年 9 月 29 日结束磋商之后，EASA 于 2015 年 12 月 18 日发布了“无人机运营管理框架介绍”文件。保留了 A-NPA 2015-10 提出的概念，但有几个部分进行了调整和澄清。

A-NPA 介绍了已发布的欧洲航空安全局“无人机运营概念”中已经提出的三类运营：

（1）“开放”类别（低风险）：通过运营限制，符合行业标准，对某些功能的要求以及最低限度的运行规则来确保安全。警方应确保执法。

---

① 本文件由“欧洲飞行和航空系统指导小组”（ERSG）编写，该小组包括有兴趣将 RPAS 纳入欧洲航空系统的主要组织和专家：EASA、EUROCONTROL、EUROCAE、SESAR JU、JARUS、欧洲经委会、EDA、欧空局、ASD、UVSI、欧洲空间和空间评估以及非洲经委会。欧洲飞行和安全局指导小组（ERSG）的任务是制定将民用 RPAS 安全纳入欧洲航空系统的路线图，目标是在 2016 年初步实现 RPAS 一体化。2013 年 6 月 20 日，在巴黎航展上向欧盟委员会递交了路线图。路线图确定了所有需要解决的问题，并确定了解决这些问题的每一步的方法。

（2）“特定运营”类别（中等风险）：经过运营人进行风险评估后，国家航空当局（NAA）进行授权，可由适航认证单位（QE）协助。运行手册应列出风险降低措施。

（3）“审定”类别（较高风险）：与载人航空有相当的要求。国家航空当局监督（发放许可证和批准维修、运行、培训、空中交通管制（ATM）/空中导航服务（ANS）和机场组织）和欧洲航空安全局（外国组织的设计和批准）进行监管。

这个监管框架将涵盖所有重量级别无人机的欧洲法规。正在进行的（EC）第 216/2008 号条例的修正案将反映以上内容。

A-NPA 是一个值得阅读的复杂而有趣的文件，以下是本文件建议的一些要点。

（a）“开放”类别操作是在目视下的小型无人机的任何操作，其中最大起飞重量小于 25kg，在与地面人员的安全距离内操作并与其他空域用户分离。

已经建立了“开放”类别中的三个子类别：

（1）CAT A0：“玩具”和“迷你无人机”，小于 1kg。

（2）CAT A1：“非常小的无人机”，小于 4kg。

（3）CAT A2：“小型无人机”，小于 25kg。

（b）特定风险运行是使用无人机进行的任何操作，这些无人机对飞越领空的人或涉及与载人航空共享领空的人员构成更大的航空风险。需要通过安全风险评估来分析和降低每个具体的航空风险。

局方需要提供可接受的方法来执行安全风险评估以及可接受的指导和标准方法，以确保达成共识和对申请人的平等待遇。

“特定”类别将需要由国家航空当局发行的运行授权（OA），其特定的限制适用于运行风险。

安全风险评估的关键因素如下：

（1）运行范围：人口密度、有特殊保护的地区。

（2）空域：空域、限制、空中交通管制程序。

（3）无人机的设计：提供的功能、冗余和安全特性。

（4）无人机运行类型：运行程序。

（5）飞行员的能力。

（6）运营人的组织因素。

由于这种运行可能会要求提供诸如“检测和避免”等机构提供的服务，因此将需要对具有较高相关风险的运行进行审定。

可能的安全风险必须考虑在内：

（1）空中与有人驾驶飞机相撞。

（2）伤害到人。

（3）对特定关键和敏感基础设施的财产损失。

（a）高风险运行：审定类别。当无人驾驶航空风险上升到与正常、载人航空类似的水平时，这种运行将被归入“合格审定”的运行类别中。这些行动和其中涉及的无人机将以传统的航空方式进行处理：将颁发多个证书（如载人航空），再加上一些特定的无人机证书。

为了在“合格审定”类别中运行无人机，该机的适航性及其与环境标准的符合性应以同样的方式保证，就像今天为载人航空所做的那样，为型号设计颁发“型号合格证”或“限制类型号合格证”（RTC），对于特定的无人机颁发适航证或限制适航证。

EASA 将采用合格审定标准（CS），涵盖广泛的不同构型，如固定翼飞机、旋翼航空器、飞艇和气球。23 部和 CS-23 重组的 A-NPA 2015-06 就是为基于性能的合格审定标准的一个例子。

11.3.3.3 总体评论

阅读评论会是很有意义的，一定有大量的评论会被 EASA 看到。无论如何，我们必须认为，A-NPA 是一个建议的原则，如果最终获得批准，将为发布适航要求和咨询材料做出巨大贡献。例如，读者可以查看合格审定类别所需的合格审定标准。

在参考文件中，A-NPA 引用了 2015 年 3 月 6 日在里加发表的关于遥控航空器（无人机）“构建航空未来”的“里加宣言”，该宣言可被视为 A-NPA 的来源。

本宣言旨在展望航空业的未来和“无人机”可以帮助欧洲创造有希望的新机遇，为制造业和未来社会各领域的无人机用户提供可持续的就业机会和增长前景。无人机提供超越传统航空的新服务和应用，并承诺以更实惠、更环保的方式提供现有服务，这是一种真正具有变革意义的技术。

航空业强调，欧洲监管机构必须确保所有的条件都符合安全、可持续地推出创新无人机服务。与此同时，法规必须帮助该行业繁荣发展，并充分解决公民的担忧。

航空共同体已经制定了一些原则，以指导欧洲的监管框架，例如：“无人机需要被当作新型的航空器，根据每个运行的风险来制定相应的规则”，这是 A-NPA 的基础。

现在需要制定欧盟关于安全提供无人机服务的法规。“欧洲航空安全局应借鉴欧盟成员国的经验，在欧洲层面上制定安全法规，包括遥控飞行员和运营人资格”。应在全球范围内尽可能最大限度地协调这些基本要求，并应充分利用无人机规章制定联合机构（JARUS）和国际民航组织（ICAO）制定法规的合作，由国际工业标准制定机构完成。

最后，宣言声明：“今天聚集在里加的欧洲航空共同体承诺在这些原则的基础上共同努力，2016 年以后允许企业在欧洲各地提供无人机服务。”

11.3.3.4 EASA 成员国

到目前为止，18 个 EASA 成员国已经采用或将采用小型无人机的规定。有一些共同的原则，如基于质量标准的分类，目视范围的运行限制，以及高度限制。表 11-1 对 A-NPA 概述了目前的情况。国家法规之间尚未互相协调。分类，尤其是“开放”的范畴，是激烈讨论的话题。一些具有挑战性的问题是：空域使用、玩具和消费品、事件报告、法规执行和隐私。一个教训是，因为技术领域发展得太快了，给法规的制订造成了困难。现在已经发布了有关法规的 EASA 成员正在修改法规以简化法规体系，有些正在转向基于风险的立法体系。

由于这种争论，强烈要求在欧盟建立监管框架，包括详细的指导或法规。

一个好消息是，A-NPA 将涵盖欧洲对所有重量等级的所有无人机的规定，这需要对基本法规进行修订。

表 11-1　EASA 成员国无人机规定概述

成员国	无人机类别	允许操作的类别	允许飞越的区域
奥地利	1. 小于 5kg 最大起飞重量（MTOW）。 2. 在 5~25kg 之间。 3. 在 25~150kg 之间	视距内范围（VLOS）	1. 欠发达地区。 2. 无人居住。 3. 有人居住。 4. 人口稠密
丹麦	1. 小于 7kg MTOW。 2. 在 7~25kg 之间。 3. 在 25~150kg 之间	VLOS 仅小于地面 100m（AGL）	距离道路和建筑物 150m；从来不经过密集建筑物地区
法国	1. 小于 2kg MTOW。 2. 在 2~25kg 之间。 3. 在 25~150kg 之间	S1＝VLOS 小于 100m（距遥控飞行员的距离）。 S2＝VLOS，距离远程飞行员 1000m 以内；最大高度小于 50m AGL。 S3＝VLOS，距离遥控飞行员 100 米以内。 S4＝观察距离为 150m AGL	1. S1＝无人居住区域。 2. S2＝无人居住区域。 3. S3＝有人居住区域。 4. S4＝无人居住区域
德国	1. 小于 5kg MTOM：联邦国家。 2. 超过 5kg：联邦能力	VLOS 小于 100m AGL	
西班牙	两大类：5kg 以下/以上	小于 2kg：视距外（BVLOS）和 AGL 小于 120m。 小于 25kg：VLOS＝500m 和 AGL 小于 120m。 大于 25kg：受民航局（CAA）规定的限制	小于 2kg：远离有人居住的地方。 小于 25kg：远离有人居住的地方。 大于 25kg：具体条件
意大利	两大类：25kg 以下/以上：CAA 可以为无人机（小于 2kg）提供简化程序	‘V70’：70m（230ft）最大 AGL，200m 半径 ‘V150’：150m（500ft）AGL，500m 半径	距拥挤地区至少 150m，距离人员和财产至少 50m
瑞典	小于 1.5kg MTOM 或小于 150J 在 1.5~7kg 之间或小于 1000J 在 7~150kg 之间	S1＝VLOS，小于 1.5kg。 S2＝VLOS，1.5~7kg。 S3＝VLOS，大于 7kg。 S4＝视线以下（BLOS）始终小于 120m AGL	距离无人机/人员和财产大于 50m
英国	小于 20kg MTOM（不含燃料/包括电池）。 在 20~150kg 之间	最大速度：70kn；400ft AGL；距遥控者小于 500m	距建筑物大于 150m。 距人大于 100m

迄今为止，18 个 EASA 成员国已经通过或将通过关于小型无人机的法规。表 11-1 提供了国家法规的简要描述。

第12章　从适航到“适天”

12.1　概述

1968年，也就是登月的前一年，伴随着柔和的“蓝色多瑙河”音乐，我们被地球轨道空间站对接的场面迷住了。这个场景并不意味着一次英雄任务的结束，而是一次例行旅行，在对接完成后，登月飞行器将继续前往月球上的基地。

尽管斯坦利·库布里克在20世纪60年代末将他的电影命名为《2001：太空漫游》或许有点乐观，但今天将他的电影命名为《2050：太空漫游》仍不失为灵感的源泉。

今天太空旅行的情况与早期飞行时代的情况十分相似。

在20世纪20年代，所谓的“特技飞行表演者”在美国各地小镇巡回演出，为大众提供娱乐，展示飞行的技巧与对飞行的酷爱，并为付费乘客提供搭乘服务。

大多数人从未如此近距离地看到过飞机，他们支付几美元（有时用家禽来代替）来享受这惊心动魄的飞行体验。

这种特技飞行表演是飞行史上第一种民用航空形式，美国联邦政府不得不颁布新法律来规范这一新民航业务。

如今，有人愿意花费数百万美元享受一次太空旅行，而一个新的行业“亚轨道航天”也逐渐成为现实。

与飞行时代开始时的另一个相似之处是设立的1000万美元的安萨里X奖，获奖要求完成两次亚轨道航天，且其中一个可重复使用的太空船须在两星期内至少两次搭载两名乘客。

这个奖项是在2.5万美元的“奥泰格奖”的基础上设立的，查尔斯·林白曾驾驶他的“圣路易斯精神”号飞机横穿大西洋，赢得了2.5万美元的奥泰格奖金。2004年10月4日，伯特·鲁坦领导的莫斯科航空航天风险投资团队也赢得过这个安萨里X奖。

在亚轨道航天中，航天器在发射到80~100km高度后将关闭发动机，而乘客经历几分钟的失重坠落后将进行软着陆。这是一个相对较短的飞行，但却能看到令人惊叹的地球景观，享受一次终生难忘的飞行体验。

发射通常直接从地面或空中进行，由特别设计的航空器以尽可能高的高度运载。

这只是第一步，因为访问当前和未来的国际空间站（ISS）的需求将会增加，而且已经有在月球和最终在火星建立基地的项目。

此外，基于亚轨道飞行的相同原理，洲际运输航线终有一天会实现，这将极大地缩短人们的旅行时间。

旅游还是商务？今天，我们主要因为上述两个原因乘坐商业航空。未来航天亦将如此，尽管有些人喜欢将其定义为“太空探索”①。

我们可以确定的是，当民用航天开始成为现实时，它需要像民用航空一样加以规范。

这一章的标题当然备受争议——如果人类航天成为日常活动，政府会授予“适天证书”（spaceworthiness certificates）吗？

12.2　新的 FAA 规章

2006 年 12 月 15 号，FAA 在美国颁布了名为“人类航天机组和航天参与人员的要求”的一系列规定。

2006 年的“新”规则听起来很奇怪，但由于这些规则从未进行过实质性修改，因此仍然是突破性的规则。

事实上，FAA 有一项禁令，除了在某些情况（如致命事故）下，禁止颁布规章以保护机组人员和航天参与人员在商业许可的亚轨道或轨道载人航天系统上的安全。该限制最初计划在 2004 年“商业航天发射修正案”颁布的八年后到期②。

该禁令还提到了一个应在 2012 年到期的“学习期”③，后来将其延长三年至 2015 年 9 月底。

2015 年 11 月的“SPACE 法案 2015”将“学习期”延长至 2025 年，并在同一时期延长了美国发射供应商的赔偿期限，以解决发射失败导致的重大灾难性的第三方损失。

注：一旦获得执照，发射公司必须购买由 FAA 计算的固定数量保单，用于每次发射和返回，即第一级保险。

第二级保险，发射赔偿是美国政府支付保险的一部分，而所有公司都必须购买超过上述保单的部分，作为 FAA 颁发执照的一个环节。

下面是 FAA 提供的相关摘要。

规章要求发射飞行器运营人提供与安全相关的信息，并确定运营人与航天器上人员进行许可发射时必须采取的操作。此外，发射运营人必须告知乘客一般太空旅行中存在的风险，尤其是乘坐运营人提供的航天器进行太空旅行的风险。这些规章还包括航天参与人员的培训和一般安全要求。

有关规章还规定了对机组人员通报、医疗资质和培训，以及环境控制与生命保障系统的要求。同时，还要求运载飞行器运营人验证火箭在运营环境中硬件与软件的综合性能。运营人必须在航天参与者登机之前，成功验证火箭在实际飞行环境中硬件与软件的综合性能，且验证必须包括飞行试验。

国会在 2004 年“商业航天发射修正案”中制定了这些规章。鉴于这是一个刚刚起步的行业，法律要求采用分阶段的方法来管理商业载人航天。随着行业的成熟，监管标准也

① 亚轨道飞行器也可用于大气层极限的宇航员训练和科学研究。

② 除其他规定外，法律打算让乘客自己承担乘坐亚轨道运载飞行器的风险。

③ 这种暂停是为了使商业航天工业公司积累经验，之后规章可以依据这些经验。

在不断发展。

注：美国联邦航空局商业航天运输办公室（FAA AST）许可和管理美国商业航天发射和返回活动，以及非联邦发射和返回活动。

FAA AST的使命是确保公共健康安全和财产安全，同时在商业航空发射和返回操作期间保护美国的国家安全和外交政策利益。此外，FAA AST旨在鼓励、帮助和促进商业航空发射和返回。

因此，FAA AST处理航天器商业发射和返回的方式具有严格的防止事故的规章，不同于商用客机的普通FAA审定活动。

12.2.1　第三章　商业航天运输

注：表12-1为新要求的索引。

摘录第3章“商业航天运输，交通部联邦航空局”的要求如下。

12.2.1.1　A分章：总则

一、401部　机构和定义

与FAA商业航天运输办公室以及新规章中使用的定义有关。以下是一些有用的示例：

（1）一次性运载飞行器是指一种在推进阶段仅飞行一次的运载飞行器。

（2）试验类许可证或许可证是指FAA对某人发射或返回可重复使用的亚轨道火箭的一个授权。

（3）发射是指放置或试图将运载飞行器或返回飞行器（RV）以及来自地球的任何商载放置在亚轨道、外太空地球轨道或其他外太空中，包括准备飞行的运载飞行器。

（4）发射运营人是指执行或将要发射运载飞行器和任何有效商载的人。

（5）运载飞行器是指在外太空或亚轨道火箭中运行或装载有效商载的火箭。

（6）发射场地是指地球上发射飞行器的位置（如美国国务院发布或转让的执照中所定义的，见本章后面内容）和该地点的必要设施。

（7）公共安全意味着，对于特定的许可发射，不参与支持发射的人员和财产的安全，包括可能位于发射场地边界内的人员和财产，例如，访客、提供与发射过程或飞行无关的货物或服务的个人，以及任何其他发射运营人。

（8）返回场地是指RV要返回的地球上的位置。

（9）返回飞行器是指设计为从地球轨道或外太空基本完整地返回地球的飞行器。可重复使用的运载飞行器（RLV）的设计为从地球轨道或外太空基本完整地返回地球。

（10）RLV是指设计为基本上完好无损地返回地球的运载飞行器，因此可以多次发射或包含可由发射运营人恢复的航空器阶段，以便将来在基本运行中使用的类似运载飞行器。

（11）风险是指一种措施，既考虑了危险事件发生的可能性，又考虑了该事件对人员或财产的影响。

（12）验证是指进行评估，以确定从系统安全过程得出的每个安全措施是正确的、完整的、一致的、明确的、可验证的和技术可行的。验证可确保实施正确的安全措施，并且很好地理解安全措施。

表 12-1　14 CFR 第三章的索引

A 分章	总则
400 部	基础和范围
401 部	机构和定义
B 分章	程序
404 部	规章和执照要求
405 部	审查和执法
406 部	审查、执法和行政评审
C 分章	执照
413 部	执照批准程序
414 部	安全批准
415 部	发射执照
417 部	发射安全
420 部	运行发射场地执照
431 部	可重复运载飞行器的发射和返回
433 部	运营返回场地执照
435 部	除 RLV 以外返回飞行器的返回
437 部	试验类许可证
440 部	财务责任
460 部	载人航天要求

12.2.1.2　B 分章：程序

一、404 部　规章和执照要求

制定发布规章、提交批准书和处理批准书的程序。

二、405 部　审查和执法

FAA 监督许可人的设施和活动；更改、暂停和撤销执照。

三、406 部　审查、执法和行政评审

在与当局有争议管辖权的情况下，听证会和法律诉讼的一套规则。

12.2.1.3　C 分章：执照

一、413 部　执照批准程序

解释如何批准执照或试验类许可证。这些程序适用于颁发执照或许可证，转让许可证以及续签执照或许可证的所有批准。

本部规章考虑了以下情况：

(1) 取得发射执照。

(2) 运行发射场地执照。

(3) RLV 的发射和返回。

(4) 运行返回场地执照。

(5) 除 RLV 以外返回飞行器的返回。

（6）试验类许可证。

二、414部　安全批准

建立获得安全批准以及更新和转让现有安全批准的程序。

①414.3　定义

安全批准。就本部分而言，安全批准是FAA文件，其中包含FAA确定本定义（1）和（2）中列出的一个或多个安全要素，当在规定的范围、参数或情况下使用或雇用时，不会危害公共健康和财产安全。安全批准可以独立于执照颁发。

（1）运载飞行器、RV、安全系统、过程、服务或其任何已识别的部件。

（2）合格和培训过的人员，执行与获得许可的发射活动或飞行器相关的过程或功能。

安全要素。就本部规章而言，安全要素是本章“安全批准”定义（1）和（2）中列出的任何一个项目或人员。

三、415部　发射执照

规定获得发射除RLV以外运载飞行器的执照要求，以及许可人必须符合现有执照的后续执照要求。

①415.3　发射执照类型

（a）特殊发射执照。特殊发射执照授权许可人从一个发射场地对一种类型的运载飞行器进行一次或多次发射，必须是具有相同的发射参数。

（b）发射运营人执照。发射运营人执照授权许可人在一系列发射参数内从一个发射场地发射同一系列运载指定类别有效商载的运载火箭。

四、417部　发射安全

①A分部：总则和执照术语及条件

这部分阐述：

（1）发射运营人执行一次性运载飞行器许可发射的责任。

（2）根据本章415部获得的维持发射执照的要求。

②B分部：发射安全责任

本分部包含适用于轨道或亚轨道一次性运载飞行器发射的公共安全要求。

③C分部：飞行安全分析

本分部包含执行417.107（f）飞行安全分析的要求。

④D分部：飞行安全系统①

本分部适用于发射运营人使用的任何飞行安全系统。

417.107（a）定义了发射运营人必须使用飞行安全系统的时间。发射运营人必须确保其飞行安全系统满足本分部的所有要求，包括参考附录。

⑤E分部：地面安全

本分部包含适用于美国发射场地的发射过程和发射后操作的公共安全要求。本分部中的地面安全要求适用于美国发射场地的发射运营人或代表其发起的活动。获得许可的发射

---

① 飞行安全系统是指在飞行期间提供控制手段的系统，用于在运载飞行器发生故障时防止运载飞行器发生危险，包括任何有害物质，防止其到达任何人口稠密或其他受保护区域。

场地运营人必须满足本章 420 部的要求。

注：417 部包含几个技术附录（附录 A~J），其中包含满足本部分的要求和方法。

五、420 部　运行发射场地执照

本部规章规定了必须提供给 FAA 的信息和证明，作为执照批准、执照批准基础、执照术语和条件，以及执照许可人应符合现有执照的后续执照要求。

六、431 部　除 RLV 以外返回飞行器的返回

该部规章规定了获得 RLV 任务执照和许可人应符合现有执照的后续执照要求。

有两种类型的 RLV 任务执照（431. 3）。

（a）特殊任务执照。授权执行 RLV 任务的特殊任务执照，授权许可人从已批准执行该任务的发射场地发射一种型号或类型的 RLV，且返回或以其他方式返回已批准执行该任务的返回场地或其他场地。特殊任务执照可授权多个 RLV 任务，并识别根据执照授权的 RLV 的每次飞行。

（b）运营人执照。RLV 任务的运营人执照授权许可人在授权参数范围内（包括发射场地和轨迹、将指定类型的有效商载运送到任何返回场地或执照中指定的其他场地）发射和返回或以其他方式返回任何指定系列的 RLV。RLV 任务的运营人执照有效期为两年①。

根据 C 分部：可重复使用运载飞行器的发射和返回的安全审查和批准：

FAA 进行安全审查，以确定申请人是否能够从指定的发射场发射 RLV 和有效商载（如有），并将 RLV 和有效商载（如有）返回至指定的返回场地或地点，否则降落在地球上，而不会危害公共健康和安全以及财产安全。

AC 431. 35-2A“可重复使用的发射和返回飞行器系统安全过程”规定了有关应用系统和逻辑系统安全过程的指南，用于识别、分析和控制与 RLV 操作和 RV 系统相关的公共安全危害和风险。

七、437 部　试验类许可证

这部分规定了获得试验类许可证的要求，还规定了许可证持有人必须符合的许可后的要求，以保持许可证。本分部的 413 部包含申请试验类许可证的程序。

八、440 部　财务责任

这部分规定了根据本分部颁发的执照或许可证授权的任何发射或返回的财务责任和风险要求分配。

本部规章还详细说明了 12. 2 中简要概述的有关保险的问题。

从法律角度来看，这一部分非常复杂，包含一个关键条款：440. 17“相互放弃索赔要求”。

为了简化这一复杂条款的严格司法表达，必须在以下双方之间执行相互放弃人身伤害索赔，包括由执照/许可证活动产生、无论是否由故障引起的死亡或财产损失：

---

① 运营人执照与发射或返回特殊类执照之间的主要区别在于，发射或返回特殊类执照仅许可特定的发射或返回活动。发射或返回运营人执照将允许运营人执行相同或类似类型的多次发射或返回活动。

（1）机组人员和美国及其各自承包商或分包商①。

（2）航天参与者和美国及其各自的承包商或分包商。

（3）执照人/许可人和客户②以及美国及其各自承包商或分包商（作为三方互相放弃）。

应用广泛的简化：每一方应对其执照/许可证活动造成的损害负责。

九、460部　载人航天要求

这是2006年12月15日发布的修正案，其中包括A和B两个分部：

①A分部：与机组人员一起发射和返回，确定了根据本章有执照或许可证的飞行器运营人的机组人员要求。

（1）该分部确定了机组人员（地面上的机上或远程操作员）的资格和培训。

（2）460.9规定，运营人必须以书面形式通知任何作为机组人员的个人，美国政府尚未证明运载飞行器和任何RV对航空人员或航天参与者是否安全。

（3）460.11和13，指出了飞行器内必须保持的大气条件以及探测和抑制舱内火灾的能力。

（4）460.17要求在允许任何航天参与者乘坐飞行器飞行之前，须进行验证程序，以确保飞行器硬件和软件在运行飞行环境中的综合性能。验证必须包括飞行试验。

②B分部：为本章所规定有执照或许可证的飞行器上的一起发射和返回的航天参与者制定了要求。

（1）460.45要求运营人必须书面通知每个航天参与者有关发射和返回的风险，包括发射或RV类型的安全记录，以及如何提供这些信息。

（2）此外，运营人必须告知每个航天参与者，美国政府尚未证明运载飞行器和任何RV对于发射机组人员或航天参与者是否安全。

（3）460.51要求运营人在飞行前培训每个航天参与者如何应对紧急情况，包括烟雾、火灾、机舱压力损失和紧急出口。

12.2.1.4　试验类许可证

431部规定了获得RLV任务执照和证后的要求，许可人必须符合这些要求以维持许可。437部规定了获得试验类许可证的要求。

除作为执照外，试验类许可证由FAA签发授权，用于试验可重复使用亚轨道火箭的发射与返回。试验类许可证是执照的替代，有效期一年，可以延期，并且允许许可人在特定亚轨道火箭设计阶段进行无限次发射和返回。

FAA可以加快签发试验类许可证，并且比执照需要满足的要求更少，使工业方更容易

① 承包商和分包商是指直接或间接参与执照或许可活动的任何级别的实体，包括财产和服务的供应商，以及运载飞行器、RV或有效商载的部件制造商。

② 客户是指从执照持有人或许可证持有人处获得发射或返回服务的任何人；发射或返回具有有效商载（或有效商载的任何部分）的权利将由执照持有人或许可证持有人，包括有条件的出售、租赁、转让或转让权利；将财产放置在有效商载上以进行发射、返回或有效商载服务；或客户已将其权利转让给发射或返回服务。

测试新型可重复使用亚轨道火箭，这将有助于加快研究和开发亚轨道载人飞行的飞行器。

当然，禁止使用试验类许可证以补偿或雇佣方式携带任何财产或人员。

FAA 颁发的试验类许可证仅可用于研发测试新的可重复使用亚轨道火箭的设计理念、新设备或者新运行技术，证明在获得执照之前须符合获得执照或机组人员培训的要求。

作为获得试验类许可证的一部分，437. 55 要求运营人开展危害性分析，并将分析结果提供给 FAA。

咨询通告 437. 55-1 为在试验类许可证下发射和返回可重复使用火箭的公共安全危险和风险的识别、分析和控制应用系统和逻辑危害分析提供了指南。

12. 2. 1. 5　总结

FAA 颁布了规章，规定私人航天机组人员和航天参与人员（或者乘客）的要求。新规章保证了 FAA 保护未参与公众安全的承诺，并呼吁采取措施，使乘客能够在知情的情况下决定自己的人身安全。

这些人类的太空需求面临着一种新的客运飞行方式，这种形式尚未在该领域形成统一的经验。出于这个原因，FAA 发布了一些规定，我们可以将其定义为初步规定，而我们正在等待他们基于未来操作经验的技术定义。而现阶段，主要考虑规章中的政府机构、取证过程、责任分配等方面。

按照 460 部的规定，根据 2004 年“商业航天发射修正案”，FAA 没有为运载飞行器和任何用于载人和航天参与者飞行器颁发安全证书。此外，运营人必须在所有飞行之前通知每个航天参与者可能存在的危险和风险①。这些规章还包括航天参与者的培训和一般安全要求。

这些危害都必须由运营人通过分析来鉴定②。

然后，应采用“知情同意”制度（“自行承担飞行风险”），要求航天参与者和其他各方对其面临的风险承担个人责任，如 440 部所述。

这显然是一种务实的方法。如果在开始运行前，新措施必须等待至类似商业航空的一套完整法规制定出来，那么这些新举措根本不可能取得进展。

因此，引用第 2 章的话，“标准并不总是走在航空发展的前面，它时而遵循，时而伴随”。

事实上，在认识到这一新兴产业时，美国法律就要求采用分阶段的方法规范商业的人类航天，随着行业的成熟，监管标准也在不断发展。

12. 2. 1. 6　咨询材料

除了 12. 2. 1. 5 中列出的“指南”外，FAA 暂停颁布规章，以保护机组人员和航天参与者在商业许可的亚轨道或轨道人类航天系统的安全性，但并没有阻止 FAA AST 于 2014

① 401 部将风险定义为一种衡量危险事件发生可能性和该事件对人或财产的后果的影响。一般来讲，危险可以定义为潜在的危害，而风险是危害发生的可能性和后果。

② FAA 已经颁布了“BLV 和返回运载飞行器可靠性分析指南”（2005 年 4 月），“BLV 和返回运载飞行器安全性分析软件和计算机程序指南”（2006 年 7 月），“BLV 和返回飞行器可靠性分析法规指南”（2010 年 1 月）。

年8月27日发布了第一版的“人类航天乘员安全建议措施”。

正如我们在文件的介绍中所看到的那样：

1.0 目的。“这个文件的目的是提供给FAA AST认为重要的实践汇编，并对商业载人航天乘员的安全提出建议。文件旨在使政府、工业界和学术界之间达成共识，将有助于持续改进载人飞行器发射和返回的安全性。

最后，如果将来有必要这样做，该文件可能是规章制定项目的起点。但是这个文件不是一个规章，也没有监管效力。

12.3 展望未来

2014年11月，维珍银河公司的“太空船”2号发生了一起事故，这是一场人类的悲剧，对一个已经获得了数百份订单的商业亚轨道航天计划来说，这是一个沉重的打击。

在一次试飞中，飞行中的解体是由于在错误的时刻开启了襟翼解锁而造成的①。其结果是，襟翼失去控制，造成了灾难性的结构破坏。NTSB对这起事故进行了调查，并对FAA和商业航天联合会②提出了有益的建议。

航空航天发展的历史一直受到悲剧性事故的阻碍，但从未停止，类似地，维珍银河公司也正在继续前进，总结所学到的经验教训，为第二艘宇宙飞船的飞行做准备。

目前，还有其他公司希望在亚轨道航天领域取得成功，包括太空探索技术公司、XCOR航空公司、蓝色起源公司和犰狳航空航天公司。

2015年12月，由私人贝宝（PayPal）和特斯拉（Tesla）企业家埃隆·马斯克领导的太空X公司成功发射并着陆了可重复使用的“猎鹰”9号火箭，同时在轨道上部署了11颗卫星。几星期后，它的竞争对手蓝色起源公司，一家由亚马逊首席执行官杰夫·贝佐斯创立的太空初创公司，成功地完成了类似的“火箭着陆测试”。

到目前为止，我们一直在考虑在美国发生的事情。在美国，一个新的产业正在蓬勃发展，得到了联邦航空局的大力支持，在太空探索和旅游业监管方面处于领先地位。

在欧洲，许多太空旅游计划正在进行中；美国企业愿意在欧洲开展业务，但支持其投资的相关立法仍然不存在。

一些国家当局有可能会参与这一行动。然而，欧洲是否想要效仿美国，并让EASA负责太空飞机、太空旅游业务和太空基地的许可，从而控制与欧洲太空旅游业务相关的安全问题，还有待观察。

作为欧洲空间活动的核心，欧洲航天局（ESA）③ 在几年前发布了一份关于太空旅游

① 羽化系统设计是为在完成亚轨道太空飞行后，在空气动力学上在进入地球大气进行稳定返回时，在下降过程中增加稳定性和阻力。

② 商业航天联合会（CSF）是致力于使商业人类航天成为现实的领先企业和组织的行业协会。商业航天联合会的使命是促进商业人类航天的发展、追求更高水平的安全，并分享整个行业的最佳实践和专业知识。

③ ESA是欧洲通向太空的门户。其使命是塑造欧洲太空能力的发展，并确保对太空的投资继续造福于欧洲和世界。ESA是一个拥有22个成员国的国际组织。

的立场文件[1]，声称需要对这些活动采取协调一致的方式。该文件概述了太空旅游的不同方面，可能会对欧洲航天局产生影响，并提出了这一立场的主要特征。特别是欧洲航天局应该为欧洲太空旅游的监管框架做出贡献，既包括民航监管部门，也包括欧盟委员会的主管机构，目标是为全世界所有的参与者提供一个更公平的竞争环境，并支持欧洲工业的利益。

然而，太空旅游所带来的挑战是全球性的。事实上，目前，澳大利亚、加拿大、中国、法国、德国、印度、以色列、日本、俄罗斯、新加坡、阿拉伯联合酋长国、英国和美国都有这样的活动。

这就意味着今天ICAO必须在这个问题上做出充分承诺，就像对国际民用航空的承诺一样。

国际空间安全促进协会（IAASS）[2] 已经开展了一项关于国际商业或私人空间计划和私人空间站的管理和许可的研究。这项研究正在与国际民航组织合作，为全球航空制定的法律和监管做法以及安全方法也可能有效地应用于私人空间领域。

ICAO的空间计划任务是“确保空中和空间交通的安全一体化”。

我们在ICAO网站上阅读的内容令人鼓舞，并提出了对短期内真正承诺的期望：

民用航天正在发展，它将像现在的航空飞行一样，成为普通乘客的大众选择。然而，许多运营问题和监管障碍依然存在，可能导致一个不安全或不可持续的行业。这些技术挑战类似于国际民航组织自70年前成立以来在航空运输领域所做的工作，我们的成功证明了世界各国将如何共同努力，为全球旅行者和企业带来利益。

审定宇宙飞船是多么有趣啊！

---

① ESA公告135（2008年8月）。

② IAASS于2004年4月16日在荷兰成立，是一个致力于促进太空系统安全领域的国际合作和科学进步的非营利性组织。2004年，IAASS成为国际宇航联合会（IAF）成员。